Python编程实战
——妙趣横生的项目之旅

IMPRACTICAL PYTHON PROJECTS

[美] 李·沃恩（Lee Vaughan）◎ 著　　　翁健 韩露露 刘琦 邢帅珂 ◎ 译

U0300210

人民邮电出版社

北　京

图书在版编目（CIP）数据

Python编程实战：妙趣横生的项目之旅 / （美）李
·沃恩（Lee Vaughan）著；翁健等译. -- 北京：人民
邮电出版社，2021.7
  ISBN 978-7-115-56288-3

Ⅰ. ①P… Ⅱ. ①李… ②翁… Ⅲ. ①软件工具－程序
设计 Ⅳ. ①TP311.561

中国版本图书馆CIP数据核字(2021)第058296号

◆ 著　　　[美] 李·沃恩（Lee Vaughan）
　 译　　　翁　健　韩露露　刘　琦　邢帅珂
　 责任编辑　胡俊英
　 责任印制　王　郁　焦志炜
◆ 人民邮电出版社出版发行　　北京市丰台区成寿寺路11号
　 邮编　100164　电子邮件　315@ptpress.com.cn
　 网址　https://www.ptpress.com.cn
　 北京市艺辉印刷有限公司印刷
◆ 开本：800×1000　1/16
　 印张：21　　　　　　　2021年7月第1版
　 字数：488千字　　　　2025年2月北京第23次印刷
　 著作权合同登记号　图字：01-2020-0211号

定价：99.90元
读者服务热线：**(010)81055410**　印装质量热线：**(010)81055316**
反盗版热线：**(010)81055315**
广告经营许可证：京东市监广登字20170147号

内容提要

本书基于 Python 语言，通过项目展示 Python 的奇妙应用，适合 Python 初学者学习。在本书中，你将使用 Python 编程语言模拟探索火星、木星以及银河系最遥远的地方，体验诗人的意境，了解高级的金融知识等。你还会学到各种各样的技术，如马尔可夫链分析技术、蒙特卡罗模拟、图像叠加技术、基因遗传算法等。与此同时，你还会学习一些模块的使用方法，例如 pygame、Pylint、pydocstyle、Tkinter、python-docx、Matplotlib 和 pillow 等。

本书基于一些有趣的项目进行讲解，能够让读者在新奇的项目案例中体验学习 Python 的乐趣。此外，读者还能将自己所学的知识与实际的应用程序开发、数据库设计和解决实际问题联系起来，提升自己的项目实践能力。

作者简介

　　李·沃恩（Lee Vaughan）是一位程序员和教育工作者。作为埃克森美孚公司的主管级科学家，他负责构建并审查计算机模型，开发和测试软件，并培训地球科学家和工程师。他还通过自己编写的图书，帮助很多读者磨炼 Python 编程技能，并从中获得乐趣。

技术审稿人简介

杰里米·昆（Jeremy Kun）毕业于美国芝加哥的伊利诺伊大学，获得数学博士学位，目前在谷歌公司从事数据中心优化工作。

译者简介

  翁健，国家杰出青年科学基金获得者，暨南大学教授、博士生导师、副校长。主要研究方向为密码学与信息安全，在 CRYPTO、EUROCRYPT、ASIACRYPT、PKC、Usenix Security、ACM CCS 等顶级会议和期刊发表了上百篇论文，主持了国家重点研发计划、国家自然科学基金重点项目、广东省基础与应用基础重大项目等项目。担任国务院学位委员会网络空间安全学科评议组成员、国家自然科学基金委信息学部会评专家、教育部网络空间安全教学指导委员会委员等。曾获中国密码学会首届密码创新奖、2017 年度全国网络安全优秀教师等奖励。

  韩露露，暨南大学网络空间安全专业在读博士，研究方向为密码学与信息安全。曾在中国电子科技集团第 30 研究所工作，主要做密码算法的实现和优化，著有《深入浅出 CryptoPP 密码学库》一书。

  刘琦，西安电子科技大学电子信息专业在读硕士，研究方向为图像和视频处理、深度学习和人工智能。

  邢帅珂，毕业于福建师范大学数学与信息学院，应用统计专业硕士，研究方向为数据挖掘。

前　　言

欢迎你翻开并阅读本书。在本书中，你将使用 Python 编程语言模拟探索火星、木星以及银河系最遥远的地方，体验诗人的意境，了解高级的金融知识，深挖游戏节目的诡计等。你还会学到各种各样的技术，如用马尔可夫链分析技术写俳句，用蒙特卡罗仿真模拟金融市场变化，用图像叠加技术来完善天体摄影图片，用基因遗传算法模拟培育一群大鼠等。与此同时，你还会积累一些模块的使用经验，例如 pygame、Pylint、pydocstyle、Tkinter、python-docx、Matplotlib 和 pillow。最重要的是，在阅读本书的过程中，你会学得很开心。

目标读者

你可以把本书当作学习 Python 的辅助类图书。本书是一本完全面向初学者的入门图书。在本书中，你将使用基于项目的方法进行自我训练。本书不会浪费你的金钱和书架空间，也不是对你已学过的知识概念的重新整理。不过，请别担心！本书不会让你独自去完成这些项目，书中所有的代码均有注释和解释。

本书的这些项目适用于希望通过编程进行实验仿真、理论验证、自然现象模拟和获取快乐的人。其中包括那些将编程作为工作的一部分但并不是程序员的人（如科学家和工程师），还包括那些"非专业人士"——编程的业余爱好者和把编程当作娱乐消遣的人。如果你想弄明白本书提到的项目，但又发现自己从头开始做这些复杂的项目会非常艰巨或耗费大量时间，那么本书就很适合你。

本书内容

当浏览本书的项目时，你会了解一些非常有价值的 Python 库和模块，也会学到一些快捷键的使用方法、常用的内置函数以及一些重要的技术，还能从实践中学到程序设计、测试以及优化的方法。此外，你还会将正在做的事情与实际的应用程序开发、数据库设计和解决实际问题联系起来。

拉夫尔·沃尔多·艾默生说过："没有热情就无法建立伟业。"学习的过程也是如此。本书的最终目的是激发你的想象力，并引导你开发自己感兴趣的项目。若一开始你觉得开发自己的项目过于雄心勃勃，那也不用担心。你只需要勤奋一点，经常上网搜索资料并学习，就能创造奇迹，这比你想象中更快。

　　下面是本书各章内容的简要描述。一般来说，你不必按照顺序阅读它们，但越是在前面的项目，往往会越简单，当新的概念、模块和技术首次出现时，本书会详细地解释它们。

　　第 1 章　虚假姓名生成器：这是一个热身项目。本章先介绍 Python 的 PEP 8 标准、PEP 257 标准、Pylint 模块和 pydocstyle 模块。这些标准和模块会帮助你分析代码是否符合编程规范。本章最后会给出一个奇怪姓名生成器程序，它的设计灵感来源于美国网络电视节目《灵异妙探》。

　　第 2 章　寻找回文：本章教你对代码进行性能分析。与此同时，你还会学到拯救挣扎在痛苦边缘的 DC 漫画中的女巫萨塔娜的方法。通过在线字典来寻找神奇的回文串，你可以帮助萨塔娜打败时间反转恶鬼。

　　第 3 章　寻找易位词：编写一个帮助用户创建他们输入名字的易位词的程序。例如，用"Clint Eastwood"生成"old west action"；然后，利用语言筛查器帮助汤姆·马沃洛·里德尔（Tom Marvolo Riddle）找到他名字的易位词——"I am Lord Voldemort"。

　　第 4 章　破解美国内战密码：首先，研究并破解历史上经典的军事密码——联邦路由密码；然后，让双方的间谍使用锯齿形栅栏密码发送和译码秘密信息。

　　第 5 章　编写英国内战密码：通过破解来自英国内战时期的空密码，获取明文隐含的深层次信息；之后，设计和实现更复杂的空密码以完成拯救苏格兰女王玛丽的任务。

　　第 6 章　隐写术：利用隐形电子墨水帮助企业间谍欺骗夏洛克·福尔摩斯的父亲，从而让间谍逃过侦察。本章的内容改编自美国哥伦比亚广播公司的电视剧《基本演绎法》。

　　第 7 章　用遗传算法培育大鼠：受达尔文进化论的启发，本章利用遗传算法模拟培育一种体型如雌性牛头獒一样的超级大鼠；然后，帮助詹姆斯·邦德在一眨眼的时间里破解密码有 100 亿种组合的保险柜。

　　第 8 章　统计俳句音节数：本章教你使用计算机统计英语单词的音节数，是下一章写作日本诗歌或俳句的先导部分。

　　第 9 章　用马尔可夫链分析技术编写俳句：本章将第 8 章的音节计数模块与马尔可夫链算法进行组合，通过分析含有数百个古今俳句的语料库，实现让计算机编写俳句的目标。

　　第 10 章　我们孤独吗——探索费米悖论：利用德雷克方程、银河系的大小以及假设的可探测"辐射气泡"大小，研究外星无线电信号缺失的原因；学习和使用流行的 Tkinter 模块，构建星系和地球自身的无线电气泡图。

　　第 11 章　蒙蒂·霍尔问题：首先论证蒙蒂·霍尔问题，然后使用面向对象编程语言构建一个有趣的、带有图形界面接口的蒙蒂霍尔游戏。

　　第 12 章　储蓄安全：使用蒙特卡罗金融模型为你自己（或你的父母）安排安稳的退休生活。

　　第 13 章　模拟外星火山：利用 pygame 模块模拟木星卫星艾奥上的火山爆发场景。

　　第 14 章　用探测器绘制火星地图：本章的目标是构建一款基于重力的街机游戏。当卫星燃料没有耗尽，也没有在大气层中燃烧时，让卫星的运行轨道变成一个圆形的测绘轨道。通过显示卫星的关键参数，跟踪其运行轨迹，为火星添加阴影图示，并让火星缓慢绕其轴旋转，以此来学习轨道力学知识。

　　第 15 章　用行星叠加技术完善天体摄影图片：利用 Python 的图像库，对从视频中获取的低质量图像进行光学叠加，从而显现木星的云带和大红斑效果；利用 Python 内置的 os 模块和 shutil

模块，学习解决文件、文件夹和目录路径等问题。

本书每章的末尾都至少包含一个实践项目或挑战项目。在本书的配套资源或附录中，你可以找到每个实践项目的答案。但这并不意味着这个答案就是最好的——你可能会想出一个更好的答案，所以在此之前不要偷看答案！

然而，对于挑战项目，你只能靠自己。1519年，当科尔特斯入侵墨西哥时，他将帆船烧掉，让追随他的士兵意识到他们没有回头路，于是他们不得不以坚定的决心面对阿兹特克人。因此，短语"burn your boat"（破釜沉舟）成为全心全意或全身心投入一项任务的代名词。这也是你面对挑战项目时应有的态度，如果你这样做了，那么你从这些练习中学到的东西可能会比从书中其他部分学到的东西都要多！

本书使用的 Python 版本、平台以及 IDE

本书中的所有项目构建于 Microsoft Windows 10 操作系统环境下，使用的 Python 版本为 3.5。使用不同的操作系统也没有问题。我建议适当地使用与平台兼容的模块。

本书中的示例代码和屏幕截图来自 Python 的文本编辑器 IDLE 或交互式 shell。IDLE 代表集成开发和学习环境（Integrated Development and Learning Environment）。IDLE 比集成开发环境（Integrated Development Environment，IDE）多了一个字母"L"。交互式 shell 也叫作解释器（Interpreter），它是一个不需要创建文件就可以执行命令和测试代码的窗口。

IDLE 有很多缺点，例如缺少行号。然而，IDLE 与 Python 绑定在一起，每个人都可以免费地使用它。我也鼓励你使用任何自己喜欢的 IDE。有许多 IDE 可用，例如 Geany（发音为 genie）、PyCharm 和 PyScripter。Geany 适用于各种操作系统，包括 UNIX 操作系统、macOS 和 Windows 操作系统；PyCharm 适用于 Linux 操作系统、Windows 操作系统和 macOS；而 PyScripter 只适用于 Windows 操作系统。

代码

本书为每个项目都提供了完整的代码，但我建议你尽可能地手动输入它们。一位大学教授曾经告诉我，"要靠双手学习"。我们不得不承认，手动输入代码的过程会迫使你最大程度地关注自己正在做的事情。

但是如果你想快速完成一个项目，或者你不小心删除了所有的代码，那么你可以在异步社区网站下载到与本书配套的代码，其中也包括实践项目的解决方案。

编程风格

本书以解决问题和为初学者提供乐趣为目标。因此，书中的这些代码可能并没有按照最佳的代码实践进行编写，它们的运行效率可能也不是最优的。

对非专业编程人员来说，让事情变简单是很重要的。这些人编写的大部分代码可能在特定场合使用一两次，便不再使用。这些代码也可能需要与同事共享，或者是在人员变更期间被添加。因此，如果代码的使用场景是上述这些情况的话，使代码易于理解就显得更为重要了。

本书每个主要项目的代码都有单独的注释和解释，通常它们也符合 Python 增强提议 8（也称为 PEP 8）中建议的编程风格。本书会为你介绍 PEP 8 详情和一些帮助你遵守这些编程规则的软件模块。

获取帮助

编写每个 Python 项目都是一件具有挑战性的事情。尽管 Python 语言非常友好，但是要完全弄明白它也并非易事。本书会提供配套资源，然而，对于那些需要你亲自完成的项目，在线搜索是出现问题后的最好解决方式。

搜索成功的关键在于知道该问什么。起初，搜索结果可能会让人很沮丧，但是你可以把它想象成一个 *Twenty Questions* 游戏，在你找到答案或到达收益递减点之前，在多次搜索中不断完善你的关键词。

如果查阅书籍和在线搜索的方式均不能解决出现的问题，那么你可以向他人寻求帮助。你可以通过网络做这件事，既可以选择付费网站，也可以选择 Stack Overflow 这样的免费论坛。需要注意的是：这些网站的用户不愿忍受"傻瓜式"的提问。在发布求助问题前，你一定要先阅读网站的"How do I ask a good question?"（我怎么提出好问题？）主题内容，你可以在 Stack Overflow 的相关页面中找到它。

前进

感谢你花时间阅读前言部分！你已经有了一个良好的开端，从本书的正文里你会学到更多的知识。当阅读完本书后，你将会熟练地使用 Python，并能够解决现实世界中一些具有挑战性的问题。现在，让我们一起学习本书吧！

资源与支持

本书由异步社区出品，社区（https://www.epubit.com/）为您提供相关资源和后续服务。

配套资源

本书提供配套资源，请在异步社区本书页面中单击 配套资源 ，跳转到下载界面，按提示进行操作即可。注意：为保证购书读者的权益，该操作会给出相关提示，要求输入提取码进行验证。

提交勘误

作者和编辑尽最大努力来确保书中内容的准确性，但难免会存在疏漏。欢迎您将发现的问题反馈给我们，帮助我们提升图书的质量。

当您发现错误时，请登录异步社区，按书名搜索，进入本书页面，单击"提交勘误"，输入勘误信息，单击"提交"按钮即可。本书的作者和编辑会对您提交的勘误进行审核，确认并接受后，您将获赠异步社区的 100 积分。积分可用于在异步社区兑换优惠券、样书或奖品。

详细信息	写书评	提交勘误

页码： ☐　页内位置（行数）： ☐　勘误印次： ☐

B I U ABC ≣· ≣· " ✂ 🖼 ≣

字数统计

提交

扫码关注本书

扫描下方二维码，您将会在异步社区微信服务号中看到本书信息及相关的服务提示。

与我们联系

我们的联系邮箱是 contact@epubit.com.cn。

如果您对本书有任何疑问或建议，请您发邮件给我们，并请在邮件标题中注明本书书名，以便我们更高效地做出反馈。

如果您有兴趣出版图书、录制教学视频，或者参与图书翻译、技术审校等工作，可以发邮件给我们；有意出版图书的作者也可以到异步社区在线投稿（直接访问 www.epubit.com/selfpublish/submission 即可）。

如果您所在的学校、培训机构或企业，想批量购买本书或异步社区出版的其他图书，也可以发邮件给我们。

如果您在网上发现有针对异步社区出品图书的各种形式的盗版行为，包括对图书全部或部分内容的非授权传播，请您将怀疑有侵权行为的链接发邮件给我们。您的这一举动是对作者权益的保护，也是我们持续为您提供有价值的内容的动力之源。

关于异步社区和异步图书

"异步社区"是人民邮电出版社旗下 IT 专业图书社区，致力于出版精品 IT 技术图书和相关学习产品，为作译者提供优质出版服务。异步社区创办于 2015 年 8 月，提供大量精品 IT 技术图书和电子书，以及高品质技术文章和视频课程。更多详情请访问异步社区官网 https://www.epubit.com。

"异步图书"是由异步社区编辑团队策划出版的精品 IT 专业图书的品牌，依托于人民邮电出版社近 40 年的计算机图书出版积累和专业编辑团队，相关图书在封面上印有异步图书的 LOGO。异步图书的出版领域包括软件开发、大数据、人工智能、测试、前端、网络技术等。

异步社区

微信服务号

目　　录

## 第 1 章

虚假姓名生成器

美国网络电视频道曾经播出过一部名叫《灵异妙探》的侦探类喜剧。在该剧中，对细节观察入微的业余侦探肖恩·斯宾塞总是假装使用超能力来侦破案件。剧中吸引人的一幕是肖恩介绍老朋友的场景，他总能天马行空地想出一些姓名，如伽利略·汉普金斯、拉文德·库姆斯、讨厌鬼马文·巴尔内斯等。我对这些姓名留有深刻印象。我曾经在人口普查局看到过一份姓名列表，列表中的姓名与肖恩起的那些姓名类似，让我觉得十分新奇。

1.1 项目 1：生成假名

在此阶段的热身项目中，你将编写一个把姓氏和名字随机组合来产生虚假姓名的简易 Python 程序。该程序将毫不费力地生成大量令人意想不到的假名。你还将学习编程规范的最佳实践，以及在外部应用程序帮助下编写符合这些规范的代码。

《灵异妙探》的剧情跟你毫不相关吗？你也可以用喜欢的姓名来替换代码列表中的姓名。你可以轻而易举地将此项目变成《权利的游戏》的姓名生成器，或者发现一个让自己感到很惊喜的姓名 "Benedict Cumberbatch"。对我来说，我最喜欢的姓名是 "Bendylick Cricketbat"。

目标

编写符合既定样式的 Python 代码，随机生成一些有趣的姓名。

1.1.1 项目规划与设计

制定项目计划绝不是一件浪费时间的事。不管编程是出于乐趣，还是为了盈利，从某种程度上来说，你都需要十分精准地评估一些因素，诸如此项目的耗时、可能遇到的困难、完成此项工作所需的工具和资源等。要解决好这些问题，你首先需要明确自己在做什么。

一位成功的管理人士曾告诉我，他成功的秘诀就是不断地向自己提出一些问题。例如，你在做怎样的尝试？你为什么要做这种尝试？为什么要采用这种方式？耗费的时间和需要的资金分别是多少？厘清这些问题将有助于我们完成最终的项目设计，还能使这些问题的解决方案在我们的头脑中呈现出清晰的脉络。

艾伦·唐尼（Allen Downey）在他的编写《像计算机科学家一样思考 Python（第 2 版）》中描述了两种类型的软件开发计划："原型和补丁（Prototype and Patch）"和"按计划开发（Designed Development）"。在"原型和补丁"思想的指导下，先从一个简单的程序开始，然后使用补丁和可编辑的代码去解决测试过程中遇到的问题。在解决一个难以理解的复杂问题时，这不失为一个好办法，但是这会产生复杂且不可靠的代码。如果对问题本身有清晰的认识，并且知道如何去解决它，那么你就应该采用"按计划开发"的软件设计思想，尽量解决未来可能出现的问题，避免后续为程序添加补丁。这种方法可以使编写的代码更简单和有效，而且通常也会使代码变得更健壮和可靠。

对于本书中的每个项目，你都需要先清晰地理解其中的问题，明确项目目标，在此基础上才开始编写代码。这样一来，你就能够更好地理解问题，制定开发计划和设计策略。

1.1.2　策略

首先，定义两个清单，它们分别用于存储虚假的名字和姓氏。由于这两个清单长度较短，它们不会占用大量内存，且不需要动态更新。在程序运行的过程中，这两个列表应该也不会出现任何运行问题。因此，你可以用元组存储名字和姓氏清单。

当程序运行后，它会根据这两个元组存储的元素，匹配姓氏和名字，生成一个新的姓名组合。用户可以重复该过程，直到产生足够多的虚假姓名为止。

在解释器窗口中以某种方式突出显示姓名，使它与命令提示信息有明显的不同。IDLE 提供的可用字体选项并不多，但是我们都知道错误信息会被标红。在解释器窗口中，默认的标准输出函数是 print()，但当加载 sys 模块后，可以使用 file 参数将输出重定向到错误信息输出通道，使输出的文字颜色为红色：

```
print(something, file=sys.stderr).
```

最后，需要确定哪种编程风格是 Python 编程规范目前所推荐的。这些编程风格不仅约定了代码的编写规范，而且对嵌入在代码内的文档字符串（Docstring）也有具体的要求。

1.1.3　伪代码

丘吉尔曾说过，"不要尝试做你喜欢的事，要去喜欢你正在做的事"，你很难将编写伪代码与这句话联系在一起，但这句话却道出了人们使用伪代码的心理过程。

伪代码是一种使用任何结构化的人类语言对计算机程序执行过程进行解释的高级非正式描述，它像是一种包含关键词和适当缩进的简单编程语言。程序开发者使用伪代码的主要目的是忽略所有编程语言中的复杂语法，从而专注于程序的底层逻辑。尽管伪代码被广泛使用，但是目前只存在一些伪代码使用方法的指导原则，而这些指导原则还没有形成正式的标准。

如果编写程序时受挫，那么主要原因是你没有花时间去编写伪代码。对我来说，每当对编写代码感到困惑迷茫的时候，伪代码总能给我新的启发。因此，在本书的大多数项目中，你都会看到伪代码的使用。至少，我希望你能看到伪代码的实用价值，也希望你能养成在项目中使用伪代码的习惯。

虚假姓名生成器程序的伪代码描述如下：

```
定义名字元组
定义姓氏元组
从名字元组中随机选择一个名字
将这个名字分配给变量
从姓氏元组中随机选择一个姓氏
将这个姓氏分配给变量
在屏幕上用红色字体按选择的顺序输出姓名
询问用户是退出程序，还是重新开始
如果用户选择重新开始：
    重复上述过程
如果用户选择退出：
    结束并退出程序
```

如果不是只为了通过编程课程考核和向他人提供清晰的程序说明，那么请牢记使用伪代码的目的。你不要认为这样做是盲目服从（非标准的）编程规范，也不要将伪代码的应用局限于编程，尝试将它应用到更多的地方。一旦掌握了其应用窍门，你就会发现它可以帮助你完成其他任务，例如管理税务、计划投资、建造房子，甚至是准备野营。这是一种使思维集中的好方式，同时也能锻炼你把编程思想移植到现实生活中的能力。

1.1.4　代码

清单 1-1 是虚假姓名生成器程序 *pseudonyms.py*，它根据已有的名字和姓氏元组生成假名，并输出这个假名。如果不想将这些姓名全部输入，你可以分别输入它们的一个子集，也可以直接从配套资源中获取这些假名数据。

清单 1-1　根据名字和姓氏元组生成假名

pseudonyms.py

```python
❶ import sys, random

❷ print("Welcome to the Psych 'Sidekick Name Picker.'\n")
  print("A name just like Sean would pick for Gus:\n\n")

  first = ('Baby Oil', 'Bad News', 'Big Burps', "Bill 'Beenie-Weenie'",
          "Bob 'Stinkbug'", 'Bowel Noises', 'Boxelder', "Bud 'Lite' ",
          'Butterbean', 'Buttermilk', 'Buttocks', 'Chad', 'Chesterfield',
          'Chewy', 'Chigger', "Cinnabuns", 'Cleet', 'Cornbread', 'Crab Meat',
          'Crapps', 'Dark Skies', 'Dennis Clawhammer', 'Dicman', 'Elphonso',
          'Fancypants', 'Figgs', 'Foncy', 'Gootsy', 'Greasy Jim', 'Huckleberry',
          'Huggy', 'Ignatious', 'Jimbo', "Joe 'Pottin Soil'", 'Johnny',
          'Lemongrass', 'Lil Debil', 'Longbranch', '"Lunch Money"', 'Mergatroid',
          '"Mr Peabody"', 'Oil-Can', 'Oinks', 'Old Scratch',
          'Ovaltine', 'Pennywhistle', 'Pitchfork Ben', 'Potato Bug',
          'Pushmeet','Rock Candy', 'Schlomo', 'Scratchensniff', 'Scut',
          "Sid 'The Squirts'", 'Skidmark', 'Slaps', 'Snakes', 'Snoobs',
          'Snorki', 'Soupcan Sam', 'Spitzitout', 'Squids', 'Stinky',
          'Storyboard', 'Sweet Tea', 'TeeTee', 'Wheezy Joe',
          "Winston 'Jazz Hands'", 'Worms')

  last = ('Appleyard', 'Bigmeat', 'Bloominshine', 'Boogerbottom',
          'Breedslovetrout', 'Butterbaugh', 'Clovenhoof', 'Clutterbuck',
          'Cocktoasten', 'Endicott', 'Fewhairs', 'Gooberdapple', 'Goodensmith',
          'Goodpasture', 'Guster', 'Henderson', 'Hooperbag', 'Hoosenater',
```

```
                'Hootkins', 'Jefferson', 'Jenkins', 'Jingley-Schmidt', 'Johnson',
                'Kingfish', 'Listenbee', "M'Bembo", 'McFadden', 'Moonshine', 'Nettles',
                'Noseworthy', 'Olivetti', 'Outerbridge', 'Overpeck', 'Overturf',
                'Oxhandler', 'Pealike', 'Pennywhistle', 'Peterson', 'Pieplow',
                'Pinkerton', 'Porkins', 'Putney', 'Quakenbush', 'Rainwater',
                'Rosenthal', 'Rubbins', 'Sackrider', 'Snuggleshine', 'Splern',
                'Stevens', 'Stroganoff', 'Sugar-Gold', 'Swackhamer', 'Tippins',
                'Turnipseed', 'Vinaigrette', 'Walkingstick', 'Wallbanger', 'Weewax',
                'Weiners', 'Whipkey', 'Wigglesworth', 'Wimplesnatch', 'Winterkorn',
                'Woolysocks')

❸  while True:
     ❹  firstName = random.choice(first)

     ❺  lastName = random.choice(last)

        print("\n\n")
     ❻  print("{} {}".format(firstName, lastName), file=sys.stderr)
        print("\n\n")

     ❼  try_again = input("\n\nTry again? (Press Enter else n to quit)\n")
        if try_again.lower() == "n":
            break

❽  input("\nPress Enter to exit.")
```

　　首先，向程序导入 sys 模块和 random 模块❶。sys 模块使你能够访问具体的系统错误消息，同时允许你把 IDLE 窗口中的输出文字设置为醒目的红色。random 模块使你可以随机地从存放名字和姓氏的元组中选择数据项。

　　print 语句的作用是向用户介绍本程序的功能❷。换行命令符\n 强制开始新行；在字符串输出的双引号中，不必使用\转义字符，而可以直接使用单引号'。需要注意的是，使用转义字符将会降低代码的可读性。

　　接下来，分别定义名字和姓氏元组。然后，程序开始执行 while 循环❸。将 while 循环语句的循环条件设置为 True，即让程序"一直运行，直到我让你停下来为止"。最终，你会使用 break 语句来结束这个循环。

　　在 while 循环体内，先从 first 元组中随机选择一个名字，并把这个名字赋给 firstName 变量 ❹。random 模块的 choice()函数会随机地从非空序列中选择一个元素，并把该元素当作函数的返回值。就本例而言，非空序列指的是名字元组。

　　紧接着，从 last 元组中随机选择一个姓氏，并将它分配给 lastName 变量❺。此时，你已经得到一组名字和姓氏，把它们输出在 shell 窗口中。向 print()函数提供可选参数 file=sys.stderr❻，使 IDLE 窗口中的"错误"信息显示为红色。同时，使用新的字符串格式化方法把姓名变量值转换为字符串。需要注意的是，旧的字符串格式方法指的是使用操作符%将变量值转换为字符串。在 Python 的官方网站可以获得更多与新的字符串格式化方法有关的信息。

　　之后，程序生成的假名就会显示出来。接着，利用 input 语句显示一段提示信息，询问用户是再来一次，还是退出程序。为了使这个有趣的姓名在 IDLE 窗口中更加显眼，本示例程序会使输出结果之间包含一些空白行。对于这个请求，如果用户直接按 Enter 键，那么变量 try_again 就不会捕捉到任何输入内容❼。由于没有返回任何内容，因此 if 条件语句不成立，while 循环会继续运行，程序会再次输出新的名字和姓氏对。如果用户按 N 键，那么 if 语句中的条件成立，break 语句会被执行。此时，while 循环语句的判断条件也不再是 True，循环随之结束。为了避免用户不小心按下 Caps lock 键，利用字符串对象的 lower() 函数把用户的输入值转换为小写字符。换言之，用户不必考虑输入的是小写字符还是大写字符，程序会总是将它视为小写。

最后，程序显示一条提示信息，告诉用户按 Enter 键结束程序❽。当用户按 Enter 键时，input() 函数不会把返回值赋给任何变量，程序结束，同时控制台窗口关闭。在 IDLE 编辑器窗口中，按 F5 键将会执行程序。

这段代码可以正常运行，但是仅能正常运行是不够的，Python 程序还得合乎一定的编程规范。

1. Python 社区的编程规范

根据 Python 之禅（The Zen of Python）的说法，"做好一件事情的方法应该有且只有一种"。在实践的基础上，Python 社区不断推出新的编程指导原则，发布新的 Python 增强提议（Python Enhancement Proposals，PEP），这些提议涉及一系列编程规范。Python 发行版中的标准库也遵循相关编程规范。PEP 8 是这些增强提议中最重要的编程规范。新的编程规范不断涌现，而旧的编程规范随着语言的改变逐渐被淘汰，PEP 8 标准也随着时间的推移而不断演化。

PEP 8 标准不仅约定了 Python 中标识符的命名原则，还规定了空白行、制表符和空格的使用方式，以及每行允许的最大字符长度和可采用的注释方式。PEP 8 标准能提高代码的可读性，使所有的 Python 程序在编程规范上保持一致。当开始用 Python 编写程序时，你应该努力学习这些公认的编程规范，并养成遵守这些规范的良好习惯。本书的代码样式将与 PEP 8 标准保持一致，但是为了满足出版行业的排版要求，我在撰写本书时并没有严格遵守编程规范（例如，在本书中我会尽量减少代码注释和空行，也会让文档字符串尽可能地短）。

在跨职能团队中，标准化的名称和过程对程序的开发尤为重要。否则，科学家和工程师之间可能会产生很多误解。1999 年，由于不同的团队使用不同的测量单位，工程师们失去了对火星气候轨道飞行器（Mars Climate Orbiter）的控制。在过去的 20 年时间里，我建立了能够应用于工程上的地球计算机模型。工程师可以使用脚本将这些模型加载到专门的软件中。为了帮助那些没有经验的人提高效率，工程师们会在项目开发过程中共享这些脚本。由于这些"命令文件"是根据每个项目定制的，因此在模型更新期间，工程师会对属性名的更改感到恼火。实际上，他们的内部准则之一便是"要求建模者使用一致的属性名"。

2. 使用 Pylint 模块检查代码

尽管你已经熟悉 PEP 8 标准，但是仍然可能会犯错误。查看代码是否遵守 PEP 8 标准也是一件很麻烦的事情。幸运的是，你有许多工具可用，例如 Pylint、pycodestyle 和 Flake8。在这些工具的帮助下，你可以轻松地编写出遵循 PEP 8 标准的代码。对于本章中的这个项目，你可以使用 Pylint 模块检查其代码的规范性。

（1）安装 Pylint 模块

Pylint 模块是一款 Python 的源代码错误和代码质量检查器。在 Pylint 模块官网上，你可以找到该模块安装包的免费副本；根据所使用的操作系统，找到 Install 按钮。这个按钮将显示安装 Pylint 模块的命令。例如，在 Windows 操作系统上进入 Python 的安装主目录（如 C:\Python35），在主目录中按住 Shift 键并单击鼠标右键，打开上下文菜单，根据你所使用的 Windows 版本，选择 "在此处打开 PowerShell 窗口"（open PowerShell window here）选项。最后，在弹出的窗口中执行 pip install pylint 命令。

（2）运行 Pylint 模块

在 Windows 操作系统中，在命令行窗口中可以运行 Pylint 模块。而对于较新的操作系统，也可以在 PowerShell（在待检查的 Python 模块主目录中，按住 Shift 并单击鼠标右键即可打开它）中运行它。输入 pylint filename 就可以运行该程序，如图 1-1 所示。扩展名.py 是可选的，需要注意的是，实际的目录路径可能与图中显示的有所不同。在 macOS 和类 UNIX 操作系统上可以使用终端模拟器来执行这些操作。

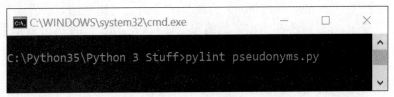

图 1-1　在 Windows 操作系统的命令行窗口中运行 Pylint 模块

Pylint 模块把程序的检查结果显示在命令行窗口中。下面是一个 Pylint 模块的输出示例：

```
C:\Python35\Python 3 Stuff\Psych>pylint pseudonyms.py
No config file found, using default configuration
************* Module pseudonyms
C: 45, 0: No space allowed around keyword argument assignment
    print(firstName, lastName, file = sys.stderr)
                                    ^ (bad-whitespace)
C: 1, 0: Missing module docstring (missing-docstring)
C: 2, 0: Multiple imports on one line (sys, random) (multiple-imports)
C: 7, 0: Invalid constant name "first" (invalid-name)
C: 23, 0: Invalid constant name "last" (invalid-name)
C: 40, 4: Invalid constant name "firstName" (invalid-name)
C: 42, 4: Invalid constant name "lastName" (invalid-name)
C: 48, 4: Invalid constant name "try_again" (invalid-name)
```

每行开头的大写字母代表消息码。例如，"C:15, 0" 指的是第 15 行第 0 列违背 Python 编程规范。下面是一些常见的 Pylint 模块消息码：

R：违反 "良好实践" 原则。

C：违反编程规范。

W：不严重的编程问题。

E：严重的编程问题（可能是一个错误）。

F：致命错误，阻止 Pylint 模块进一步运行。

通过与 PEP 8 标准进行一致性对比，Pylint 模块会为你的代码打分。在这个例子中，代码的得分为 4（满分 10 分）：

```
Global evaluation
-----------------
Your code has been rated at 4.00/10 (previous run: 4.00/10, +0.00)
```

（3）处理常量名称错误

你可能已经注意到，Pylint 模块错误地假设全局代码空间中的所有变量都表示常量，因此它们必须全部使用大写。该问题的解决方法有许多。第一种方法就是将这些变量放入 main()函数中，如清单 1-2 所示。这样一来，这些常量就不再位于全局代码空间。代码如下：

清单 1-2　main()函数的定义和调用方式

```
def main():
    some indented code
    some indented code
    some indented code
❶ if __name__ == "__main__":
    ❷ main()
```

变量__name__是一种特殊的内置变量，你可以用它判断程序的运行方式，即程序是独立运行的，还是以导入其他程序中的方式运行的。需要注意的是，导入模块指的是在一个 Python 程序内使用另一个 Python 程序的行为。如果直接运行该程序，变量__name__就会被设置为"__main__"。在清单 1-2 中，变量__name__的作用就是确保当该脚本以模块的形式导入其他程序时，main()函数不会被调用。只有当直接运行该脚本时，if 语句的判断条件才成立❶，main()函数才会被调用❷。但你并非总要遵守这样的约定。例如，若代码中仅有一个函数，就不需要在代码中使用变量__name__，直接以模块的形式将它导入另一个调用它的模块中即可。

除 import 语句之外，我们把程序 *pseudonyms.py* 的所有代码都放到 main()函数中，在 if 语句内调用 main()函数，如清单 1-2 所示。你既可以手动修改程序，使程序 *pseudonyms.py* 的代码满足前面所述的编程规范，也可以从本书配套资源中下载对应的程序 *pseudonyms_main.py*。然后重新运行 Pylint 模块，检查修改后的程序。你会在命令行窗口中看到下面的输出结果：

```
C:\Python35\Python 3 Stuff\Psych>pylint pseudonyms_main
No config file found, using default configuration
************* Module pseudonyms_main
C: 47, 0: No space allowed around keyword argument assignment
        print(firstName, lastName, file = sys.stderr)
                                        ^ (bad-whitespace)
C: 1, 0: Missing module docstring (missing-docstring)
C: 2, 0: Multiple imports on one line (sys, random) (multiple-imports)
C: 4, 0: Missing function docstring (missing-docstring)
C: 42, 8: Invalid variable name "firstName" (invalid-name)
C: 44, 8: Invalid variable name "lastName" (invalid-name)
```

现在，那些令人讨厌的无效常量名称提示已经消失，但是你的代码依然没有完全遵守 PEP 8 标准。尽管我很喜欢使用像 firstName 这样的驼峰命名法，但是 Python 规范不允许我这样做。

（4）配置 Pylint 模块

当使用 Pylint 模块检查较短的脚本时，我更倾向于使用 Pylint 模块的默认设置，并忽略掉"无效常量名称"提示。我还喜欢使用-rn（-reports=n 的简写）选项，它会阻止 Pylint 模块返回大量无关的统计信息：

```
C:\Python35\Python 3 Stuff\Psych>pylint -rn pseudonyms_main.py
```

注意，-rn 选项会禁用 Pylint 模块的代码评分功能。

当使用 Pylint 模块时，经常遇到的另外一个问题是：它的默认最大行长为 100 个字符，但是，PEP 8 建议的最多字符个数为 79。若想与 PEP 8 保持一致，请用下面所示的设置运行 Pylint 模块：

```
C:\Python35\Python 3 Stuff\Psych>pylint --max-line-length=79    pseudonyms_main
```

此时，你会看到缩减最大行长后，main()函数内某些行的长度超出规定值：

```
C: 12, 0: Line too long (80/79) (line-too-long)
C: 14, 0: Line too long (83/79) (line-too-long)
--snip--
```

当运行 Pylint 模块时，你不必每次都手动输入这些选项和参数。你可以使用该模块的 --generate-rcfile 命令生成自定义的配置文件。例如，为了避免输出大量的统计信息，将最大行长设置为 79 个字符，在命令行窗口中输入如下内容，即可生成所需的配置文件：

```
your pathname>pylint -rn --max-line-length=79 --generate-rcfile >
name.pylintrc
```

将自定义参数设置放在--generate-rcfile > name.pylintrc 命令之前，在扩展名.pylintrc 的前面输入配置文件名。你可以像前面所做的那样，生成一个独立的配置文件来评估 Python 程序的规范性。当生成配置文件时，Pylint 模块允许设置配置文件的存储路径，但是默认情况下，它会自动保存在当前的工作目录中。

为了使用自定义的配置文件，你需要在待检查程序前输入自定义配置文件名，并在配置文件名前输入--rcfile。例如，若要在文件 *myconfig.pylintrc* 指定的配置下运行 *pseudonyms_main.py* 程序，则需要在命令行窗口中输入如下内容：

```
C:\Python35\Python 3 Stuff\Psych>pylint --rcfile myconfig.pylintrc
pseudonyms_main
```

3. 使用文档字符串描述代码

Pylint 模块检测出程序 *pseudonyms_main.py* 缺少文档字符串。PEP 257 标准指出：文档字符串是一种常放在模块、函数、类和方法定义开头的字符串。文档字符串的作用是简要地描述代码的功能，它可能会包括诸如输入要求等在内的说明信息。下面是一个在函数中使用单行文档字符串的示例，该字符串在一对三引号内：

```
def circ(r):
    """Return the circumference of a circle with radius of r."""
    c = 2 * r * math.pi
    return c
```

上面的文档字符串只是为了说明函数的功能，在实际的应用中，文档字符串可能更长，包含的信息也更多。例如，下面是这个函数的多行文档字符串示例，该字符串包含函数的输入和输出参数说明等信息：

```
def circ(r):
    """Return the circumference of a circle with radius of r.

    Arguments:
```

```
r – radius of circle

Returns:
        float: circumference of circle
    """

    c = 2 * r * math.pi
    return c
```

文档字符串的书写方式会因个人、项目和公司的不同而有所差别。因此，你会发现存在很多相互矛盾的规范。谷歌公司就有独具该公司特色的编程规范。科学界的某些人士喜欢使用 NumPy 文档字符串书写标准。reStructuresText 是一种流行的文档字符串格式化工具，它主要与工具 Sphinx 结合使用。通过 Python 代码的文档字符串，这些工具可为项目生成 HTML 和 PDF 格式的文档。如果阅读过一些 Python 模块的字符串文档，你可能看到过 Sphinx 字符串文档格式工具的使用。在 1.11 节中，你可以学到一些不同风格的文档字符串编写规范。

利用一款名为 pydocstring 的免费工具可以检查文档字符串是否符合 PEP 257 标准。若想把这款工具安装在 Windows 操作系统和任何其他操作系统上，你可以打开命令行窗口并执行 pip install pydocstyle 命令（如果操作系统中既安装有 Python2，又安装有 Python3，那么安装该工具时，你要在命令行窗口中输入 pip3）。

为了使用 pydocstring 工具，先打开命令行窗口，将当前工作目录切换至待检查代码所在的目录。如果在命令行窗口中未指定文件名，pydocstring 工具会检查该目录中的所有 Python 程序，并为每个程序生成相应的检查报告：

```
C:\Python35\Python 3 Stuff\Psych>pydocstyle
.\OLD_pseudonyms_main.py:1 at module level:
        D100: Missing docstring in public module
.\OLD_pseudonyms_main.py:4 in public function `main`:
        D103: Missing docstring in public function
.\ pseudonyms.py:1 at module level:
        D100: Missing docstring in public module
.\ pseudonyms_main_broken.py:1 at module level:
        D200: Oneline docstring should fit on one line with quotes (found 2)
.\ pseudonyms_main_broken.py:6 in public function `main`:
        D205: 1 blank line required between summary line and description
(found 0)
```

如果程序的文档字符串满足 Python 编程规范，那么 pydocstring 工具不会返回任何内容：

```
C:\Python35\Python 3 Stuff\Psych>pydocstyle pseudonyms_main_fixed.py

C:\Python35\Python 3 Stuff\Psych>
```

对于本书的所有项目，我将会在项目代码中使用一些简单的文档字符串，尽量降低注释的使用频率，避免过多注释影响代码的可读性。当然，若想练习文档字符串的编写方法，你可以对前面的示例进行随意拓展，也可以使用 pydocstring 工具来检查文档字符串的规范性。

4. 检查代码风格

下面来了解一下如何使虚假姓名生成器程序的代码更符合 PEP 8 和 PEP 257 标准。

将程序 *pseudonyms_main.py* 复制一份，把它重命名为 *pseudonyms_main_fixed.py*，使用 Pylint 模块对它的规范性进行评估：

```
your_path>pylint --max-line-length=79 pseudonyms_main_fixed
```

不要使用-rn 选项，否则会禁用评分功能。在命令行窗口的底部，你会看到如下输出信息：

```
Global evaluation
-----------------
Your code has been rated at 3.33/10
```

现在，根据 Pylint 模块的检查结果修改程序 *pseudonyms_main_fixed.py* 的代码。在下面的例子中，我已经用粗体标注了要更正的地方。为了解决最大行长度不一致引起的问题，我修改了元组的名称。在本书的配套资源中，你可以找到修改后的代码对应的程序 *pseudonyms_main_fixed.py*。

pseudonyms_main_fixed.py

```python
"""从两个独立的名字元组中随机选择元素来生成有趣的假名"""
import sys
import random

def main():
    """从两个名字元组中随机选择一些名字并输出到屏幕上"""
    print("Welcome to the Psych 'Sidekick Name Picker.'\n")
    print("A name just like Sean would pick for Gus:\n\n")

    first = ('Baby Oil', 'Bad News', 'Big Burps', "Bill 'Beenie-Weenie'",
             "Bob 'Stinkbug'", 'Bowel Noises', 'Boxelder', "Bud 'Lite'",
             'Butterbean', 'Buttermilk', 'Buttocks', 'Chad', 'Chesterfield',
             'Chewy', 'Chigger', 'Cinnabuns', 'Cleet', 'Cornbread',
             'Crab Meat', 'Crapps', 'Dark Skies', 'Dennis Clawhammer',
             'Dicman', 'Elphonso', 'Fancypants', 'Figgs', 'Foncy', 'Gootsy',
             'Greasy Jim', 'Huckleberry', 'Huggy', 'Ignatious', 'Jimbo',
             "Joe 'Pottin Soil'", 'Johnny', 'Lemongrass', 'Lil Debil',
             'Longbranch', "'Lunch Money'", 'Mergatroid', "'Mr Peabody'",
             'Oil-Can', 'Oinks', 'Old Scratch', 'Ovaltine', 'Pennywhistle',
             'Pitchfork Ben', 'Potato Bug', 'Pushmeet', 'Rock Candy',
             'Schlomo', 'Scratchensniff', 'Scut', "Sid 'The Squirts'",
             'Skidmark', 'Slaps', 'Snakes', 'Snoobs', 'Snorki', 'Soupcan Sam',
             'Spitzitout', 'Squids', 'Stinky', 'Storyboard', 'Sweet Tea',
             'TeeTee', 'Wheezy Joe', "Winston 'Jazz Hands'", 'Worms')

    last = ('Appleyard', 'Bigmeat', 'Bloominshine', 'Boogerbottom',
            'Breedslovetrout', 'Butterbaugh', 'Clovenhoof', 'Clutterbuck',
            'Cocktoasten', 'Endicott', 'Fewhairs', 'Gooberdapple',
            'Goodensmith', 'Goodpasture', 'Guster', 'Henderson', 'Hooperbag',
            'Hoosenater', 'Hootkins', 'Jefferson', 'Jenkins',
            'Jingley-Schmidt', 'Johnson', 'Kingfish', 'Listenbee', "M'Bembo",
            'McFadden', 'Moonshine', 'Nettles', 'Noseworthy', 'Olivetti',
            'Outerbridge', 'Overpeck', 'Overturf', 'Oxhandler', 'Pealike',
            'Pennywhistle', 'Peterson', 'Pieplow', 'Pinkerton', 'Porkins',
            'Putney', 'Quakenbush', 'Rainwater', 'Rosenthal', 'Rubbins',
            'Sackrider', 'Snuggleshine', 'Splern', 'Stevens', 'Stroganoff',
            'Sugar-Gold', 'Swackhamer', 'Tippins', 'Turnipseed',
            'Vinaigrette', 'Walkingstick', 'Wallbanger', 'Weewax', 'Weiners',
            'Whipkey', 'Wigglesworth', 'Wimplesnatch', 'Winterkorn',
            'Woolysocks')

    while True:
        first_name = random.choice(first)
        last_name = random.choice(last)

        print("\n\n")
```

```
# 使用 "致命错误" 字体设置,在 IDLE 窗口中将输出的姓名颜色设为红色
print("{} {}".format(first_name, last_name), file=sys.stderr)
print("\n\n")

try_again = input("\n\nTry again? (Press Enter else n to quit)\n ")

if try_again.lower() == "n":
    break

    input("\nPress Enter to exit.")

if __name__ == "__main__":
    main()
```

在满分为 10 分的情况下,Pylint 模块给修改后的程序代码打了 10 分:

```
Global evaluation
-----------------
Your code has been rated at 10.00/10 (previous run: 3.33/10, +6.67)
```

从前面的内容可以看到,当评估程序 *pseudonyms_main_fix .py* 时,pydocstyle 工具没有产生错误信息。但是,不要错误地认为程序的编程规范良好,甚至认为它已经足够好。例如,下面的文档字符串也可以通过 pydocstyle 工具的检查:

```
"""ksjkdls lskjds kjs jdi wllk sijkljs dsdw noiu sss."""
```

编写简洁且真正有用的文档字符串和注释是一件很困难的事情。我们可以借助 PEP 257 标准来处理文档字符串,但是注释的样式通常比较灵活,适用范围也相对更为开放。注释太多会产生视觉干扰,从而导致用户反感。过多的注释是不必要的,良好的代码本身就是编写思路的自述。开发者添加注释的原因有很多,如澄清代码意图,避免用户使用程序时出现潜在的错误;提醒用户注意输入数据的度量单位或格式等。若想正确地使用注释,则需要关注别人使用注释的方式,借鉴那些好的注释例子。此外,你还要考虑 5 年后重新阅读自己的代码时,希望在注释中看到什么内容。

Pylint 模块和 pydocstyle 工具都易于安装和运行,它们可以帮助你更好地学习并遵守 Python 社区公认的编程标准。当你通过 Web 论坛寻求帮助,并希望获得友好、温和的回答时,你应该遵循的一个原则就是:在代码发布到论坛之前,先运行 Pylint 模块,评估代码的规范性。

1.2 本章小结

现在,你应该知道如何才能编写出 Python 社区所期望的代码和文档。重要的是,你已经学会编写产生一些诸如 "sidekick" "gangster" "informant" 等虚假名字的程序。下面是一些我比较喜欢的姓名。

Pitchfork Ben Pennywhistle	'Bad News' Bloominshine
Chewy Stroganoff	'Sweet Tea' Tippins
Spitzitout Winterkorn	Wheezy Joe Jenkins
'Big Burps' Rosenthal	Soupcan Sam Putney
Bill 'Beenie-Weenie' Clutterbuck	Greasy Jim Wigglesworth

Drak Skies Jingley-Schmidt	Chesterfiled Walkingstick
Potato Bug Quakenbush	Jimbo Woolysocks
Worms Endicott	Fancypants Pinkerton
Cleet Weiners	Dicman Overpeck
Ignatious Outerbridge	Buttocks Rubbins

1.3 延伸阅读

通过本书的配套资源，你可以获得与本章相关的资源文件。

1.3.1 伪代码编写标准

通过本书的配套资源，你可以看到对伪代码编写标准的正规描述。

1.3.2 编程规范

- ❑ PEP 8 编程规范。
- ❑ PEP 257 指导准则。
- ❑ Google 编程规范。
- ❑ Google 编程规范范例。
- ❑ NumPy 文档字符串标准。
- ❑ NumPy 文档字符串范例。
- ❑ reStructuredText 模块及文档。
- ❑ 在《Python 编程之美》一书中，有一节内容专门介绍了代码样式编写规范和 autopep8 工具的使用方法，autopep8 工具在一定程度上能够自动格式化代码，使它满足 PEP 8 标准。
- ❑ 在布雷特·斯拉特金（Brett Slatkin）撰写的 *Effective Python* 一书中，有一节内容与程序的文档字符串相关。

1.3.3 第三方模块

从本书的配套资源中，你可以获得一些有用资源。例如一些有价值的第三方模块介绍：
- ❑ Pylint 模块详细介绍；
- ❑ pydocstyle 模块详细介绍。

1.4 实践项目

尝试用字符串来处理这些实践项目。从本书的附录中，你可以找到这些项目的解决方案。

1.4.1　儿童黑话

为了形成儿童黑话（Pig Latin）（注：故意颠倒句子中的字母顺序来形成话语），首先需要一个以辅音开头的英语单词，并把辅音移到末尾，然后在单词末尾加上"ay"。若单词以元音开头，则只需在单词最后面加上"way"。在梅尔·布鲁克斯的喜剧杰作 *Young Frankenstein* 中，马蒂·费尔德曼说出了有史以来最著名的儿童黑话短语"ixnay on the ottenray"。

编写一个以单词作为输入内容的程序，它使用字符串索引和切片操作返回单词对应的儿童黑话。运行 Pylint 模块和使用 pydocstyle 工具检查所编写的代码，纠正程序出现的任何样式错误。你可以在附录中找到儿童黑话项目的解决方案，也可以从本书的配套资源中下载它对应的程序 *pig_latin_practice.py*。

1.4.2　简单条形图

你可以借用助记符"etaoin"（发音为 eh-tay-oh-in）来记忆英语中最常用的 6 个字母。编写一个以句子（字符串）为输入内容的 Python 脚本程序，该程序会返回一个字符型的简单条形图，如图 1-2 所示。小提示：本项目用到了字典数据结构和两个尚未学习的模块，即 pprint 模块和 collections/defaultdict 模块。

```
Python 3.5.2 Shell                                              —    □    ×
File Edit Shell Debug Options Window Help
You may need to stretch console window if text wrapping occurs.

text = Like the castle in its corner in a medieval game, I foresee terrible trouble and I stay here just
the same.

defaultdict(<class 'list'>,
            {'a': ['a', 'a', 'a', 'a', 'a', 'a', 'a'],
             'b': ['b', 'b'],
             'c': ['c', 'c'],
             'd': ['d', 'd'],
             'e': ['e', 'e', 'e', 'e', 'e', 'e', 'e', 'e', 'e', 'e', 'e', 'e', 'e', 'e', 'e', 'e', 'e'],
             'f': ['f'],
             'g': ['g'],
             'h': ['h', 'h', 'h'],
             'i': ['i', 'i', 'i', 'i', 'i', 'i', 'i', 'i'],
             'j': ['j'],
             'k': ['k'],
             'l': ['l', 'l', 'l', 'l', 'l'],
             'm': ['m', 'm', 'm'],
             'n': ['n', 'n', 'n', 'n'],
             'o': ['o', 'o', 'o'],
             'r': ['r', 'r', 'r', 'r', 'r', 'r', 'r'],
             's': ['s', 's', 's', 's', 's', 's'],
             't': ['t', 't', 't', 't', 't', 't', 't', 't'],
             'u': ['u', 'u'],
             'v': ['v'],
             'y': ['y']})
>>>
                                                              Ln: 23 Col: 34
```

图 1-2　附录中 EATOIN_practice.py 程序输出的简单条形图

1.5　挑战项目

对于挑战项目，本书不提供解决方案，你只能靠自己!

1.5.1   拉丁文简单条形图

使用在线翻译器将你的文本转换成另一种基于拉丁文的文本（如西班牙语、法语），重新运行简单条形图程序的代码，并比较两者的输出结果。对于图 1-2 所示的西班牙语译文，程序 *EATOIN_challenge.py* 将会产生图 1-3 所示的输出结果。

```
Python 3.5.2 Shell                                                    −    □    ×

File  Edit  Shell  Debug  Options  Window  Help
You may need to stretch console window if text wrapping occurs.

text = Al igual que el castillo en la esquina en un juego medieval, preveo terribles problemas y me quedo
aquí lo mismo.

defaultdict(<class 'list'>,
            {'a': ['a', 'a', 'a', 'a', 'a', 'a', 'a', 'a'],
             'b': ['b', 'b'],
             'c': ['c'],
             'd': ['d', 'd'],
             'e': ['e', 'e', 'e', 'e', 'e', 'e', 'e', 'e', 'e', 'e', 'e', 'e', 'e', 'e'],
             'g': ['g', 'g'],
             'i': ['i', 'i', 'i', 'i', 'i', 'i'],
             'j': ['j'],
             'l': ['l', 'l', 'l', 'l', 'l', 'l', 'l', 'l', 'l', 'l'],
             'm': ['m', 'm', 'm', 'm', 'm'],
             'n': ['n', 'n', 'n', 'n'],
             'o': ['o', 'o', 'o', 'o', 'o', 'o', 'o'],
             'p': ['p', 'p'],
             'q': ['q', 'q', 'q', 'q'],
             'r': ['r', 'r', 'r', 'r'],
             's': ['s', 's', 's', 's', 's'],
             't': ['t', 't'],
             'u': ['u', 'u', 'u', 'u', 'u', 'u', 'u'],
             'v': ['v', 'v'],
             'y': ['y']})
>>>                                                                   Ln: 31 Col: 4
```

图 1-3   对于图 1-2 所示的西班牙语译文，运行 *EATOIN_challenge.py* 程序产生的输出结果

在西班牙语句子中，"L"出现的频率是英语句子中的两倍，而"U"出现的频率则是英语句子中的 3 倍。若想使用柱状图直接比较不同输入之间的差异，则需要进一步修改代码，即无论字母表中的键是否有对应的值，都要把它输出。

1.5.2   中间名

重写虚假姓名生成器的代码，使它包含中间名。首先，创建一个新的 middle_name 元组，然后将现有名字拆分成名字-中间名对（例如，"Joe 'Pottin Soil'""Sid 'The Squirts'"），并将它们添加到元组中。你还应该将一些明显的昵称（如"Oil Can"）保存在 middle_name 元组中。最后，添加一些新的中间名（如"The Big News""Grunts""Tinkie Winkie"）。生成带有中间名的假名后，利用 random 模块使这些假名出现的概率为二分之一或三分之一。

1.5.3   挑战不同的项目

创建一个你喜欢的有趣姓名列表，将它加载到虚假姓名生成器程序中。小提示：电影演职人员名单是一个获取姓名的不错来源。

第 2 章

寻找回文

仔细观察单词 Radar、Kayak、Rotator 和 Sexes，它们有什么共同的特点呢？这些单词都是回文（Palindrome），无论是从前往后拼写，还是从后往前拼写，它们都构成同一个单词。回文短语在这方面表现得更加明显，整个短语正着拼写和倒着拼写都表达同样的意思。拿破仑就是一位著名的回文创造者。拿破仑曾被流放到厄尔巴岛，当第一次见到这个岛时他说道："Able was I ere I saw Elba."

2011 年，DC 漫画公司出版了一本有趣的书，书中的某些故事情节就涉及回文。当超级英雄女巫萨塔娜受到诅咒时，她只能通过默念回文形式的咒语来施展法力。为了击败挥舞着剑的攻击者，女巫萨塔娜必须设法想出诸如 "nurses run" "stack cats" "puff up" 之类的两字短语。这引发了我的思考：故事中的回文短语到底还有多少呢？女巫萨塔娜还有更好的选择吗？

在本章中，你会从网上获取字典文件，并把这些文件加载到程序中，再利用编写的 Python 程序寻找这些文件所包含的回文单词。接下来，你会学习从文件中寻找更为复杂的回文短语的方法。之后，你将尝试用一个叫作 cProfile 的工具分析程序代码的性能，该工具有助于你编写出性能更好的代码。最后，你会学习回文的筛选方法，看看它们中有多少个具有"攻击"性的含义。

2.1 寻找和加载字典文件

本章中的所有项目均需要使用一个以文本格式存储的单词列表文件。通常，这种文件也被称为字典文件（Dictionary File）。因此，在继续学习新内容之前，我们先来探讨一下加载字典文件的问题。

尽管我们称这样的文件为字典文件，但是字典文件中只包含单词本身，不包含单词的发音、音节数、含义等。这是一个好消息，倘若字典文件中包含单词的这些信息，那将阻碍我们进行本章的项目。对你来说，还有一个更好的消息，那就是这些字典文件可以免费从网上获取。

从本书配套资源给定的链接中可以找到适用于本章项目的字典文件。下载其中的一个文件，或者以在线的方式直接打开所选文件，复制其内容并粘贴到诸如 Notepad、WordPad（macOS 上的 TextEdit）之类的文本编辑软件中，将其另存为.txt 类型的文本文件。将字典文件和 Python 程序放在同一目录中。本章项目使用的文本文件名字是 2of4brif.txt。该文件位于配套资源的压缩文件 12dicts-6.0.2.zip 中。

除了配套资源给出的文件外，UNIX 和类 UNIX 操作系统中还附带一个含有 200000 多个单词的大型单词文件，并用换行符把这些单词分隔开。该文件通常存储于/usr/share/dict/words 或者/usr/dict/words 目录下。在 Debian GNU/Linux 操作系统上，该单词列表存储在/usr/share/opendict/dictionary 目录下。在 macOS 上，字典文件通常存储在/Library/ Dictionaries 目录下，这个目录下还包含一些非英文的字典文件。若要使用这些字典文件，你需要根据操作系统及版本在线查找这些文件的准确存储位置。

有些字典文件不包含单词 a 和 I；而在有些字典中，每个字母都可以作为一个单独的单词（例如，d 就是字典文件中以字母 d 开头的首个单词）。在本书项目中，我们将忽略单个字母形式的回文。因此，刚刚提到的问题应该容易解决。

2.1.1　处理文件打开异常

无论什么时候，当加载一个外部文件时，程序都会自动检查一些 I/O 问题，并告知你是否存在这样的问题，例如文件丢失或文件名错误。

使用下面的 try 和 except 语句来捕获和处理程序执行过程中某些错误引发的异常：

```
❶ try :
    ❷ with open(file) as in_file :
        do something
  except IOError❸ as e :
    ❹ print("{}\nError opening {}. Terminating program.".format(e, file),
            file = sys.stderr)
    ❺ sys.exit(1)
```

首先，执行 try 语句块❶。该语句块内的 with 语句能够保证嵌套代码块无论以什么样的方式结束，文件都会被自动关闭❷。在终止进程之前关闭已打开文件是一种很好的编程习惯。如果不关闭这些文件，可能会耗尽系统的文件描述符（长时间运行的大型脚本就容易出现这类问题）。在 Windows 操作系统中，若不关闭文件，系统就会锁定文件，造成文件无法被进一步访问。如果一直向这些文件中写入数据，会使文件损坏或者数据丢失。

如果出现错误，并且错误类型与 except 关键字之后命名的异常类型相匹配❸，那么会跳过剩余的 try 语句，直接执行 except 语句块内的语句❹。若没有出现错误，程序就只执行 try 语句块内的语句，同时跳过 except 语句块。except 语句块中的 print 语句会让用户知道存在的问题是什么，而 file=sys.stderr 参数会将 IDLE 解释器窗口中的错误语句标红。

语句 sys.exit(1) ❺用于终止程序。语句 sys.exit(1)表示程序退出，参数 1 表明程序没有正常关闭。

若发生的异常与 except 语句指定的异常类型不匹配，则这个异常会被抛给任何外部 try 语句块或主程序。若不存在该类型异常的处理语句，则这个异常会导致程序终止，并发出标准的"traceback"错误提示消息。

2.1.2　加载字典文件

清单 2-1 的功能是以列表的形式加载字典文件的内容。你既可以手动输入该脚本，也可以从本书配套资源中获取其对应的程序文件 *load_dictionary.py*。你可以把这个文件当作模块导入其他程序中，并用一行代码调用它。请记住，模块是一个可以在其他 Python 程序中使用的 Python 程序。你可能已经意识到模块是代码的一种抽象（Abstraction）表示方法。抽象意味着你不必关注代码的所有细节。抽象的原则就是封装（Encapsulation），它会隐藏行为的细节。将加载文件的代码封装到一个模块中，这样在另一个程序中就不必关注它的实现细节。

清单 2-1 将一个字典文件加载至列表中的模块代码

load_dictionary.py

```
"""以列表的形式加载一个文本文件。

参数：
文本文件的名字。

异常：
若没有找到文件，则报告 IOError 类型的异常。

返回值：
一个包含文本文件中所有单词小写形式的列表。

要求导入的模块 sys。

"""
❶ import sys

❷ def load(file):
       """打开文本文件，并以列表的形式返回文件内容对应的小写字母。"""
       try:
           with open(file) as in_file:
           ❸ loaded_txt = in_file.read().strip().split('\n')
           ❹ loaded_txt = [x.lower() for x in loaded_txt]
               return loaded_txt
       except IOError as e:
        ❺ print("{}\nError opening {}. Terminating program.".format(e, file),
               file=sys.stderr)
           sys.exit(1)
```

在文档字符串之后，为了让错误处理代码起作用，我们通过导入 sys 模块来调用一些系统函数❶。接下来的代码段定义了一个 load()函数，该函数基于前面讨论过的文件加载方法实现❷，它以要加载的文件名为参数。

若打开文件时没有引发异常，则删除文本文件中的空格，并将各数据项单独分成一行保存至列表变量中❸。在函数返回列表之前，让每个单词都成为列表中的一个单独项。由于 Python 会区分字符的大小写，因此使用列表推导（List Comprehension）方法将所有单词统一转换为小写❹。列表推导是一种将列表或其他可迭代对象转换为另一个列表的快捷方法。在本例中，列表推导起到 for 循环的作用。

如果遇到 I/O 错误，程序会显示标准错误消息，并根据错误消息的描述参数 e 显示该事件产生的原因，同时向用户发出程序即将结束的提示❺。然后，使用 sys.exit(1)命令终止程序。

这段示例代码是为了说明这些步骤的功能。一般来说，你不会直接调用 sys 模块的 exit()函数，在程序结束之前，你可能还希望它做一些其他的事情，例如向日志文件中写入数据。为了使代码简洁和易于控制，在后面的章节中会把 try-except 代码块和 sys.exit()语句都写到 main()函数中。

2.2 项目 2：寻找回文单词

首先，你将在字典文件中寻找回文单词。然后，你将学习寻找更为困难的回文短语的方法。

> **目标**
>
> 使用 Python 在英文字典文件中搜索回文。

2.2.1 策略和伪代码

在开始编写代码之前，先想一想你要做什么。识别回文是一件很容易的事情，即将一个单词简单地与它自身的反向切片进行比较。下面是一个生成单词正向切片和反向切片的示例：

```
>>> word = 'NURSES'
>>> word[:]
'NURSES'
>>> word[::-1]
'SESRUN'
```

当对字符串（任何可分割类型）做切片操作时，若不提供切片的区间和步长，则默认的起始和终止位置分别是字符串的开头和结尾，步长等于 1。

图 2-1 所示为反向切片的完整过程。本例指定的起始位置为 2，步长为-1。由于没有提供结尾索引（在冒号之间没有指定索引值或设置空格），因此在执行切片操作时，将从后向前逐个（步长为-1）遍历字符串中的单词，直到没有字符剩下为止。

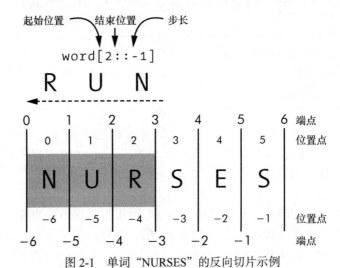

图 2-1 单词 "NURSES" 的反向切片示例

反向切片与正向切片的行为并不完全相同，这种不同主要表现在起始位置值的设置以及对端点的处理。这种不同可能会混淆正反向切片，为了避免这一问题，我们将单词的反向切片简单地设置为[::-1]）。

与加载字典文件相比，在字典中查找回文单词所需的代码更少。下面是查找回文单词的伪代码：

```
以列表的形式加载字典文件中的单词
创建一个空列表，保存查找到的回文单词
循环遍历列表中的每个单词：
    如果单词的正向切片与反向切片相同：
        将该单词添加到回文单词列表中
输出回文单词列表
```

2.2.2 寻找回文单词的代码

清单 2-2 是程序 *palindromes.py* 的源代码，该程序会判断从字典文件中读取的哪些单词是回文，并将这些回文单词保存到一个列表中，最后输出列表中的各个回文单词项。从本书的配套资源中可以下载到这段代码。除此以外，还需要用到程序 *load_dictionary.py* 和一个字典文件。记住，将这些文件保存在同一目录下。

清单 2-2 从加载的字典文件中寻找回文单词

palindromes.py
```
  """在字典文件中寻找回文单词"""
❶ import load_dictionary
❷ word_list = load_dictionary.load('2of4brif.txt')
❸ pali_list = []

❹ for word in word_list:
      if len(word) > 1 and word == word[::-1]:
          pali_list.append(word)

  print("\nNumber of palindromes found = {}\n".format(len(pali_list)))
❺ print(*pali_list, sep='\n')
```

首先，将程序 *load_dictionary.py* 当作一个模块导入本程序❶。需要注意的是，在导入模块时不必输入文件的扩展名.py。此外，这个模块应该与本程序位于同一目录下。这样就不必指定该模块的路径名。由于导入的这个模块（load_dictionary）已经包含导入语句 import sys，因此我们不需要在本程序里重复导入它。

为了用字典中的单词填充定义的单词列表，使用点符号调用 load_dictionary 模块中的 load() 函数❷。将字典文件的名称当作该函数的参数。同样地，若字典文件与 Python 程序位于同一目录下，则不需要指定该文件所在的路径。本程序使用的字典文件可能与你使用的字典文件有所不同。

接下来，创建一个保存回文的空列表❸。然后循环遍历 word_list 列表中的每个单词❹，判断单词的正向切片与反向切片是否相同。如果这个单词本身与它的切片相同，那么将该单词添加到列表 pali_list 中。需要注意的是，含有一个字母以上的单词（len(word) > 1）才满足回文的严格定义。

最后，单独输出列表中的各个回文单词，即输出的单词之间没有分隔符（引号或逗号）❺。通过循环遍历列表中每个单词的方式也可以实现这样的功能，但是这里采用一种更加高效便捷的做法，即使用分拆操作符（Splat Operator）——在对象前加上符号*。在本程序中，分拆操作符以列表为输入，将列表中的每个元素分拆成函数的位置参数。函数 print()的最后一个参数的作用是：设置数据之间的分隔符，默认的分隔符是空格（sep=' '）。然而，本程序想把每个回文单词都单独输出在一行上（sep='\n'）。

在英文中，回文单词相当少见。对于一个含有 60000 个单词的字典文件，若足够幸运，你可能会找到大约 60 个或者说约 0.1%的回文单词。尽管回文单词不太常见，但是利用 Python 程序很容易找到它们。现在，让我们来看看更有趣、更复杂的回文短语。

2.3   项目 3：寻找回文短语

与寻找回文单词相比，寻找回文短语（Palingram）需要考虑更多事情。在本节中，我们将编写一个查找回文短语的程序。

> **目标**
>
> 使用 Python 在英文字典中搜索两个单词构成的回文现象，并使用 cProfile 工具来分析和优化这段搜索回文短语的代码。

2.3.1   策略和伪代码

"nurses run" 和 "stir grits" 就是两个回文短语的例子，如图 2-2 所示。与回文单词类似，从回文短语中间的字母开始，它从前读和从后读都是一样的字母序列。我喜欢把这样的 "中间字母或字母组" 当作核心词（Core Word）。对单词 "nurses" 来说，它由回文序列（Palindromic Sequence）和倒序词序列（Reversed Word）派生而来。

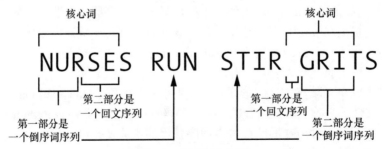

图 2-2   剖析回文短语

本项目对应的程序会检查回文短语的核心词。根据图 2-2 的描述，可对核心词的特点做出以下推论。

1. 核心词的字母数量既可以是奇数，也可以是偶数。

2. 从核心词的开头部分起，当反向读取字母序列时，这些连续的字母会拼凑成一个单词（First Part）。

3. 这个连续的部分由核心词的部分字母或者全部字母组成。

4. 核心词剩余部分的连续字母构成回文序列（Second Part）。

5. 回文序列可以由核心词的部分字母或全部字母组成。

6. 回文序列不一定是一个真正的单词（除非它由该单词的所有字母组成）。

7. 这两个部分不能重叠或共享字母。

8. 回文序列本身是可逆的。

注意

如果整个核心词都由倒序词组成，而核心词又不是回文单词，那么这样的单词被称为回字（Semordnilap）。回字类似于回文单词，它们间关键的区别是：回文单词倒读时会拼写成相同的单词，而回字倒读时会拼写成一个不同的单词。例如，单词 bats 与单词 stab 互为回字，单词 wolf 与单词 flow 互为回字。

图 2-3 所示为由 6 个字母组成的任意单词。"X"代表单词的一部分，当倒着读时，它可能会组成一个真正的单词（例如单词"nurses"中的"run"）。"O"表示可能的回文序列（例如单词"nurses"中的"ses"）。图 2-3 中左侧的单词会组成一个类似于图 2-2 中 nurses 的单词，它们的开头都由一个倒序词组成。图 2-3 中右侧的单词会组成一个类似于图 2-2 中 grits 的单词，倒序词位于单词的末尾部分。需要注意的是，单词的组合数等于每一列中单词的字母总数加 1。还需要注意的是，顶部和底部的行代表两种相同的情况。

```
XXXXXX XXXXXX
XXXXXO OOOOOX
XXXXOO OOOOXX
XXXOOO OOOXXX
XXOOOO OOXXXX
XOOOOO OXXXXX
OOOOOO OOOOOO
```

图 2-3 在含有 6 个字母的核心单词中，倒序部分（X）和回文序列（O）的可能位置

每一列的最顶行代表回字，最底行代表回文。回字和回文都属于倒序词，只是它们属于不同的倒序词类型而已。因此，将回字和回文视为同一种东西，并且在循环中用一行代码就可判断出它们。

若要查看实际的关系图，请参考图 2-4 所示。从图中可以看出，在回文短语"devils lived"和"retro porter"中，单词"devils"和单词"porter"都是核心词。这两个短语在回文序列和倒序词方面互为镜像。以回字 evil 和回文 kayak 为例，比较这两种情况。

回文既是倒序词又是回文序列。由于回文与回字具有相同的 X 模式，因此可以使用处理回字的代码来处理回文。

从策略上来讲，你需要循环遍历字典中的每个单词，判断其是否属于图 2-3 中的某个组合。假设字典文件中有 60000 个单词，则程序大约需要做 500000 次判断。

为了理解这个循环，请查看图 2-5 中回文"stack cats"的核心单词。你的程序需要循环遍历单词中的每个字母，遍历过程从结尾的字母开始；下次迭代时增加一个字母，即从次尾字母开始，依次类推。为了找到像"stack cats"这样的回文短语，还要判断核心词（stack）的末尾

是否存在回文序列，以及它的开头是否存在一个倒序单词。需要注意的是，图 2-5 所示的第一个循环判断就会成功，因为在回文短语中，单独的字母（k）也能组成回文。

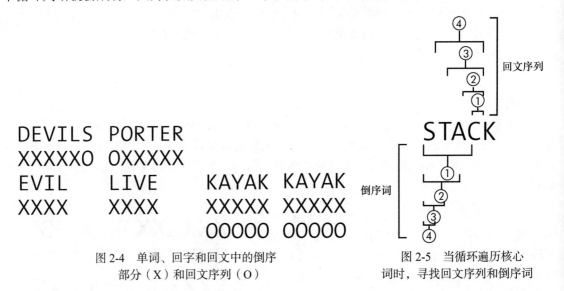

图 2-4　单词、回字和回文中的倒序
部分（X）和回文序列（O）

图 2-5　当循环遍历核心
词时，寻找回文序列和倒序词

但是，这样做还不够。如果想判断它是否存在图 2-3 中的"镜像"现象，你必须倒着执行遍历过程，即从单词的开头查找回文序列，从单词的结尾查找倒序词。这种方法可以让你找到像"stir grits"这样的回文短语。

下面是查找回文短语的伪代码：

```
以列表的形式加载字典文件中的内容
创建一个保存回文短语的空列表
遍历列表中的每个单词：
    获取单词的长度
    如果单词长度大于 1：
        遍历单词中的每个字母：
            如果该单词前面的字母组成倒序词，并且该单词剩余的字母构成回文序列：
                将单词及倒序词添加至回文短语列表中
            如果该单词末尾的字母组成倒序词，并且该单词前面的字母组成回文序列：
                将单词及倒序词添加至回文短语列表中
按照字母表顺序对列表中的回文短语排序
输出回文短语列表中的回文单词对
```

2.3.2　寻找回文短语的代码

清单 2-3 是程序 *palingrams.py* 的代码实现。该程序先循环遍历单词列表，确定哪些单词对构成回文短语，再将这些回文短语对保存到列表中，并单独输出回文列表中的各个数据项。从本书的配套资源中可以获得该程序。当开始本项目时，建议以 2of4brif.txt 为项目的字典文件，这样程序的运行结果会与本书所给的结果一致。记住，将字典文件、程序 *load_dictionary.py* 以及程序 *palingrams.py* 放到同一目录下。

清单 2-3 在已加载的字典中查找和输出回文短语

palingrams.py

```python
"""寻找给定字典文件中的所有回文短语"""
import load_dictionary

word_list = load_dictionary.load('2of4brif.txt')

# 寻找回文短语
❶ def find_palingrams():
    """寻找字典中的回文短语。"""
    pali_list = []
    for word in word_list:
      ❷ end = len(word)
      ❸ rev_word = word[::-1]
      ❹ if end > 1:
          ❺ for i in range(end):
              ❻ if word[i:] == rev_word[:end-i] and rev_word[end-i:] in word_list:
                    pali_list.append((word, rev_word[end-i:]))
              ❼ if word[:i] == rev_word[end-i:] and rev_word[:end-i] in word_list:
                    pali_list.append((rev_word[:end-i], word))
  ❽ return pali_list

❾ palingrams = find_palingrams()
  # 根据短语的第一个单词，对回文短语进行排序
  palingrams_sorted = sorted(palingrams)

  # 输出回文短语列表
❿ print("\nNumber of palingrams = {}\n".format(len(palingrams_sorted)))
  for first, second in palingrams_sorted:
      print("{} {}".format(first, second))
```

在清单 2-3 中，先利用在程序 *palindromes.py* 中用过的方法加载字典文件。然后，定义一个查找回文短语的函数❶。该函数使寻找回文短语的代码和统计寻找字典中回文短语所耗费时间的代码相分离。

在 find_palingrams()函数的内部创建一个名为 pali_list 空列表变量，用该列表保存程序发现的所有回文短语。紧接着，定义一个 for 循环，逐一检查列表 word_list 中的每个单词。在 for 循环体内，先获取单词的长度，并将其值赋给变量 end❷。单词的长度决定了对单词进行切片操作时使用的索引值，它还确定了倒序词和回文序列可能的组合数。

接下来，对单词进行反向切片，将切片结果分配给变量 rev_word❸。为了增强代码的可读性，也可以用".join(reversed(word))操作替代 word[::-1]反向切片操作。

由于寻找的是单词对形式的回文短语，因此应排除单字母型的单词❹。然后，在该循环体内以嵌套的方式定义一个 for 循环，遍历当前单词中的所有字母❺。

紧接着，执行条件判断语句：判断单词后面的字母是否构成回文序列，同时判断单词前面的剩余字母组成的倒序词是否位于单词列表中（换句话说，判断倒序词是否属于一个"真正的"单词）❻。如果该单词满足条件，就把该单词及其倒序词添加到回文短语列表中。

由图 2-3 可知，必须再次执行条件判断语句，但要改变切片操作的方向和词序，以达到倒置输出结果的目的。换句话说，你必须判断单词的开头是否构成回文序列❼，而不是判断单词的末尾是否构成回文序列。在函数定义的末尾，返回回文短语列表❽。

当函数定义完后，就可以在程序中调用它❾。在 for 循环中，将字典中的单词添加到回文

短语列表时会导致单词顺序发生改变，所以这些回文短语不会按照字母表顺序排列。因此，根据单词对中的第一个单词，使回文列表按照字母表顺序排列。最后，输出列表的长度❿，并让每个回文短语都单独显示在一行上。

如前所述，当运行程序 *palingrams.py* 时，搜索一个包含约 60000 个单词的字典文件大约要花费 3 分钟。在下一节中，我们将研究该程序耗时的关键因素，并尝试提高程序的运行效率。

2.3.3　程序性能分析

程序性能分析是一种通过收集与程序运行行为相关的统计数据而展开的分析过程，例如在程序执行过程中，收集函数的调用次数和运行函数所耗费的时间。程序性能分析是优化程序的关键，它能够准确地得出程序的哪些部分占用较多的时间和内存。这样一来，程序开发者就知道从哪里入手来提高程序的运行性能。

1. 用 cProfile 模块分析程序性能

性能是度量程序质量的重要指标。性能分析器应该输出程序执行期间各部分耗费的时间和运行频次。Python 标准库中就有这样的性能分析模块——cProfile，它是一个适合对长时间运行程序进行性能分析的 C 语言扩展程序。

find_palingrams()函数中的某些操作可能导致程序 *palingrams.py* 的运行时间较长。为了确认这一猜想，我们可以运行 cProfile 程序性能分析器，检查程序 *palingrams.py* 中各操作的耗时情况。

将下面的代码复制到一个名为 *cprofile_test.py* 的新文件中，并将它放到 *palingrams.py* 程序和字典文件所在的目录中。下面这段代码的作用是导入模块 cProfile 和程序 palingrams，并用 cProfile 模块检查 find_palingrams()函数的性能。其中，点号表示函数调用。需要注意的是，当导入模块时，无须指定模块的扩展名（.py）：

```
import cProfile
import palingrams
cProfile.run('palingrams.find_palingrams()')
```

运行程序 *cprofile_test.py*，当运行完毕后（将在解释器窗口中看到 ">>>"），你应该会看到类似下面这样的输出内容：

```
        62622 function calls in 199.452 seconds

   Ordered by: standard name

   ncalls  tottime  percall  cumtime  percall filename:lineno(function)
        1    0.000    0.000  199.451  199.451 <string>:1(<module>)
        1  199.433  199.433  199.451  199.451 palingrams.py:7(find_palingrams)
        1    0.000    0.000  199.452  199.452 {built-in method builtins.exec}
    60388    0.018    0.000    0.018    0.000 {built-in method builtins.len}
     2230    0.001    0.000    0.001    0.000 {method 'append' of 'list' objects}
```

在测试计算机上，所有循环、切片和搜索操作共花费 199.452 秒。当然，在不同的计算机上得到的统计结果可能会有所不同。你还可以获得一些与内置函数相关的额外信息。由于每得到一个回文短语都要调用内置的 append()函数，因此通过 append()函数的调用次数可以知道找到的回文短语总数量（2230 个）。

注意

一般来说，常在解释器窗口中直接运行 cProfile 模块来分析程序性能。该模块还允许你将输出结果另存到文本文件中，利用浏览器就可查看文件的内容。若想获得更多有关该模块的信息，请访问 Python 官网中与该模块相关的主题。

2. 用 time 模块统计程序运行时间

统计程序运行时间的另一种方法是使用 time.time()函数，它会返回一个纪元时间戳（Epoch Timestamp）——从 1970 年 1 月 1 日 0 时 0 分 0 秒到当前经历的秒数。将文件 *palingrams.py* 中的代码复制到一个新文件内，将这个新文件命名为 *palingrams_timed.py*，同时在该程序的顶部插入以下代码：

```
import time
start_time = time.time()
```

现在，跳转到文件末尾，添加如下代码片段：

```
end_time = time.time()
print("Runtime for this program was {} seconds.".format(end_time-start_time))
```

保存该程序并运行它。几秒后，你可以在解释器窗口的底部看到如下输出信息：

```
Runtime for this program was 222.73954558372498 seconds.
```

从解释器窗口中的输出结果来看，程序的运行时间比原来要长，这是因为本次统计的不是函数 find_palingrams()的运行时间，而是整个程序的运行时间（输出语句也包含在内）。

与 cProfile 模块不同，time 模块提供的统计信息不够详细。但与 cProfile 模块一样，该模块也可以单独统计某个代码块的运行时间。重新编辑刚刚运行的程序，改变统计时间的开始和结束语句（如下面代码段中的粗体部分所示），这样就可将程序运行时耗费时间的函数 find_palingrams() "包裹" 起来：

```
start_time = time.time()
palingrams = find_palingrams()
end_time = time.time()
```

保存这个程序并运行它。你可以在解释器窗口的底部看到如下输出信息：

```
Runtime for this program was 199.42786622047424 seconds.
```

这次程序的输出结果与先前用 cProfile 模块的输出结果一致。如果重新运行程序，或者使用不同的计时器统计程序运行时间，你会得到完全不同的输出结果，但不要过分关注输出结果之间的差异。程序运行的相对时间才是指导代码优化的关键。

3. 回文短语程序优化

但对我来说，为了得到回文短语而等待 3 分钟是不能接受的。由程序性能分析结果可知，程序的大部分时间都耗费在 find_palingrams()函数上。这可能与列表的读写、切片以及搜索操作有关。采用其他的数据结构（如元组、集合或字典）可能会加快该函数的执行速度。特别地，当使用 in 关键字时，集合的运行速度要比列表快得多。集合利用散列表进行快速的查找。散列算法可将文本字符串转换为比文本本身小得多的唯一数字，这会让搜索操作更加高效。此外，当用列表存储数据时，对每个数据项的搜索都是呈线性的。

想象如下场景，思考该问题：如果在家里寻找丢失的手机，你可以列出一张房间清单。在找到手机之前，你只需依次检查清单上的每个房间；然而，你也可以不按列出的清单依次搜索每个房间，而是用另一部手机拨打丢失手机的号码，根据手机铃声，直接进入手机所在的房间。

集合的一个缺点是：集合中元素的顺序是不可控的，且它不允许有重复的值。当使用列表时，它的元素顺序是可控的，还允许元素重复，但是它的查找操作会耗费更长的时间。幸运的是，对本项目而言，我们不必关心元素的顺序性和重复性，因此集合才是最佳选择。

改写程序 *palingrams.py* 中函数 find_palingrams()的代码，采用集合存储单词，如清单 2-4 所示。从配套资源中的 *palingrams_optimized.py* 程序里可以找到这段代码。如果想检查这个新程序的运行时间，你只需对 *palingrams_timed.py* 的副本进行少许修改。

清单 2-4　利用集合存储单词，优化函数 find_palingrams()的代码

palingrams_optimized.py
```
    def find_palingrams():
        """寻找字典中的回文短语。"""
        pali_list = []
❶   words = set(word_list)
❷   for word in words:
            end = len(word)
            rev_word = word[::-1]
            if end > 1:
                for i in range(end):
                ❸ if word[i:] == rev_word[:end-i] and rev_word[end-i:] in words:
                        pali_list.append((word, rev_word[end-i:]))
                ❹ if word[:i] == rev_word[end-i:] and rev_word[:end-i] in words:
                        pali_list.append((rev_word[:end-i], word))
        return pali_list
```

与原来的代码相比，优化后的代码只有 4 行发生改变。定义一个新的变量 words，用它来保存 word_list 列表对应的集合❶。然后，遍历整个集合❷。在这个集合中查找单词的切片并判断它是否属于该集合❸❹，而以前该操作作用的对象是列表。

下面是程序 *palingrams_optimization.py* 中新的 find_palingrams()函数运行时所耗费的时间：

```
Runtime for this program was 0.4858267307281494 seconds.
```

哇！程序的运行时间由 3 分钟减少为不足一秒！这就是优化！这两个程序的不同之处在于采用的数据结构。验证单词是否属于列表是一个非常耗费时间的操作。

为什么刚开始时我向你介绍"错误"的方法呢？因为实际情况就是这样的。你必须先让代码正常运行，然后考虑代码的优化。这是一个有经验的程序员从一开始就会考虑到优化的简单例子，但是它蕴含着优化的整体思想：尽全力先让程序运行起来，然后让程序变得更好。

2

2.4　本章小结

你已经编写了寻找回文单词和回文短语的程序，还使用 cProfile 模块对代码的性能进行了分析，并通过选择适当的数据结构来提高了程序运行效率。对萨塔娜来说，我们还能向她提供哪些帮助？她还有赢得战斗的机会吗？

下面列出了一些我在字典文件 2of4brif.txt 中发现的更具"攻击性"的回文短语，它们包括我意料之外的短语"sameness enemas"和令我害怕的短语"torsos rot"，以及作为地质学家的我最喜欢的短语"eroded ore"等。

dump mud	drowsy sword	sameness enemas
legs gel	denims mined	lepers repel
sleet eels	dairy raid	slam mammals
eroded ore	rise sir	pots nonstop
strafe farts	torsos rot	swan gnaws
wolfs flow	partner entrap	nuts stun
slaps pals	flack calf	knobs bonk

2.5　延伸阅读

艾伦·唐尼（Allen Downey）所著的《像计算机科学家一样思考 Python（第 2 版）》对散列表有简短精练的描述，他还对散列表高效的原因进行了解释。该书还是一本优秀的 Python 参考书。

2.6　实践项目：字典清理

互联网上可用的数据文件并不总是"即插即用"的。你可能会发现，在将数据应用到项目之前需要对数据进行一些调整。如前所述，一些在线字典文件将字母表中的每个字母都视为一个单词。如果允许诸如"acidic a"这样的单字母单词构成回文短语，将会引起一些问题。通过直接编辑字典文本文件就可以删除它们，但是这样做极其乏味。相反，你可以编写一个简短的脚本，在Python 程序加载字典之后，用它来删除这些不合法的内容。为了测试程序能否正常工作，需重新编辑字典文件，使它包含一些像 b 和 c 这样的单字母单词。关于该项目的解决方案，请参阅附录部分相关内容，也可以在本书配套资源中找到它对应的 Python 程序 *dictionary_cleanup_practice.py*。

2.7　挑战项目：用递归方法查找回文

对 Python 程序来说，同一个问题往往不止一种解决方法。在可汗学院官网上，你可以看到与回文和伪代码相关的讨论。重写程序 *palindrome.py*，利用递归的方法实现回文的查找。

第3章 寻找易位词

3

易位词（Anagram）指的是通过重新排列单词的字母顺序形成的新单词。例如，通过重排单词 Elvis 的字母，你分别可以得到新单词 evils、lives 和 veils。在 *Harry Potter and the Chamber of Secrets* 一书中，将句子"I am Lord Voldemort"中的字母重新排列后得到句子"Tom Marvolo Riddle"，而"Tom Marvolo Riddle"是书中邪恶巫师的真实名字。"Lord Earldom Vomit"和"Tom Marvolo Riddle"指的是同一人，作者在对人物进行命名时巧妙地使用了易位词变换方法。

在本章中，首先你会找出给定单词或短句中的所有易位词。然后，你需要编写一个让用户根据自己的名字来灵活地构建易位词的程序。最后，你会看到这个神奇的程序把短语"Tom Marvolo Riddle"重新排列成短语"I am Lord Voldemort"。

3.1　项目 4：寻找单词的易位词

首先，你要学会分析简单单词的易位词，并用程序化的方式判断某个单词是否存在易位词。当这个问题解决之后，在本章剩余的部分，你将学习判断某个短语是否存在易位短语的方法。

> **目标**
>
> 　　使用 Python 程序在字典文件中查找给定英文单词或名字的所有单字易位词。你可以在第 2 章的开头部分找到寻找和加载字典文件的方法。

3.1.1　策略和伪代码

当年风靡全球的易位词游戏 *Jumble* 受到过 600 多家媒体和 100 多个网站的报道。这款游戏出现于 1954 年，是现今世界上受认可度较高的一款文字游戏。*Jumble* 游戏玩起来真的令人头疼，但是寻找易位词和寻找回文一样简单——你只需要知道互为易位词的单词所具有的共同特征，即易位词之间相同的字母必须具有相同数量。

1. 判断易位词

Python 中不包含内置的易位词判断运算符，但是你可以轻松地编写一个这样的程序。对本章的项目而言，你需要从第 2 章的配套资源中获得一个字典文件，将字典文件的内容以字符串列表的形式加载至程序中。本程序的作用是验证两个字符串是否互为易位词。

下面让我们看一个易位词的例子。单词 pots 是单词 stop 的易位词。使用 len()函数，你可以得知单词 stop 和单词 pots 所含的字母数量相同。然而，除非将字符串转换为其他数据结构或者使用一个计数函数，否则 Python 没办法判断这两个字符串中相同字母是否是相同的数量。因此，不应该仅将这两个单词视为两个字符串，而应该用列表型数据结构来表示这两个字符串。在 shell 窗口（如 IDLE 窗口）中创建两个列表变量，将它们分别命名为 word 和 anagram，具体做法如下：

```
>>> word = list('stop')
>>> word
['s', 't', 'o', 'p']
>>> anagram = list('pots')
>>> anagram
['p', 'o', 't', 's']
```

这两个列表中所含的字母符合前面提到的易位词的特点，即对于同一个字母，这两个列表中均含有相同的数量。然而，当试图用逻辑相等（==）操作符对它们进行比较时，你会发现结果是 False：

```
>>> anagram == word
False
```

问题在于，只有当两个列表的元素数量相同并且列元素出现的顺序也一致时，逻辑相等操作符才认为这两个列表是相等的。利用内置的 sorted()函数，你可以轻松解决这两个列表中元素顺序不一致的问题。该函数以一个列表为参数，将该列表的内容按字母表顺序重新排列。因此，你需要先为每个列表调用一次 sorted()函数，再使用逻辑相等操作符来判断两个列表是否相等。这样一来，列表 word 和列表 anagram 就是相等的。换句话说，逻辑相等操作符的返回结果应该是 True：

```
>>> word = sorted(word)
>>> word
['o', 'p', 's', 't']
>>> anagram = sorted(anagram)
>>> anagram
['o', 'p', 's', 't']
>>> anagram == word
True
```

与前面的代码片段一样，你也可以向 sorted()函数传递一个字符串，该函数根据字符串参数创建一个有序的字母列表。该方法有助于你将字典文件中的单词转换成由其字母组成的列表单字符型字符串的有序列表。

现在，你已经知道如何验证一对单词是否互为易位词。下面我们来设计一个完整的脚本程序，该程序的功能是：加载字典文件、提示用户输入单词、寻找易位词以及输出找到的所有易位词。

2. 伪代码

记住，利用伪代码进行编码规划有助于你发现程序存在的一些潜在问题，而且越早发现这些问题，就越节省你的时间。下面是我们将要编写的程序的伪代码，它有利于你更好地理解程序 *anagrams.py*：

```
以列表的形式加载字典文件中的内容
获取用户输入的单词
创建一个用于保存易位词的空列表
对用户输入的单词进行排序
循环遍历列表中的每个单词：
    对取出的单词排序
    如果所取单词的排序结果与用户输入单词的排序结果相同：
        将这个单词添加至易位词列表
输出易位词列表
```

首先，该脚本程序以字符串的形式将字典文件中的单词加载到列表中。在字典文件中寻找易位词之前，你需要确定寻找哪个单词的易位词。当找到其易位词后，你还需要用一个变量来存储它们。因此，程序会先要求用户输入一个单词，然后创建一个空列表来存储找到的易位词。当程序循环遍历完字典文件中的单词后，它会输出找到的易位词列表。

3.1.2　寻找易位词的代码

在清单 3-1 中，程序首先加载一个字典文件，然后根据程序内部预先定义的单词或名字，在字典文件中寻找其对应的所有易位词。你还需要使用第 2 章中加载字典文件的脚本程序。从本书的配套资源中可以下载到程序 *anagrams.py* 和程序 *load_dictionary.py*。记住，你需要把这两个程序文件放在同一目录下。你可以使用在第 2 章中用过的字典文件，也可以从本书配套资源中获得一个新的字典文件。

清单 3-1　根据给定的单词或名字，在字典文件中寻找其易位词并输出找到的易位词

anagrams.py

```
❶ import load_dictionary

❷ word_list = load_dictionary.load('2of4brif.txt')

❸ anagram_list = []

   # 输入一个单词或名字，下面代码的功能是找到该单词或名字对应的所有易位词
❹ name = 'Foster'
   print("Input name = {}".format (name))
❺ name = name.lower()
   print("Using name = {}".format(name))

   # 按照字母表顺序对变量 name 中的字符串排序，并寻找其易位词
❻ name_sorted = sorted(name)
❼ for word in word_list:
       word = word.lower()
       if word != name:
           if sorted(word) == name_sorted:
               anagram_list.append(word)

   # 输出易位词列表
   print()
❽ if len(anagram_list) == 0:
       print("You need a larger dictionary or a new name!")
   else:
```

❾ `print("Anagrams =", *anagram_list, sep='\n')`

首先，你需要导入在第 2 章中创建的 load_dictionary 模块❶。利用该模块的 load() 函数加载字典文件，将所有的单词保存到同一个列表中❷。你使用的字典文件可以与本程序使用的文件不同，这主要取决于你下载的是哪些字典文件（可参考 2.1 节的内容）。

接下来，在程序中创建一个名字为 anagram_list 的空列表，用来保存找到的所有易位词❸。然后，让用户输入一个单词，例如他的名字❹。此时，这个名字不必是一个正式的名字。在这里我们之所以称其为名字（name），是为了区分用户输入的名字和来自字典文件中的单词（word）。为了让用户看到输入的名字，让程序输出这个 name 变量。

紧接着的这行代码用于处理可能发生的问题。当输入自己的名字时，人们倾向于把首字母大写。然而，字典文件中的单词却不支持大写字母，Python 程序必须解决这一问题。因此，使用字符串的 lower() 函数将单词的所有字母都转换为小写❺。

然后，我们对名字进行排序❻。和先前向 sorted() 函数传递列表变量一样，你也可以给 sorted() 函数传递一个字符串变量。

当按字母表顺序对输入的单词排序后，程序就开始寻找给定单词的易位词。首先，定义一个循环，遍历字典单词列表中的每个单词❼。由于比较操作是对大小写敏感的，因此为了安全起见，我们将单词统一转换为小写形式。由于一个单词的易位词不能是其自身，因此当把单词的字母转换成小写形式后，先判断单词与未排序的名字是否相等。然后，对取出的单词进行排序，判断已排序的字典单词和已排序的名字是否相等。如果两者相等，就把该单词加入 anagram_list 列表中。

最后，输出找到的易位词。首先，检查易位词列表是否为空。如果列表为空，那么就输出一段合适的提示信息，这样就不会让用户一直干等❽。如果程序找到名字的易位词，那么就使用分拆（*）操作符输出这个列表。由第 2 章的内容可知，分拆操作符允许你将列表中的每个成员都单独输出在一行上❾。

当用户输入的名字为 Foster 时，程序的输出结果如下所示：

```
Input name = Foster
Using name = foster

Anagrams =
forest
fortes
softer
```

如果想在程序中输入其他的名字，那么只需改变源代码中变量 name 的值。你也可以调整程序代码，使程序输出一段提示信息，让用户手动输入一个这样的名字（或单词）。请将该问题当作一道编程练习题，尝试用 input() 函数实现该功能。

3.2　项目 5：寻找易位短语

在前面的项目中，通过重新排列名字（或单词）的所有字母来寻找其易位词。现在，你需要将单个名字扩展至多个单词。易位短语（Phrase Anagram）中的单词仅仅是输入名字的一部分，你需要穷举单词所有可用的字母。

> ### 目标
>
> 　　编写一个 Python 程序，让用户以交互的方式构建一个由他们名字中的字母组成的易位短语。

3.2.1　策略和伪代码

好的易位短语能够描述一些与名字所有者有关的显著个性和行为特征，如将短语 Clint Eastwood 重排后可以得到 old west action，将短语 Alec Guinness 重排后可以得到短语 genuine class，将短语 Madam Curie 重排后可以得到短语 radium came，将短语 George Bush 重排后可以得到短语 he bugs Gore，将短语 Statue of Liberty 重排后可以得到短语 built to stay free。例如，我自己的名字重排后得到的是 a huge navel，但这真的一点也不符合我的个性特点。

此刻，你可能会遇到一个极具挑战性的问题：计算机怎样处理上下文语境？似乎只有 IBM 公司发明沃森（Watson，IBM 公司的一款认知计算机）的员工知道该如何做，而我们却无从下手。

暴力破解法（Brute-force Method）是一种在线生成易位短语的常用方法。该方法以一个名字为输入，返回随机生成的易位短语（一般情况下，耗费的时间在 100 秒至 10000 多秒之间）。程序生成的大多数易位短语都是无意义的，浏览数百个这样的短语会让人感到厌烦。

另一种情况就是使用人类最擅长解决上下文语境问题的能力编写一个这样的程序，帮助人们解决该类问题。计算机先获取原始的名字，然后重排该名字中的部分（或全部）字母，得到一些新单词，并把这些单词提供给用户。用户根据计算机提供的单词，选择一个"有意义的"词。之后，程序重排名字中剩余的字母，再次得到一些新单词，并把这些单词也提供给用户。重复该过程，直到名字中无剩余字母，或者在可能的候选单词中用户已无选择。这样的程序设计策略充分发挥了人和计算机双方各自的优势。

你还需要提供一个简单的接口，该接口会提示用户输入原始的名字，并且向用户显示可用的候选单词及剩余的所有字母。易位短语的长度会不断增加，该程序需要有跟踪该过程的功能，使用户知道名字中的字母何时被使用。在找到名字对应的易位短语之前，这样的尝试可能会失败多次，因此该接口还应该允许用户随时重新运行该程序。

若两个短语互为易位短语，则同一个字母在这两个短语中的数量应该相同。因此，判断两个短语是否为易位短语的另一种方法是统计这两个短语中每个字母的数量，检查它们所含的同一字母的数量是否相等。如果将输入的名字作为一个字母集合，那么你就可以根据这个集合生成一个新的单词。这个单词必须满足两点：（1）新单词所有字母均来自输入的名字；（2）新单词中各字母出现的频率必须小于或等于输入的名字中相同字母出现的频率。显然，如果字母 e 在一个单词中出现了 3 次，但是它在输入的名字中只出现了两次，那么这个单词无法由输入的名字生成。因此，如果新单词的字母集不是输入的名字的字母集的子集，那么该单词就不可能是由输入的名字生成的，它也不是该名字对应的易位短语的一部分。

1. 用 Counter 类统计字母数量

幸运的是，Python 中有一个名为 collections 的模块，该模块中包含一些容器类型。Counter 类就是这些类型的其中一个，它的功能是统计数据项出现的次数。该模块会把数据项当作字典的键，而把该数据项的出现次数当作键的值。下面的代码片段就是一个 Counter 类的使用示例，它会统计列表中各种类型盆景树的数量：

```
>>> from collections import Counter
❶ >>> my_bonsai_trees = ['maple', 'oak', 'elm', 'maple', 'elm', 'elm',
'elm', 'elm']
❷ >>> count = Counter(my_bonsai_trees)
>>> print(count)
❸ Counter({'elm': 5, 'maple': 2, 'oak': 1})
```

列表 my_bonsai_trees 的多个数据项都包含相同类型的盆景树❶。Counter 类会统计每种树出现的次数❷，同时创建一个易于用户使用的字典❸。需要注意的是，在上面的代码片段中，print()函数是可选的，在这里使用该函数的主要目的是让代码清晰易懂。若单独输入 count 变量，在 shell 窗口中也会显示它的内容。

在寻找单个词的易位词时，你也可以使用 Counter 类，它可以代替 sorted()函数。这样一来，你得到的将是两个可直接使用逻辑相等（==）操作符进行比较的字典对象，不是两个已排序的列表。下面是一个把 Counter 类应用于寻找单词易位词的示例：

```
>>> name = 'foster'
>>> word = 'forest'
>>> name_count = Counter(name)
>>> print(name_count)
❶ Counter({'f': 1, 't': 1, 'e': 1, 'o': 1, 'r': 1, 's': 1})
>>> word_count = Counter(word)
>>> print(word_count)
❷ Counter({'f': 1, 't': 1, 'o': 1, 'e': 1, 'r': 1, 's': 1})
```

Counter 类会为每个单词生成一个字典对象，这个字典对象能将单词中的每个字母与该字母出现的次数对应起来❶❷。虽然字典对象是未排序的，但是当两个字典对象包含的字母种类相同并且对应种类字母出现的次数也相同时，Python 仍然会认为这样的两个字典对象是相等的：

```
>>> if word_count == name_count:
        print("It's a match!")

It's a match!
```

Counter 类提供了一种找到与名字"相匹配"的易位词的绝佳方法：如果单词中每个字母出现的次数都小于或者等于名字中对应字母出现的次数，那么这个单词就可以当作由给定名字派生的易位词。

2. 伪代码

现在，我们将做两个重要的程序设计决定：（1）用户将以交互的方式每次生成一个易位词；（2）利用 Counter()函数寻找易位短语。鉴于该问题的复杂性，我们先从程序高层的伪代码入手，思考该问题的解决方案：

加载字典文件
获取用户输入的姓名
将名字的长度分配给变量 `limit`
创建一个保存易位短语的空列表
当短语的长度小于变量 `limit` 的值时:
　　根据用户输入的名字,生成与之相匹配的字典单词列表
　　将这些单词呈现给用户
　　将短语剩余的字母呈现给用户
　　将当前已生成的短语呈现给用户
　　询问用户是输入一个单词,还是重新执行程序
　　如果能够从名字剩余的字母中生成用户输入的单词:
　　　　接受用户输入的新单词
　　　　从名字中删除掉用户输入单词所含的字母
　　　　返回用户输入的单词以及名字剩余的可选字母
　　如果用户输入的单词无效:
　　　　询问用户是输入一个新的单词,还是重新执行程序
　　将用户输入的单词添加到易位短语列表中,同时向用户显示该列表的内容
　　生成新的字典单词列表,重复上述过程
当易位短语的长度等于变量 `limit` 的值时:
　　显示最终生成的易位短语
　　询问用户是重新执行程序,还是退出程序

3. 任务分配

随着程序代码变得越来越复杂,有必要将其封装到不同的函数中。这不仅使得输入输出管理和执行递归变得更加容易,还使代码变得易于阅读。

main()函数是程序执行的起始点,它允许你从高层组织程序的代码。例如,管理包括用户输入在内的所有代码片段。在寻找易位短语的程序中,主函数会封装所有核心函数,这些函数的主要功能是获取用户的输入、显示长度渐增的易位短语、判断寻找易位短语这一过程何时结束以及向用户显示最终找到的易位短语。

用铅笔和纸勾勒出任务流程图,这是了解你想做什么和每个步骤该做什么(这就好比"图形式的伪代码")的好方法。图 3-1 所示的流程图就属于这种类型,它着重强调各个函数的任务分配。在这种情况下,有必要将任务分解到 3 个函数中。就本项目而言,这 3 个函数指的是 main()函数、find_anagrams()函数和 process_choice()函数。

main()函数的主要任务是设置字母计数上限,管理用于生成易位短语的 while 循环。函数 find_anagrams()的作用是获取用户输入名字中的剩余字母集合,返回由该字母集合组成的所有单词。然后,程序会将剩余字母组成的这些单词和当前已生成的易位短语一起显示给用户,这些功能的实现应该放在 main()函数中。接着,函数 process_choice()会询问用户是重新开始程序,还是输入一个新单词。当用户做出选择后,该函数还会对用户输入字母的有效性进行判断。如果用户的输入无效,那么就询问用户是再次输入一个新单词,还是重新运行程序;如果用户的输入有效,那么就从保存剩余字母的列表中删除用户输入单词中所包含的字母。最终,该函数会返回用户输入的单词和名字中剩余的字母。main()函数会将函数 process_choice()返回的单词添加到当前的易位短语列表中。如果易位短语含有的字母数达到字母计数上限,那么就向用户显示最终生成的易位短语。之后,该函数会询问用户是重新运行程序,还是退出程序。

需要注意的是,要求用户输入的原始名字的语句应该放在全局作用域中(Global Scope),

不能将这样的语句放在 main() 函数内。这样一来，无论何时重新运行程序，用户都不必再次输入名字。然而，如果想输入一个新的名字，用户就必须先退出程序，输入新名字后再运行程序。在第 9 章中，你会学习向程序添加菜单系统的方法，菜单系统可以使用户在不退出程序的情况下，完全重置程序。

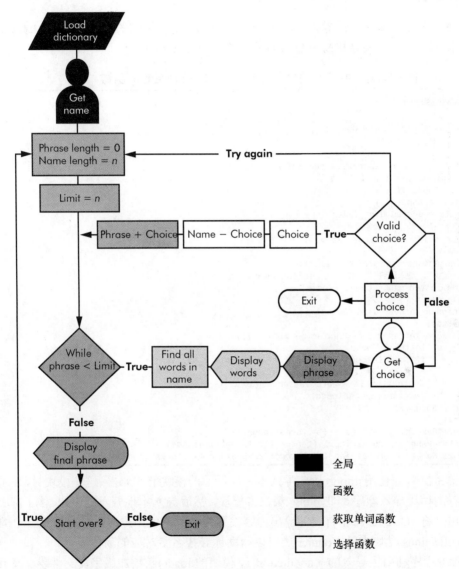

图 3-1 突出显示各函数功能的寻找易位短语流程

3.2.2 寻找易位短语的代码

本节代码的功能是：根据用户输入的名字生成其易位短语。从本书的配套资源中，你可以

下载到本项目对应的程序 *phrase_anagrams.py*。此外，你还需要使用前面已经用过的字典加载
程序 *load_dictionary.py*。记住，将这两个程序放在同一目录下。你也可以将 3.1 节用到的字典文
件用于本项目。

1．寻找易位短语

清单 3-2 的主要作用是：导入程序 *phrase_anagrams.py* 用到的一些模块、加载字典文件、
提示用户输入名字和定义寻找易位短语的函数 find_anagrams()。

清单 3-2　导入模块、加载字典文件和定义 find_anagrams()函数

`phrase_anagrams.py`，第 1 部分

```
❶ import sys
   from collections import Counter
   import load_dictionary

❷ dict_file = load_dictionary.load('2of4brif.txt')
   # 保证下面使用的字母"a"和"I"都是小写。
   dict_file.append('a')
   dict_file.append('i')
   dict_file = sorted(dict_file)

❸ ini_name = input("Enter a name: ")

❹ def find_anagrams(name, word_list):
       """根据用户输入的名字，在字典文件中寻找其易位短语，输出最终找到的易位短语。"""
❺     name_letter_map = Counter(name)
       anagrams = []
❻     for word in word_list:
❼         test = ''
❽         word_letter_map = Counter(word.lower())
❾         for letter in word:
               if word_letter_map[letter] <= name_letter_map[letter]:
                   test += letter
           if Counter(test) == word_letter_map:
               anagrams.append(word)
❿  print(*anagrams, sep='\n')
   print()
   print("Remaining letters = {}".format(name))
   print("Number of remaining letters = {}".format(len(name)))
   print("Number of remaining (real word) anagrams = {}".format(len(anagrams)))
```

在清单 3-2 中，先使用import语句导入本程序所需的模块❶。当导入这些模块时，采用Python
标准库推荐的模块导入顺序，即先导入第三方模块，然后导入本地开发的模块。sys 模块在本程
序中的作用是将 IDLE 窗口中特定的输出内容设置为红色，使用户可以通过按键盘上的按键退
出程序。collections 模块中的 Counter 类可以帮助你寻找名字对应的易位短语。

接下来，程序利用已导入的 load_dictionary 模块的 load()函数加载字典文件❷。该函数以程
序使用的字典文件名为参数。由于一些字典文件会忽略由字母 *a* 和字母 *I* 组成的单词，因此需
要将它们添加到字典单词列表中。为了让新添加的单词在字典单词列表中按照字母表顺序排列，
你需要对添加单词后的字典单词列表进行排序。

然后，让用户输入名字，并将它分配给变量 ini_name❸。由用户输入的这个原始名字派生

一个 name 变量，在寻找名字对应的易位短语的过程中，该变量的值（输入名字的剩余字母）会不断变化。将用户输入的原始名字保存在一个单独的变量中，这样当用户选择重新运行程序或重试时，重置程序就会变得非常简单。

紧接着的代码块是函数 find_anagrams() 的定义❹，该函数的功能是查找名字对应的易位短语。该函数有两个参数，它们分别表示用户输入的名字和字典单词列表。该函数首先使用 Counter() 函数统计给定名字中各字母出现的次数，并将统计结果分配给变量 name_letter_map❺。Counter() 函数使用字典结构存储统计结果，它将字母当作字典的键，而将字母出现的次数当作键对应的值。然后，该函数会创建一个保存易位短语的空列表。之后，利用 for 循环逐一遍历字典单词列表中的每个单词❻。

在 for 循环内，首先创建一个名为 test 的空字符串❼。使用 test 变量来累计同时存在于变量 name 和变量 word 中的字母。然后，对变量 name 也使用 Counter() 函数，并将统计结果赋给变量 word_letter_map❽。接着，循环遍历变量 word 中的字母❾，检查该变量中某一字母的数量是否等于或者小于变量 name 中对应字母的数量。如果变量 word 中的每个字母数量都不大于变量 name 中的字母数量，那么就将这个单词添加到 test 字符串中。由于一些字母的数量并不满足前面的条件判断语句，因此在循环结束前，使用 Counter() 函数统计变量 test 中的字母频数，并将统计结果与变量 word_letter_map 做比较。若两者相等，则将这个单词添加到易位词列表中。

最后，该函数使用分拆操作符将易位短语列表中的单词拆分开，并使用 print() 函数输出拆分后的单词列表和一些统计数据❿。需要注意的是，函数 find_anagrams() 没有返回值。以上这些就是程序中人机交互的主要组成部分。之后，程序将继续运行，不会出现任何人机交互的内容，直至提示用户从已输出的候选单词列表中选择一个单词为止。

2. 处理用户选择

清单 3-3 将定义一个名为 process_choice () 的函数。该函数以用户输入的单词为参数，检查用户输入单词所含的字母是否为 name 变量中剩余字母的子集。最终，该函数会将可接受的用户选择和输入名字中剩余的字母返回给 main() 函数。与 main() 函数类似，该函数也可以直接与用户交互。

清单 3-3 定义函数 process_choice()

phrase_anagrams.py，第 2 部分

```
❶ def process_choice(name):
       """检查用户输入的有效性，返回用户所做的选择及输入名字中剩余的字母。"""
       while True:
❷          choice = input('\nMake a choice else Enter to start
               over or # to end: ')
           if choice == '':
               main()
           elif choice == '#':
               sys.exit()
           else:
❸              candidate = ''.join(choice.lower().split())
❹          left_over_list = list(name)
❺          for letter in candidate:
               if letter in left_over_list:
```

```
                    left_over_list.remove(letter)
    ❻ if len(name)-len(left_over_list) == len(candidate):
            break
        else:
            print("Won't work! Make another choice!", file=sys.stderr)
    ❼ name = ''.join(left_over_list) # 使输出结果具有良好的可读性
    ❽ return choice, name
```

在清单 3-3 中，首先定义一个以 name 为参数的函数❶。当程序第一次运行时，参数 name 的值与变量 ini_name 的值一样，即程序刚启动时，参数 name 的值是用户输入的完整名字。当用户选择一个（或多个）用于生成易位短语的单词之后，变量 name 将表示用户输入名字中剩余的字母。

该函数的开头部分是一个 while 循环，该循环将一直运行，直到用户做出正确的选择为止。之后，程序会让用户输入一个单词❷。用户有多种选择，既可以从当前的候选易位词列表中选择一个或多个单词，并将其作为程序的输入，也可以通过按 Enter 键重新运行程序，还可以通过输入字符#退出程序。与使用单词或字母退出程序的方式相比，字符#不会让你将退出程序的输入与用户的有效输入混淆。

如果用户输入一个单词，那么将该单词转换为小写形式并去掉字母之间的空格，同时把处理后的单词赋给字符串变量 candidate❸。这样做是为了将该单词与 name 变量进行直接比较。之后，创建一个保存 name 变量中剩余字母的列表❹。

接着，进入 for 循环。在该循环体中，依次遍历变量 candidate 中的每个字母，如果用户输入的字母出现在剩余字母列表中，那么就从剩余字母的列表中删除对应字母❺。

如果用户输入的单词没有在已输出的列表中出现过，或者输入多个单词，那么列表中可能不存在输入的某个字母。为了检查这一情况，程序用变量 name 的长度减去剩下字母的长度，如果相减的结果与变量 candidate 中的字母数相等，那么就可以确定用户的输入是有效的，并跳出 while 循环❻。否则，在 IDLE 窗口中显示一条红色的警告信息。之后，继续执行 while 循环体内的代码，再次提示用户进行选择，直至用户的输入有效为止。

如果用户输入的所有字母都通过测试，那么将保存剩余字母的列表转换成字符串，并用该字符串更新变量 name 的值❼。严格来讲，将列表转换为字符串并不是必需的。但是，转换成字符串后可使变量 name 的类型与输入该函数时的类型保持一致。另外，这样做也可使你无须设置额外的 print()函数参数，就能以清晰易读的方式输出剩余字母。

最后，该函数以元组的方式将用户的选择和由剩余字母（变量 name）组成的字符串返回给 main()函数❽。

3. 定义 main()函数

清单 3-4 的作用是为程序 *phrase_anagrams.py* 定义 main()函数。main()函数会将先前定义的所有函数封装起来，它通过执行 while 循环来判断何时生成用户输入名字的易位短语。

清单 3-4   定义和调用 main()函数

phrase_anagrams.py，第 3 部分

```
    def main():
```

```
    """根据用户输入的名字，生成易位短语。"""
❶ name = ''.join(ini_name.lower().split())
    name = name.replace('_','')
❷ limit = len(name)
    phrase = ''
    running = True

❸ while running:
❹     temp_phrase = phrase.replace(' ', '')
❺     if len(temp_phrase) < limit:
            print("Length of anagram phrase = {}".format(len(temp_phrase)))

❻         find_anagrams(name, dict_file)
            print("Current anagram phrase =", end=" ")
            print(phrase, file=sys.stderr)

❼         choice, name = process_choice(name)
            phrase += choice + ' '

❽     elif len(temp_phrase) == limit:
            print("\n*****FINISHED!!!*****\n")
            print("Anagram of name =", end=" ")
            print(phrase, file=sys.stderr)
            print()
❾         try_again = input('\n\nTry again? (Press Enter else "n" to quit)\n ')
            if try_again.lower() == "n":
                running = False
                sys.exit()
            else:
                main()

❿ if __name__ == '__main__':
    main()
```

首先，你需要将变量 ini_name 转换成由连续小写字母组成的无空格字符串❶。记住，该转换操作对 Python 来说至关重要。为了让字符串的比较操作正确执行，无论字符串在什么地方出现都要将组成它的字母转换为小写。Python 还会将空格视为一个特殊字符。因此，在统计字母数量之前，需要删除字符串之间的空格和名字中的连字符。在声明新的 name 变量之前，你需要保存用户输入的原始名字，确保用户可以重新运行程序。在程序运行过程中，只有 process_choice()函数会改变变量 name 的值。

接下来，获取变量 name 的长度❷，并将它作为 while 循环中 if 语句的临界条件。该值会让你知道何时易位短语已经用完名字中的所有字母，以及何时结束 while 循环。在 while 循环之外执行上述操作，确保程序用的是用户输入的原始名字。接下来，创建一个保存这个易位短语的变量，并且将变量 running 的值设置为 True，开始执行 while 循环。

然后，程序进入 while 循环。在该循环体内，程序通过遍历名字中的每个字母来生成易位短语❸。首先，准备一个已去掉空格的字符串，并用它来保存长度渐增的易位短语❹。由于空格也会被视为字母，因此如果不去掉字符串中的空格，那么就无法有效地比较易位短语字符串和变量 limit 之间的大小。紧接着，比较已生成的易位短语与变量 limit 的大小，如果已生成的易位短语的长度小于 limit 变量的值，那么就显示易位短语的当前长度❺。

接着，调用先前定义的函数，发挥它们各自在寻找易位词时的作用。首先，将用户输入的名字和字典文件名作为实参传递给函数 find_anagrams()❻，输出用户输入名字对应的易位词列表。在已输出的易位词列表底部，向用户呈现当前可选的易位短语。接着，利用 print()函数的 end 参数在同一行中显示两条 print 语句所输出的内容。为了区分易位短语与其他信息，在 IDLE 窗口中，你可以用红色来显示易位短语。

然后，调用 process_choice()函数❼获取用户所选单词，并将该单词添加到长度渐增的易位短语中。该函数调用完成后，通过它的返回值更新 name 变量。在未找到完整的易位短语前，你可以在 while 循环中继续使用变量 name 的值。

如果这个易位短语的长度等于 limit 变量的值❽，那么就表明变量 temp_phrase 保存的是用户输入名字的完整易位短语。为了让用户知道寻找易位短语的工作已经完成，用红色来突出显示该易位短语。需要注意的是，该函数对于易位短语长度大于变量 limit 值的情况，没有在 if 条件语句中进行处理。这是因为在函数 process_choice()内部已经处理了该情况（若用户选择的字母多于名字当前的剩余字母，则此次的用户选择为非法输入）。

最后，在 main()函数的末尾询问用户是否再试一次。若用户输入字母 n，则程序结束；若用户按 Enter 键，则程序会再次调用 main()函数❾。如前所述，如果用户想改变输入的原始名字，那么唯一的办法就是退出程序，重新编辑代码，再次启动程序。

在 main()函数定义的外部定义两行标准的 main()调用代码，当该程序作为导入模块时，main()函数将不会被调用❿。此时，脚本程序 *phrase_anagrams.py* 编写完毕。

4. 程序运行示例

在本小节中，我将给出一个程序 *phrase_anagrams.py* 的交互式会话示例，该程序以 Bill Bo 为输入的名字。在下面的会话示例中，粗体表示用户的输入，斜粗体表示在 IDLE 窗口中呈现为红色的内容。

```
Enter a name: Bill Bo
Length of anagram phrase = 0
bib
bill
blob
bob
boil
boll
i
ill
lib
lilo
lo
lob
oi
oil
Remaining letters = billbo
Number of remaining letters = 6
Number of remaining (real word)anagrams = 14
Current anagram phrase =

Make a choice else Enter to start over or # to end: ill
Length of anagram phrase = 3
bob

Remaining letters = bbo
```

```
Number of remaining letters = 3
Number of remaining (real word)anagrams = 1
Current anagram phrase = ill

Make a choice else Enter to start over or # to end: Bob

***** FINISHED!!! *****

Anagram of name = ill Bob

Try again? (Press Enter else "n" to quit)
```

程序输出的易位词数量取决于你所使用的字典文件。如果程序很难生成名字的易位短语，那么就要考虑更换一个更大的字典文件。

3.3 项目 6：寻找伏地魔（Voldemort）——高卢人策略

汤姆·里德尔（Tom Riddle）是如何得到"I am Lord Voldemort"易位短语的呢？他是用羽毛笔在羊皮纸上书写，还是通过挥舞他的魔杖？Python 的"魔力"对此会有所帮助吗？

现在，假设你是霍格沃茨计算机领域的魔法教授，学校里成绩优秀的模范生汤姆·里德尔向你寻求帮助。针对他遇到的问题你向他推荐上一节编写的程序 *phrase_anagrams.py*。他很快就在候选易位词列表中找出"I am Lord"短语，这令他非常高兴。然而，剩余的字母 tmvoordle 只能产生一些寻常的单词，例如单词 dolt、drool、looter 和 lover。这样的结果却令他十分不满意。

事后看来，原因相当明显：由于 Voldemort 是法语词汇，因此它不会出现在任何英语字典文件中。通常而言，Vol de la mort 在法语中的含义是"死亡航班"，因此 Voldemort 泛指"死亡飞行"。但是里德尔是个纯粹的英国人，到目前为止，他还在使用英语。如果没在事后做出思考，你就不会突然把程序中使用的英语字典文件换成法语字典文件，就像你不会突然学会荷兰语、德语、意大利语和西班牙语一样。

你可以试着随机打乱剩余的字母，看看是否漏掉了什么。不幸的是，这样出现的可能组合数是字母数目的阶乘除以重复字母数的阶乘（字母 o 出现两次），即为 9 !÷ 2 !=181440。按照每秒钟审查一个组合的速度，检查完所有的组合大约需要花费两天的时间。如果你让汤姆·里德尔这样做，那么他可能会用你来做魂器!

针对这个问题，我会向你介绍两种解决思路：第一种叫"高卢人策略"，第二种叫"英式蛮力"。本节先介绍第一种思路，而在下一节中会介绍第二种思路。

注意

很显然，单词 Marvolo 是一个捏造的词，创造该词是为了让单词 Voldemort 有易位词。J.K. 罗琳本可以在创造易位短语时拥有更多自由，例如用单词 Thomas 代替单词 Tom，删掉单词 Lord，或者删掉句子 I am。当此书被翻译成非英语语言时，经常会用到这些技巧。在一些语言中，可能有一个或两个名字需要改变。在法语中，易位短语可能变为"I am Voldemort"。在挪威语中，易位短语则是"Voldemort the Great"。在荷兰语中，易位短语却变成"My name is Voldemort"。在诸如汉语之类的其他语言中，根本就不存在易位短语。

如果你在字母集 tmvoordle 中寻找有关死亡的词汇，那么你会找到古法语中的单词 *morte*（例如托马斯·马洛里（Thomas Malory）的名著 *Le Morted'Arthur*）和现代法语中的单词 mort。从字母集 tmvoordle 中删除字母 mort 后，剩余的字母为 vodle，而 5 个字母的排列数是非常有限的。事实上，在解释器窗口中，你可以很容易地找到字母 volde 的所有排列：

```
❶ >>> from itertools import permutations
   >>> name = 'vodle'
❷ >>> perms = [''.join(i) for i in permutations(name)]
❸ >>> print(len(perms))
   120
❹ >>> print(perms)
   ['vodle', 'vodel', 'volde', 'voled', 'voedl', 'voeld', 'vdole', 'vdoel',
    'vdloe', 'vdleo', 'vdeol', 'vdelo', 'vlode', 'vloed', 'vldoe', 'vldeo',
    'vleod', 'vledo', 'veodl', 'veold', 'vedol', 'vedlo', 'velod', 'veldo',
    'ovdle', 'ovdel', 'ovlde', 'ovled', 'ovedl', 'oveld', 'odvle', 'odvel',
    'odlve', 'odlev', 'odevl', 'odelv', 'olvde', 'olved', 'oldve', 'oldev',
    'olevd', 'oledv', 'oevdl', 'oevld', 'oedvl', 'oedlv', 'oelvd', 'oeldv',
    'dvole', 'dvoel', 'dvloe', 'dvleo', 'dveol', 'dvelo', 'dovle', 'dovel',
    'dolve', 'dolev', 'doevl', 'doelv', 'dlvoe', 'dlveo', 'dlove', 'dloev',
    'dlevo', 'dleov', 'devol', 'devlo', 'deovl', 'deolv', 'delvo', 'delov',
    'lvode', 'lvoed', 'lvdoe', 'lvdeo', 'lveod', 'lvedo', 'lovde', 'loved',
    'lodve', 'lodev', 'loevd', 'loedv', 'ldvoe', 'ldveo', 'ldove', 'ldoev',
    'ldevo', 'ldeov', 'levod', 'levdo', 'leovd', 'leodv', 'ledvo', 'ledov',
    'evodl', 'evold', 'evdol', 'evdlo', 'evlod', 'evldo', 'eovdl', 'eovld',
    'eodvl', 'eodlv', 'eolvd', 'eoldv', 'edvol', 'edvlo', 'edovl', 'edolv',
    'edlvo', 'edlov', 'elvod', 'elvdo', 'elovd', 'elodv', 'eldvo', 'eldov']
   >>>
❺ >>> print(*perms, sep='\n')
   vodle
   vodel
   volde
   voled
   voedl
   --snip--
```

首先，从模块 itertools 中导入 permutations()函数❶。模块 itertools 包含一系列 Python 标准库中的函数，这些函数用于创建各式各样的迭代器，以提高循环操作的执行效率。通常，你考虑的是数字的排列，但是 itertools 模块中的这些函数可以对任何可迭代对象中的元素执行排列操作，其中包括元素是字母的可迭代对象。

当输入名字后（在本节中指的是名字中剩余的字母），使用列表推导方法创建该名字的排列组合❷。为了使最终生成的列表中的每个元素都是字母 vodle 的唯一排列组合，将各个元素连接成一个字符串。与元组中单个字符（v、o、d、l、e）阅读起来的困难性相比，使用 join()函数生成的新名字字符串更易于阅读。

最后，为了验证程序的正确性，先获得单词排列组合后产生的列表长度。由输出结果可知，它确实是 5 的阶乘❸。最终，不管以何种方式输出单词排列的列表❹❺，你都可以很容易地找到单词 volde。

3.4 项目 7：寻找伏地魔（Voldemort）——英式蛮力方式

现在，假设汤姆·里德尔不擅长易位词游戏（或者不懂法语）。由于他根本不认识单词 mort 和单词 morte，因此为了从剩余的字母中寻找一个令他满意的字母组合，你需要把剩下的 9 个字母重新排列成千上万次。

乐观地讲，这是一种比交互式编程方案更有趣的编程思路，通过某种形式的筛选，剩余字母的排列数就会大幅减少。

> **目标**
>
> 将单词 tmvoordle 的易位词数量减少至可接受的范围，同时还要让该范围包含单词 Voldemort。

3.4.1 策略

现行的《牛津英语词典》第二版仅有 171476 个英语单词，这远少于字母序列 tmvoordle 的排列总数。不管使用哪种语言，函数 permutations() 生成的大多数易位词都是没有意义的。

采用密码学方法，你可以安全地排除许多无用的、不能发音的组合。在这一单词排除操作的过程中，你甚至不需要知道这些字母的组合，例如 ldtmvroeo。长期以来，密码学家一直在研究语言的奥秘，他们对单词和字母的重复模式进行了统计。在这个项目中，我们可以使用的密码分析技术有许多，但是我们重点关注 3 种技术，即辅音/元音映射过滤法（Filtering with Consonant-Vowel Mapping）、三元组过滤法（Filtering with Trigrams）和二元组过滤法（Filtering with Digrams）。

1. 辅音/元音映射过滤法

辅音/元音映射（c-v 映射）法是一种将单词中的字母替换为字母 c 或字母 v 的方法。例如，单词 Riddle 经过该方法处理后得到的单词为 cvcccv。你可以编写一个遍历字典文件并为每个单词创建 c-v 映射的程序。一般情况下，像 ccccccvvv 这样的字母组合是不可能构成一个单词的，因此会直接将它排除。有些单词可能是 c-v 映射型单词，但它们出现的频率往往很低，所以你可以进一步排除它们。

使用 c-v 映射并不能排除所有不符合构词规范的单词，这对你相当有利。此时，对单词 Riddle 来说，有一种选择就是为它创造一个新的专有名字，但该专有名字不必是一个存在于字典中的单词。因此，在单词筛选的过程中，你并不想过早地排除它。

2. 三元组过滤法

由于初始的过滤器对单词的处理较为粗糙，因此你需要对剩余的单词进行二次过滤，进而从排列结果中删除更多不恰当的易位词。三元组过滤法指的是依据 3 个连续字母的在英文中出现的频率来排除一些不恰当的字母组合。毫无疑问，英语中最常见的三字母组合是 the，位列第二、第三的分别是 and 和 ing。相反，最不常见的三字母组合是 zqv。

你可以在本书的配套资源中提及的网站里找到三字母组合出现频率的在线统计结果。对于任何字母集，你都可以生成一个不常见的三字母组合列表，并使用这个列表排除一些组合，进一步减少单词的排列数，例如字母集 tmvoordle。对本项目而言，你可以将本书配套资源中的文本文件 least-likely_trigrams.txt 作为一个不常见的三字母组合清单。对于字母集 tmvoordle，该文本文件包含英语中出现频率低于 10% 的所有三字母组合。

3. 二元组过滤法

与三元组过滤法类似，二元组过滤法针对的是两个连续字母在英文中出现的频率。在英语中，常见的二元字母组合主要有 an、st 和 er。相反地，你很少看到像 kg、vl 和 oq 这样的二元字母组。同样地，你可以在一些网站上找到二元字母组在英语单词中的出现频率统计结果。

表 3-1 所示为字母集 tmvoordle 中的二元字母组出现频率统计结果，它通过统计某字典文件中的 6 万个单词生成。表左侧的列对应的字母是二元字母组中的起始字母，表顶部行对应的字母代表二元字母组中的第二个字母。例如，为了找到二元字母组 vo 的出现频率统计结果，首先从左边列找到字母 v，然后向右一直读到字母 o 所在的列。这样就找到了二元字母组 vo 出现的频率，它出现的频率只有 0.8%。

表 3-1　字母集 tmvoordle 中的二元字母组在含有 6 万个单词的字典文件中出现的相对频率
（黑色表格表明该二元字母组未出现）

	d	e	l	m	o	r	t	v
d		3.5%	0.5%	0.1%	1.7%	0.5%	0.0%	0.1%
e	6.6%		2.3%	1.4%	0.7%	8.9%	2.0%	0.6%
l	0.4%	4.4%		0.1%	4.2%		0.4%	0.1%
m	0.0%	2.2%	0.0%		2.8%	0.0%	0.0%	0.0%
o	1.5%	0.5%	3.7%	3.2%	5.3%	7.1%	2.4%	1.4%
r	0.9%	6.0%	0.4%	0.7%	5.7%		1.3%	0.3%
t	0.0%	6.2%	0.6%	0.1%	3.6%	2.3%		0.0%
v	0.0%	2.5%	0.0%	0.0%	0.8%	0.0%	0.0%	

假设你正在寻找像这样的字母组合，你可以使用这样的频率表去排除那些不太可能会出现的字母对。将该频率表当作一个"二元字母组筛查器"，你只需要保留表格中非阴影部分对应的二元字母组即可。

为了保险起见，只排除出现概率不足 0.1% 的二元字母组。在表格中，我已经将这些字母组合标记成黑色。需要注意的是，如果设定的二元字母组排除率过高，那么你就很容易将单词 Voldemort 排除掉，而这个单词是我们最终想要的。

通过对不太可能出现在单词开头的二元字母组添加排除标记，你就可以让过滤器具有较强的单词排除能力。例如，你经常会在单词中看到 lm 字母组合（如 almanac 和 balmy），但是几乎找不到任何一个以字母组 lm 开头的单词。为了找到这些二元字母组，你没必要使用密码学分析技术。你只需要查看一下有关资料就可以。表 3-2 所示为表 3-1 的新版本，其中已经将那些不可能出现在单词开头的二元字母组标记为灰色。

表 3-2　表 3-1 的新版本（灰色表格表示不可能出现在单词开头的二元字母组）

	d	e	l	m	o	r	t	v
d		3.5%	0.5%	0.1%	1.7%	0.5%	0.0%	0.1%
e	6.6%		2.3%	1.4%	0.7%	8.9%	2.0%	0.6%
l	0.4%	4.4%		0.1%	4.2%	0.0%	0.4%	0.1%
m	0.0%	2.2%	0.0%		2.8%	0.0%	0.0%	0.0%
o	1.5%	0.5%	3.7%	3.2%	5.3%	7.1%	2.4%	1.4%
r	0.9%	6.0%	0.4%	0.7%	5.7%		1.3%	0.3%
t	0.0%	6.2%	0.6%	0.1%	3.6%	2.3%		0.0%
v	0.0%	2.5%	0.0%	0.0%	0.8%	0.0%	0.0%	

现在，对于字母集 tmvoordle 的 181440 种排列结果，我们可以使用的过滤方法有 3 种，即 c-v 映射过滤法、三元组过滤法和二元组过滤法。对于最后一种过滤方法，你可以让用户选择开头字母，并查看它们对应的易位词。这样一来，用户就可以把剩余的易位词进一步分开，从而只关注那些想要关注的易位词，例如以 v 开头的易位词。

3.4.2　英式蛮力方式的代码

对于接下来介绍的程序，它会先生成字母集 tmvoordle 的排列结果，再将排列结果输入前面提到的 3 种过滤器中。然后，程序让用户选择查看排列结果的方式，即选择是查看单词的所有排列结果，还是只查看以给定字母开头的排列结果。

你可以从本书的配套资源中下载到需要的所有程序。本项目对应的程序名字是 *voldemort_british.py*。你还需要将程序 *load_dictionary.py* 放在本项目程序所在的目录下。此外，你还需要在该目录下放置一个字典文件。最后，你还需要一个新的名为 least-likely_trigrams.txt 的文本文件，该文件包含英文中出现频率较低的三元字母组。下载你所需的这些文件，并将它们放在本项目程序所在的目录下。

1. 定义 main()函数

清单 3-5 的功能是：导入一些程序 *voldemort_british.py* 所需的模块，定义程序的 main()函数。在前面的 *phrase_anagrams.py* 程序中，我们将 main()函数定义在代码的末尾。而在本程序中，我们将 main()函数定义在代码的开头。这样做的优点是当开始编写代码时，你就可以了解函数的功能和程序的执行过程。这样做的缺点是你无法清晰地了解辅助函数本身。

清单 3-5　导入程序所需模块以及定义 main()函数

voldemort_british.py，第 1 部分

```
❶ import sys
  from itertools import permutations
  from collections import Counter
```

```
   import load_dictionary
❷ def main():
       """加载字典文件，执行候选单词筛选操作，允许用户通过指定首字母的方式查看易位词。"""
❸     name = 'tmvoordle'
       name = name.lower()

❹     word_list_ini = load_dictionary.load('2of4brif.txt')
       trigrams_filtered = load_dictionary.load('least-likely_trigrams.txt')

❺     word_list = prep_words(name, word_list_ini)
       filtered_cv_map = cv_map_words(word_list)
       filter_1 = cv_map_filter(name, filtered_cv_map)
       filter_2 = trigram_filter(filter_1, trigrams_filtered)
       filter_3 = letter_pair_filter(filter_2)
       view_by_letter(name, filter_3)
```

首先，导入一些在先前项目中使用过的模块❶。然后，定义程序所需的 main ()函数❷。在函数内部，先定义一个保存剩余字母集 tmvoordle 的字符串变量 name❸。然后，将变量 name 中的字母转换为小写，防止用户的输入中包含大写字母。紧接着，利用 load_dictionary 模块以列表的形式加载字典文件和三元字母组过滤文件❹。你使用的字典文件也可以与本程序不同。

最后，按照顺序调用所有的函数❺。我很快就会定义和描述这些函数。大体上来讲，你首先需要准备单词列表和 c-v 映射表，然后调用前面定义的 3 个过滤函数，最后让用户选择是一次性查看单词的所有易位词，还是根据首字母查看单词对应的易位词子集。

2. 准备单词列表

清单 3-6 中的代码功能是：准备一个与变量 name 中字母数量相同的单词列表。为了保证一致性，你还应该确保单词中的字母都是小写。

清单 3-6　创建长度与 name 变量相等的单词列表

voldemort_british.py，第 2 部分

```
❶ def prep_words(name, word_list_ini):
       """为寻找易位词准备一个单词列表。"""
❷     print("length initial word_list = {}".format(len(word_list_ini)))
       len_name = len(name)
❸     word_list = [word.lower() for word in word_list_ini
                       if len(word) == len_name]
❹     print("length of new word_list = {}".format(len(word_list)))
❺     return word_list
```

清单 3-6 定义了一个以名字字符串和单词列表为实参的函数 prep_words()❶。在使用过滤器筛选单词列表中单词的前后，我建议你分别输出它的长度。这样你就可以追踪过滤器对单词筛选有多大的影响。因此，你也有必要输出字典单词列表的长度❷。紧接着，定义一个保存名字长度的变量 len_name。然后，循环遍历列表 word_list_ini 中的每个单词，使用列表推导方法创建一个元素为小写且长度等于 name 变量的新单词列表❸。输出这个新单词列表的长度❹。最后，函数返回这个新单词列表，以便后面的函数可以使用它❺。

3. 生成 c-v 映射

你需要将已准备好的单词转换成 c-v 映射。记住，你对字典里实际存在的单词并不感兴趣。你已经审查过那些单词并拒绝使用它们。你的目标是重新排列剩余的字母，直到它们形成一个专有名词为止。

清单 3-7 将定义一个为列表 word_list 中每个单词生成 c-v 映射的函数。根据英语单词中的辅音和元音模式，判断重新排列后的字母组合是否合理。

清单 3-7 为列表 word_list 中的每个单词生成 c-v 映射

voldemort_british.py，第 3 部分

```
❶ def cv_map_words(word_list):
       """将单词中的字母映射到辅音和元音字母。"""
❷     vowels = 'aeiouy'
❸     cv_mapped_words = []
❹     for word in word_list:
           temp = ''
           for letter in word:
               if letter in vowels:
                   temp += 'v'
               else:
                   temp += 'c'
           cv_mapped_words.append(temp)

       # 确定有唯一 c-v 模式的单词数量
❺     total = len(set(cv_mapped_words))
       # 设定要排除的单词数量的百分比
❻     target = 0.05
       # 获取满足目标百分比中的数据项数
❼     n = int(total * target)
❽     count_pruned = Counter(cv_mapped_words).most_common(total-n)
❾     filtered_cv_map = set()
       for pattern, count in count_pruned:
           filtered_cv_map.add(pattern)
       print("length filtered_cv_map = {}".format(len(filtered_cv_map)))
❿     return filtered_cv_map
```

清单 3-7 定义了一个函数 cv_map_words()❶，该函数以事先处理好的字典单词列表为实参。由于辅音和元音形成了一个二元发音系统，因此你可以用一个字符串来定义元音字母集❷。接着，创建一个保存映射结果的空列表❸。然后，循环遍历每个单词中的字母，并将它们转换成字母 c 或字母 v❹。先使用一个名为 temp 的变量来暂存映射结果，再将它添加到映射列表中。需要注意的是，for 循环每执行一次，变量 temp 都会被重新初始化一次。

如果知道给定 c-v 映射的出现频率（例如 cvcv），那么你就可以从单词排列结果中删除那些出现频率较低的单词。由于字母序列 cvcv 可能会出现多次，因此在计算它的出现频率之前，需要将原列表折叠成 c-v 映射模式唯一的列表。因此，将列表 cv_mapped_words 转换为集合，进而排除列表中的重复数据。之后，获取转换后的集合长度❺。接着，你可以用分数值定义一个目标百分比❻，并根据这个值排除排列结果中的某些单词。首先，为了避免排除那些能够构成专有名词的易位词，我们从一个较小的数字开始，例如 0.05（相当于 5%）。然后，将这个数值乘以集合 cv_mapped_words 的总长度，并将计算结果赋给变量 n❼。此外，由于变量 n 代表一

个计数值，因此它不能是一个浮点数，必须将它转换为整数。

根据提供的计数值，Counter 模块的 most_common()函数会返回列表中出现频率与之最接近的数据项。在本例中，该计数值为 c-v 映射列表的总长度减去 n。需要注意的是：向 most_common()函数传递的值必须是整数。如果将列表的长度传递给 most_common ()函数，那么它将返回列表中的所有项。如果将计数值减去 5%，那么你将会从列表中删除这些不可能的 c-v 映射❽。

记住，Counter 模块返回的是一个字典。然而，你最终需要的是 c-v 映射结果，而不是与它们相关的出现频率计数结果。因此，初始化一个名字为 filtered-cv-map 的空集合❾，依次遍历 count_pruned()中的每个键/值对，并将键添加到这个新的集合中。为了查看该过滤器对集合大小的影响，输出该集合的长度。最后，为了让接下来的函数使用经 c-v 映射处理后的集合，函数将返回该集合❿。

4. 定义 c-v 映射过滤函数

清单 3-8 将定义一个 c-v 映射过滤函数。该函数先通过重新排列变量 name 中的字母生成一些易位词，然后将这些易位词转换成 c-v 映射，并将这些易位词与函数 cv_map_words()生成的已过滤 c-v 映射进行比较。如果在集合 filtered_cv_map 中找到易位词的 c-v 映射，那么程序将保存该易位词，供下一个过滤器进一步筛选。

清单 3-8　定义 cv_map_filter()函数

voldemort_british.py，第 4 部分

```
❶ def cv_map_filter(name, filtered_cv_map):
       """根据不可能的辅音和元音字母组合列表，删除那些不可能出现的单词。"""
❷     perms = {''.join(i) for i in permutations(name)}
       print("length of initial permutations set = {}".format(len(perms)))
       vowels = 'aeiouy'
❸     filter_1 = set()
❹     for candidate in perms:
           temp = ''
           for letter in candidate:
               if letter in vowels:
                   temp += 'v'
               else:
                   temp += 'c'
❺         if temp in filtered_cv_map:
               filter_1.add(candidate)
       print("# choices after filter_1 = {}".format(len(filter_1)))
❻     return filter_1
```

清单 3-8 定义的 cv_map_filter()函数需要两个实参。其中，第一个参数是用户输入的名字，第二个参数是由函数 cv_map_words()返回的 c-v 映射集合❶。首先，使用集合推导技术和模块 permutations 生成名字参数的排列结果❷。"项目 6：寻找伏地魔（Voldemort）：高卢人策略"中已经描述过该过程。此时，我们使用集合是为了在后面进一步利用集合进行相关操作，例如获取两个过滤器集合之间的差集。由于 permutations()函数将每个字母 o 都视为一个单独的项，因此它的返回结果是 9!，而不是 9!÷2!。集合会自动移除重复元素，所以使用集合也有助于解决字母重复问题。需要注意的是，permutations()函数会将 tmvoordle 和 tmvoordle 视为不同的字符串。

接着，定义一个空集合，用它保存排列结果经过第一次过滤后的剩余单词❸。然后，循环遍历排列结果列表❹。由于排列结果中的大部分字母序列都不能构成单词，它们仅仅是随机排列的字符串，因此使用 candidate 命名存储字母序列的变量。与函数 cv_words() 的原理一样，对于每一个候选易位词，循环遍历其中的每一个字母，将它们分别映射到字母 c 和字母 v。检查每个 c-v 映射是否为集合 filtered_cv_map 中的元素，即检查 temp 变量。本程序使用集合的一个原因就是：快速执行成员检查。如果候选字母序列满足上述条件，那么就将它添加到集合 filter_1 中❺。最后，函数返回新的易位词集合❻。

5. 定义三元组过滤函数

清单 3-9 将定义一个三元组过滤函数，该函数能够从排列结果中移除不可能存在的三元字母组。该函数会用到一个字母序列 tmvoordle 中不可能出现的三元字母组排列的文本文件，该文本文件中的数据收集于许多个密码学网站。这个函数只返回这些三元字母组排列中的一部分。main() 函数会将产生的新集合传递给下一个过滤函数。

清单 3-9　定义 trigram_filter() 函数

voldemort_british.py，第 5 部分

```
❶ def trigram_filter(filter_1, trigrams_filtered):
       """从单词排列结果列表中删除含有不太可能出现的三元字母组的单词。"""
❷   filtered = set()
❸   for candidate in filter_1:
❹       for triplet in trigrams_filtered:
             triplet = triplet.lower()
             if triplet in candidate:
                 filtered.add(candidate)
❺   filter_2 = filter_1-filtered
     print("# of choices after filter_2 = {}".format(len(filter_2)))
❻   return filter_2
```

清单 3-9 定义的三元组过滤函数有两个参数，其中一个参数为 c-v 映射过滤函数的输出结果，另一个参数为不可能出现的三元字母组列表❶。

首先，函数初始化一个空集合变量，用它保存一些含有不能出现的三元字母组的单词排列结果❷。然后，程序进入 for 循环，查找存在于上一个过滤器中的候选单词排列结果❸。而嵌套的 for 循环用来遍历三元字母组列表中的每个三元字母组❹。如果这样的三元字母组出现在单词的候选排列结果中，那么将它添加到已定义的过滤器集合 filtered 中。

接着，进行集合的求差集操作，从集合 filter_1 中减去新生成的待排除单词排列结果集合❺。最后，函数返回这两个集合的差集，以供下一个过滤函数使用❻。

6. 定义二元组过滤函数

清单 3-10 将定义一个过滤函数，该函数能够删除不太可能出现的二元字母对。只要候选的单词排列结果中出现这样的字母对，过滤操作就会被触发。而对于另一些字母对，只有它们出现在排列词的开头位置时，才会触发过滤操作。在表 3-2 中，阴影单元格表示不允许使用的二元字母组。为了在最后一个过滤函数中对排列结果做进一步筛选，函数会返回本次的过滤结果。

清单 3-10　定义 letter_pair_filter()函数

voldemort_british.py，第 6 部分

```
❶ def letter_pair_filter(filter_2):
      """从单词排列结果列表中删除由不可能出现的字母对组成的单词。"""
❷   filtered = set()
❸   rejects = ['dt', 'lr', 'md', 'ml', 'mr', 'mt', 'mv',
              'td', 'tv', 'vd', 'vl', 'vm', 'vr', 'vt']
❹   first_pair_rejects = ['ld', 'lm', 'lt', 'lv', 'rd',
                          'rl', 'rm', 'rt', 'rv', 'tl', 'tm']
❺   for candidate in filter_2:
❻       for r in rejects:
             if r in candidate:
                 filtered.add(candidate)
❼       for fp in first_pair_rejects:
             if candidate.startswith(fp):
                 filtered.add(candidate)
❽   filter_3 = filter_2-filtered
     print("# of choices after filter_3 = {}".format(len(filter_3)))
❾   if 'voldemort' in filter_3:
         print("Voldemort found!", file=sys.stderr)
❿   return filter_3
```

清单 3-10 定义了一个输出为实参的过滤函数❶。在函数内部，先初始化一个空集合，用于存放任何被舍弃的单词排列❷。然后，创建两个将被舍弃的字母对的列表变量，分别将这两个变量命名为 rejects❸和 first_pair_rejects❹。在程序中，通过手动输入的方式为这两个列表变量分别赋初值。程序中定义的第一个列表变量对应表 3-2 中的黑色阴影表格，而第二个列表变量对应表 3-2 中的灰色阴影表格。任何包含第一个列表成员的单词排列结果都将被舍弃；而以第二个列表成员开头的单词排列结果是不被允许的。通过向这两个列表添加或者从中删除元素，你就可以更改过滤器的行为方式。

接着，开始遍历这些排列结果。由于它们不一定构成单词，因此仍以 candidate 命令存储字母序列的变量❺。第一个嵌套的 for 循环遍历 rejects 列表中的字母对，并判断 candidate 字母序列中是否存在这样的字母对。若存在这样的字母对，则将它添加到集合 filtere 中❻。第二个嵌套的 for 循环遍历 first_pair_rejects 列表中的字母对，并重复前一个 for 循环中的过程❼。然后，用上一个函数返回的集合 filter_2 减去集合 filtered❽。

为了确保没有过滤太多的单词排列结果，你需要检查一下集合 filter_3 是否包含单词 voldemort❾。同时，将 IDLE 窗口中的文字设置成醒目的红色，并通过输出一条提示信息的方式突出显示这个结果。最后，函数返回本次过滤后的单词排列结果集合❿。

7.　让用户选择开头字母

你不能事先知道对字母排列结果的过滤是否会取得成功。最终得到的过滤结果仍然可能由成千上万种排列结果组成。为了使用户可以选择只查看过滤结果中的某个子集，你需要向用户提供一种查看输出的过滤选项。虽然这样并不会减少过滤结果中字母排列结果的总体数量，但是会使程序呈现给用户的输出结果大幅减少。从心理学上来讲，人们更愿意查看这样精简的输出结果。清单 3-11 中的代码功能是：为程序 *voldemort_british.py* 增加查看候选易位词的新功能，即只查看以用户输入字母开头的易位词。

清单 3-11 定义 view_by_letter()函数

voldemort_british.py，第 7 部分

```
❶ def view_by_letter(name, filter_3):
      """筛选出以用户输入字母开头的易位词。"""
❷ print("Remaining letters = {}".format(name))
❸ first = input("select a starting letter or press Enter to see all: ")
❹ subset = []
❺ for candidate in filter_3:
      if candidate.startswith(first):
          subset.append(candidate)
❻ print(*sorted(subset), sep='\n')
   print("Number of choices starting with {} = {}".format(first, len(subset)))
❼ try_again = input("Try again? (Press Enter else any other key to Exit):")
      if try_again.lower() == '':
❽ view_by_letter(name, filter_3)
   else:
❾ sys.exit()
```

清单 3-11 定义了一个以变量 name 和集合 filter_3 为实参的函数 view_by_letter()❶。为了向用户显示本次过滤可选择的字母，你需要向该函数传递名字变量 name❷。根据用户的输入，判断用户是想查看剩余字母的所有排列结果，还是只查看以某个字母开头的排列结果❸。接着，程序创建一个空列表，用它保存符合用户要求的字母排列结果子集❹。

接着，程序进入 for 循环。程序先检查候选排列结果是否是以用户选择的字母开头。若候选排列结果以用户选择的字母开头，则将该候选字母序列添加至列表 subset❺。然后，使用分拆操作符输出该列表❻。之后，程序会询问用户是再试一次，还是退出程序❼。若用户按 Enter 键，则程序会递归调用函数 view_by_letter()，并从头开始重新运行本程序❽；否则，程序退出❾。需要注意的是，Python 默认的最大递归深度为 1000。在这个项目中，我们可以忽略这个限制要求。

8. 运行 main()函数

最后，返回到全局代码编辑区，输入清单 3-12 所示的代码。若用户以独立模式运行该程序，则 main()函数会被调用。若用户将该程序作为模块导入另一个程序中，则 main()函数不会被调用。

清单 3-12 调用 main()函数

voldemort_british.py，第 8 部分

```
if __name__ == '__main__':
    main()
```

下面是程序 *voldemort_british.py* 的一个完整输出示例。当程序将排列结果输入给第三个过滤器后，排列结果的剩余数为 248，其中以 v 开头的排列结果有 73 个。出于简洁性考虑，此处省略输出的字母排列结果。正如在程序输出中所看到的一样，在过滤单词排列结果的过程中，排列结果 voldemort 被留存下来：

```
length initial word_list = 60388
length of new word_list = 8687
length filtered_cv_map = 234
length of initial permutations set = 181440
# choices after filter_1 = 123120
```

```
# of choices after filter_2 = 674
# of choices after filter_3 = 248
Voldemort found!
Remaining letters = tmvoordle
select a starting letter or Enter to see all: v
```

有趣的是，排列结果 lovedmort 也被留存了下来。

3.5　本章小结

在本章中，你首先编写了一个寻找给定单词（或名字）的易位词的程序。在此基础上，你对程序的功能进行了扩展，让它能够寻找易位短语，同时还能与用户进行交互。最后，通过密码分析技术，你从接近 20 万个易位词的排列结果中找出了单词 voldemort。在此过程中，你用到了模块 collections 和 itertools 中一些很有价值的功能。

3.6　延伸阅读

在艾伦・唐尼（Allen Downey）所著的《像计算机科学家一样思考 Python（第 2 版）》中，你可以找到更多有关易位词的程序。

在阿尔・斯威加特（Al Sweigart）所著的《Python 密码学编程》中，你可以找到统计单词模式的代码，该书中介绍的一些过滤排列结果的方法已经应用在程序 *voldemort_british.py* 中。

3.7　实践项目：寻找二元字母组

你可以在一些密码学网站上寻找字母出现频率统计数据，也可以尝试自己去推导这些数据。编写一个 Python 程序，查找字母序列 tmvoordle 中的所有二元字母组合在字典文件中出现的频率。为了不忽略同一单词中重复的二元字母组合，你一定要用类似 volvo 这样的单词来测试编写的程序。你既可以在本书附录中找到该项目的解决方案，也可以从本书的配套资源中下载到该项目对应的程序 *count_digrams_practice.py*。

3.8　挑战项目：易位词自动生成器

首先，浏览或查看我在 3.6 节中提到书籍，从中找到在线易位词生成器程序。然后，编写一个具有该功能的 Python 程序。根据用户输入的名字，该程序会自动生成易位短语，并具备向用户显示该易位词子集（如前 500 个易位词）的功能。

第4章   破解美国内战密码

　　密码学（Cryptography）是一门使用编码和密码技术进行安全通信的科学。编码技术指的是用其他单词替换明文中的所有单词的技术，密码技术是指打乱或替换单词中的字母（从技术角度讲，莫尔斯电码其实是莫尔斯密码）的技术。密码学的目标之一是保护传输数据，即在数据传输过程中使用密钥（Key）将可读明文（Plaintext）加密为不可读的密文（Ciphertext），当数据到达目的地之后，再使用密钥解密密文，得到明文。密码分析（Cryptanalysis）指的是在不知道密码的密钥甚至加密算法的情况下对密文进行解密。

　　在本章中，我们先研究美国南北战争战中使用过的两类密码：北方联邦（The Union）使用过的路由密码（The Route Cipher）和南北双方都使用过的栅栏密码（The Rail Fence Cipher）。然后，研究这些密码能够在战争中运用的缘由。最后，我们会从已经编写的应用程序中吸取经验教训，编写出易于理解的程序，使那些缺乏编程经验和不熟悉 Python 的读者也能读懂代码。

4.1　项目 8：路由密码

　　在美国南北战争（American Civil War）中，北方联邦拥有超过南方联盟（The Confederacy）的一切优势，包括密码学领域。北方联邦拥有高超的编码水平、优良的加密算法和训练有素的情报工作者，但北方联邦强大的凝聚力才是其战胜南方联盟的最大优势。

　　安森·斯塔格（如图 4-1 所示）是美国军方电报部门的负责人，也是西联国际汇款公司（Western Union）的联合创始人之一。他从自身的工作经验中了解到，与大多数密文中常见的随机字母和数字串相比，电报运营商在发送整个单词时犯的错误更少。他还清楚地知道，只有让命令长时间处于机密状态，军事任务才能顺利执行。因此，斯塔格把一种称为路由换位密码（The Route Transposition Cipher）的混合密码系统作为长期保持秘密通信的解决方案。该密码系统由换位的实字（Transposed Real Word）和码字（Code Word）组成，是有史以来最成功的军事密码之一。

图 4-1　安森·斯塔格

换位密码（Transposition Cipher）用不同的字符或符号来替代明文中的文字。与替换密码不同，换位密码的目的是打乱字母或单词的排列顺序。图 4-2 所示是一个路由换位密码的例子。在这个例子中，按照从左到右的顺序，将消息放在预先确定的列和行上，用码字替换重要的明文，用虚假占位符（Dummy Placeholder Word）填充最后一行。密码操作员按照从上到下的顺序遍历这些列，确定重新排列后的单词顺序。从字 REST 开始，用箭头指示加密路径。

Code Words

VILLAGE = Enemy	ROANOKE = Cavalry
GODWIN = Tennessee	SNOW = Rebels

Original Message in Encryption Matrix

Enemy	cavalry	heading	to
Tennessee	With	Rebels	gone
you	are	free	to
transport	your	supplies	south

Encryption Route + Code & Dummy Words

VILLAGE	ROANOKE	heading	to
GODWIN	With	SNOW	gone
you	are	free	to
transport	your	supplies	south
REST	IS	JUST	FILLER

Cyphertext

REST TRANSPORT YOU GODWIN VILLAGE
ROANOKE WITH ARE YOUR IS JUST SUPPLIES FREE
SNOW HEADING TO GONE TO SOUTH FILLER

图 4-2 联合路由密码的实际应用

为了完全译码此消息，你需要知道遍历消息时的起点和路径、最终密文以及码字含义。

20 世纪初，杰出的军事密码分析家威廉·弗里德曼瞧不上斯塔格发明的路由密码。他认为这样的密码太简单，南方联盟破解它是一件十分容易的事。但实际情况是在战争期间北方联邦发送了成千上万条由路由密码加密的消息，却从未有一条消息被破译，这并不是因为缺少破译尝试。南方联盟曾在报纸上公布过一些截获的敌方密码信息，希望能得到一些有关解密的帮助，但都无济于事。这也算是众包（Crowdsourcing）的一个古老案例。虽然一些历史学家推测这个密码系统极有可能被破解，但是斯塔格设计的密码给我们留下了一些重要的启发。

设置人为误差：由于每天可能会发送数百条军事密码，因此它们使用起来必须简单。路由密码使用真实单词，这样做可以减少电报员出错的可能。斯塔格了解他的客户，并为他们设计了特定的密码系统。此外，斯塔格还意识到人的精力是有限的，所以对自己的密码产品进行了优化调整。相比之下，南方联盟采用的密码却极为复杂，他们可能难以解密自己密码系统中传递的复杂信息，有时甚至会放弃使用这样的密码系统，而选择绕开敌人的战线，直接与友军面对面交谈。

创新胜过发明：有时你不需要发明新事物，只需要重新发现一些旧事物的新特性。适用于电报传输的短字换位密码因相关性能太弱而无法单独使用，但是将它与代号和破坏性假词相结合，就会使南方联盟感到迷惑不解。

分享经验教训：由于电报队中的每个人都使用相同的方法收发消息，因此他们很容易在现有技术的基础上分享密码操作的经验与教训。随着码字越来越多地使用地名、人名、日期、俚语和故意拼错的词汇，路由密码也得到不断发展。

斯塔格的实用密码系统可能不会让后来的"纯粹主义者"满意，但是，在当时它是一个堪称完美的设计。该密码系统背后蕴含的理念是永恒的，也很容易应用到现代的应用程序中。

目标

哈利·卡勒多夫在他 1992 年的获奖小说 *Guns of the South* 中这样描述：时间旅行者为南方联盟军队提供他们需要的现代武器，从而打赢美国的内战。这里所说的武器不是类似于 AK47s 的攻击性武器，而是让你带着笔记本计算机、一些额外的电池和 Python 编程语言回到 1864 年，设计一个能够破译路由密码的算法。该算法会根据假定的加密矩阵和路径执行路由密码的解密操作。本着斯塔格设计密码系统的精神，你将编写一个对用户友好的程序，以减少人为错误。

4.1.1 策略

当涉及密码破译问题时，如果你知道要破译的是哪种类型的密码，那么整个破译工作就会容易很多。在本项目中，可以看出密文是由杂乱无章的实字组成的，而且密文里面还会包含一些码字和假词，因此容易知道密码属于换位密码。你的任务是设法破解路由密码的换位部分，让其他人关注密码中码字的安全问题。

1. 创建控制消息

为了了解如何做到这一点，请创建属于你自己的消息和路由密码。这也称为控制消息：

❏ 列数 = 4；
❏ 行数 = 5；
❏ 初始位置 = 左下角；
❏ 加密路径 = 上下列交替；
❏ 明文（Plaintext）= 0 1 2 3 4 5 6 7 8 9 10 11 12 13 14 15 16 17 18 19；
❏ 密文（Ciphertext）= 16 12 8 4 0 1 5 9 13 17 18 14 10 6 2 3 7 11 15 19；
❏ 密钥（Key）= -1 2 -3 4。

为了方便判断控制消息是否已经全部或部分解密正确，我们用递进的数字表示明文。

图 4-3 所示为消息对应的换位矩阵，灰色的箭头方向表示加密路径。

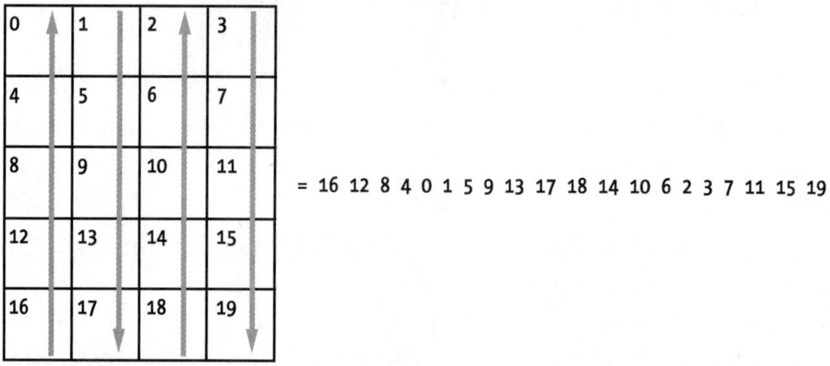

图 4-3　利用路由密码路径实现控制消息的换位矩阵和消息最终对应的密文

密钥决定着列的遍历顺序和遍历方向。当遍历所有列时，密码路径的遍历顺序与列本身的先后顺序无关。例如，可以先向下遍历第一列，再向上遍历第三列，接着向下遍历第四列，最后向上遍历第二列。负数表示从列的底部开始，依次向上读取列的每一个元素，而正数表示的意义则与之相反。对于控制消息而言，程序最终使用的密钥可用列表[−1，2，−3，4]来表示。该列表表示程序读取控制消息的顺序，第一列的读取顺序为从底部向上，第二列的读取顺序则变为从顶部向下，第三列的读取顺序是从底部向上，第四列的读取顺序又变成从顶部向下。

需要注意的是，由于用户喜欢从 1 开始计数，因此不要在密钥中使用数字 0。但是 Python 习惯于从 0 开始计数。因此，在这样的情况下，需要将密钥的值减去 1。这样一来，就符合用户的习惯了。

在 4.5.5 小节中，你会使用这种紧凑的密钥结构暴力破解路由密码，该方法能够自动尝试数百个密钥，直到恢复出明文。

2. 矩阵的设计、填充和去填充

在下面的代码片段中，你将以连续字符串的形式输入密文。程序会利用该字符串获得密文解密路径。首先，你需要根据输入字符串生成一个换位矩阵。如果输入的字符串不能构成一个完整的换位矩阵，就对其进行填充。密文字符串的每列按箭头所指的方向首尾相连，如图 4-3 中的换位矩阵所示。该换位矩阵共有 5 行，每 5 个密文元素构成一组密文，每组密文表示矩阵中的一列。你可以使用以元素为列表的列表来表示该矩阵：

```
>>> list_of_lists = [['16', '12', '8', '4', '0'],
['1', '5', '9', '13', '17'],['18', '14', '10', '6', '2'],
['3', '7', '11', '15', '19']]
```

现在，这个新列表中的每个元素均为一个列表，即每个列表表示一列元素，每个表示列的列表均含有 5 个元素。这有点让人难以理解，因此我们将这些嵌套列表中的每个列表都单独输出在一行上：

```
>>> for i in range(len(list_of_lists)):
```

```
        print(list_of_lists[i])
[16, 12, 8, 4, 0]
[1, 5, 9, 13, 17]
[18, 14, 10, 6, 2]
[3, 7, 11, 15, 19]
```

若按照从上到下、从左到右的顺序读取每个列表，那么列表的读取顺序将与换位路径的顺序保持一致（如图 4-3 所示）。从 Python 编程的角度来看，list-of-lists [0]表示第一列的元素，list-of-lists [0] [0]表示换位矩阵路径的起始点元素。

现在，为了规范换位矩阵的路径，我们需要按照与起始列相同的方向（向上）来读取所有列。这就需要颠倒其他列表中元素的顺序，下面的粗体字表示顺序经过调整的列表：

```
[16, 12, 8, 4, 0]
[17, 13, 9, 5, 1]
[18, 14, 10, 6, 2]
[19, 15, 11, 7, 3]
```

这样换位密码的模式就显而易见了。如果按照从右上角开始到左下角结束的顺序来读取每一列，那么你会发现读到的数字是按大小顺序排列的。这样一来，你就恢复出明文了。

将这样的操作添加到程序中，让程序遍历每个嵌套列表，删除列表中的最后一个元素，同时将该元素添加到一个新的字符串中，直到换位矩阵为空。程序从密钥中知道它要反转哪些密文嵌套列表和如何还原换位矩阵的顺序。程序的输出就是从密文中恢复出的明文字符串：

```
'0 1 2 3 4 5 6 7 8 9 10 11 12 13 14 15 16 17 18 19'
```

现在，你应该对这个策略有了全面的认识。下面让我们用包含更多描述信息的伪代码来说明这个策略的具体执行过程。

4.1.2 伪代码

该脚本程序可以分为 3 个主要的部分，即用户输入、换位矩阵的填充以及解密换位矩阵得到明文。在下面的伪代码中，你能看到程序的这 3 个部分：

```
加载密文字符串
为了便于把密文拆分成单字，将密文从字符串形式转换为列表形式
获取用户输入的列数和行数
获取用户输入的密钥
为了便于将密钥拆分成单个数字，将密钥从字符串形式转换为列表形式
为换位矩阵创建一个新列表
对于密钥中的每个数字：
    创建一个新列表，从密文列表中获取 n 个元素，并将这些元素添加到新列表中
    根据密钥数字的符号决定是正向读取行元素，还是反向读取行元素
    根据选定的方向将新列表添加到矩阵中。每个新列表的索引都取决于其在密钥中对应的列号
创建一个保存译码结果的新字符串变量
对于行首至行尾：
    对于换位矩阵中的每个嵌套列表：
        删除嵌套列表中的最后一个字
        将字添加到译码结果字符串中
输出译码结果字符串
```

在循环执行之前，所有工作本质上只是收集和格式化密文数据。第一个循环负责构建和填充矩阵，第二个循环根据该矩阵创建译码结果字符串。最后，输出译码结果字符串。

4.1.3　解密路由密码的代码

清单 4-1 中的程序以加密后的消息为输入，消息加密时使用的是前面提到的路由密码，该密码由换位矩阵的行数和列数及密钥组成。这个程序还会输出译码后的明文。该程序具有解密"通用"路由密码密文的功能。这里要求路由密码的路径必须从列的顶部或底部开始，沿着向上或向下的方向前进。

下面是原始版本的代码。一旦确定该程序可以正常工作，就可以把它打包，让其他人也可以使用它解密路由密码。你可以从本书的配套资源中获取到这段代码。

清单 4-1　程序 *route_cipher_decrypt_prototype.py* 的代码

route_cipher_decrypt_prototype.py

```
❶ ciphertext = "16 12 8 4 0 1 5 9 13 17 18 14 10 6 2 3 7 11 15 19"

   # 不要将密文拆分成单个的字母，而要把它拆分成单独的数字
❷ cipherlist = list(ciphertext.split())

❸ # 初始化变量
   COLS = 4
   ROWS = 5
   key = '-1 2 -3 4' # 负数表示按照向上的顺序读取列，而正数则表示按照向下的顺序读取列
   translation_matrix = [None] * COLS
   plaintext = ''
   start = 0
   stop = ROWS

   # 将 key 中的字符串转换为整数列表，并将该整数列表分配给 key_int:
❹ key_int = [int(i) for i in key.split()]

   # 用列表的列表存储矩阵中的每列数据
❺ for k in key_int:
❻     if k < 0: # 按照从底部到顶部的顺序读取列中的元素
           col_items = cipherlist[start:stop]
       elif k > 0: # 按照从顶部到底部的顺序读取列中的元素
           col_items = list((reversed(cipherlist[start:stop])))
       translation_matrix[abs(k)-1] = col_items
       start += ROWS
       stop += ROWS

   print("\nciphertext = {}".format(ciphertext))
   print("\ntranslation matrix =", *translation_matrix, sep="\n")
   print("\nkey length= {}".format(len(key_int)))

   # 循环遍历嵌套列表，弹出列表中最后一个元素，并将弹出的元素添加到新创建的列表中:
❼ for i in range(ROWS):
       for col_items in translation_matrix:
❽         word = str(col_items.pop())
❾         plaintext += word + ' '

   print("\nplaintext = {}".format(plaintext))
```

首先，以字符串的形式加载密文❶。由于你不是以字母的形式处理密文，而是以字的形式处理密文，因此可以利用基于空格的字符串拆分函数 split()，创建一个名为 cipherlist 的新列表❷。而 split() 函数的作用与前面见过的 join() 函数的作用恰好相反，该函数可以拆分任何字符，

它默认以连续的空格为分隔符，在拆分下一个字符串之前，它会删除字符串中的每个空格。

接下来，你需要输入待解密路由密码的特征信息，即换位矩阵的列数和行数以及遍历矩阵路径所需的密钥❸。紧接着，定义矩阵的行数和列数，并把它们设置为常量。然后，创建一个名字为 translation_matrix 的空列表，将矩阵中每列的内容保存为一个嵌套的列表（元素仍是列表的列表）。通过将列的数值乘以 None 来分配列表占位符。对于没有按数值顺序排列的密钥，可以使用这些空项的索引将列按正确的顺序存放。

然后，利用名字为 plaintext 的空字符串来保存解密后的消息。接下来的代码片段的作用是设置一些切片参数。需要注意的是，其中一些参数的值直接取自行数值，行数等于每列中的元素数目。

之后，使用列表推导方法将字符串型的密钥变量转换为整数型的列表❹。在后续的代码中，你会把密钥字符串中的数字当作换位矩阵的索引，因此必须将它们都转换成整数。

紧接着的代码块是一个 for 循环，它的作用是填充换位矩阵 translation_matrix，该矩阵是一个以列表为元素的列表❺。由于矩阵的每列都是一个嵌套的列表，并且 key_int 列表的长度等于该矩阵的列数，因此密钥列表的长度就是 for 循环的范围，它也表示换位矩阵的路径。

在 for 循环的内部，先使用条件语句检查密钥的值，判断它是正数还是负数❻。如果密钥值是正数，则密文列表的切片方向就是反向。为了将切片结果分配到换位矩阵 translation_matrix 中的正确位置，需要用密钥值的绝对值减去 1（密钥列表中的元素值是从 1 开始的，而列表索引则从 0 开始计数）。在循环的末尾，让表示密文切片参数的起点和终点值均加上换位矩阵的列数。当该循环结束后，程序会立即输出一些有用的信息。

最后一个代码块❼根据行数来遍历每个嵌套列表，这里的行数也等于嵌套列表中的字数。外循环的前两次执行结果如图 4-4 所示。当需要逐个取出每个嵌套列表中的最后一个元素时，你可以使用列表的 pop() 函数❽，它也是我最喜欢的 Python 函数之一。

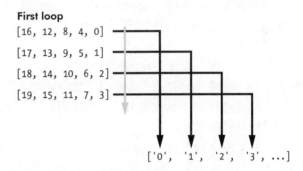

First loop

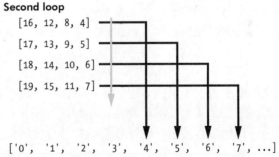

Second loop

图 4-4　前两次执行外循环遍历嵌套列表，删除每个列表的末尾元素并将其添加到译码字符串

除非指定了索引值，否则 pop() 函数将删除并返回列表中的最后一个元素。尽管这样做会破坏嵌套列表，但是你只能这样做。

当从嵌套列表中弹出一个字后，将它添加到 plaintext 字符串，并在其后添加一个空格❾。最终余下的代码块的作用是显示密文解密结果。前面给定的数值测试集对应的输出结果如下所示：

```
plaintext = 0 1 2 3 4 5 6 7 8 9 10 11 12 13 14 15 16 17 18 19
```

从上面的输出结果来看，编写的程序可以正确工作。

4.1.4 破解路由密码

对于前面编写的路由密码解密程序，我们假设加密矩阵特征信息和密钥是已知的。如果这样的假设不成立，唯一的办法就是尝试所有可能的矩阵排列和密钥。在第 4.5.5 小节中，你将会尝试在列数已知的条件下用脚本程序自动地选择密钥。然而，你将会看到：联合路由密码是暴力枚举攻击方法的最好防御措施。尽管可以用暴力攻击的方法破解该密码，但是在这个过程中，你需要处理特别多的数据，会耗费很长的时间。

当消息变得越来越多时，换位密码中可能的加密路径也会随之增多。此时，即便使用现代计算机，暴力破解方法也会变得不可行。例如，如果换位矩阵有 8 列，并且允许路径在列间任意跳转，则列的可选组合数是 8 的阶乘，即 $8 \times 7 \times 6 \times 5 \times 4 \times 3 \times 2 \times 1 = 40320$。也就是说，当允许路径在列间任意跳转时，共有 40320 条加密路径。如果允许加密路径向上或向下改变方向，则加密路径的组合数将增加到 10321920 条。如果还允许从一列中的任何位置开始（不只是从顶部或底部开始），并不限制穿过矩阵的路径形式（例如螺旋形），那么产生的加密路径数量将会变得难以想象。

基于上述原因，即使是短的换位密码也可能有数千乃至数百万条可能的加密路径。对计算机来说，当加密路径的数量不太多时，暴力破解方法可能会奏效。然而，你仍然需要一种可以从无数条可选路径中直接筛选出最佳路径的方法，或者能够缩小候选路径范围并通过视觉观察筛选出最佳路径。

对于常见的字母型换位密码，你可以编写一个函数，通过比较解密结果与字典文件进行解密的正确性判断。如果解密后得到的字属于该字典文件的占比大于某个阈值，那么你很可能已经破解该密码。同样地，如果常见的字母对（如 er、th、on、an 等）在解密结果中出现的频率很高，那么你可能也破解了该密码。不幸的是，这种方法不适用于我们所讨论的换位密码。

字典不能帮你判断单词排列顺序是否正确。对于单词的排列顺序，你可以使用语法规则和概率语言模型等方法，用程序从成千上万的候选结果中挑选出单词的正确排列顺序。但是，斯塔格在路由密码中还用到了码字和假词，这使得处理单词排序的过程变得更加复杂。

密码分析员认为：尽管存在上述问题，但是在不借助计算机的情况下，破解短小直观的换位密码还是相当容易的；破译者会寻找有意义的常见单词或字母对，并利用它们去猜测换位矩阵中的行数。

为了便于演示该过程，这里使用由数字组成的控制消息。图 4-5 所示为一些 4 行×5 列矩阵对应的密文结果，每个密文都是从矩阵的 4 个角之一开始加密的，按照交替的顺序生成加密路径。这包括在相邻数字中重复出现的所有情况（图 4-5 中阴影部分）。这些数字指示出路径在矩阵中的横向移动位置，它们为换位矩阵的设计以及寻找通过矩阵的路径提供了线索。你可以看到原换位矩阵一共有 5 行，还可以看到每一行的第 5 个字是该行的第一个阴影字对中的字。此外，我们知道明文消息中共有 20 个字。因此，矩阵的列数是 4（20÷5=4）。现在，假设明文消息在换位矩阵中是从左到右排列的，这样一来，你就可以猜测出加密路径。例如，若加密的起始位置为右下角，它会先向上遍历到 3，然后向左遍历到 2，再向下遍历到 18，然后向左遍历到 17，再向上遍历到 1，最后向左遍历到 0。当然，由于字之间的联系不是那么明确，因此字类型的换位密码破解起来会比较困难，而使用数字可以把这样的道理说得更加清楚。

5 digits = 5 rows!

Lower right = 19 15 11 7 **3 2** 6 10 14 **18 17** 13 9 5 **1 0** 4 8 12 16

Lower left = 16 12 8 4 **0 1** 5 9 13 **17 18** 14 10 6 **2 3** 7 11 15 19

Upper right = 3 7 11 15 **19 18** 14 10 6 **2 1** 5 9 13 **17 16** 12 8 4 0

Upper left = 0 4 8 12 **16 17** 13 9 5 **1 2** 6 10 14 **18 19** 15 11 7 3

图 4-5 利用字符或单词的逻辑顺序（阴影）来猜测加密路径

图 4-6 所示的结果是基于图 4-2 所示的消息产生的。其中，末端词和可能的链接词（例如“is just”和“heading to”）都用阴影的形式标注出来了。

REST TRANSPORT YOU GODWIN **VILLAGE ROANOKE** WITH ARE YOUR
IS JUST SUPPLIES FREE SNOW **HEADING TO** GONE TO SOUTH **FILLER**

图 4-6 人工破解图 4-2 中由 5 行矩阵构成的路由密码

上图中总共有 20 个单词，它们可以分成 4 行、5 行或 10 行。考虑到实际情形，不太可能使用两列的矩阵，因此我们将它当作 4×5 或 5×4 的矩阵来处理。如果路由密码的路径如图 4-5 所示，那么我们会看到这样的结果：若矩阵有 4 行，则阴影单词之间会有两个非阴影单词；若矩阵有 5 行，则阴影单词之间会有 3 个非阴影单词。无论从哪个方向开始阅读密文，4 行的矩阵都很难拼凑出有意义的单词对。因为只有当从左到右读时连接词才有意义，所以我们将密文视为从左侧开始遍历且有 5 列的矩阵。

请注意观察，图 4-6 中的阴影单词是如何填充图 4-7 所示的换位矩阵的顶部行和底部行的。正如我们所期望的一样，路径走到每一列的顶部和底部时都需要“掉头”。图解法是解决这类问题的最好方法。

VILLAGE	**ROANOKE**	heading	to
GODWIN	With	**SNOW**	gone
you	are	free	to
transport	your	supplies	south
REST	**IS**	**JUST**	**FILLER**

图 4-7 将图 4-6 中的阴影单词放置于换位矩阵中

这个过程看起来很简单，但是能让我们再次了解路由密码的工作原理。南方联盟的破译者最终也发现了路由密码的加密机理，但是由于敌方在生成密文的过程中用到了码字，他们仍无法完全破译该密码系统。为了破解这些码字，南方联盟需要获得路由密码的电码本或拥有一个专门获取和分析大数据的组织机构。然而，在 19 世纪南方联盟是无法做到这一点的。

4.1.5　增加用户接口

该项目的第二个目标是以一种尽可能减少用户出现人为错误的方式编写代码，尤其是那些因为经验不足（主要为 1864 年的技术人员、实习生、同事和电报员）而出现的人为错误。当然，使程序易用的最佳方法是借助图形用户界面（Graphical User Interface，GUI），但是有时这样做是不切实际的。例如，密码破解程序会自动循环遍历数千个可能的密钥，而且自动生成这些密钥比让用户直接输入它们要容易得多。

在本例中，我们将继续假设用户会打开程序文件并添加一些输入内容，甚至还会对代码进行微小的改动。下面是一些需要遵循的准则。

（1）程序必须以文档字符串开头（请参阅第 1 章）。

（2）将用户所有的输入语句都放在程序的前面。

（3）利用注释向用户解释输入要求。

（4）将用户输入部分的代码与程序其他部分的代码严格分开。

（5）尽可能地将一些过程封装在函数中。

（6）具有捕获和处理用户常见错误的功能。

采用这种方法的好处是代码编写者和用户皆大欢喜。如果用户想浏览和阅读代码，甚至更改代码，这都是可行的。如果用户只想向程序输入一些值，得到一个黑盒式的解决方案，那么这也是可行的。我们本着安森·斯塔格的密码系统设计精神，尽可能地简化程序的使用方式，减少用户出错的机会。

1.　引导用户完成输入

清单 4-2 是对原先代码的重新封装，这样做便于向他人分享该程序。你可以从本书的配套资源中获取到程序 *route_cipher_decrypt.py*。

清单 4-2　程序 *route_cipher_decrypt.py* 的文档字符串、导入的外部库以及用户输入部分

route_cipher_decrypt.py，第 1 部分

❶ """遍历联合路由密码，获得解密路径。

❷ 设计适用于任何字的、具有可变行数和列数的换位密码。
假定加密总是从列的顶部或底部开始。
密钥表明矩阵对列的读取顺序和遍历方向。
若列号为负数，则列的读取顺序是从下到上。
若列号为正数，则列的读取顺序是从上到下。

下面是一个 4 行×4 列的换位矩阵示例，它使用的密码是 -1 2 -3 4。
需要注意的是，密钥不能使用数字 0。
箭头方向表示加密路径；密钥值为负表示列的读取方向朝上。

```
   1   2   3   4
 ___ ___ ___ ___
|  ^ | | |  ^ | |  写入消息
|_|_|_v_|_|_|_v_|
|  ^ | | |  ^ | |  遍历每行
```

```
|_|_|_v_|_|_|_v_|
|_^_|_|_|_^_|_|_|  按照图中的方式
|_|_|_v_|_|_|_v_|
|_^_|_|_|_^_|_|_|  用假词填充最后一行
|_|_|_v_|_|_|_v_|
开始            结束

用户的输入包括文本消息、矩阵的行数和列数以及密钥字符串

输出译码后得到的明文
"""
```

❸ `import sys`

```
    #==========================================================================
```
❹ `# 用户输入：`

❺ `# 待解密字符串（手动输入或粘贴在一对三引号之间）：`
```
    ciphertext = """16 12 8 4 0 1 5 9 13 17 18 14 10 6 2 3 7 11 15 19
    """
```

❻ `# 换位矩阵的列数：`
```
    COLS = 4

    # 换位矩阵的行数：
    ROWS = 5
```

❼ `# 表示密钥的数字之间必须有空格；若密钥数字为负数，则列的读取方向朝上（ex=-1 2 -3 4）：`
```
    key = """ -1 2 -3 4 """
```

❽ `# 用户输入部分结束，请不要编辑此行以下的内容。`
```
    #==========================================================================
```

❾

　　程序的开头部分是一个用三引号引起来的多行文档字符串❶。这个文档字符串将告知用户，该程序仅适用于特定的路由密码，即加密路径必须从列的顶部或底部开始，同时还将告诉用户如何输入密钥信息❷。最后，用图表来解释说明这个过程。

　　接下来，导入 sys 模块，这样程序就可以使用系统字体和函数了❸。为了检查用户的输入是否符合条件，需要在 shell 窗口中以醒目的红色来显示输出消息。将 import 语句放在这里是一种明显违背编程规范的做法。因为你的目的是对用户隐藏代码，所以应该在程序的后面导入它。但是你不能违反 Python 中将所有 import 语句放在顶部的强制规定。

　　紧接着是用户输入部分。当需要修改程序的输入时，你可能有过在程序中到处寻找输入代码的经历。这可能会使程序员感到麻烦，甚至还会让用户感到困惑。因此，出于简洁方便和防止出现错误等方面的考虑，将所有与用户输入有关的重要变量都移到程序顶部。

　　用一行全为等号（＝）的字符隔开输入部分与其他部分，然后让用户知道此处为注释❹。在程序的输入部分，每个所需的输入都有详细的注释说明。对于较长的文本片段，可以使用三引号来注释它。需要注意的是，在这里输入的数字字符串与图 4-3 中所展示的字符串是一致的❺。接下来，用户先设置换位矩阵的列数和行数❻，再设置解密路由密码所需的密钥❼。

　　最后，在用户输入部分的末尾添加一条注释，它的功能是提示用户不要编辑该部分后面的任何代码❽。然后，添加一些额外的空行，以便更清楚地将程序的输入部分与其他部分分隔开❾。

2. main()函数的定义

清单 4-3 中的代码功能是：为本程序定义 main()函数。该函数会执行路由密码的解密工作，并输出得到的明文消息。对于程序的 main()函数，只要它是最后被程序调用的函数，那么它就既可以定义在它所调用的函数之前，也可以定义在它所调用的函数之后。

清单 4-3　定义 main()函数

route_cipher_decrypt.py，第 2 部分

```
def main():
    """运行路由密码解密程序，并输出解密后得到的明文消息。"""
❶   print("\nCiphertext = {}".format(ciphertext))
    print("Trying {} columns".format(COLS))
    print("Trying {} rows".format(ROWS))
    print("Trying key = {}".format(key))

    # 将列表元素拆分成单词而非字母
❷   cipherlist = list(ciphertext.split())
❸   validate_col_row(cipherlist)
❹   key_int = key_to_int(key)
❺   translation_matrix = build_matrix(key_int, cipherlist)
❻   plaintext = decrypt(translation_matrix)

❼   print("Plaintext = {}".format(plaintext))
```

在清单 4-3 中，main()函数先将用户的输入显示在 shell 解释器窗口中❶。然后，与原先代码中的做法一样，先以空格为分隔符把字符串型的密文拆分开，再将其转化成列表❷。

接下来的语句会调用你刚才定义的函数。第一条语句用于检查用户输入的行数和列数对于消息长度是否有效❸。第二条语句用于将密钥变量从字符串转换为整数列表❹。第三条语句用于构建换位矩阵❺，第四条语句用于解密换位矩阵，获得明文消息❻。最后，输出明文消息，结束 main()函数的定义❼。

3. 验证数据合法性

当把程序 *route_cipher_decrypt.py* 打包给最终的用户时，程序需要验证用户输入的内容是否有效。清单 4-4 中的代码功能是：预测用户常见的输入错误，同时在用户出错时向它提供有效的提示说明。

清单 4-4　检查用户输入的函数定义

route_cipher_decrypt.py，第 3 部分

```
❶ def validate_col_row(cipherlist):
    """根据消息的长度，检查用户输入的列数和行数是否合法。"""
    factors = []
    len_cipher = len(cipherlist)
❷   for i in range(2, len_cipher): # 循环从第二列开始
        if len_cipher % i == 0:
            factors.append(i)
❸   print("\nLength of cipher = {}".format(len_cipher))
    print("Acceptable column/row values include: {}".format(factors))
    print()
❹   if ROWS * COLS != len_cipher:
```

```
        print("\nError-Input columns & rows not factors of length "
              "of cipher. Terminating program.", file=sys.stderr)
        sys.exit(1)

❺ def key_to_int(key):
        """将密钥转换成整数列表，并检查它的有效性"""
❻   key_int = [int(i) for i in key.split()]
        key_int_lo = min(key_int)
        key_int_hi = max(key_int)
❼   if len(key_int) != COLS or key_int_lo < -COLS  or key_int_hi > COLS \
            or 0 in key_int:
❽       print("\nError-Problem with key. Terminating.", file=sys.stderr)
            sys.exit(1)
        else:
❾       return key_int
```

函数 validate_col_row()用于检查用户输入的列数和行数是否与函数参数 cipherlist 表示的密文长度相匹配❶。由于换位矩阵的大小始终与消息中的字数相同，因此列数和行数必须是消息长度的因数。为了确定消息长度的所有可能因数，首先创建一个保存这些因数的空列表，然后获取 cipherlist 的长度。由于密文字符串 ciphertext 中的元素是字母，而不是单词，因此在计算消息长度时，要把密文对应的列表 cipherlist 当作函数 len()的参数。

通常情况下，要得到一个数字的因数，你需要遍历的范围为（1，number + 1），你并不希望两个端点出现在 factors 列表中。因为有这些维度的换位矩阵就是明文本身，所以要把这些值从遍历范围中去掉❷。由于一个数的因数会整除这个数本身，因此可以使用取模运算符（%）寻找一个数的因数。如果该数是消息长度的因数，那么就把它添加到列表 factors 中。

接下来，向用户显示一些有用的信息，如密文列表 cipherlist 的长度、可选的矩阵行数和列数❸。最后，将用户选择的行和列参数相乘，并将得到的乘积与密码列表的长度进行比较。如果两者不相等，就在 shell 解释器窗口中显示一条红色警告的消息（使用 file = sys.stderr 语句），并终止程序❹。在这里通过调用 sys.exit(1)函数来退出程序，其中参数 1 表示程序非正常退出。

紧接着，定义一个检查密钥合法性的函数，它把用户输入的密钥从字符串转换为整数列表❺。当给该函数传递一个字符串型的参数 key 后，它会将字符串 key 中的每个元素拆开，并将转换为整数列表。为了将用户输入的密钥 key 与转换后得到的密钥列表区分开，将该整数列表命名为 key_int❻。接下来，查找列表 key_int 中的最小值 key_int_lo 和最大值 key_int_hi。然后，使用 if 语句检查列表 key_int 包含的项数是否与列数 COLS 相同，同时还要检查 key_int 中的最小值是否小于列数 COLS、key_int 中的最大值是否大于列数 COLS，并且还要检查 0 是否是列表 key_int 中的元素❼。如果这些条件中的任何一个未能满足❽，则终止程序，并显示一条错误消息。否则，返回列表 key_int❾。

4. 构建和解密换位矩阵

清单 4-5 将为程序定义两个函数，第一个函数用于构建换位矩阵，第二个函数用于解密换位矩阵。最后，定义一个 if 条件语句，使得只有在独立运行本程序时，main()函数才会被调用。

清单 4-5   定义构建换位矩阵和解密换位矩阵的函数

route_cipher_decrypt.py，第 4 部分

```
❶ def build_matrix(key_int, cipherlist):
       """将列表中的每 n 个元素转换成列表的列表中的一个新元素。"""
       translation_matrix = [None] * COLS
       start = 0
       stop = ROWS
       for k in key_int:
           if k < 0: # 按照从底部到顶部的顺序读取列中的元素
               col_items = cipherlist[start:stop]
           elif k > 0: # 按照从顶部到底部的顺序读取列中的元素
               col_items = list((reversed(cipherlist[start:stop])))
           translation_matrix[abs(k)-1] = col_items
           start += ROWS
           stop += ROWS
       return translation_matrix
❷ def decrypt(translation_matrix):
       """循环遍历嵌套列表，并将弹出的最后一个元素添加至字符串中"""
       plaintext = ''
       for i in range(ROWS):
           for matrix_col in translation_matrix:
               word = str(matrix_col.pop())
               plaintext += word + ' '
       return plaintext

❸ if __name__ == '__main__':
       main()
```

上面这两个函数表示对程序 *route_cipher_decrypt_prototype.py* 的封装。关于这两个函数的详细解释，请参考清单 4-1 的说明部分。

首先，定义一个构建换位矩阵的函数，它以变量 key_int 和 cipherlist 为参数❶，返回一个列表的列表。

接下来，定义解密换位矩阵的函数，它以列表 translation_matrix 为参数❷。该函数会依次弹出每个嵌套列表的末尾元素。最后，该函数返回解密得到的明文消息，并在 main()函数中输出该明文消息。

最终，定义一个 if 条件语句，让程序只有在独立运行时才调用 main()函数❸。

如果只是偶尔使用一次这段代码，那么你会发现它非常简单易懂。因为编写程序时已让程序的关键变量极易访问，主要任务也被模块化；所以若想根据自己的意图更改代码，那么这个过程也会变得极其简单。在这个过程中你不需要深入研究程序中各模块的功能，也不需要理解变量 list1 和 list2 之间的区别。

程序使用图 4-2 所示的密文得到的输出结果如下：

```
Ciphertext = 16 12 8 4 0 1 5 9 13 17 18 14 10 6 2 3 7 11 15 19

Trying 4 columns
Trying 5 rows
Trying key = -1 2 -3 4

Length of cipher = 20
Acceptable column/row values include: [2, 4, 5, 10]

Plaintext = 0 1 2 3 4 5 6 7 8 9 10 11 12 13 14 15 16 17 18 19
```

现在，你可以使用简单易懂的接口来更改密钥，根据已知的密钥和可能的加密路径解密路由换位密码。在第 4.5.5 小节中，通过自动尝试所有可能的密钥，你将有机会破解这些密码。

4.2 项目 9：栅栏密码

当谈到密码学时，南方联盟的军官和间谍们都是自主设计密码系统的代表人物。许多简单的密码系统就出自他们之手，在他们设计的这些密码中，最受欢迎的就是栅栏密码（The Rail Fence Cipher）。该密码的加密方式因与铁路围栏的锯齿形图案相似而得名，如图 4-8 所示。

图 4-8　铁路栅栏

栅栏密码是一种简单易用的换位密码。这种密码与北方联邦使用的路由密码类似。路由密码是通过改变字母位置实现加密的，而栅栏密码是通过改变字的位置实现加密的。此外，路由密码很容易出错。由于栅栏密码的可能密钥比路由密码的可能路径数有更多的限制，因此栅栏密码更容易被破解。

北方联邦和南方联盟都将栅栏密码作为字密码来使用，且间谍可能不会经常使用码字。因此，密码本需要受到严格的保护，将它放在军用电报局比让间谍随身携带要安全得多。

南方联盟有时会使用复杂的维吉尼亚密码加密一些重要的信息和一些不重要的但会对敌人起到误导作用的信息（参见项目 12：隐藏维吉尼亚密码）。破译误导敌人的非重要消息同样也是一项烦琐工作，它同加密工作一样费力且不适合用于快速通信领域。

尽管南方联盟政府的情报人员没有接受过密码学方面的训练，但他们在密码方面充分发挥了自己的才智和创新精神，从而在保密通信领域中取得了许多伟大的成就，显微摄影（Microphotography）技术就是其中之一，这项技术在 100 年后被广泛采用。

目标

编写一个能够帮助间谍实现加密和解密"两栏"（two-rail）式栅栏密码的 Python 程序。当编写该程序时，你应该多考虑那些不了解密码学的用户，尽量降低他们使用该程序时出错的概率。

4.2.1 策略

使用栅栏密码加密一个消息的步骤如图 4-9 所示。

Buy more Maine potatoes	(1) Write plaintext
BUYMOREMAINEPOTATOES	(2) Remove spaces and capitalize
	(3) Stack and stagger letters in zigzag pattern
BYOEANPTTEUMRMIEOAOS	(4) Merge the upper and lower rows
BYOEA NPTTE UMRMI EOAOS	(5) Split into groups of five

图 4-9 "两栏"式栅栏密码的加密过程

首先写入明文[步骤（1）]，然后删除明文之间存在的空格，并将所有字母都转换为大写[步骤（2）]。在密码学中，使用大写字母是一种隐式约定，这样做可以将已经存在的专有名词和句子开头的大写字母混淆在一起，使密码破译者在解密消息时的可用线索更少。

接下来，以堆叠的方式重写消息，即每个字母都在前一个字母的下面，并且字母之间都有一个空格[步骤（3）]。这样一来，就很容易看出来该密码与铁路栅栏之间的相似性。

然后，将第二行写在第一行的后面[步骤（4）]。按照每 5 个字母一组的方式，将得到的新行分开，进一步迷惑密码破译者[步骤（5）]。

为了解密栅栏密码，需要反转上述过程，即先删除空格，再将消息分成两半，将后半部分堆叠在前半部分的下方，接着让第二行相对第一行偏移一个字母，最后按照锯齿形的方式来读取消息。若密文的字母个数是奇数，则将多余的字母放在前（上）半部分。

为了让栅栏密码使用起来更加容易，我们仿照前面的方法编写两个程序，一个用于加密，另一个用于解密。图 4-9 所示是这两个程序的伪代码，通过该图可以进一步了解程序的执行过程。由于你已经知道如何将代码打包，便于没有经验的用户使用，因此在开始编写该程序时应该采用这种方法。

4.2.2 使用栅栏密码加密代码

本节中的程序可以加密用户输入的明文消息，并在解释器窗口中输出加密结果。从本书的配套资源中可以下载到该程序。

1. 指引用户完成输入

清单 4-6 中的代码功能是：在程序 *rail_fence_cipher_encrypt.py* 的开头部分提供程序的使用说明，并将明文消息分配给一个变量。

清单 4-6　程序 *rail_fence_cipher_encrypt.py* 的文档字符串和用户输入部分

rail_fence_cipher_encrypt.py，第 1 部分

❶ r"""使用内战时期的栅栏密码加密消息。

这是一个适用于短消息的"两栏"式栅栏密码。

待加密的示例文本（消息）：'Buy more Maine potatoes'

明文的栅栏形式：　　　　　 B Y O E A N P T T E
　　　　　　　　　　　　　 U M R M I E O A O S

以锯齿形的方式读取：　　　 \/\/\/\/\/\/\/\/\/\/\/

加密结果：BYOEA NPTTE UMRMI EOSOS

"""
```
#-----------------------------------------------------------------
```
❷ # 用户输入：

```
# 待加密的字符串（粘贴在一对三引号之间）：
```
❸ `plaintext = """Let us cross over the river and rest under the shade of the trees """`

❹ # 用户输入部分结束，请不要编辑此行以下的内容！
```
#-----------------------------------------------------------------
```

这段代码以多行文档字符串开头，它的第一对三引号之前有一个前缀字母 r（代表 raw）❶。如果没有这个前缀，那么 Pylint 模块将会对接下来用到的斜划线\\发出警告。幸运的是，pydocstyle 模块也会指出这个问题（若想了解 Pylint 模块和 pydocstyle 模块，请阅读第 1 章）。

接下来，用全为"-"字符的行将程序中的文档字符串、import 语句与用户输入部分分开❷。用注释可以清晰地说明对用户输入的要求，并将明文消息放在三引号中，以便更好地容纳长文本字符串❸。

最后，当用户输入部分结束时，声明一个不要编辑此行以下任何内容的警告❹。

2. 加密消息

清单 4-6 和清单 4-7 中的代码共同组成程序 *rail_fence_cipher_encrypt.py*，它的功能是加密用户输入的明文消息。

清单 4-7　定义加密明文消息的函数

rail_fence_cipher_encrypt.py，第 2 部分

```
❶ def main():
        """执行程序，使用"两栏"式栅栏密码加密明文消息。"""
        message = prep_plaintext(plaintext)
        rails = build_rails(message)
        encrypt(rails)

❷ def prep_plaintext(plaintext):
        """移除字之间的空格以及开头和结尾的空白。"""
❸       message = "".join(plaintext.split())
❹       message = message.upper()  # 按照惯例，密文字母应该为大写
        print("\nplaintext = {}".format(plaintext))
        return message

❺ def build_rails(message):
        """按照消息中字母的奇偶编号，分别构建两个字符串。"""
        evens = message[::2]
        odds = message[1::2]
❻       rails = evens + odds
        return rails

❼ def encrypt(rails):
        """先将密文中的字母按 5 个一组分开，再连接成字符串。"""
❽       ciphertext = ' '.join([rails[i:i+5] for i in range(0, len(rails), 5)])
        print("ciphertext = {}".format(ciphertext))

❾ if __name__ == '__main__':
        main()
```

首先，为该程序定义一个 main()函数❶。当把该程序当作模块导入另一个程序时，使用 main()函数会带来极大的灵活性。main()函数会调用另外 3 个函数：一个函数用于明文消息的预处理，另一个函数用于构建密码使用的"轨道"，最后一个函数将加密后的文本按 5 个字母一组分开。

接下来，定义一个以字符串为输入参数的函数，它会对字符串做加密前的预处理❷。该函数的主要功能是删除空格❸，以及将字母转换为大写[图 4-9 中的步骤（2）]❹。最后，另起一行，将明文消息输出到屏幕中，并返回预处理后的明文消息。

然后，定义一个根据明文消息生成两个字符串的函数[图 4-9 中的步骤（3）]。该函数对输入消息 message 进行偶数（索引从 0 开始并以 2 为步长）和奇数（索引从 1 开始并以 2 为步长）切片❺。之后，将这两个字符串连接在一起组成一个新的字符串，并将它命名为 rails❻。在该函数定义的末尾返回字符串 rails。

最后，定义一个以字符串 rails 为参数的消息加密函数❼。使用列表推导方法将密文按 5 个一组分开[图 4-9 中的步骤（5）]❽。然后，将得到的密文输出到屏幕上。最后，定义一个 if 条件语句，使该程序既可以独立运行，也可以作为模块导入其他程序❾。

下面是这个程序的输出结果：

```
plaintext = Let us cross over the river and rest under the shade of the trees
ciphertext = LTSRS OETEI EADET NETEH DOTER EEUCO SVRHR VRNRS UDRHS AEFHT ES
```

4.2.3　使用栅栏密码解密代码

本节中的程序可以解密栅栏密码输出的密文，并在解释器窗口中输出得到的明文消息。从本书的配套资源中可以下载到这个程序。

1.　引导用户完成输入

清单 4-8 开头部分与程序 *rail_fence_cipher_encrypt.py*（清单 4-6）开头部分的作用类似，即导入程序所需模块，引导用户完成输入。

清单 4-8　导入程序所需模块，引导用户完成输入

rail_fence_cipher_decrypt.py，第 1 部分

```
r"""解密内战时期的栅栏密码。

这是一个适用于短消息的"两栏"式栅栏密码。

示例明文 'Buy more Maine potatoes'

明文的栅栏形式：      B Y O E A N P T T E
                     U M R M I E O A O S

以锯齿形的方式读取：  \/\/\/\/\/\/\/\/\/\/\/\/

加密结果： BYOEA NPTTE UMRMI EOSOS

"""
❶ import math
import itertools

#------------------------------------------------------------------
#用户输入：

# 待解密字符串（粘贴在一对三引号之间）：
❷ ciphertext = """LTSRS OETEI EADET NETEH DOTER EEUCO SVRHR VRNRS UDRHS AEFHT ES

"""

# 用户输入部分结束，请不要编辑此行以下的内容！
#------------------------------------------------------------------
```

与前面程序 *rail_fence_cipher_encrypt.py* 的开头部分导入的模块有所不同，本程序需要导入 math 模块和 itertools 模块❶。模块 math 用于实现取整；而模块 itertools 包含一些 Python 标准库中的函数，这些函数可用于创建各式各样的迭代器，从而提高循环的执行效率。在解密过程中，程序会用到 itertools 模块的 zip_longest() 函数。

与前面的程序相比，这个程序的不同之处在于：在本程序中，用户输入的是密文，而在前面的程序中，用户输入的是明文❷。

2.　解密消息

清单 4-9 中的代码功能是：定义一些与解密相关的函数，它们分别用于密文的预处理和解

密；最后，用一个 if 条件语句结束本程序的定义。

清单 4-9　密文的预处理和解密，输出得到的明文消息

rail_fence_cipher_decrypt.py，第 2 部分

```
❶ def main():
       """执行程序，使用"两栏"式栅栏密码解密密文。"""
       message = prep_ciphertext(ciphertext)
       row1, row2 = split_rails(message)
       decrypt(row1, row2)

❷ def prep_ciphertext(ciphertext):
       """移除空格。"""
       message = "".join(ciphertext.split())
       print("\nciphertext = {}".format(ciphertext))
       return message

❸ def split_rails(message):
       """将消息均分成两行，第一行的字母数总是向上取整。"""
❹     row_1_len = math.ceil(len(message)/2)
❺     row1 = (message[:row_1_len])
       row2 = (message[row_1_len:])
       return row1, row2

❻ def decrypt(row1, row2):
       """根据输入的两个字符串生成一个明文列表，并输出解密得到明文消息。"""
❼     plaintext = []
❽     for r1, r2 in itertools.zip_longest(row1, row2):
           plaintext.append(r1.lower())
           plaintext.append(r2.lower())
❾     if None in plaintext:
           plaintext.pop()
       print("rail 1 = {}".format(row1))
       print("rail 2 = {}".format(row2))
       print("\nplaintext = {}".format(''.join(plaintext)))

❿ if __name__ == '__main__':
       main()
```

　　该程序中的 main() 函数❶与清单 4-7 中的 main() 函数在功能上类似。这段代码也要调用 3 个函数：第一个函数用于对输入的密文字符串进行预处理，第二个函数用于拆分栅栏密码中的"栅栏"，第三个函数用于将两个拆分后的密文字符串合并成可读的明文消息。

　　首先，定义一个对字符串做解密前预处理的函数，它与加密过程中的预处理函数类似❷。该函数会删除 5 个字母块之间的空格和粘贴密文期间产生的任何空格。然后，函数会输出预处理后的密文，并返回预处理后的密文字符串。

　　接下来，函数将密文拆分为两部分，并执行加密的逆过程❸。正如第 4.8 节中提到的那样，若密文中的字母个数为奇数，则把多余的那个字母分配到第一行。若密文长度为奇数，需要使用 math.ceil() 函数❹。"ceil"代表"ceiling"，当除以 2 时，其结果总是向上取整到最接近它的整数。紧接着，将得到的结果赋给变量 row_1_len。当知道第一行的长度之后，利用这个值和切片技术将变量 message 分成两个字符串，它们分别表示"栅栏"密码的第一行和第二行❺。最后，函数返回这两个字符串。

　　然后，从各行中依次选出每个字母，将这些字母连接在一起，从而形成明文消息。定义一

个以 row1 和 row2 为参数的 decrypt() 函数❻。紧接着，创建一个保存译码结果的空列表❼。之后，开始密文的解密过程。由于 Python 通过显示 index-out-of-range 异常来防止程序遍历两个不均等的序列，因此需要用一种简单的方法来解决密文中含有奇数个字母（导致两行长度不同）的问题。这就是在程序开头导入 itertools 模块的原因，它能够帮助我们解决这个问题。

之后，函数 itertools.zip_longest() 以两个字符串为参数，遍历这两个字符串。即使较短的字符串到达末尾，该函数也不会触发异常，而它会将空值（None）添加到列表 plaintext 中❽。如果不想输出空值，可以使用 pop() 函数将它从列表中删除❾。在该函数定义的末尾，把字符串 row1 和 row2 以及解密出来的明文消息输出到屏幕上。

最后，用一个 if 条件语句使程序既可以独立运行，也可以作为模块导入其他程序❿。

下面是这个程序的输出结果：

```
ciphertext = LTSRS OETEI EADET NETEH DOTER EEUCO SVRHR VRNRS UDRHS AEFHT ES

rail 1 = LTSRSOETEIEADETNETEHDOTERE
rail 2 = EUCOSVRHRVRNRSUDRHSAEFHTES

plaintext = letuscrossovertheriverandrestundertheshadeofthetrees
```

需要注意的是，各个单词之间没有空格。但是，这并不影响密码分析者找到最终的明文消息。

4.3　本章小结

上面就是我们对美国内战密码的全部研究。在本章中，你先编写了一个可以帮助用户解密路由密码的程序，并对它的工作原理进行了深入研究，还学到了破解这类密码的方法。在接下来的实践项目中，你学会了编写一个自动攻击路由密码的程序。但是，由于联合路由密码有许多可能的加密路径，加密时还可能会使用一些码字，因此它很难被完全破解。

然后，你编写了栅栏密码的加密和解密程序。由于手动加密和解密过程的烦琐性和易错性，因此以自动化的方式完成这些工作对战争双方来说具有重要价值。为了更好地解决这些问题，应尝试让编写出来的程序变得简单易用，减少无经验的密码分析员和间谍在使用程序过程中的出错机会。

4.4　延伸阅读

阿尔·斯威加特（Al Sweigart）的著作《Python 密码学编程》中包含许多与换位密码有关的入门级 Python 程序。

加里·布莱克伍德（Gary Blackwood）的著作 *Mysterious Messages: A History of Codes and Ciphers* 和西蒙·辛格（Simon Singh）的著作《密码故事》都以图文并茂的形式描述密码学的发展历史。

亚历山大是南方联盟"通信之父"，也是一位杰出的军事革新者，取得过许多令人印象深刻的成就。

4.5   实践项目

以下这些实践项目可以锻炼你编写密码的技术。在本书的附录中可以找到这些问题的解决方案。

4.5.1   黑客林肯

加里·布莱克伍德（Gary Blackwood）在他的 *Mysterious Messages: A History of Codes and Ciphers* 中重现了一条由亚伯拉罕·林肯发送的真实信息，该消息已经使用路由密码加密：

**THIS OFF DETAINED ASCERTAIN WAYLAND CORRESPONDENTS
OF AT WHY AND IF FILLS IT YOU GET THEY NEPTUNE THE
TRIBUNE PLEASE ARE THEM CAN UP**

利用程序 *route_cipher_decrypt.py* 破解这段密码。注意，列数和行数必须是消息长度的因数，而且路由密码的起始位置是矩形的某个角，同时必须连续地遍历路由密码的每一列，路径方向会随列交替改变。在附录中可以找到该段密码使用的码字和对应的明文解密结果。

4.5.2   判断密码类型

越早地知道要处理的密码类型，就能够越快地破解它。单词换位密码很容易被察觉，而字母换位密码看起来像字母替换密码（Letter-substitution Cipher）。幸运的是，你可以通过字母在密文中出现的频率来区分字母换位密码和字母替换密码。由于字母换位密码本身并不会替换原来的字母，只是打乱明文中的字母顺序。因此，对于同一语言，同一字母在密文和明文中的频率是一致的。然而，军用字母换位密码却是个例外，它常用到一些专用术语，还会忽略常用词汇。针对这一现象，需要根据已有的军用消息建立一个词汇频率表。

编写一个以密文为输入的 Python 程序。根据密文的特征判断它是换位密码，还是替换密码。从本书的配套资源中分别下载文件 cipher_a.txt 和文件 cipher_b.txt，并用这两个文件中的密文测试编写的程序。从本书的附录或者配套资源中可以获取本项目对应的程序 *identify_cipher_type_practice.py*。

4.5.3   以字典的形式存储密钥

编写一个简短的脚本程序，它能够将路由密码的密钥拆分成两部分，其中一个用于记录列的顺序，另一个用于记录对应列中行的读取方向。将列号当作字典的键，把读取方向作为这个字典的值。让程序以交互的方式向用户询问每一列的键和值。从本书的附录或者配套资源中可以获取本项目对应的程序 *key_dictionary_practice.py*。

4.5.4 自动生成可能的密钥

为了利用加密路径中列的任意组合来解密路由密码，你需要知道加密路径有哪些组合，以便将它们作为参数输入解密函数中。编写一个以整数为参数的 Python 程序，并让它返回一个元组的集合。每个元组均为列号的唯一序列，例如(1, 2, 3, 4)。元组的值也可以为负，例如(2, −3, 4, −1)。据此判断路径方向是向上还是向下。从本书的附录或者配套资源中可以获取本项目对应的程序 *permutations_practice.py*。

4.5.5 路由换位密码：暴力破解

为了破解图 4-2 中的路由密码，需要修改程序 *route_cipher_decrypt.py*。对于给定的列号，需要遍历所有可能的密钥（不是输入一个单独的密钥）。之后，输出生成的所有密钥（利用前面的置换代码生成含有 4 列的路由密码的密钥）。图 4-10 所示的内容清晰地描述了在遍历换位矩阵的过程中允许列序切换和上下遍历列与可能的密钥数量之间的关系。虚线表示列数的阶乘，而实线表示允许向上和向下（取决于密钥中的值）读取列可能产生的密码数量。如果需要处理的密钥数量是 4 的阶乘，那么作为密码分析员，你会觉得工作极其容易。但是，随着密码长度变长，密钥的数量会呈爆炸式增长。实际使用的路由密码可能会有 10 列甚至更多的列。

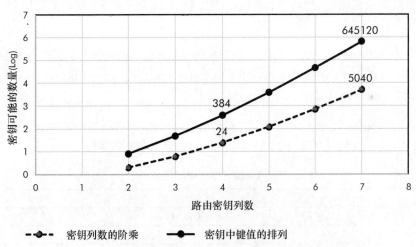

图 4-10　密钥可能的数量与路由密钥列数之间的关系

图 4-2 中的密文有 384 种可能的解密结果，其中的 4 种结果如下所示：

```
using key = [-4, -1, -2, -3]
translated = IS HEADING FILLER VILLAGE YOUR SNOW SOUTH GODWIN ARE FREE TO YOU
WITH SUPPLIES GONE TRANSPORT ROANOKE JUST TO REST

using key = [1, 2, -3, 4]
translated = REST ROANOKE HEADING TO TRANSPORT WITH SNOW GONE YOU ARE FREE TO
```

```
GODWIN YOUR SUPPLIES SOUTH VILLAGE IS JUST FILLER

using key = [-1, 2, -3, 4]
translated = VILLAGE ROANOKE HEADING TO GODWIN WITH SNOW GONE YOU ARE FREE TO
TRANSPORT YOUR SUPPLIES SOUTH REST IS JUST FILLER

using key = [4, -1, 2, -3]
translated = IS JUST FILLER REST YOUR SUPPLIES SOUTH TRANSPORT ARE FREE TO YOU
WITH SNOW GONE GODWIN ROANOKE HEADING TO VILLAGE
```

正确的解密结果已经出现。然而，若将码字和假词也考虑在内，则快速找出正确结果就会变得有些困难。不过，你仍然可以完成该挑战项目。

从本书的附录或者配套资源中可以获取本项目对应的程序 *route_cipher_hacker.py*。此外，你还需要用到程序 *perms.py*，该程序基于前面的实践项目编写而成。

4.6   挑战项目

对于挑战项目，本书不提供答案，你只能靠自己。

4.6.1   路由密码编码器

一名初出茅庐的联邦电报员需要加密下面的消息，他在加密过程中还用到了码字，如表 4-1 所示。编写一个以待加密消息为输入的程序，帮助他完成消息的加密。该程序可以实现码字的自动替换，用假词填充底部空行，它使用的密钥是[−1, 3, −2, 6, 5, −4]。你可以使用 6 行×7 列的矩阵编写假词。

> We will run the batteries at Vicksburg the night of April 16 and proceed to Grand Gulf where we will reduce the forts. Be prepared to cross the river on April 25 or 29. Admiral Porter.

以上内容的含义如下。我们将于 4 月 16 日晚在维克斯堡启动炮台，然后前往大海湾，在那里我们将摧毁堡垒。我们准备在 4 月 25 日或 29 日渡河。波特上将。

表 4-1　加密过程中使用的码字

Batteries	HOUNDS
Vicksburg	ODOR
April	CLAYTON
16	SWEET
Grand	TREE
Gulf	OWL
Forts	BAILEY
River	HICKORY

25	MULTIPLY
29	ADD
Admiral	HERMES
Porter	LANGFORD

你可以使用 Python 中的字典数据结构来处理这个表中的码字。

4.6.2 三栏式栅栏密码

编写一个三栏（行）式的栅栏密码。你可以在本书提供的链接中获得一些完成本项目的提示信息。

## 第 5 章

编写英国内战密码

　　隐写术是一种隐藏信息的好方法，它经过了时间的考验，其存在的价值是毋庸置疑的。隐写术的名字源自古希腊中一种叫作"书写覆盖"的技术。希腊文史料中记载了"书写覆盖"的典型过程，首先取出表面覆盖有蜡的木制小片，刮去木片表面的蜡，再在木片上写字，最后在木片表面覆盖上一层光滑的蜡。隐写术在现代社会的典型应用就是将消息嵌入图像内，进而实现消息隐藏，这种方法会稍微改变图片的颜色组成。即使是一张简单的 8 位JPEG 图像，它所包含的颜色种类也远远多于人眼能够识别的颜色种类。因此，当不对图像进行数字处理或过滤时，该消息实际上是不可见的。

　　在本章中，你将用到一种称为空密码（The Null Cipher）的算法。严格来讲，空密码根本不算是一种密码，而是一种将明文隐藏于其他字符串中的隐写技术。Null 表示"空"，若使用空密码，则意味着不对消息进行加密。下面是一个空密码的范例，它取用每个单词的首字母：

Nice uncles live longer. Cruel, insensitive people have eternal regrets.

　　首先，你需要编写一段程序，找到密码中隐藏的消息，从而挽救约翰的生命。然后，你需要完成一个比找到密码中隐藏消息困难许多的任务，即编写一个空密码。最后，你需要编写一个程序，如果玛丽能够从这个程序的输出中得到密码中隐藏的消息，那么她就可以获救。

5.1　项目 10：Trevanion 密码

　　女王玛丽通过隐写术和加密手段使她传递出去的消息免遭泄露。这个策略是合理的，但是她的使用方式存在问题。在不知道吉尔伯特·吉福德是双重间谍的情况下，玛丽让吉福德帮她偷偷传递消息。吉福德首先将这些消息提供给伊丽莎白女王的间谍主管，这名主管破解了该密码，并使用伪造的消息替换密码中隐藏的原始消息，从而诱使玛丽认罪。故事的剩余部分就如史书描述的一样，最终女王玛丽认罪，她因此丢掉了性命。

　　而对约翰·特拉瓦尼来说，这个策略的结果却是乐观的。约翰爵士是一名杰出的骑士，他因协助查理一世在英国内战中对抗奥利弗·克伦威尔而被囚禁在科尔切斯特城堡里。在被处决的前一天，他收到一位朋友的来信。这封信并没有被偷偷带进来，而是被直接送到了狱卒手中。狱卒仔细查看了这封信，但没有发现任何可疑之处。约翰爵士读完这封信之后，向狱卒提出了一个要求，他要独自一人在教堂里祈祷。过了一阵子，当狱卒回来找他时，他已经消失得无影无踪。

下面是约翰爵士收到的信件内容：

> Worthie Sir John: Hope, that is the beste comfort of the afflicted, cannot much, I fear me, help you now. That I would saye to you, is this only: if ever I may be able to requite that I do owe you, stand not upon asking me. 'Tis not much I can do: but what I can do, bee you verie sure I wille. I knowe that, if deathe comes, if ordinary men fear it, it frights not you, accounting for it for a high honour, to have such a rewarde of your loyalty. Pray yet that you may be spared this soe bitter, cup. I fear not that you will grudge any sufferings; onlie if bie submission you can turn them away, 'tis the part of a wise man. Tell me, an if you can, to do for you anythinge that you wolde have done. The general goes back on Wednesday. Restinge your servant to command. R.T.

正如你猜测的一样，这封普通的信件隐藏了一条消息，如下面的粗体字所示：

> Worthie Sir John: Hope, th**a**t is the beste comfort of the afflicted, ca**n**not much, I fear me, he**l**p you now. Th**a**t I would saye to you, is **t**his only: if **e**ver I may be able to requite that I do owe you, st**a**nd not upon asking me. 'Ti**s** not much I can do: bu**t** what I can do, be**e** you verie sure I wille. I k**n**owe that, if **d**eathe comes, if **o**rdinary men fear it, it **f**rights not you, a**c**counting for it for a high honour, to **h**ave such a rewarde of your loyalty. Pr**a**y yet that you may be spared this soe bitter, cu**p**. I fear not that you will grudge any sufferings; onl**i**e if bie submission you can turn them away, 'ti**s** the part of a wise man. Tell me, an **if** you can, to **d**o for you anythinge that you wolde have done. Th**e** general goes back on Wednesday. Re**s**tinge your servant to command. R.T.

这是一个空密码的应用例子。约翰爵士通过把每个标点符号后的第三个字母组合起来，得到了一条隐藏的消息"panel at east end of chapel slides"（教堂东段的地板有松动）。有传闻称，后来人们在城堡某侧墙的凹陷处，确实发现有一条狭窄的楼梯遗迹。当发现这个通道时，它已经被堵上了，人们猜测这很可能就是 1642 年约翰爵士的逃生路线。

利用传统的密码技术不可能使约翰在最后一刻逃脱。只有隐写术才能做到这一点。利用隐写术可以巧妙地把消息隐藏起来，这样才能让信件被迅速送到约翰爵士手中。空密码的美妙之处在于，即使约翰爵士不知道从密文中读取消息的模式，但只要怀疑信件中有隐藏的消息，他就能很快地从信件中获取到消息。

如果约翰爵士的朋友过于谨慎，他可能不会直接将明文隐藏在信件中，而是将消息加密后的密文隐藏在信件中，那么约翰爵士就不可能在剩下的时间内破译这条消息——除非他事先已获得加密消息的密码类型和使用的密钥。

目标

　　编写一个空密码程序，它能够查找隐藏在空密码标点符号后的字母。当用户选择标点符号后偏移的字母数后，程序就能搜索到隐藏的字母答案。

5.1.1　策略和伪代码

　　空密码依赖于发送方和接收方事先知道的重复模式。例如，连续 3 个单词中的最后一个单词就是真实消息的组成部分，或者更复杂一点，连续 3 个单词中的最后一个字母是真实消息的组成部分。在 Trevanion 密码中，每个标点符号后的第三个字母均为真实消息的组成部分。

　　为了找到这样的 Trevanion 密码隐藏的字母，假设将标点符号当作计数的起点，编写一个寻找 Trevanion 密码隐藏的字母的程序，它会找到每个标点符号之后的第 n 个字母，并将这些字母保存到字符串或列表中。弄清楚这些规则之后，编写以任何位置为计数起点的程序都会变得非常容易，例如以大写字母为计数起点，以单词的第二个字母或每隔 3 个单词的首字母为计数起点。

　　唯一有争议的计数起点就是标点符号。例如，空密码的编写者是否希望明文中包含标点符号？你怎么处理在计数范围内出现的第二个标点符号？如果两个标点符号连续出现，又该如何处理？

　　如果你仔细查看一下 Trevanion 密码，你会发现单词 "'tis" 的使用会使句子出现两个连续的标点符号。在信件的末尾，作者使用自己名字署名时也会产生一些标点符号。为了解决这样的标点符号问题，假定在约翰爵士被监禁之前，他就和他的朋友制定了一些规则，或者假定通过反复尝试，约翰爵士可以解决该问题。

　　在消息的末尾，标点符号不算在字母计数里。如果约翰爵士的朋友原本希望将标点符号算在字母计数里，那么就让隐藏消息以大写字母 T 结尾。然而，若字母 T 是标点符号后的第三个字符，而不是标点符号后的第三个字母，这意味着如果信件的阅读者在计数范围内读到标点符号，那么他们必须重新开始计数。

　　所以，标点符号的计数规则如下：

- ❑ 每遇到一个标点符号就开始计数；
- ❑ 若又遇到标点符号，则重新开始计数；
- ❑ 标点符号不算作明文消息的一部分。

　　由于不知道起始具体的字母计数值，因此你需要编写一个根据用户提供的约束条件检查所有可能计数值的程序。该程序的伪代码看起来非常简单直观：

加载文本文件，并移除其中包含的空格
获取用户输入，确定从标点符号开始向后查找的字母个数，遍历标点符号后的 1 至用户输入值 `lookahead` 个数的字母
　　创建一个空的字符串，保存译码后的结果
　　创建一个计数器变量 Counter
　　创建一个❶`first-found` 变量，并将它的值设置为 False
　　循环遍历文本文件中的字符
　　　　如果字符是标点符号
　　　　　　将计数器 Counter 的值设为 0
　　　　　　将 `first-found` 的值设置为 True
　　　　如果❷`first-found` 的值为 True
　　　　　　将计数器 Counter 的值加 1

> 如果计数器 Counter 的值与 lookahead 的值相等
> 将该字符添加到译码结果字符串中
> 显示用户输入值为 lookahead 时的译码结果

注意，first-found 变量的值一直为 False❶，直到遇到标点符号后，才被设置为 True❷。这样一来，可以确保直到找到第一个标点符号，程序才开始计数。

现在，你已经做好编写代码的准备了。

5.1.2　Trevanion 密码的代码

在本节中，你会编写一个寻找 Trevanion 类型空密码隐藏的消息的程序，该类型的密码根据标点符号后指定数量的字符进行编码。此外，你还需要一个包含有 Trevanion 密码的文本文件。从本书的配套资源中可以获取本节的程序和其对应的文本文件，它们对应的文件名分别为 *null_cipher_finder.py* 和 trevanion.txt。将程序和其所需的文本文件保存在同一目录下。

1. 加载空密码文本文件

清单 5-1 的功能是：先导入一些程序所需的模块，然后加载包含空密码的文本文件。

清单 5-1　导入所需模块和加载文本文件

null_cipher_finder.py，第 1 部分

```
❶ import sys
   import string

❷ def load_text(file):
       """以字符串形式加载文本文件。"""
    ❸ with open(file) as f:
        ❹ return f.read().strip()
```

首先，导入你已经熟悉的 sys 模块，该模块让你能够处理用户输入时发生的一些异常❶。另外，还需要导入 string 模块，该模块使你能够访问一些常用的常量集合，例如字母和标点符号。

接下来，定义一个加载包含空密码文本文件的函数❷。这个函数与我们在第 2 章定义的字典文件加载函数类似。在后面定义的 main()函数中，会用该函数加载空密码文本文件。

在 load_text()函数内部，先使用 with 语句打开文件❸。with 语句会让打开后的文件自动关闭。利用 read()函数加载文件内容，使用 strip()函数移除所读取内容开头和结尾之间的空格。需要注意的是，所有这些操作可以在 return 语句中用一行代码完成❹。

2. 寻找隐藏的消息

清单 5-2 将定义一个名为 solve_null_cipher()的函数，它可以找到隐藏在密码中的消息。该函数有两个参数，第一个参数是通过移除原文本文件中空格而得到的字符串型消息，而第二个参数是从标点符号后要查找的字母个数。在 main()函数的用户输入部分，你会获得字母个数的具体值。

清单 5-2　寻找隐藏的字母

null_cipher_finder.py，第 2 部分

```
def solve_null_cipher(message, lookahead):
```

```
            """根据标点符号后要查找的字母个数值，破解空密码。

            message = 通过移除空密码文本中的空格而得到的字符串
            lookahead = 在标点符号后，要检查的字母个数范围上限
            """
❶ for i in range(1, lookahead + 1):
  ❷ plaintext = ''
     count = 0
     found_first = False
   ❸ for char in message:
       ❹ if char in string.punctuation:
              count = 0
              found_first = True
       ❺ elif found_first is True:
              count += 1
       ❻ if count == i:
              plaintext += char
     ❼ print("Using offset of {} after punctuation = {}".
              format(i, plaintext))
         print()
```

　　将变量 lookahead 的值作为 for 循环中的范围上限。这样一来，你就可以检查在原消息中该字母个数范围内是否存在隐藏消息。此处将 for 循环的范围设置为（1, lookahead+1）❶。也就是说，检查范围将从标点符号后的第一个字母开始，到用户选择的 lookahead 值对应的字母为止。

　　接下来，定义一些变量并为它们分配初值❷。首先，初始化一个空字符串，用它保存译码后的明文。然后，定义一个计数器变量，并将它的初值设为 0。最后，定义一个 found_first 变量，并将它的值设置为 False。记住，程序利用该变量实现延迟计数，直到遇到第一个标点符号后，found_first 变量的值才会被设置为 True。

　　然后，循环遍历消息中的字符❸。如果遇到标点符号，将计数器的值重置为 0，同时将 found_first 的值设置为 True❹。如果已经遇到标点符号，同时当前遍历到的字符不是标点符号，那么将计数器的值加 1❺。如果已经找到需要的字符，即计数器的值等于现在 lookahead 的值（i），那么将这个字母添加到明文字符串中❻。

　　当根据 lookahead 的值检查完消息中的所有字符时，输出当前使用的密钥和译码结果❼。

3. 定义 main()函数

　　清单 5-3 将定义 main()函数。在第 3 章中，我们已经了解 main()函数的作用。main()函数就像程序的管理者：它接收用户输入，跟踪程序执行进度，并且告诉其他函数何时开始工作。

清单 5-3　main()函数的定义

null_cipher_finder.py，**第 3 部分**

```
def main():
    """加载空密码文本文件，并寻找它隐藏的消息。"""
    # 加载消息，并对其进行处理：
❶ filename = input("\nEnter full filename for message to translate: ")
❷ try:
        loaded_message = load_text(filename)
    except IOError as e:
        print("{}. Terminating program.".format(e), file=sys.stderr)
        sys.exit(1)
❸ print("\nORIGINAL MESSAGE =")
```

```
    print("{}".format(loaded_message), "\n")
    print("\nList of punctuation marks to check = {}".
            format(string.punctuation), "\n")

    # 移除空格:
❹   message = ''.join(loaded_message.split())

    # 获取用户输入的密钥可能范围的上限值:
❺   while True:
❻       lookahead = input("\nNumber of letters to check after " \
                            "punctuation mark: ")
❼       if lookahead.isdigit():
            lookahead = int(lookahead)
            break
        else:
❽           print("Please input a number.", file=sys.stderr)
    print()

    # 执行函数, 译码消息
❾   solve_null_cipher(message, lookahead)
```

首先，要求用户输入待译码文件的名字（名称+扩展名）❶。然后，在 try 语句块内调用 load_text()函数❷。如果找不到这个文件，那么 IDLE 窗口中会用标红的方式输出错误，并调用 sys.exit(1)函数退出程序，函数 exit()中的参数 1 表示程序因错误而终止。

接下来，输出输入消息。之后，输出 string 模块中的标点符号列表❸。本程序仅将此列表中的字符当作标点符号。

然后，获取已加载的消息并移除其中包含的所有空格❹。由于编写的程序只会处理含有字母和标点符号的消息，因此空格会引起麻烦。紧接着，程序进入 while 循环。如果用户输入的值不正确，那么该循环将不断要求用户重新输入，直到用户输入的值合法为止❺。在循环内，程序先要求用户输入一个值，即标点符号之后要检查的字母个数❻。这个值也是字母的遍历范围参数。字母的遍历范围从 1 开始，到该值加 1 结束。如果输入的这个值是一个数字，那么将它转换为整数❼。这是因为 input()函数的返回类型总是字符串。之后，使用 break 语句退出该循环。

若用户输入一个无效值（例如"Bob"），则利用 print()函数输出一条信息，提示用户输入一个数字。对于使用 shell 的用户，参数 sys.stderr 会将输出内容设置为红色❽。

最后，将变量 lookahead 和变量 message 一起传递给 solve_null_cipher()函数❾。现在，剩下的工作就是调用 main()函数。

4. 运行 main()函数

回到全局代码编辑区，调用 main()函数，完成本程序的代码编辑，如清单 5-4 所示。只有当本程序独立程序运行时，main()函数才会被调用；而当其作为模块导入另一个程序时，main()函数不会被调用。

清单 5-4　调用 main()函数

null_cipher_finder.py，第 4 部分

```
if __name__ == '__main__':
    main()
```

程序以 Trevanion 类型的密码文本文件为输入，产生的完整输出结果如下：

```
Enter full filename for message to translate: trevanion.txt

ORIGINAL MESSAGE =
Worthie Sir John: Hope, that is the beste comfort of the afflicted, cannot
much, I fear me, help you now. That I would saye to you, is this only: if
ever I may be able to requite that I do owe you, stand not upon asking me.
'Tis not much I can do: but what I can do, bee you verie sure I wille.  I
knowe that, if deathe comes, if ordinary men fear it, it frights not you,
accounting for it for a high honour, to have such a rewarde of your loyalty.
Pray yet that you may be spared this soe bitter, cup. I fear not that you
will grudge any sufferings; onlie if bie submission you can turn them away,
'tis the part of a wise man.  Tell me, an if you can, to do for you anythinge
that you wolde have done. The general goes back on Wednesday. Restinge your
servant to command.  R.T.

List of punctuation marks to check = !"#$%&'()*+,./:;<=>?@[\]^_`{|}~

Number of letters to check after punctuation mark: 4

Using offset of 1 after punctuation = HtcIhTiisTbbIiiiatPcIotTatTRRT

Using offset of 2 after punctuation = ohafehsftiuekfftcorufnienohe

Using offset of 3 after punctuation = panelateastendofchapelslides

Using offset of 4 after punctuation = etnapthvnnwyoerroayaitlfogt
```

在输出结果中，程序最多检查到标点符号后的第 4 个字母。正如你看到的那样，当它在检查到标点符号后的第 3 个字母时，获取到密码中隐藏的消息。

5.2 项目 11：编写空密码

下面是一个基于单词首字母的空密码示例。这种空密码的安全级别非常弱，而且它尚未完成。请你花上几分钟，尝试将下面的句子补充完整。

H_____ e_____ l_____ p_____ m_____ e_____.

这是一件困难的事情。无论是用字母还是用单词去补充这个句子，你都要花费大量的时间和精力才能得到一个读起来显得不那么笨拙和令人质疑的空密码。其核心问题在于句子的上下文语境。如果这个空密码密封在信件中，那么为了避免他人怀疑，该信件读起来必须连贯通顺。这意味着信件的内容必须紧紧围绕某个主题，并且信件中的句子数量必须合乎情理。正如你刚刚所看到的一样，用一句话概括任意一个主题都不是一件容易的事。

为了尽可能避免句子的上下文语境问题，一个好的方法是使用清单类型的空密码。通常，人们认为一个购物清单中所列举的东西不必组织严谨或者有某种含义。根据接收者的不同，清单内容也可以随之进行适当的调整。例如，记者可能会讨论书籍或者他们喜欢的电影，从而互相交换一个与之相关的清单。囚犯可能要学习外语，他会定期从他的老师那里收到一张词汇表。商人可能要从他的某个仓库中获取存货清单。对于这些情形下的清单，即使单词杂乱地排列，对语境本身也无影响。这样一来，接收者就可以在相应的位置正确地找到隐藏的字母。

目标

编写一个利用单词清单隐藏空密码的程序。

5.2.1 清单型空密码的代码

在单词清单的帮助下，清单 5-5 中的程序 *list_cipher.py* 将空密码嵌入字典单词列表中。你还需要用到在第 2 章和第 3 章中使用过的程序 *load_dictionary.py*。在本书的配套资源中可以获取到这些程序。此外，你还需要用到一个在第 2 章或第 3 章中使用过的字典文件。在第 2 章中，你可以找到一些合适的字典文件。最后，你需要将刚刚提到的所有文件保存在同一目录下。

清单 5-5　在单词清单中隐藏空密码

list_cipher.py

```
❶ from random import randint
   import string
   import load_dictionary

   # 写入一条不包含任何标点符号和数字的短消息
   input_message = "Panel at east end of chapel slides"

   message = ''
   for char in input_message:
❷     if char in string.ascii_letters:
           message += char
   print(message, "\n")
❸ message = "".join(message.split())

❹ # 打开字典文件
   word_list = load_dictionary.load('2of4brif.txt')

   # 构建包含隐藏消息的词汇列表
❺ vocab_list = []
❻ for letter in message:
       size = randint(6, 10)
❼     for word in word_list:
           if len(word) == size and word[2].lower() == letter.lower()\
           and word not in vocab_list:
               vocab_list.append(word)
               break

❽ if len(vocab_list) < len(message):
       print("Word List is too small. Try larger dictionary or shorter message!")
   else:
       print("Vocabulary words for Unit 1: \n", *vocab_list, sep="\n")
```

首先，导入 random 模块中的 randint()函数❶。该函数会以随机（或伪随机）的方式产生一个整数值。然后，导入 string 模块，这样就能够使用 ASCII 字符了。最后，导入你自己编写的 load_dictionary 模块。

接下来，写入一条简短的秘密消息。需要注意的是，注释语句已经告诉你禁用标点符号和数字。在字典文件中使用标点符号和数字也可能会有问题。由于字符串 string.ascii_letters 中包含了所有的大小写字母，因此通过检查字符是否属于 string.ascii_letters 中的成员，就可以过滤掉除字母之外的其他内容❷：

```
'abcdefghijklmnopqrstuvwxyzABCDEFGHIJKLMNOPQRSTUVWXYZ'
```

然后，输出消息，移除消息中的空格❸。之后，加载事先准备好的字典文件❹，并创建一个空列表来保存字典文件中的这些单词词汇❺。

紧接着，使用 for 循环来遍历消息中的每个字母❻。然后，定义一个 size 变量，并使用 randint() 函数产生一个 6 到 10 之间的随机数，将产生的随机数赋给 size 变量。这个变量将会确保单词具有足够的长度，同时保证这些单词能够组成一个可靠的词汇表。如果觉得该值太小，你也可以将生成随机数的范围最大值设置得更大些。

接下来是另一个嵌套的 for 循环，该循环会遍历字典文件中的所有单词❼。在每轮的循环中，先检查 size 变量的值是否与单词的长度相等，再比较单词中索引值为 2 处的字母（小写，单词的第三个字母）与本轮循环中消息对应的字母（小写）是否相等。你可以根据需要来改变这个索引值，但必须要保证它不能超过变量 size 减 1 可能的最小值。条件语句中的最后一次比较可以避免重复使用同一个单词。如果单词通过了这些测试，那么就将它添加到 vocab_list 列表中。然后，比较消息中的下一个字母。

为了加密一个简短的消息，使用的字典文件应该包含足够多的单词。然而，为了安全起见，有必要使用条件语句来检查一下 vocab_list 列表的长度是否小于消息的长度❽。如果字典文件过小，那么就会出现消息中的字母未遍历完而字典文件中的单词已经用尽的情况。此时，你需要向用户输出一条警告消息。否则，就输出整个单词清单。

5.2.2　清单型空密码程序的输出

下面是单词清单型空密码程序的输出（尽管在不需要任何额外帮助的情况下，你就可以辨识隐藏的消息，但是出于可读性考虑，这里还是将每个单词的第 3 个字母突出显示了出来）：

```
Panel at east end of chapel slides

Vocabulary words for Unit 1:

alphabets
abandoning
annals
aberration
ablaze
abandoned
acting
abetted
abasement
abseil
activated
adequately
abnormal
abdomen
abolish
affecting
acceding
abhors
```

```
abalone
ampersands
acetylene
allegation
absconds
aileron
acidifying
abdicating
adepts
absent
```

事实上，使用等宽字体和将单词堆叠在一起都会对空密码的安全造成影响。

5.3　本章小结

在本章中，你先通过编写程序来寻找 Trevanion 型空密码中隐藏的消息。然后，你又编写了一个能够生成空密码的程序，该程序能将消息隐藏在语言学习者的单词清单中。在下面的实践项目中，你将会探索一些能让单词清单型空密码变得更安全的方法。

5.4　延伸阅读

在加里 • 布莱克伍德（Gary Blackwood）的著作 *Mysterious Messages: A History of Codes and Ciphers* 和西蒙 • 辛格（Simon Singh）的著作《密码故事》中，你可以找到更多与苏格兰女王玛丽和约翰 • 特拉瓦尼爵士有关的故事细节。

5.5　实践项目

现在，既然你已经是一位空密码方面的专家。那么，看看你是否可以改变苏格兰女王玛丽的命运，即是否可以悄悄阅读明白约翰爵士的秘密信件。

5.5.1　营救玛丽

编写代码最重要的事情就是思考问题和解决问题。让我们重新回顾一下苏格兰女王玛丽的悲惨故事。下面是我们已经知道的事情。

❑ 由于玛丽被限制与他人通信，因此她的通信者只能偷偷地将信件传送给她。这就意味着信件必定会经过吉尔伯特•吉福德之手。吉福德是玛丽唯一认识的人，而且也是将信件传送给她的人。

❑ 玛丽和她的通信者都认为这种不安全的密码最为可靠，他们还认为他俩之间无话不谈。如果没有考虑到两人之间的这层关系，他们之间的信件内容可能就不会表露出随意。

❑ 只要玛丽的狱卒手中有一份明显的加密信件，并且他们认定里面有确凿的证据。狱卒就会一直努力破译密码，直到找出信件中隐藏的消息为止。

双面间谍吉福德不知道玛丽使用密码的类型细节。现在，假定玛丽使用的是空密码。如果这封信的内容有点煽动性（但不是反动性质），那么看守她的狱卒可能会忽略这封信件。如果狱卒只对信件内容做粗略检查，那么使用空密码的可变模式足以阻止他。

正如你所看到的那样，在一个清单中隐藏空密码要比在信件中隐藏空密码简单得多。一份支持玛丽的家族成员名单就可以达到这个目的。这些人可能是一些已知的支持者，也可能是一些未知的人，或者是介于朋友和敌人之间的人。这条信息本身不是公开的煽动性信息，但性质足够接近，因此如果它没有加密，就表明它根本没有使用任何形式的加密技术。

对于本实践项目，你需要编写一个程序，该程序会在姓氏列表中嵌入一条 "Give your word and we rise"（只要你下令，我们就行动）的消息。为了隐藏消息中的字母，你需要先从第 2 个名字的第 2 个字母开始，接着是第 3 个名字的第 3 个字母，然后交替地使用剩余单词的第 2 个和第 3 个字母。

除了未使用的名字之外，在列表的前面加上 "Stuart" 和 "Jacob" 作为空单词，将有助于隐藏清单中包含的密码。不要在这些空单词中嵌入消息中的字母。当为该密码选择字母位置时，你要完全忽略这些单词。如果在空单词之前使用单词中的第 2 个字母，那么请在空单词之后使用单词中的第 3 个字母。下面是该空密码的重复模式，用消息字母替换那些加粗显示的字母（在哪里放置空单词取决于你，但是不要让它们影响到空密码的模式）：

```
First Second Third STUART Fourth Fifth JACOB Sixth Seventh Eighth
```

这个程序会以水平或者垂直的方式输出名字清单内容。你可以用一条简短的消息对名字列表进行介绍，但这条消息本身不应该是密码的组成部分。从本书的配套资源中可以下载到相应的名字列表文件 supporters.txt。将该文件作为标准的名字字典文件。从本书的附录或者在线资源中可以找到本实践项目对应的程序 *save_Mary_practice.py*。

5.5.2　科尔切斯特脱险

当下面这封信到达科尔切斯特城堡时，你将是一名负责看管囚犯约翰·特拉瓦尼的狱卒：

> Sir John: Odd and too hard, your lot. Still, we will band together and, like you, persevere. Who else could love their enemies, stand firm when all others fail, hate and despair? While we all can, let us feel hope. R.T.

即使放在 17 世纪，这封信件的措辞似乎也很笨拙。不过，在你决定把它交给约翰之前，先仔细地检查一下它。

编写一个以参数 n 为输入的 Python 程序，它会查找一条消息中每 n 个单词的第 n 个字母，并显示查找到的字母。例如，当输入 2 时，这条消息中隐藏的字母如下面的粗体字所示：

> The cold tea didn't please the old finicky woman.

从本书的配套资源中可以下载到这条消息对应的文本文件 colchester_message.txt。从本书的附录或者在线资源中可以找到本实践项目对应的程序 *colchester_practice.py*。记住，你需要将该文本文件和 Python 程序文件放在同一目录。

## 第 6 章

隐写术

2012 年秋天，电视剧《基本演绎法》在 CBS 电视网首播。这是一部以 21 世纪的纽约为背景的福尔摩斯神话剧，约翰尼·李·米勒饰演夏洛克·福尔摩斯，刘玉玲饰演福尔摩斯的小跟班琼·华生医生。在 2016 年的一集里，与夏洛克关系疏远的父亲莫兰·福尔摩斯，雇佣琼来帮他寻找组织中的间谍。通过一封邮件中出现的维吉尼亚密码，琼很快就抓到了这个间谍。但这部剧的一些忠实观众对此并不满意：维吉尼亚密码不难捉摸，所以像莫兰·福尔摩斯这样聪明的人不应该发现不了它。

与第 5 章利用空密码解决这种问题的方式不同，在本章的项目中，你将使用隐写术（Steganography）来解决这个难题。为了隐藏消息，你可以使用名为 python-docx 的第三方模块。该模块允许你利用 Python 程序直接操纵 Microsoft Word 文档来隐藏文本消息。

6.1 项目 12：隐藏维吉尼亚密码

在《基本演绎法》的情节中，投资者聘请莫兰·福尔摩斯的咨询公司与哥伦比亚政府就石油许可证和开采权进行谈判。这场谈判持续了一年多。在最后一刻，一个竞争者突然闯入这场谈判，敲定了这笔交易，让投资者陷入困境。莫兰怀疑他手下的一名员工背叛了他，并要求琼·沃森独自对这名员工展开调查。琼在该员工的一封电子邮件中发现了维吉尼亚密码，从而确定了他的间谍身份。

剧透警告

剧中从未提及解密的密文内容，而间谍在随后的剧情中被谋杀。

维吉尼亚密码是有史以来最为著名的加密算法之一，它也称为不可破解的密码。该密码采用的是一种多字母替换密码系统，16 世纪由法国学者布莱斯·德·维吉纳发明，它的最常见版本是使用一个关键字。该关键字（如 **BAGGINS**）会在明文消息中重复出现，如图 6-1 所示。

```
BAGGINSBAGGINSBAGGI
speakfriendandenter
```

图 6-1　维吉尼亚密码的关键字 BAGGINS 在明文消息中重复出现

维吉尼亚密码使用字母表中的字母来加密消息。图 6-2 所示为维吉尼亚密码字母表的前 5

行。观察该图可知，字母表是通过每行向左移动一个字母形成的。

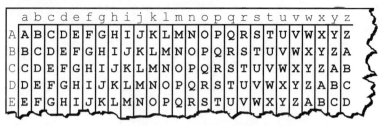

图 6-2　维吉尼亚密码字母表的前 5 行

明文字母上面的关键字字母决定使用哪一行上的字母进行加密。例如，要加密 "speak" 中的字母 s，注意它上面的关键字字母是 B，因此，从上到下找到第 B 行，从左到右找到明文字母 s 所在的列，用行和列交叉位置的字母 T 表示密文。

图 6-3 所示是一个使用维吉尼亚密码加密完整消息的示例。如果在文件中看到这种类型的文本，那么它肯定会引起人们的注意，并成为审查的重要对象。

TPKGS SJJETJ IAV FNZKZ

图 6-3　使用维吉尼亚密码加密后的消息

维吉尼亚密码一直无法破解，直到 19 世纪中期，有计算机先驱和发明者之称的查尔斯·巴贝奇意识到，一个短的关键字与一个长的消息一起使用会使密文模式出现重复，从而可以得知关键字的长度，最终导致密钥泄露。维吉尼亚密码的破解对专业密码学是一个巨大的打击，在福尔摩斯和华生的时代，密码学领域还没有在这方面取得任何重大的进展。

这个密码的出现使人们对电视剧《基本演绎法》中的剧情持怀疑态度。莫兰·福尔摩斯为什么需要一个外部顾问来寻找这样一封明显可疑的电子邮件呢？让我们看看能否用 Python 给出一个合理的解释。

目标

假设你是本集电视剧中的公司间谍，你要使用 Python 在一个正式的文本文档中隐藏一条秘密消息，该消息包含投标的细节信息。即你获得了一条未加密的消息，利用 Python 程序生成这条消息的加密版本。

6.1.1　程序运行平台

由于程序的输出需要在不同的公司之间共享，因此你的程序应该能够与文字处理软件一起工作。这意味着你需要在 Windows 操作系统上使用 Microsoft Office 套件，而在 macOS 和 Linux 操作系统上使用与之相兼容的版本。将程序输出设定为标准的 Word 文档。这样一来，如果程序出现问题，责任就应由微软公司来承担。

本章的项目基于 Windows 操作系统上的 Word 2016 环境开发。相应地，你应该使用 macOS 上 v16.16 版本的 Word 来检查输出结果。如果没有获得 Word 的正版授权，那么你可以使用微软公司的免费在线版本的 Microsoft Office 套件。

如果你使用的是 LibreOffice Writer 和 OpenOffice Writer 之类的 Word 替代品，那么你可以使用它们来检查本项目生成的 Word（.docx）文件。然而，由于软件本身的兼容性问题，这样做可能会导致隐藏的消息遭到破坏。

6.1.2 策略

假定你是一个有 Python 基础知识的会计师，你正在为一个聪明而多疑的人做事。你所从事的项目是高度保密的，例如你发送出去的电子邮件会经过过滤器的严格检查。如果你设法偷偷发出一条消息，那么一定会面临随之而来的彻底调查。因此，当你需要在电子邮件中隐藏明显可疑的信息时，无论是以直接的方法发送这条消息，还是以附件的方式隐藏这条消息，你都要避开最初的系统检测和后来的内部审计。

下面是一些对你的约束条件。

❑ 你只能将信息发送给中间人，而不能直接把它发送给竞争对手。

❑ 你需要对邮件内容进行窜改，以躲避那些会搜索关键词的邮件过滤器。

❑ 你需要将加密的信息隐藏起来，以免引起怀疑。

对你来说，建立中间邮件站点是一件简单的事，在互联网上也很容易找到免费的加密网站。但是，最后一项约束条件是个不好解决的问题。

隐写术就是上面最后一个问题的解决方案，但是正如你在前一章中看到的那样，即使用空密码隐藏一条短消息也不是一件容易的事情。你可以采用一些替代技术来解决这个问题，包括少量地垂直移动文本行或水平移动单词行，更改字母长度或使用文件的元数据。然而，你是一个仅有有限 Python 知识的会计师，而且你拥有的时间也不多。要是有一种简单的方法就好了，就像古代的隐形墨水那样。

1. 创造隐形墨水

正是在这个使用电子墨水的时代，隐形墨水才有可能更好地发挥它的作用。隐形字体很容易影响在线文档的可视化阅读体验，它甚至不会出现在打印输出的纸张上。由于文件的内容会被加密，因此数字过滤器无法寻找到像"报价"或"产油盆地西班牙"这样的关键字和名字。最重要的是，隐形墨水很容易使用，只需将文本的前景色设置成与背景一样的颜色即可。

当拥有像 Word 这样的文字处理软件后，你才能实现文本的格式化和改变文本的颜色。如果要在 Word 中制作隐形电子墨水，你只需要选中一个字符、一个单词或一行文本，然后将字体颜色设置为白色即可。为了查看文档的内容，消息的接收者需要选中整个文档，并使用高亮工具（如图 6-4 所示）将选中的文本修改成黑色，从而掩盖文件中标准的黑色字母，让隐藏的白色字母显示出来。

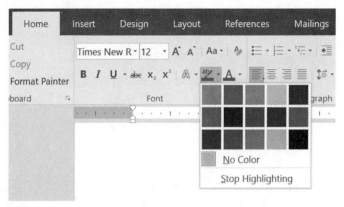

图 6-4   Word 2016 中的文本高亮显示工具

仅仅选中 Word 文档内的文本并不会让白色字体显示出来，如图 6-5 所示。只有当一个人非常怀疑该文档时，他才可能找到文档中隐藏的这些消息。

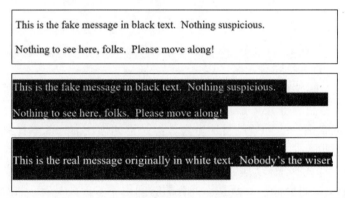

图 6-5   图的上方表示 Word 文档中的假消息部分是可见的；图的中间为使用 Ctrl+A 快捷键选中整个文档的效果；图的下方为使用高亮工具将高亮颜色设置为黑色并显示出真正的消息的效果。

当然，你可以单独在文字处理软件中完成这些工作，但是有两种情况非常适合使用 Python 程序来处理：第一，必须加密一条长消息并且不想手动插入和隐藏所有行；第二，需要发送的消息有许多。在接下来的部分你将会看到，利用一个简短的 Python 程序就能极大地简化这样的字处理过程。

（1）考虑字体类型、字核及字距调整

设计规划中的关键问题就是处理不可见文本的存放位置。一种方法就是将不可见文本放在可见假消息之间的空行上，但这可能引发与间距相关的问题，从而使最终产生的文档看起来非常可疑。

Proportional 字体使用可变字符宽度来提高文本的可读性。前面示例部分中的字体是 Arial 字体和 Times New Roman 字体。Monospace 字体使用恒定的字符宽度来支持文本的对齐和单个字符的识别，特别是一些形如 "(" 和 "{" 之类的细字符。因此，Monospace 字体在编程中很流行。在示例中，我们使用的字体是 Consolas 和 Courier New。

　　字核（Kerning）调整是一种通过调整单个字符之间的间距和重叠度来改善文字视觉效果的过程。为了达到同样的目的，你可以使用一个称为字距（Tracking）调整的过程来改变整行文本或文本块之间的间距。这些调整有助于提高字符的可辨识性和可读性，确保字符不会靠得太近以至于无法区分它们，也不会因它们离得太远而无法识别出它们是同一单词。注意，当阅读文档时，我们读的是单词，而不是字母。如果不相信我说的话，那你就读一读这段话："peopl raed wrds nt lttrs. Of corase, contxt hlps."

　　首先调整两对字母之间的距离，之后进行字距调整，在此期间保持字母的相对距离不变。如前所述，当你试图在 Proportional 字体的单词之间隐藏字符时，这些可变宽度和自动改变字距的字体可能会引发一些问题，如下所示：

To a great mind nothing is little.	*Proportional font with no hidde letters*
To a great mind nothing is little	*Proportional font with hidden letters between words*
To$a3great mind2nothingKis little.	*Hidden letters revealed ($3.2K)*
To a great mind nothing is little.	*Monospace font with no hidden letters*
To a great mind nothing is little.	*Monospace font with hidden letters between words.*
To$a3great mind2nothingKis little.	*Hidden letters revealed ($3.2K)*

　　如果使用 Monospace 字体，等宽的间距就为隐藏消息留出了绝佳的位置。但由于专业信函更偏向于使用 Proportional 字体，因此隐形墨水技术应该充分利用行与行之间较易控制的间距。

　　在文本段落之间使用空行是提高可编程性和阅读性的最简单方法。假消息不必很长，因此你可以简明扼要地概括出一份标书的要点。由于我们不希望将空白页添加至可见的假消息末尾，因此这一点显得很重要。这就要求隐藏的消息要比假消息占的空间小。

　　（2）应避免的问题

　　在软件开发的过程中，你需要反复思考的一个问题就是"用户会如何把事情搞砸"。这里可能导致事情出错的一件事就是：加密过程会更改隐藏消息中的字母，字核和字距调整可能会使单词跨过其后的换行符，从而导致自动换行，这将导致假消息的段落之间会出现不均匀和可疑的间距。避免这种情况出现的一种方法是在输入每一行真实消息时，提前按 Enter 键。这将在行尾留下一些空间来适应加密过程造成的字距变动。当然，这个结果仍然有待进一步验证。如果只要求代码能够正常运行，那么这样做在软件开发过程中是非常危险的。

2.　用 python-docx 模块操作 Word 文档

　　免费的第三方模块 python-docx 允许 Python 操作 Word（.docx）文件。为了下载和安装本书中提到的第三方模块，你需要安装程序 pip（The Preferred Installer Program）。该程序是一种包管理系统，它可以轻松地安装基于 Python 的软件。在 Windows 操作系统和 macOS 上安装的 Python 3，在 Python 3.4 及后续版本的安装包中都含有 pip 程序；而在这两种操作系统上安装的 Python 2，在 Python 2.7.9 及后续版本的安装包中也都含有 pip 程序。对于 Linux 操作系统用户来说，他们必须单独安装 pip 程序。如果你发现需要安装或升级 pip 程序，请访问 pip 官网，阅读与其安装相关的话题；或者通过在线搜索，找到在特定操作系统上安装 pip 程序的方法。

当 pip 程序安装完成后，根据使用的操作系统类型，在命令行、PowerShell 或终端窗口中执行 pip install python-docx 命令，即可实现 python-docx 模块的安装。从 python-docx 模块的官网中，你可以获得该模块的在线使用说明。

对于本章中的项目，你需要理解 paragraph 和 run 对象。python-docx 模块使用下面 3 个层次结构的对象来组织 Word 数据类型。

- ❑ document：它是由 paragraph 对象组成的列表，表示整个文档。
- ❑ paragraph：它是由 run 对象组成的列表，表示 Word 中用 Enter 键分隔开的文本块，即文档中的段落。
- ❑ run：它表示由相同样式的字符串连接而成的文本。

paragraph 被认为是块级（Block-level）对象，在 python-docx 模块中，该对象的定义如下。

块级别的对象有左右边界，其包含的文本位于左右边界之间。每当文本超出其右边界时，就额外添加一行内容。对于 paragraph 对象，边界通常指的是页边距，但是如果页面以列的形式布局，那么边界指的是列边界；若 paragraph 位于表单元格中，则边界指的是单元格边界。表格本身也是一个块级别的对象。

paragraph 对象具有多种属性，这些属性指定了它在容器（通常是指页面）中的位置，以及将内容划分为单独行的方式。你可以通过 paragraph 对象的 ParagraphFormt 属性来访问 paragraph 对象的格式属性；你还可以使用段落样式分组功能设置所有 paragraph 对象的属性，或者将它们直接应用于 paragraph 对象属性。

run 是出现在段落或其他块级别对象中的内联级（Inline-level）对象。run 对象提供以只读方式访问字体对象的功能。font 对象提供用于获取和设置 run 对象的字符格式的属性。你需要使用这个功能将要隐藏的文本消息颜色设置为白色。

样式（Style）指的是 Word 中段落和字符（run 对象）或两者组合的属性集合。样式包括一些我们熟悉的属性，例如字体、颜色、缩进、行间距等。你可能已经注意到，这些属性会分组显示在 Word 主功能区的样式面板中，如图 6-6 所示。即使更改单个字母的样式也需要创建一个新的 run 对象。目前，python-docx 模块只能使用打开的.docx 文件中已有的样式。在将来的 python-docx 模块中，这种情况可能会发生改变。

图 6-6　Word 2016 中的样式面板

在 python-docx 模块的官网上，你可以找到样式使用方法的完整说明文档。python-docx 模块中 paragraph 对象和 run 对象的示例分别如下。

I am a single paragraph of one run because all my text is the same style.

I am a single paragraph with two runs. **I am the second run because my style changed to bold.**

I am a single paragraph with three runs. **I am the second run because my style changed to bold. The third run is my last** word.

如果你还不明白这些，请不要担心。你不需要知道 python-docx 模块的任何内部实现细节。对于任何一段代码，你只需要知道自己想要做什么。利用在线搜索引擎，你能获得大量该模块的使用建议和完整的示例代码。

注意

为了让这一切顺利进行，不要更改真实（隐藏的）消息的样式，同时保证你是以手动按 Enter 键的硬换行方式来结束每一行的。不幸的是，Word 没有提供特殊的软换行符，你无法实现自动换行。因此，你不能获得现有 Word 文档中的自动换行符，也不能利用查找和替换操作将它们全部更换成硬换行符。

3. 资源下载

你可以从配套资源中下载到程序需要的外部文件，将它们保存在源代码所在的目录中。

template.docx：一个正式的有福尔摩斯样式、字体和页边距的格式化空白 Word 文档。

fakeMessage.docx：Word 文档中没有信头和日期的假消息。

realMessage.docx：Word 文档中没有信头和日期的真实明文消息。

realMessage_Vig.docx：用维吉尼亚密码加密后的真实消息。

example_template_prep.docx：一个含有假消息的模板文档示例，它用于创建模板文档（程序运行时不需要此文件）。

注意

如果你使用的是 Word 2016，制作空白模板文档的一个简单方法就是先向文档中写入假消息（包括信头）并保存该文件；然后，删除所有的文本内容，再次保存该文件（注意修改文件名称）。当使用 python-docx 模块打开这个空白文件并将该文件对象分配给一个变量时，该变量指代的对象会保留文件中已有的所有样式。当然，你可以使用已经包含信头的模板文件，但是为了达到了解 python-docx 模块的目的，我们将用 Python 程序生成文档信头。

请花点时间查看上面提到的前 4 个 Word 文档。这些文档共同构成 *elementary_ink.py* 程序的输入。图 6-7 和图 6-8 所示分别是前面提到的假消息（第二个）文档和真实消息（第三个）

文档的内容。

Dear Mr. Gerard:

I received your CV on Monday. It is very impressive, but I am sorry to inform you that Mr. Holmes is not looking for additional staff at this time.

While we do not normally accept unsolicited applications, I will keep your CV on file for future consideration. If it is convenient, please send me a list of references, especially those pertaining to skills in negotiation, accounting, and data mining (preferably using the Python programming language). A recent photograph is also recommended.

Best of luck to you. Feel free to check back at this time next year in the event a position becomes available. Use this email address, and include your name and the word "check-back" in the subject line.

Sincerely yours,

Emil Kurtz
Associate Director
International Affairs

图 6-7   文件 fakeMessage.docx 中的假消息

The Colombian deal will be for 2 new venture wildcat wells, one each in the Llanos & Magdalena Basins. These wells include a carry of thirty percent for the national oil company and will test at least 3 K meters of vertical section. In return, the client will be permitted to drill ten wells in the productive Putumayo province, earning a sixty % interest with a fifty percent royalty rate, increasing to the standard eighty five percent royalty five years after start of production in each well.

图 6-8   文件 realMessage.docx 中的真实消息

需要注意的是，真实消息包含一些数字和特殊字符。这些数字和字符不能使用维吉尼亚表格来加密，这里让文件包含这些字符就是为了说明这一点。理想情况下，你应该将这些字母拼写出来（例如，用 "three" 表示 "3"，用 "percent" 表示 "%"）。这样一来，我们就可以使用维吉尼亚密码实现最大程度的机密性。

6.1.3　伪代码

下面的伪代码描述了加载这两个消息文档和前面提到的模板文档的过程，使用白色字体在空白行中交错隐藏真实消息，然后保存这个由假消息和真实消息混合而成的 Word 文档。

生成外部资源：
在 Word 中，创建一个带有所需格式或样式的空文档模板。
在 Word 中，创建一个无伤大雅的可见假消息文档。要求这个文档有足够多的空白行，以容纳待隐藏的真实消息。
在 Word 中，创建一条将要被隐藏的真实消息。
导入 docx 模块，以便使用 Python 来操作 Word 文档。
使用 docx 模块以列表的形式加载假消息和真实消息。
使用 docx 模块将空文档对象分配给一个变量。
使用 docx 模块将信头添加到空文档中。
创建一个变量，并把它当作真实消息中的行计数器。

定义一个使用 docx 模块格式化段落间距的函数。
对于假消息中的每一行：
　　如果行是空的，并且真实消息中仍有未使用的行：
　　　　从真实消息中取出整行内容，并根据计数器值利用 docx 模块将真实消息填充
　　　　　　到假消息的空白行中。
　　　　使用 docx 模块将真实消息的颜色设置为白色。
　　　　将真实消息的计数器值加 1。
　　否则：
　　　　使用 docx 模块将假消息设置为本行的内容。
　　执行前面定义的段落间距调整函数。
使用 docx 模块保存最终生成的 Word 文档。

6.1.4　代码

清单 6-1 是程序 *elementary_ink.py* 的代码，该程序首先加载真实消息文档、假消息文档和空白模板文档。然后，该程序先使用白色字体将真实消息隐藏在假消息包含的空白行中，再将混合后的消息文档保存成看起来很专业的信件文档，使最终生成的文档可以附加到电子邮件中。你可以从本书的配套资源下载到该程序。

1. 导入 python-docx 模块，创建列表并添加信头

清单 6-1 的功能是：先导入程序必需的 python-docx 模块，再将假消息和真实消息中的文本行转换为列表项，并加载样式模板文档，向文档添加信头。

清单 6-1　导入 python-docx 模块，加载一些重要的 .docx 文档，向生成的文档添加信头

elementary_ink.py，第 1 部分

```
      import docx
❶ from docx.shared import RGBColor, Pt

❷ # 从假消息文档中读取文本，并使每行文本变成一个列表项
      fake_text = docx.Document('fakeMessage.docx')
      fake_list = []
      for paragraph in fake_text.paragraphs:
          fake_list.append(paragraph.text)

❸ # 从真实消息文档中读取文本，并使每行文本变成一个列表项
      real_text = docx.Document('realMessage.docx')
      real_list = []
      for paragraph in real_text.paragraphs:
      ❹ if len(paragraph.text) != 0: # 删除空行
              real_list.append(paragraph.text)

❺ # 加载包含样式、字体、边距等的模板文档。
      doc = docx.Document('template.docx')

❻ # 向文档添加信头
      doc.add_heading('Morland Holmes', 0)
      subtitle = doc.add_heading('Global Consulting & Negotiations', 1)
      subtitle.alignment = 1
      doc.add_heading('', 1)
❼ doc.add_paragraph('December 17, 2015')
      doc.add_paragraph('')
```

当导入 docx（不是 python-docx）模块之后，通过 docx.shared 模块访问 docx 模块中的颜色

（RGBColor）和长度（Pt）对象❶。这些模块允许你更改文字颜色和设置行间距。接下来的两个代码块表示分别以列表的形式加载假消息 Word 文档❷和真实消息 Word 文档❸。在每个 Word 文档中，按 Enter 键的位置决定了这些列表中会有哪些数据项。为了隐藏真实消息并使最终生成的消息长度尽可能短，你需要删除假消息中所有多余的空行❹。现在，你可以通过列表的索引来合并这两个文档中的消息，并分别跟踪读取到这两个文档中的什么位置。

接下来，加载包含预先建立好样式、字体和页边距等的模板文档❺。docx 模块会将这个模板文档对象写入变量中，并将它作为最终生成的文档样式模板。

当所需的模板文档都加载好后，设置最终生成的文档的信头格式，使之与 Holmes 公司的信头相匹配❻。函数 add_heading()的作用是利用文本型和整型参数为标题添加样式。整数 0 表示从模板文档中继承最高级的标题或标题样式。副标题继承的样式级别为 1；在下一个标题的样式设置中再次使用整数参数 1，它表示居中对齐（0 表示左对齐，2 表示右对齐）。需要注意的是，当添加日期时，不需要提供该整数参数❼。当你不提供这个参数时，默认的样式继承自现有的样式层次结构，此时它的样式就是左对齐。在这块代码中，剩余语句的功能是添加空行。

2. 格式化和交错排列真假消息

清单 6-2 中的代码功能是：隐藏真实消息，格式化行与行之间的间距，并使真假消息在新的 Word 文档中交错排列。

清单 6-2　格式化段落间距，使真、假消息文本行交错排列

elementary_ink.py，第 2 部分

```
❶ def set_spacing(paragraph):
       """利用docx模块设置段落间距。"""
       paragraph_format = paragraph.paragraph_format
       paragraph_format.space_before = Pt(0)
       paragraph_format.space_after = Pt(0)

❷ length_real = len(real_list)
   count_real = 0 # 保存真实（待隐藏）消息的当前行索引

   # 交错排列真假消息
   for line in fake_list:
   ❸ if count_real < length_real and line == "":
       ❹ paragraph = doc.add_paragraph(real_list[count_real])
       ❺ paragraph_index = len(doc.paragraphs) - 1
           # 将真实消息的颜色设置为白色
           run = doc.paragraphs[paragraph_index].runs[0]
           font = run.font
       ❻ font.color.rgb = RGBColor(255, 255, 255) # 为了测试运行效果，可将文字设置为红色
       ❼ count_real += 1
       else:
       ❽ paragraph = doc.add_paragraph(line)

   ❾ set_spacing(paragraph)

❿ doc.save('ciphertext_message_letterhead.docx')

   print("Done")
```

在清单 6-2 中，先使用 python-docx 模块的 paragraph_format 属性定义一个用于格式化段落间距的函数❶。在该函数内部，将隐藏消息行的前后行间距设置为 0，以确保段落之间不会出现较大的可疑间距，如图 6-9 所示。

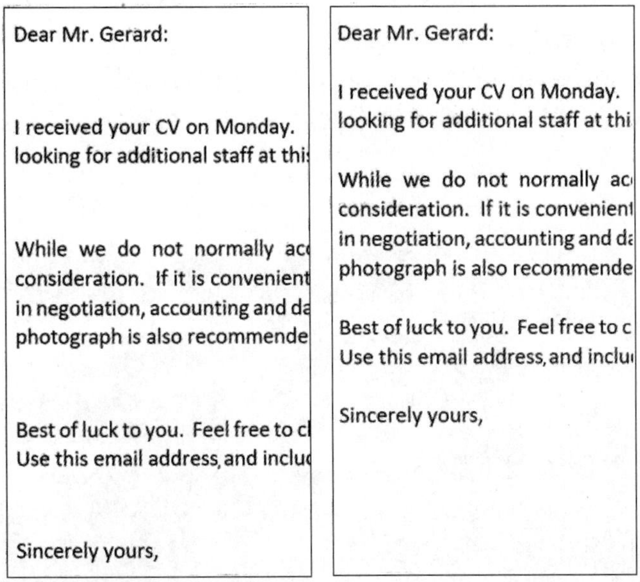

图 6-9　无段落格式的假消息行间距（左）与有段落格式的假消息行间距（右）

接下来，通过获取包含真实消息的列表长度来定义工作空间❷。记住，隐藏的真实消息需要比可见的假消息短，以便有足够的空白行来容纳真实消息。然后，初始化一个计数器变量，程序使用它来跟踪正在处理真实消息中的哪一行（列表项）。

因为假消息组成的列表最长，并且为真实消息设置了大小空间，所以可以使用下面两个条件来遍历假消息：（1）你是否已经遍历至真实消息的结尾；（2）假消息列表中某行是否为空❸。如果真实消息行不为空，而假消息行是空的，那么使用 count_real 作为 real_list 的索引，并使用 python-docx 模块将它添加到程序生成的文档中❹。

然后，通过获取 doc.paragraph 的长度并让它减去 1 来得到刚刚添加的行的索引❺。接下来，使用这个索引将真实消息的行内容传递给 run 对象（因为真实消息采用单一样式，所以它是列表中的第一个数据项 run（[0]）），并将它的颜色设置为白色❻。因为程序向消息块添加了一行来自真实消息列表的消息行，所以 count_real 计数器也要相应地加 1❼。

紧接着的 else 语句块用于处理 for 循环内从假消息列表中选择的行不是空的情况。在这种情况下，将假消息行直接添加到段落中❽。最后，通过调用行间距调整函数 set_space() 来结束本轮 for 循环❾。

当真实消息的索引值超过了真实消息的行数时，for 循环将会继续添加假消息的剩余部分（在本例中，剩余的假消息指的是库尔茨的签名）。最后一个代码块的作用是将文件保存为 .docx 类型的 Word 文档❿。当然，在现实生活中，你需要为文件 ciphertext_message_letterhead.docx

起一个不受人怀疑的文件名。

　　需要注意的是，由于使用的 for 循环是基于假消息的，因此在 for 循环结束（即到达假消息列表项的末尾）之后，再向文档添加任何隐藏的真实消息行都是不允许的。如果你想要更多的空间，那么你必须在假消息的底部硬换行。但是，你需要小心，不要添加太多的空行，否则你会使当前页面强行中断，创建出一个神秘的空白页面。

　　运行该程序，打开已经保存的 Word 文档，使用 Ctrl+A 快捷键选中所有文本，然后将突出显示文字的颜色设置为深灰色。对比查看这两条消息，秘密信息就会显示出来，如图 6-10 所示。

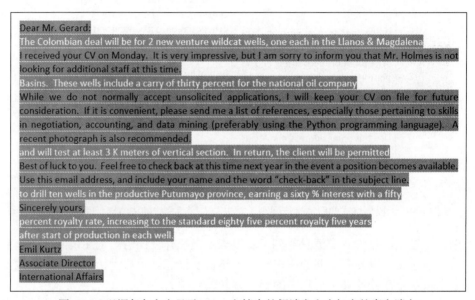

图 6-10　以深灰色突出显示 Word 文档中的假消息和未加密的真实消息

6.1.5　添加维吉尼亚密码

　　到目前为止，Python 程序均是以纯文本形式隐藏真实消息的。因此，任何人只要将文档突出显示的颜色更改为深灰色，就能够阅读和理解文档中的敏感信息。既然你已经知道库尔茨先生会使用维吉尼亚密码加密这段真实消息，那么就让我们继续修改代码，尝试用加密后的消息替换原来的明文消息。为此，请找到以下代码行：

```
real_text = docx.Document('realMessage.docx')
```

这一行代码以明文的形式加载真实消息，因此将文件名更改为下面加粗显示的文件名：

```
real_text = docx.Document('realMessage_Vig.docx')
```

　　重新运行程序，选中整个文档内容，将文档突出显示文字的颜色设置为深灰色，就可以再次看到隐藏的文本，如图 6-11 所示。

　　这个秘密信息应该是可见的，但是对于不能解密这段密文的人来说，他们无法知道这段信息隐含的意义。比较图 6-11 中加密的消息与图 6-10 中未加密的消息。需要注意的是，在这两个版本的消息中均出现了数字和%符号。保留这些内容是为了演示与加密相关的潜在陷阱。为了让维吉尼亚密码处理这些字符，你既可以增强和改进维吉尼亚密码本身，也可以将这些字符拼写成英文。这样一来，即使隐藏的信息被发现，你留下的线索也会变得更少。

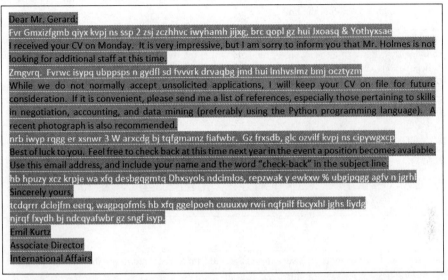

图 6-11　以深灰色突出显示 Word 文档中的假消息和加密的真实消息

如果想用维吉尼亚密码加密这段消息，你可以上网搜索"在线维吉尼亚编码器"。你将会找到需要的网站，把消息输入或者粘贴到网站，就可以获得对应的密文。如果想编写自己的维吉尼亚加密 Python 程序，请参阅阿尔·斯威加特（Al Sweigart）所著的《Python 密码学编程》一书。

当你想要用自己的真实信息做尝试时，无论其是否加密，都要确保其字体与假信息使用的字体一样。字体既指字体类型（如 Helvetica Italic），又指字体大小（如 12 磅）。请记住 6.1.2 小节提到的注意事项：如果你试图混用字体，特别是混用 Proportional 字体和 Monospace 字体，可能会导致隐藏的消息行出现换行，从而导致真实消息段落之间的间距不均匀。

6.1.6　检测隐藏消息

由于最后的报价要到接近投标日期时才会确定，因此搜索范围仅限于投标信息确定后发出的信函，这样就排除了很多其他情况。当然，即使有间谍存在，侦探也不会确切地知道他们在寻找什么，这就留下了很大的搜索空间。同时，他们也有可能通过电话交谈或秘密会议传递信息。

假设有足够数量的电子邮件并且这些邮件中有隐藏的信息，侦探可能会通过几种方式检测到邮件中的隐形墨水。例如，只要单词不可见，单词拼写检查程序就不会标记白色的、无意义的加密单词。如果你把隐藏的单词重置了其颜色，那么即使单词的颜色已经恢复为白色，这些隐藏的单词也会被永久地暴露。单词拼写检查程序会在这些单词下面画上一条波浪线，如图 6-12 所示。

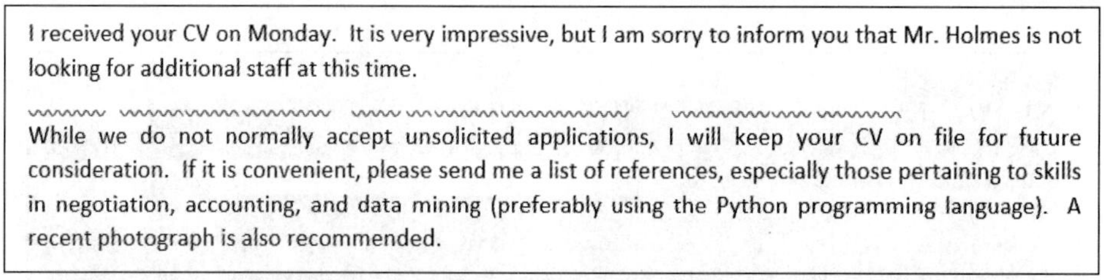

I received your CV on Monday. It is very impressive, but I am sorry to inform you that Mr. Holmes is not looking for additional staff at this time.

While we do not normally accept unsolicited applications, I will keep your CV on file for future consideration. If it is convenient, please send me a list of references, especially those pertaining to skills in negotiation, accounting, and data mining (preferably using the Python programming language). A recent photograph is also recommended.

图 6-12　单词拼写和语法检查程序会在先前隐藏的加密单词下画上一条波浪线

　　如果正在调查组织中间谍的侦探使用 Word 之外的另一款软件打开信件文档，则软件的单词拼写检查程序很可能会突出显示信件中隐藏的单词，如图 6-13 所示。目前，由于微软公司的 Word 在文字处理软件市场上占据主导地位，在一定程度上降低了这种事情发生的概率。

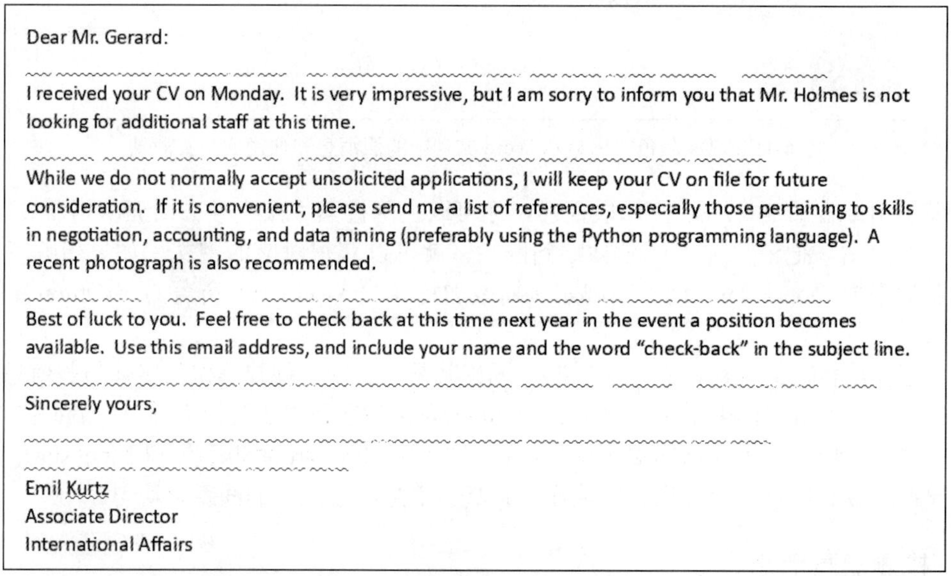

Dear Mr. Gerard:

I received your CV on Monday. It is very impressive, but I am sorry to inform you that Mr. Holmes is not looking for additional staff at this time.

While we do not normally accept unsolicited applications, I will keep your CV on file for future consideration. If it is convenient, please send me a list of references, especially those pertaining to skills in negotiation, accounting, and data mining (preferably using the Python programming language). A recent photograph is also recommended.

Best of luck to you. Feel free to check back at this time next year in the event a position becomes available. Use this email address, and include your name and the word "check-back" in the subject line.

Sincerely yours,

Emil Kurtz
Associate Director
International Affairs

图 6-13　LibreOffice Writer 中的单词拼写检查程序将会突出显示隐藏的单词

　　其次，使用 Ctrl+A 快捷键突出显示 Word 文档内的所有文本并不会显示隐藏的文本，但会出现某些空白行比其他行要长的情况，如图 6-14 所示，善于观察的人会意识到该文档可能存在问题。

　　再次，在某些电子邮件软件中使用预览功能打开 Word 文档时，通过拖曳或使用 Ctrl+A 快捷键的方式选中文档内容也可能会显示文档中隐藏的文本，如图 6-15 所示。

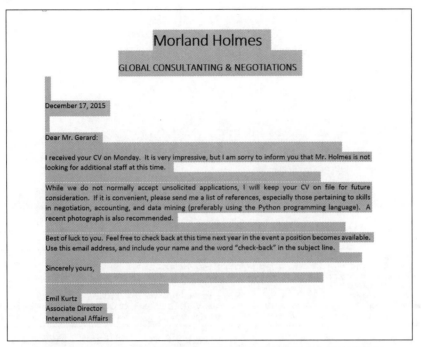

图 6-14　选中整个 Word 文档时，空白行之间在长度上会呈现出差异

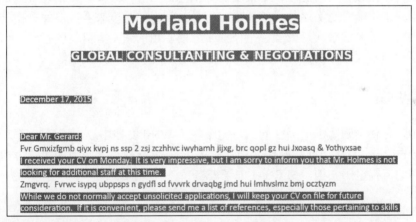

图 6-15　在 Yahoo 中选中文档的全部内容，邮件预览面板中会显示文档中隐藏的文本

　　当在 Yahoo 中选中全部文本时，邮件预览面板中会显示文档中隐藏的文本。但在 Microsoft Outlook 的预览面板中则不会出现这样的情况，如图 6-16 所示。

　　最后，将 Word 文档保存为纯文本（.txt）文件，这样会删除所有的格式，文档中隐藏的文本就会暴露出来，如图 6-17 所示。

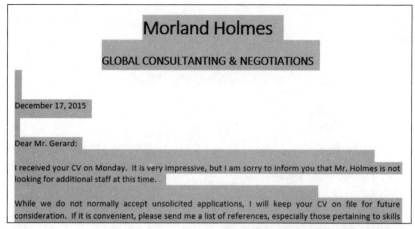

图 6-16　在 Microsoft Outlook 中选中文档的全部内容，邮件预览面板中并不会显示文档中隐藏的文本

```
Dear Mr. Gerard:
Fvr Gmxizfgmb qiyx kvpj ns ssp 2 zsj zczhhvc iwyhamh jijxg, brc qopl gz hui Jxoasq & Yothyxsae
I received your CV on Monday.  It is very impressive, but I am sorry to inform you that Mr. Holmes
is not looking for additional staff at this time.
Zmgvrq.  Fvrwc isypq ubppsps n gydfl sd fvvvrk drvaqbg jmd hui lmhvslmz bmj ocztyzm
While we do not normally accept unsolicited applications, I will keep your CV on file for future consideration.
If it is convenient, please send me a list of references, especially those pertaining to skills in negotiation,
```

图 6-17　将 Word 文档保存为纯文本（*.txt）文件时，会显示文档中隐藏的文本

当使用隐写术隐藏秘密消息时，不仅要隐藏消息的内容，还要隐藏消息存在的事实。而我们的电子隐形墨水不能总是满足这样的要求，但是从间谍的角度来看，前面列出的缺陷只是他们犯的理论上可以控制的错误，或者说是侦探采取的专用的、不太可能的行动，例如用格式刷刷文字，以不同的格式保存文件，使用不常见的文字处理软件打开文档等。

6.2　本章小结

在本章中，你使用隐写术把加密的消息隐藏在了 Word 文档中。你还学习了用 Python 的第三方模块 Python-docx 直接访问和操作文档。与 Python-docx 模块相类似的第三方模块也可用于处理其他类型的流行电子文档，如 Excel 电子表格。

6.3　延伸阅读

在 python-docx 模块的官网，你可以找到有关该模块的一些在线帮助文档。

阿尔·斯威加特（Al Sweigart）的著作《Python 编程快速上手》中涵盖了使用 Python 操作诸如 PDF 文件、Word 文件、Excel 电子表格文件的各种模块。该书的第 13 章包含一个使用 python-docx 模块的教程，它的附录中含有使用 pip 程序安装第三方模块的方法。

在阿尔·斯威加特（Al Sweigart）的《Python 密码学编程》一书中，你可以找到一些入门级的 Python 加密程序。

加里·布莱克伍德（Gary Blackwood）的著作 *Mysterious Messages* 中以一种图文并茂的形式介绍了隐写术和密码学的发展史。

6.4 实践项目：检查空行数

编写一个比较假消息和真实消息中空白行数量的函数，从而改进消息隐藏程序。如果没有足够的空间来隐藏真实消息，那么函数会向用户发出提示，告诉用户还要向假消息添加多少空白行。在加载模板文档之前，将该函数插入 *elementary_ink.py* 程序的副本中。你可以在本书的附录或者配套资源中找到该项目的解决方法。为了测试和验证程序，你需要从配套资源中获得 realMessageChallenge.docx 文档，并将其当作真实消息。

6.5 挑战项目：使用 Monospace 字体

为了使程序适用于 Monospace 字体，重新编写程序 *elementary_ink.py*，尝试将消息隐藏在单词之间的空格中。在 6.1.2 小节中，你可以看到 Monospace 字体的详细描述。本挑战项目不提供标准答案，你只能自己想办法解决它。

## 第 7 章

用遗传算法培育大鼠

遗传算法（Genetic Algorithm）是一种为解决复杂问题而设计的通用程序优化方法。遗传算法提出于 19 世纪 70 年代，属于进化类算法（Evolutionary Algorithm）。由于此类算法模拟了达尔文的自然选择过程，因此将它们命名为遗传算法。这些算法特别适用于对问题本身知之甚少或者问题属于非线性的情形，以及所处理的问题需要在巨大的搜索空间中执行暴力搜索情形。最为重要的是，遗传算法很容易理解和使用。

在本章中，你将会学习使用遗传算法培育一种令人感到害怕的超级老鼠。之后，你会把任务重点转移到詹姆斯·邦德身上来，帮助他在几秒内打开一个高科技保险柜。这两个项目将使你更好地了解遗传算法的应用和功能。

7.1　在所有解中寻找最优解

遗传算法的优化意味着从一些可用的备选方案中选择最佳解决方案（在一些标准之下）。例如，如果你正在寻找一条从纽约到洛杉矶开车最快的路线，那么遗传算法永远不会建议你坐飞机。它只会从你提供的一组方案中选出最佳方案。遗传优化算法作为一种程序优化器，它比传统优化方法找到最优解的速度要快，而且可以避免过早地收敛于次优解的问题。换句话说，遗传优化算法既能有效地搜索解空间，也能全面搜索解空间，从而避免找到的解是次优解。

与纯暴力搜索方法不同，遗传算法并不会去尝试所有可能的解。相反，它们会不断地对解进行评分，然后根据评分做出"有根据的猜测"。游戏"变暖变冷（Warmer-Colder）"就是一个应用遗传算法的简单例子。当搜索一个隐藏起来的物品时，有人会根据你与物品的接近程度或与物品的偏离方向，告诉你将变暖或变冷。遗传算法使用一种类似于自然选择的适应度函数（Fitness Function），抛弃"较冷"的解，在"较热"解的基础之上继续做选择。利用遗传算法寻找最优解的基本步骤如下。

（1）随机地生成大量解。

（2）测量每个解的适应度。

（3）选择最好的（最温暖的）解，抛弃其余的解。

（4）交叉或重新组合最优解中的元素，形成新的解。

（5）通过改变解中一小部分元素的值实现变异（Mutate）。

（6）返回第 2 步，重复执行此过程。

这个选择、交叉、变异的循环过程会一直持续下去，直到满足终止条件（Stop Condition），例如找到一个已知的答案、找到一个"足够好"的答案（基于最小的阈值）、完成一定数量的迭代，或者达到时间截止期限。由于这些步骤与生物进化的过程中的优胜劣汰非常相似，因此遗传算法中的这些术语更多地来自生物学而非计算机科学。

7.2 项目 13：培育超级老鼠大军

假设，你有机会成为一名疯狂的科学家，拥有一个秘密的实验室，里面有烧杯、试管和发出"哔哔"声响的机器。现在，请带上黑色的手套，尝试把 100 只敏捷的、吃垃圾的食腐动物变成巨大的怪物。

目标

利用遗传算法模拟培育平均体重为 110 磅（1 磅=0.45 千克）的老鼠。

7.2.1 策略

你的梦想是培育出一种体型如獒犬一样的老鼠（我们假定你已经疯了）。刚开始，你培育的对象是一只褐色鼠。然后，你会让老鼠食用一些人造甜味剂，再让它经历可怕的原子辐射。你还必须要有足够的耐心。另外，你还要懂一点 Python 编程方面的知识。然而，本项目不需要你懂得基因工程技术。这些老鼠的体重将从不足 1 磅增加到令人害怕的 110 磅（1 磅约为 450 克），大约是一只雌性獒犬的体重，如图 7-1 所示。

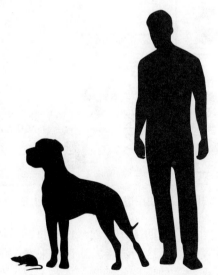

图 7-1 褐色鼠、雌性獒犬及人之间的体型对比

在开始做这个复杂的项目之前，用 Python 程序模拟结果是一个明智的决定。现在，你已经

绘制了一些比项目计划更重要的东西——图形伪代码，如图 7-2 所示。

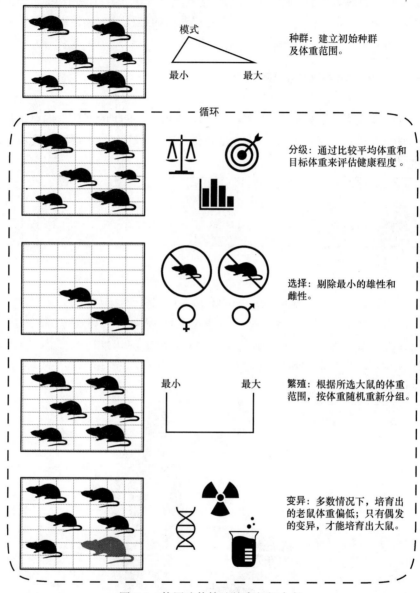

种群：建立初始种群及体重范围。

分级：通过比较平均体重和目标体重来评估健康程度。

选择：剔除最小的雄性和雌性。

繁殖：根据所选大鼠的体重范围，按体重随机重新分组。

变异：多数情况下，培育出的老鼠体重偏低；只有偶发的变异，才能培育出大鼠。

图 7-2   使用遗传算法培育超级大鼠

图 7-2 所示的过程概述了遗传算法的工作原理。你的目标是培养出一群平均体重为 110 磅的老鼠，而这群老鼠最初的体重远低于这个数字。从长远来看，每一个种群（Population）或每一代的老鼠都是最终目标的备选解。像所有的动物饲养员一样，你会选出一部分雄性和雌性。然后，你会让剩下的老鼠交配，繁殖（Breed）下一代老鼠。这个过程在基因编程中称为交叉（Crossover）。

然而，剩余老鼠的后代在体型上基本与它们的父母一样大。因此，你需要让它们中的一些发生变异（Mutate）。虽然变异现象很少发生，而且通常产生的性状特征是介于中性到无益之间（就本项目而言，指的是体重偏低）。但是，偶尔你会成功地培育出一只大的老鼠。

无论是在实际存在的有机体中，还是在虚拟化的程序模拟体中，整个过程都是一个大的重复循环过程。无论如何，循环的终止条件都是老鼠长到所需大小，或者是你再也无法忍受与老鼠打交道了。

对于模拟的输入，你需要一些统计数据。你已经知道一头雌性牛头獒的平均质量是 50000g，表 7-1 所示为老鼠的一些其他统计数据。

表 7-1 褐色老鼠的体重和培育数据

参数	公开数据
最小体重	200g
平均体重（雌性）	250g
平均体重（雄性）	300～350g
最大体重	600g*
每窝幼崽数	8～12
每年的产崽窝数	4～13
寿命（野生，圈养）	1～3 年，4～6 年

*个别老鼠在圈养过程中体重可能达到 1000g

由于圈养鼠和野生鼠的生活方式不同，因此上面的某些数据可能会有较大差异。圈养的老鼠会比野生的老鼠受到更多的照顾，所以它们的体重更重，繁殖的速度更快，而且每次繁殖的幼崽也较多。因此，在上表的数据范围中，在实验时你可以选用这些数据的上界。对于这个项目，我们使用的数据选自表 7-2 所示的各项假设值。

表 7-2 向培育超级大鼠的遗传算法输入的参数值

变量及其值	备注
GOAL = 50000	目标体重（雌性牛头獒体重，单位：g）
NUM_RATS = 20	实验所能支持培养的最多老鼠数量
INITIAL_MIN_WT = 200	初始种群中成年大鼠的最小质量（单位：g）
INITIAL_MAX_WT = 600	初始种群中成年大鼠的最大质量（单位：g）
INITIAL_MODE_WT = 300	初始种群中最常见的成年大鼠体重（单位：g）
MUTATE_ODDS = 0.01	大鼠发生突变的概率
MUTATE_MIN = 0.5	老鼠发生最小有益突变的体重标量
MUTATE_MAX = 1.2	老鼠发生最大有益突变的体重标量
LITTER_SIZE = 8	每对大鼠交配后产的幼崽数量
LITTERS_PER_YEAR = 10	每对大鼠每年交配产崽的窝数
GENERATION_LIMIT = 500	达到老鼠种群的繁殖代数上限，终止程序

由于老鼠繁殖迅速，因此你不必考虑它们的寿命。即使保留了上一代老鼠的父母，它们也会随着下一代体重的快速增加而被淘汰。

7.2.2   培育超级大鼠的代码

程序 *super_rats.py* 遵循图 7-2 所示的基本流程。你可以在本书的配套资源中获取到该程序的代码。

1. 输入假设数据

在清单 7-1 中，程序首先在全局代码空间中导入一些所需的模块，将表 7-2 中的一些统计数据、标量和假设因素定义为常量并进行赋值。当程序代码书写完毕并运行后，你就可以随意地试验参数表中的数据，观察这些参数如何影响结果。

清单 7-1   导入模块和给常量赋值

super_rats.py，第 1 部分

```
❶ import time
   import random
   import statistics

❷ # 这些常量的单位均为 g
❸ GOAL = 50000
   NUM_RATS = 20
   INITIAL_MIN_WT = 200
   INITIAL_MAX_WT = 600
   INITIAL_MODE_WT = 300
   MUTATE_ODDS = 0.01
   MUTATE_MIN = 0.5
   MUTATE_MAX = 1.2
   LITTER_SIZE = 8
   LITTERS_PER_YEAR = 10
   GENERATION_LIMIT = 500

   # 为了让老鼠成对存在，确保其总数是偶数：
❹ if NUM_RATS % 2 != 0:
       NUM_RATS += 1
```

在清单 7-1 的开头部分，先导入程序所需的 time、random 和 statistics 模块❶。你将使用 time 模块记录遗传算法的运行时间。这是一件非常有趣的事情，它会让你对遗传算法找到一个解的速度感到震惊。

random 模块可以满足遗传算法对数据随机选取的要求，statistics 模块用于计算平均值。虽然程序只是简单地用到 statistics 模块的一些功能，但是我希望让你对它进行更深入的了解。它真的是一个很好用的模块。

接下来，根据表 7-2 所示的数据为输入变量赋值，确保它们的单位都是 g❷。由于这些变量表示常量，因此用大写字母命名它们❸。

紧接着，程序进入老鼠繁殖配对模拟环节。因此，需要检查用户输入的老鼠总数是否为偶数。如果不是偶数，则将老鼠总数变量值加 1❹。稍后，你会在 7.6 节的实验中使用其他类型

的老鼠性别分布。

2. 初始化种群

清单 7-2 用程序模拟购买老鼠的过程。我们进入一家宠物店，挑选出一些老鼠作为最初的繁殖群体。因为想让这些老鼠成对存在，所以选择的老鼠总数应该为偶数。然而，因为你购买不起空间巨大、形状奇特的火山形老鼠巢穴，所以你需要假定在每一代老鼠群体中，成年老鼠的数量总是保持不变——为了容纳下幼崽，允许数量暂时性增加。切记，当老鼠长成与大狗一样大时，它们会需要更大的空间。

清单 7-2　定义初始化老鼠种群的函数

super_rats.py，第 2 部分

```
❶ def populate(num_rats, min_wt, max_wt, mode_wt):
      """用体重的三角分布初始化种群。"""
   ❷ return [int(random.triangular(min_wt, max_wt, mode_wt))\
             for i in range(num_rats)]
```

在清单 7-2 中，函数 populate() 的参数依次是：你希望的成年老鼠数量、老鼠的最大体重和最小体重以及常见体重❶。需要注意的是，函数的所有参数都来自全局代码空间中定义的常量。为了访问这些常量，你不用将它们当作函数参数。考虑到程序的简洁性和局部变量访问的高效性，这里和后面定义的函数中还是将这些常量当作函数参数。

在 random 模块中会用到上述 4 个参数，它们可用于创建不同类型的统计分布。在这里我们使用的是三角分布，该分布可以很好地控制最小值和最大值，还可以让我们对统计数据中的偏差进行建模。

对于棕色老鼠，它们既能生存在野外，也能被圈养在动物园、实验室和家里。由于野生环境肮脏简陋，因此这种环境下老鼠的体型往往很小。而在实验室里的老鼠生活环境要好一点，所以它们的体型也偏大。利用列表推导方法循环遍历每一只老鼠，并为每只老鼠随机分配一个体重。同时，将该操作放在 return 语句处❷。

3. 测量种群的适应度

测量老鼠种群的适应度分为两步。首先，比较所有老鼠的平均体重与目标雌性牛头獒的体重，对整个种群进行打分。然后，给种群内的每只老鼠打分。要求只有体重在 n% 以上的大鼠（取决于变量 NUM_RATS 的值）才能再次繁殖。虽然种群的平均体重只是一个适应度的有效性度量，但它在这里的另一个作用是确定我们是否可以终止循环，宣告成功。

清单 7-3 将定义函数 fitness() 和函数 select()，它们共同实现测量遗传算法适应度的功能。

清单 7-3　定义遗传算法的适应度测试函数

super_rats.py，第 3 部分

```
❶ def fitness(population, goal):
      """根据种群成员体重的平均值与目标值，测量种群的适应度。"""
      ave = statistics.mean(population)
      return ave / goal
```

```
❷ def select(population, to_retain):
        """为了让种群只包含指定数量的成员，有选择性地去除一些个体。"""
    ❸ sorted_population = sorted(population)
    ❹ to_retain_by_sex = to_retain//2
    ❺ members_per_sex = len(sorted_population)//2
    ❻ females = sorted_population[:members_per_sex]
        males = sorted_population[members_per_sex:]
    ❼ selected_females = females[-to_retain_by_sex:]
        selected_males = males[-to_retain_by_sex:]
    ❽ return selected_males, selected_females
```

在清单 7-3 中，首先定义一个能够对当前代种群适应度打分的函数❶。在该函数内部，使用 statistics 模块的 mean()函数计算种群的平均值，返回该值除以目标体重的结果。当此值等于或大于 1 时，让种群停止繁殖。

接下来，定义一个根据大鼠体重将种群数量剔除至 NUM_RATS 只的函数，在这里函数通过参数 to_retain 获得变量 NUM_RATS 的值❷。该函数的另一个参数 population 表示下一代种群的父母。

然后，对种群中的成员按体重进行排序，这样就可以将体重大的和体重小的老鼠区分开❸。为了得到一个整数，将你想要保留的老鼠的数量向下除以 2 取整❹。这一步操作会保留体重最大的雌性和雄性大鼠。如果你只选择种群中体重最大的老鼠，理论上只能选择到雄性。再一次利用向下取整除法，将 sorted_population 的值除以 2，得到现有种群中每种性别的成员数❺。

雄性老鼠往往比雌性老鼠大，因此我们做出如下两个简化的假设：首先，假设恰好有一半的种群成员是雌性；其次，最大的雌性大鼠不会超过最小的雄性大鼠的体重。这意味着排序后的种群列表的前一半代表雌性，后一半代表雄性。然后，将 sorted_population 分成两半，分别创建两个新列表，雌性群体位于列表的下半部分❻，雄性群体位于列表的上半部分。现在，剩下要做的就是使用负向切片方式从每个列表的末尾取出体重最大的老鼠❼。最后，函数返回取出的老鼠❽。函数返回的这两个列表分别为下一代种群的父亲和母亲。

由于老鼠的初始数量等于 NUM_RATS 常量，因此第一次运行这个函数时，它所做的就是按性别对老鼠排序。接下来的种群总数将超过变量 NUM_RATS 的值，它包括父母一代和孩子一代。

4. 繁殖新一代

清单 7-4 定义程序中的"交叉"步骤，它表示繁殖出新一代的个体。一个关键性的假设是：每只子代老鼠的体重都将大于或等于其母亲的体重，而小于或等于其父亲的体重。该假设的例外情况将在"变异"函数中进行处理。

清单 7-4　定义繁殖新一代老鼠的函数

super_rats.py，第 4 部分

```
❶ def breed(males, females, litter_size):
        """在不同体重的成员之间交叉基因。"""
    ❷ random.shuffle(males)
        random.shuffle(females)
    ❸ children = []
    ❹ for male, female in zip(males, females):
```

```
❺ for child in range(litter_size):
        ❻ child = random.randint(female, male)
        ❼ children.append(child)
❽ return children
```

清单 7-4 定义了一个名为 breed() 的函数，该函数有 3 个参数，它们分别是 select() 函数返回的已选雄性和雌性老鼠的各自体重列表、每窝后代的数量❶。由于在函数 select() 中对它们进行了排序，为了避免最小的雄性老鼠与最小的雌性老鼠配对，你需要随机地把这两个列表打乱❷。

接下来，创建一个放置下一代群体的空列表❸。利用函数 zip() 遍历已打乱的表示雄性和雌性体重的列表对，并将这两个列表中的对应元素进行配对❹。由于每对老鼠可能会有多个子女，因此程序将产崽数作为另一个新创建的循环的循环终止条件❺。产崽数是一个名为 litter_size 的常量，这个常量定义于输入参数代码区。如果这个数字是 8，那么每对老鼠就会生下 8 只小老鼠。

对于每只新生的小老鼠，它的体重都是一个位于母亲和父亲体重范围之间的随机值❻。需要注意的是，函数 randint() 会使用所提供参数范围内的每一个数字，因此你没必要在 randint() 函数中使用 male+1。同时，还要注意的是，randint() 函数的这两个参数可以相同，但是第一个值（母亲的体重）不能大于第二个值（父亲的体重）。这是我们在本项目中假设体重最大的雌性不能超过体重最小的雄性的体重的另一个原因。在循环体的末尾，将新生的每只小老鼠的体重值添加到列表 children 中❼。最后，该函数返回列表 children❽。

5. 种群变异

新生老鼠中的一小部分应该会发生变异，而这些突变个体中的大多数所产生的性状特征都是无益的。这意味着新产生幼崽的体重将会低于预期，这些幼崽中还包括那些无法存活的"小个体"。但是，少见的有益突变会产生体重更重的老鼠。

清单 7-5 定义函数 mutate()，该函数将把你在全局代码编辑区定义的那些与变异假设有关的常量当作参数。当函数 mutate() 被调用后，程序就开始检查新种群的适应度。如果此时仍然没有达到目标体重，那么程序就再次进入循环。

清单 7-5　定义使种群中少部分个体发生变异的函数

super_rats.py，第 5 部分

```
❶ def mutate(children, mutate_odds, mutate_min, mutate_max):
        """根据输入的老鼠变异概率值和体重变化范围，随机地改变大鼠的体重。"""
❷ for index, rat in enumerate(children):
        if mutate_odds >= random.random():
            ❸children[index] = round(rat * random.uniform(mutate_min,
                                                            mutate_max))
        return children
```

清单 7-5 定义的函数 mutate() 有 4 个参数，它们分别是存储老鼠幼崽群体的列表、变异发生的概率以及变异产生的最大和最小影响❶。这些影响参数均是一些标量值，你可以将它们用于改变老鼠的体重。这些与突变有关的常量都位于程序开头的全局代码编辑区，由于大多数突变不会产生有益的性状特征，因此它们倾向于取影响范围内的标量较小值。

在该函数内部，使用函数 enumerate() 循环遍历保存老鼠后代的列表 children。函数 enumerate()

是一个方便易用的内置函数，通过它的自动计数器，可以获取数据的索引值❷。然后，使用 random() 函数来生成一个 0 到 1 之间的数字，并将这个数字与变异发生的概率进行对比。

如果变量 mutate_odds 的值大于或等于随机生成的数字，那么就认为这个索引值对应的老鼠会发生变异。从定义的最小和最大突变值之间均匀地选择一个突变值，这等同于从最大值和最小值表示的范围内随机地选取一个值。当这些数值趋近于最小值时，老鼠变异后的结果可能是体重减轻而不是增加。将当前体重乘以这个突变标量值，并将其四舍五入为整数❸。最终，函数返回变异后的老鼠幼崽列表 children。

注意

突变的有效性研究结果表明，有益的突变是非常罕见的，但一些其他的研究结果表明这种现象比我们想象到的要普遍。狗的繁育结果已经表明，不必花费数百万年的时间，它们就能在体型上发生巨大的变化（例如，吉娃娃和大丹犬）。在 20 世纪的一项著名研究中，遗传学家德米特里　别列耶夫以 130 只银狐为研究对象，他挑选每代银狐中最温顺的个体，经过 40 年时间的演化，最终培育出的银狐在生理结构上发生了显著的变化。

6. 定义 main() 函数

清单 7-6 定义程序的 main() 函数，它的功能是管理其他函数，确定程序何时满足终止条件。此外，在该函数中还会显示一系列重要的计算结果。

清单 7-6　定义 main() 函数

super_rats.py，第 6 部分

```
    def main():
        """该函数的功能是模拟种群的初始化、筛选、繁殖和突变过程，输出这些数据结果。"""
❶   generations = 0

❷   parents = populate(NUM_RATS, INITIAL_MIN_WT, INITIAL_MAX_WT,
                        INITIAL_MODE_WT)
     print("initial population weights = {}".format(parents))
     popl_fitness = fitness(parents, GOAL)
     print("initial population fitness = {}".format(popl_fitness))
     print("number to retain = {}".format(NUM_RATS))

❸   ave_wt = []

❹   while popl_fitness < 1 and generations < GENERATION_LIMIT:
         selected_males, selected_females = select(parents, NUM_RATS)
         children = breed(selected_males, selected_females, LITTER_SIZE)
         children = mutate(children, MUTATE_ODDS, MUTATE_MIN, MUTATE_MAX)
❺       parents = selected_males + selected_females + children
         popl_fitness = fitness(parents, GOAL)
❻       print("Generation {} fitness = {:.4f}".format(generations,
                                                       popl_fitness))
❼       ave_wt.append(int(statistics.mean(parents)))
         generations += 1

❽   print("average weight per generation = {}".format(ave_wt))
     print("\nnumber of generations = {}".format(generations))
     print("number of years = {}".format(int(generations / LITTERS_PER_YEAR)))
```

清单 7-6 中，首先在 main() 函数中初始化一个保存繁殖代数的变量。最终，根据这个值，你能计算出令人满意的老鼠体重需要耗费多少年❶。

接下来，调用函数 populate()❷，并立即输出该函数的返回结果。然后，获取初始种群的适应度，把该值和每代老鼠的数量（常量 NUM_RATS 的值）一起输出出来。

出于乐趣性考虑，同时也为了你能在程序结束后查看到每代老鼠的平均体重，在程序中初始化一个保存老鼠体重数据的空列表❸。如果以年为单位，将这些体重值描在坐标轴上，你就会发现它们的体重呈指数增长。

然后，程序进入选择、繁殖、突变过程的大循环。这是一个 while 循环，该循环终止的条件是达到目标体重值，或者未达到目标体重值但种群数量已足够庞大❹。需要注意的是，当子代完成突变后，你需要创建一个新的列表 parents，将子代连同它们的父母一起保存到这个列表中❺。虽然在现实中从发生突变到开始繁殖下一代可能需要经过五周的时间，但是你可以通过减小常量 LITTERS_PER_YEAR 的值（见表 7-1）来解决这一问题。

为了监控算法的行为及确认算法的运行结果能否如预期那样，每次循环结束时，程序都会显示函数 fitness() 的返回结果，并将该结果保留至小数点后 4 位❻。然后，得到本代老鼠的平均体重，将该值添加到列表 ave_wt❼。在循环体的最后，将变量 generations 的值加 1。

最后，在 main() 函数中输出显示一些统计信息，如每代老鼠的平均体重、总共繁殖的代数以及花费的年数，其中年数是用变量 generations 和变量 LITTERS_PER_YEAR 的值相除得到的❽。

7. 运行 main() 函数

在本程序的最后，利用你已熟悉的条件语句结束程序。这个语句使该程序既可以独立运行，也可以作为模块导入另一个程序。然后，程序获取 main() 函数的开始和结束时间，并输出运行main() 函数所花费的时间。只有当程序独立运行时，它才会输出计算的性能信息。因此，你一定要将这些语句放置到 if 条件子句内，如清单 7-7 所示。

清单 7-7　当该程序不是另一个程序的导入模块时，执行 main() 函数和 time 模块

super_rats.py，第 7 部分

```
if __name__ == '__main__':
    start_time = time.time()
    main()
    end_time = time.time()
    duration = end_time - start_time
    print("\nRuntime for this program was {} seconds.".format(duration))
```

7.2.3　项目小结

当根据表格 7-2 中的参数执行程序时，程序 *super_rats.py* 花费的时间大约为两秒。为了达到 110 磅的目标体重，老鼠大概需要繁殖 345 代，或者说花费 34.5 年。这么长的一段时间足以让科学家等待到发疯。但是通过模拟程序，你就可以缩短老鼠达到目标体重所耗费的时间。

敏感性分析（Sensitivity Study）是指通过多次改变单个变量的值产生实验结果，根据实验

结果对事件发展做出预测。你还需要注意某些变量之间存在的相互依赖关系。由于统计结果是随机的，因此针对不同的参数，你需要进行多次测试，这样才能得到所有可能的输出结果。

在模拟老鼠繁殖的程序中，你可以控制两件事：新繁殖的老鼠数量（NUM_RATS）和变异发生的概率（MUTATE_ODDS）。变异概率受饮食习惯和放射性辐射的影响。如果每次只改变一个变量的值，并重新运行程序 *super_rats.py*，那么你就可以判断每个变量对老鼠繁殖和变异的影响。

一个显而易见的观察结果是：如果每个变量都从较小值开始，然后缓慢地增加，那么得到的初始结果会发生急剧的变化，如图 7-3 所示。这两条曲线都迅速下降并趋于平缓，这是一个收益递减的经典例子。每条曲线变平的地方就是收益递减点，即省钱和减少工作量的关键点。

例如，当保留的老鼠数量超过 300 只时，你只能获得微小的收益。此时，你只是在喂养和照顾一大堆多余的老鼠。同样地，当将变异的概率调高至 0.3 时，你也获得不了多少收益。

当有这些图表后，你就很容易规划前进的道路。水平的标有"基准线"的点线表示使用表 7-2 中的参数产生的平均结果。通过将保留的老鼠数量从 20 只增加至 50 只，你就可以把老鼠达到目标体重花费的时间减少 10 年以上。你还应该关注增加有益变异的数量对培育老鼠产生的影响。这会提高你的回报率，但也会使你面临的风险更大，并使过程更难控制。

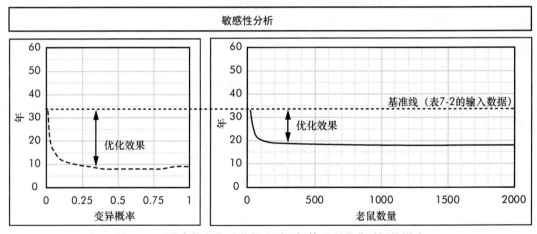

图 7-3　两种参数变化对老鼠达到目标体重所花费时间的影响

如果每次保留 50 只老鼠，同时将变异概率提高至 0.05，重新运行这个模拟程序，那么理论上达到老鼠目标体重花费的时间会变成 14 年，优化效果会达到初始基准的 2.46 倍。这就是优化产生的效果。

繁殖超级大鼠是一种理解遗传算法的简单有趣的方式。但是要真正体会到它们的用处，你需要尝试解决一些更困难的问题。对这样的问题，你可能需要采取暴力搜索的方法，但是这类问题太过复杂，以至于通过暴力搜索很难解决。接下来的一个项目就属于这种问题。

7.3　项目 14：破解高科技保险柜

现在，假如你的名字叫 Q。这时候詹姆斯·邦德遇到了一个问题：他必须到一个恶人的宅邸参加一场高级的舞会，其间需要溜进恶人的私人办公室，破解墙上的保险柜。这宛如电影《007》中的情节，但有一样东西与电影《007》中不同：保险柜是 Humperdink BR549 数字型的，它的密码有 10 位数字，而 10 位数字有多达 100 亿种可能的组合。当所有数字输入正确后，保险柜锁轮才开始转动。在这种情况下，将听诊器放在保险柜旁并慢慢地转动表盘并成功开锁是不现实的事。

作为故事情节中的 Q，你已经拥有通过暴力穷举遍历所有密码的自动拨号装置，但在那种情况下，你根本没有时间使用它。这就是当前的问题所在。

按照排列的定义：数字有序的组合就是排列。而组合锁对数字的顺序是有要求的，因此这样的组合锁实际上应称作排列锁。更具体地说，这种锁允许有重排列。例如，数字 999999999，尽管这不是一串安全的密码数字，但它是一个有效的密码数字组合。

在第 3 章和第 4 章中，你都使用过 itertools 模块中的 permutation() 迭代器，但是它只能返回元素的无重排列，因此对于本项目，它无法发挥作用。为了生成该锁的密码的正确排列结果，你需要使用 itertools 模块的 product() 迭代器，这个迭代器会生成多个数集的笛卡儿积：

```
>>> from itertools import product
>>> combo = (1, 2)
>>> for perm in product(combo, repeat=2):
        print(perm)
(1, 1)
(1, 2)
(2, 1)
(2, 2)
```

函数 product() 的可选 repeat 关键字参数允许你用一个可迭代变量乘以它自身来得到它的笛卡儿积。对于破解锁的密码，你也需要这样做。需要注意的是，product() 函数会返回数字的所有可能组合，而 permutations() 函数返回的结果只有 (1,2) 和 (2,1)。在 Python 的官方网站上，你可以找到更多关于 product() 函数的资料。

清单 7-8 定义一个名为 *brute_force_cracker.py* 的程序，它使用 product() 函数，并通过暴力穷举的方式获得数字的正确组合。

清单 7-8　利用暴力穷举方法找到保险柜的密码组合

brute_force_cracker.py
```
❶ import time
   from itertools import product

   start_time = time.time()

❷ combo = (9, 9, 7, 6, 5, 4, 3)

   # 用笛卡儿积生成数字的有重排列
❸ for perm in product([0, 1, 2, 3, 4, 5, 6, 7, 8, 9], repeat=len(combo)):
❹     if perm == combo:
```

```
        print("Cracked! {} {}".format(combo, perm))

    end_time = time.time()
❺   print("\nRuntime for this program was {} seconds.".format
        (end_time-start_time))
```

在清单 7-8 中，首先导入 time 模块和 itertools 模块中的 product 迭代器❶。然后，记录程序开始运行时的时间。以元组的形式保存保险柜的密码❷。之后，程序调用 product()函数，它会以元组的形式返回给定序列的有重排列，其中包含了全部有效的单个数字（0～9）。你应该将 repeat 参数的值设置为组合中数字的数量❸。将产生的每个组合结果与用户输入的密码组合进行比较，如果两者相匹配，就输出字符串"Cracked!"及用户输入的密码组合和与之相匹配的组合❹。最后，输出显示程序的运行时间❺。

这对长达 8 位的数字组合也非常有效。在那种情况下，程序的运行时间会明显变长。表 7-3 记录了程序的运行时间与组合中的数字位数之间的关系。

表 7-3　程序的运行时间与组合中的数字位数之间的关系（处理器为 2.3GHz）

数字位数	运行时间（秒）
5	0.035
6	0.147
7	1.335
8	12.811
9	133.270
10	1396.955

需要注意的是，每向组合中添加一位数字，程序的运行时间就会增加一个数量级。你还可以发现，数字的排列总数呈指数增长。如果计算的是 9 位数的组合，你要等两分钟才能得到正确组合；如果计算的是 10 位数的组合，你等待的时间会超过 20 分钟。对于邦德来说，他需要花费很长一段时间才能破解保险柜的密码。

幸运的是，你是知道遗传算法的 Q。你需要做的就是找到一些判断每个候选组合适应度的方法。这些方法的功能包括监视功耗波动、测量操作中的时间延迟以及探听特殊声音。假设，我们在破解保险柜密码的过程中用到声音放大工具，以及防止因错误输入而使保险柜锁定的工具。由于 BR549 保险柜具有安全保护措施，因此声音工具最初只能告诉你密码的正确位数，而不能告诉你哪个数字是正确的。不过，这会使你的遗传算法在寻找正确的数字组合时花费更少的时间。

目标

利用遗传算法在巨大的搜索空间里快速找到保险柜密码。

7.3.1　策略

在本项目中，我们使用的策略简单且直观。首先，你会随机地生成一个包含 10 个数字的序列。然后，将这个序列与真实的密码组合做比较，并根据它们的匹配情况为这个序列打分；在现实世界中，为了找到匹配的数字，你还要将声音探测器固定在保险柜门上。之后，你会更换组合中的一个数字，并再次将它与密码组合做比较。如果又找到一位匹配的数字，你就会抛弃旧的序列，生成新的序列，重复前面所述的过程；否则，你会保留旧序列，然后继续尝试。

由于用某个解完全替代另一个解表示遗传物质的 100%交叉，因此从本质上来讲，你只需用到遗传算法中的选择和变异。选择和变异的过程共同构成一个健壮的爬山算法（Hill-Climbing Algorithm）。爬山算法是一种优化技术，它从一个任意的解开始，然后改变（变异）解中的一个值。如果得到的结果有所改善，就保留新的解并重复该过程。

爬山算法的问题在于，它容易产生局部极小解或极大解，从而导致无法找到全局最优解。想象一下，你正在图 7-4 所示的波动函数中寻找最小值。当前，猜测到的最小值是图中黑点所标记的位置。如果你对所选解的改变（变异）程度太小，那么它就无法"逃离"局部低谷点，算法将找不到真正的最小值。但从算法的角度来看，由于该点周围其他方向产生的解均非最小值，因此它会认为找到的一定是最小值。这个现象称作过早地收敛于某个解。

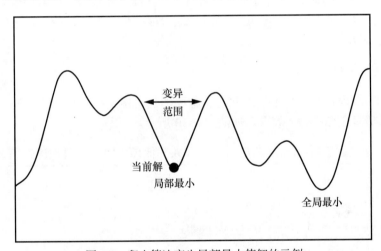

图 7-4　爬山算法产生局部最小值解的示例

在遗传算法中，交叉允许发生相对较大的突变，它有助于避免过早收敛的问题。因为在这里不用担心生物中的现实问题，所以你可以让突变空间包含组合中的所有可能值。这样一来，你就不必担心算法产生的结果是局部最优解，因此爬山算法就变成一种可以接受的方法。

7.3.2　保险柜破解器的代码

程序 *safe_cracker.py* 以多位数字的组合为输入，使用爬山算法从一个随机点开始，直至得到预期的数字组合结果为止。从本书的配套资源中可以下载到该程序。

1. 定义 fitness()函数

清单 7-9 中的代码功能是：导入程序必需的模块，定义函数 fitness()。

清单 7-9　导入程序所需模块及定义 fitness()函数

safe_cracker.py，第 1 部分

```
❶ import time
   from random import randint, randrange

❷ def fitness(combo, attempt):
       """比较两个列表中对应索引的值，并统计它们含有相等元素的个数。"""
       grade = 0
❸      for i, j in zip(combo, attempt):
           if i == j:
               grade += 1
       return grade
```

在清单 7-9 中，首先导入一些你已经熟悉的模块❶。然后，定义一个以数字的真实组合和尝试组合为参数的函数❷。在 fitness()函数的内部，先定义一个名为 grade 的变量，并将它的值设置为 0。紧接着，使用 zip()函数在循环中遍历真实组合列表和尝试组合列表中的每个元素❸。如果这两个列表中相同索引对应的元素相等，就将 grade 变量的值加 1。最后，函数会返回变量 grade。需要注意的是，函数只是找到了匹配的索引，并没有记录匹配的索引值。这个函数的作用就是模拟声音检测设备及获得其输出。不过，这只能让你知道有多少个锁轮转动，而你还不能确定它们的具体位置。

2. 定义并运行 main()函数

这个程序代码量少且逻辑简单，因此与将程序的代码定义在多个函数中的方式不同，本程序的大多数代码都写在 main()函数内，如清单 7-10 所示。

清单 7-10　定义并运行 main()函数，没有导入其他模块时，记录程序运行时间

safe_cracker.py，第 2 部分

```
   def main():
       """利用爬山算法解决求保险柜密码组合问题。"""
❶      combination = '6822858902'
       print("Combination = {}".format(combination))
       # 将字符串型的数字组合转换成列表:
❷      combo = [int(i) for i in combination]

       # 针对该组合生成尝试组合，并为生成组合的适应度打分:
❸      best_attempt = [0] * len(combo)
       best_attempt_grade = fitness(combo, best_attempt)

❹      count = 0

       # 使尝试组合发生进化
❺      while best_attempt != combo:
           # 交叉
❻          next_try = best_attempt[:]

           # 变异
           lock_wheel = int(randrange(0, len(combo)))
❼          next_try[lock_wheel] = randint(0, len(combo)-1)

           # 打分并选择
❽          next_try_grade = fitness(combo, next_try)
           if next_try_grade > best_attempt_grade:
```

```
            best_attempt = next_try[:]
            best_attempt_grade = next_try_grade
        print(next_try, best_attempt)
        count += 1

    print()
❾ print("Cracked! {}".format(best_attempt), end=' ')
    print("in {} tries!".format(count))

if __name__ == '__main__':
    start_time = time.time()
    main()
    end_time = time.time()
    duration = end_time - start_time
❿ print("\nRuntime for this program was {:.5f} seconds.".format(duration))
```

在清单 7-10 中，先用一个变量表示真实的数字组合❶。为了方便执行程序的后续操作，使用列表推导方法将该组合转换成一个列表❷。然后，生成一个值为全零的、长度与真实数字组合相等的列表，将该列表命名为 best_attempt❸。此时，任何组合对问题最终的解来说都同等程度地好。由于在解决这个问题时，你只需要保留最好的解，因此你应该在程序中保留这个变量名——best_attempt。当生成初始尝试组合后，使用 fitness()函数为其打分。然后，将该值赋给一个名为 best_attempt_grade 的变量。

接下来，创建一个名为 count 的变量。程序将使用此变量记录成功破解密码过程中尝试的总次数❹。

然后，程序进入 while 循环，直到找到的组合与真实组合相同为止❺。在循环体内，先将变量 best_attempt 的副本分配给变量 next_try❻。这主要是为了避免变量别名问题。由于变量 next_try 在未通过最佳适应性测试的情况下，程序还要继续使用变量 best_attempt，因此当改变变量 next_try 中的元素时，不能意外地引起变量 best_attempt 值的更改。接下来，程序模拟使变量 next_try 表示的组合发生"变异"的过程。因为组合中的每个数字都会转动保险柜中的锁轮，所以定义一个名为 lock_wheel 的变量，并将它的值随机地设置为尝试组合中某位置的索引值。变量 lock_wheel 的值表示在本次迭代中要改变的元素的位置。之后，随机选择一个数字，并用它替换 lock_wheel 索引位置上的值❼。

之后，程序给变量 next_try 表示的组合打分。如果本组合得到的适应度评分更高，那么就重置变量 best_attempt 和变量 best_attempt_grade 的值❽。否则，在本轮迭代中，让变量 best_attempt 保持不变。为了在程序结束时回滚查看组合的演变过程，在同一行上输出变量 next_try 和变量 best_attempt。在循环的末尾，将表示猜测组合的计数器值加 1。

当程序找到最佳组合时，显示变量 best_attempt 的值和找到最佳组合时尝试的总次数❾。需要注意的是，print()函数的 end=' '参数会在当前行的结尾和下一行的开头之间放置一个空格，以防止输出时行尾出现换行。

最后，使用条件语句使 main()函数仅可在独立模块中运行。同时，显示程序运行的时间，并将其精确到小数点后 5 位❿。需要注意的是，程序的计时代码位于条件语句块内，因此当程序作为模块导入其他程序时，程序不会运行。

7.4　本章小结

下面是程序 *safe_cracker.py* 最后几行的输出结果。为了简洁起见，这里省略了大部分的组合。本次运行程序时，使用的数字有 10 位：

```
[6, 8, 6, 2, 0, 5, 8, 9, 0, 0] [6, 8, 2, 2, 0, 5, 8, 9, 0, 0]
[6, 8, 2, 2, 0, 9, 8, 9, 0, 0] [6, 8, 2, 2, 0, 5, 8, 9, 0, 0]
[6, 8, 2, 2, 8, 5, 8, 9, 0, 0] [6, 8, 2, 2, 8, 5, 8, 9, 0, 0]
[6, 8, 2, 2, 8, 5, 8, 9, 0, 2] [6, 8, 2, 2, 8, 5, 8, 9, 0, 2]

Cracked! [6, 8, 2, 2, 8, 5, 8, 9, 0, 2] in 78 tries!

Runtime for this program was 0.69172 seconds.
```

10 位数可能的组合有数百亿种，但该程序仅进行 78 次尝试就找到正确的组合，而且花费的时间不到一秒。

这就是遗传算法的价值。在本章中，你先按照工作流程图编写了繁殖巨大老鼠的程序。然后，为了立即解决暴力穷举搜索问题，你尝试对遗传算法进行修改，从而避免在爬山算法使用过程中遇到的问题。

如果想继续体验数字达尔文游戏，尝试遗传算法实验，你可以在维基百科上找到很多与之相关的应用示例，其中的一些应用示例如下。

- ❏ 模拟全球温度变化。
- ❏ 集装箱装载优化。
- ❏ 送货车辆路线优化。
- ❏ 地下水监测网。
- ❏ 机器人行为学习。
- ❏ 蛋白质折叠。
- ❏ 罕见事件分析。
- ❏ 密码破解。
- ❏ 聚类分析。
- ❏ 滤波与信号处理。

7.5　延伸阅读

克林顿·谢泼德（Clinton Sheppard）的著作 *Genetic Algorithms with Python* 是一本 Python 遗传算法入门类书。从本书的配套资源中可以获取到该书的平装本和电子版购买网址。

7.6　挑战项目

通过本章提到的这些项目，你可以继续繁殖超级大鼠，破解超级保险柜的密码。按照惯例，本书不提供挑战项目的答案，你只能靠自己。

7.6.1 为老鼠建立 "后宫"

由于一只雄性大鼠可以与多只雌性大鼠交配,因此在程序中,雄性和雌性大鼠不必有相同数量。重写程序 *super_rats.py* 的代码,使它允许雌性和雄性个体的数量不同。然后,重新运行程序,并使老鼠的总数与之前的数量保持一致,但雄性和雌性的数量分别是 4 只和 16 只。这对老鼠达到 50 千克目标体重所需的培养时间会有何影响呢?

7.6.2 创建更高效的破解器

当前所写的程序 *safe_cracker.py* 在发现一个锁轮匹配时,不会显式地保留该匹配结果。只要 while 循环还在运行,就没有什么可以阻止正确的匹配被随机覆盖。修改原程序的代码,使程序具有将已匹配的正确索引排除掉的功能。执行这两个版本的程序,比较运行时间统计结果,判断修改后的代码对破解保险柜密码会产生多大的影响。

7

## 第 8 章

统计俳句音节数

诗歌也许是文学的一种最高表现形式。正如柯勒律治所言："诗歌就是将一些最美妙的词排列在最美妙的位置。"诗人必须以简洁的方式讲述诗歌中的故事，表达自己的思想，描绘诗歌中的意境，这样才能唤起读者强烈的情感，同时还必须严格遵循诗歌的节奏韵律、风格和结构。

计算机也喜欢做有一定规则和遵循某些结构的事情，它产生的结果甚至能引起人的情感共鸣。查尔斯•哈特曼在 1996 年出版的 *Virtual Muse: experiment In Computer Poetry* 一书中，描述了他早期尝试编写模仿人类创作诗歌的算法。用哈特曼的话来说："通过诗歌来交流思想，就像是诗人、诗和读者进行的一场诡秘的舞蹈，它神秘的复杂性会使人在思维上变得犹豫。正是在这种美妙的境地下，编写的计算机程序就有机会做出一些有趣的事情。"

当时，哈特曼的目标是"将计算的机器式自由风格带到语言创作中，把编写的诗歌还原回那个偶然产生它们的世界，在那里看一看尘土是如何沉降的"。正如前几章提到的生成易位词和编写空密码那样，理解语境是计算机编程中的薄弱环节。为了使计算机写出的诗歌能够通过最高水平的文学测试，你就不能忽视诗歌的语境。

用计算机来模拟这种具有人性化的行为是一项有趣的挑战，我们当然不能错过。在这一章和下一章中，你将学习用计算机程序产生一种传统形式的日本诗歌，这种诗歌也叫作俳句（Haiku）。

8.1 日本俳句

俳句由 3 行组成，每行分别有 5、7、5 个音节。诗歌很少押韵，它的主题通常直接或间接地与大自然相关——主要是季节。如果俳句书写得当，它会唤起你的一段美好记忆，并让你深深地沉浸在这样的场景中。

下面提供了 3 个俳句的示例。第一个是由卜桑（1715—1783 年）创作；第二个是由艾萨（1763—1828 年）创作；第三个是由沃恩创作，它真实地再现了诗人的童年公路旅行记忆。

> Standing still at dusk
> Listen . . . in far distances
> The song of froglings!
> —Buson

Good friend grasshopper
Will you play the caretaker
For my little grave?

　　　　　　—Issa

Faraway cloudbanks
That I let myself pretend
Are distant mountains

　　　　　　—Vaughan

　　由于诗歌的联想性，每句俳句都为程序员留了一个内置"可利用的缺口"。彼得·贝伦森在 1955 年出版的 *Japanese Haiku* 一书中很好地总结了这一点："俳句并非总是表意完整的，它陈述的内容有时甚至会模糊不清。读者应该在语境中加入自己的联想和想象，从而与作者共同成为诗歌乐趣的创造者。"哈特曼补充道："模糊的上下文会使读者的思维变得更加活跃。这与我们用最少的星星描出最清晰星座的道理相同。因此，对一个微小的词语搭配来说，这些词语无意义的时候很少。相反，这些词语会给读者留下丰富的想象空间。"简单地说，把一首短诗写糟是一件比较困难的事。读者总认为诗人有自己的观点，如果在诗中找不到，他们自己也会编造出来一个观点。

　　尽管计算机在写俳句时有这样的优势，但是训练计算机写诗并不是一件容易的事，你需要掌握较多知识才能完成。在这一章中，你将编写一个计算单词和短语音节数的程序，这样你就可以遵守俳句的音节结构。在第 9 章中，你将使用一种叫作马尔可夫链分析的技术来掌握俳句的精髓——唤起人的想象力，并将现有的诗歌转换成新的诗歌，有时它们甚至会变成更好的诗歌。

8.2　项目 15：统计音节数

　　在英语中，统计音节数是一件困难的事。正如查尔斯·哈特曼所说，该问题是由英语古怪的拼写和错综复杂的语言历史造成的。例如，像 aged 这样的单词，既可以说它只有一个音节，又可以说有两个音节，这取决于单词描述的是人还是奶酪。怎样才能让程序准确地统计音节数，而不至于陷入无穷无尽的特殊情况呢？

　　答案是不可能的，至少在没有"小抄"的情况下，程序做不到这一点。幸运的是，由于自然语言处理（Natural Language Processing，NLP）这一科学分支的存在，这些小抄得以存在。NLP 解决的是计算机精确的结构化语言和人类使用的细微的、经常模棱两可的"自然"语言之间的交互。NLP 的应用案例包括机器翻译、垃圾邮件检测、搜索引擎对用户提出的问题的理解和针对手机用户的预测性文本识别。NLP 对人类生活的巨大影响尚未到来：挖掘那些以前无法使用的结构糟糕的数据和与计算机进行无缝对话。

　　在本章中，你将学习使用 NLP 数据集实现统计单词或短语中音节数的功能。你还会学习通过编写代码来查找这个数据集中缺失的单词，然后构建一个辅助性的字典。最后，你会编写一个程序来检查音节计数程序的代码。你还会将用到的音节计数算法当作第 9 章中程序的一个模块，该算法会帮助你以计算机的逻辑方式实现文学方面的最高成就，即创作诗歌。

目标

编写一个能够统计英语单词或短语音节数的 Python 程序。

8.2.1 策略

对我们人类来说，统计单词的音节数相当简单。先将你的手背放在下巴下方，然后开始说话。当下巴碰到手时，你就相当于读了一个音节。虽然计算机没有手和下巴，但是每个元音代表一个音节——计算机可以统计元音数。然而，这也并非易事。对于统计音节数，我们没有更简单有效的办法。在书面语言中，有些元音是不发音的，例如单词 like 中的字母 e；而有些元音则结合在一起发单音，例如单词 moo 中的字母对 oo。幸运的是，英语中的单词数量并不是无限的。你可以使用一个包含所需单词的详尽信息清单来统计单词的音节数。

语料库（Corpus）是文本主体的一个别名。在第 9 章中，根据一个由俳句组成的训练语料库，你将学习让计算机使用 Python 程序编写新的俳句。在本章中，你将使用与第 9 章相同的语料库来统计单词的音节数。

由于最终要使用音节计数程序统计俳句每行的音节，因此该程序应该能够统计短语和单个单词中的音节数。该程序将以一些文本为输入，它会统计每个单词的音节数，并返回文本的总音节数。此外，你还必须考虑如何处理标点、空格和字典中缺失的单词。

统计单词音节数的主要步骤如下。

（1）下载一个大的含有音节计数信息的语料库。

（2）将音节计数语料库与俳句训练语料库进行比较，找出音节计数语料库中缺失的所有单词。

（3）建立一个包含缺失单词及其音节计数的字典。

（4）编写一个程序，它会使用音节计数语料库和缺失单词的字典统计训练语料库中的音节数。

（5）编写一个根据最新的训练语料库检查音节计数程序的程序。

1. 使用语料库

自然语言工具包（Natural Language Toolkit，NLTK）是一套用 Python 处理人类语言数据的流行程序或库。该库创建于 2001 年，是宾夕法尼亚大学计算机和信息科学系计算语言学课程的一部分。在几十个贡献者的帮助下，该库的开发和扩展一直持续到现在。若要了解更多该库的信息，请访问 NLTK 的官方网站。

对于本章的项目，你将使用 NLTK 访问卡内基梅隆大学发音字典（CMUdict）。这个语料库中包含了将近 125000 个单词及其发音。该语料库是计算机可读的，它对于语音识别等任务具有重要价值。

2. 安装 NLTK 库

在 NLTK 的官方网站上，你可以找到该库在 UNIX 操作系统、Windows 操作系统和 macOS 上的安装说明。如果你使用的是 Windows 操作系统，我建议你先打开 Windows 的命令提示符窗口或 PowerShell 窗口，然后使用 pip 来安装该库：

```
python -m pip install nltk
```

你可以通过 Python 的交互式 shell 检查该库是否安装成功，在 shell 中输入如下内容：

```
>>> import nltk
>>>
```

如果没有出现错误，那么表明你已经安装成功。否则，请按照 NLTK 官方网站给出的说明来解决安装时遇到的问题。

3. 下载 CMUdict

为了访问 CMUdict（或任何其他的 NLTK 语料库），你必须先将它下载到本地。你可以通过方便易用的 NLTK 下载器来下载它。当你安装完 NLTK 库之后，在 Python 的 shell 中输入以下内容：

```
>>> import nltk
>>> nltk.download()
```

现在，你会看到 NLTK 下载器窗口被打开，如图 8-1 所示。首先，单击靠近顶部的 Corpora 选项卡，然后选择 Identifier 列表中的 cmudict 选项。接下来，滚动到窗口底部，设置下载的语料库的存储目录（Download Directory）。在这里我使用默认的目录 C:\nltk_data。最后，单击 Download 按钮，下载 CMUdict 语料库。

当 CMUdict 下载完成后，退出下载器。在 Python 的交互式 shell 中输入如下内容：

```
>>> from nltk.corpus import cmudict
>>>
```

如果没有出现错误提示，表明语料库已经下载成功。

4. 统计发音数而不是音节数

语料库 CMUdict 将单词分解成音素集（一种特定于语言的感知单位），并使用数字（0、1 和 2）标记单词元音的重音。语料库 CMUdict 会使用这些数字中的一个来标记每个元音，并且只标记一次，所以你可以使用这些数字来识别单词中的元音。

将单词视作一组音素可以帮助你避开一些问题。其中之一就是在书面文字中，CMUdict 不会包含不发音的元音。例如，CMUdict 是这样看待单词 scarecrow 的：

```
[['S', 'K', 'AE1', 'R', 'K', 'R', 'OW0']]
```

每个带有数字后缀的项都表示该项是要发音的元音。需要注意的是，字母序列 scare 后不发音的字母 e 会被省略掉。

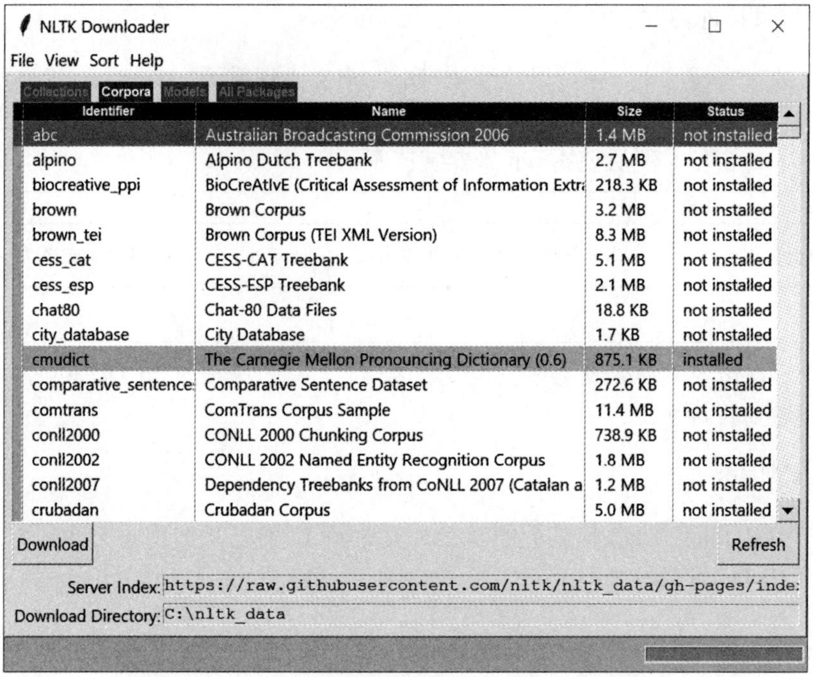

图 8-1　在 NLTK 下载器窗口中选择 cmudict 选项

另外，有时会将多个连续的书面元音仅当作一个音素来发音。例如，下面是单词 house 在 CMUdict 中的发音表示方式：

```
[['HH', 'AW1', 'S']]
```

需要注意的是，语料库是如何将书面的双元音 *ou* 标记为单个元音"AW1"的。

5. 处理有多种发音的单词

正如之前提到的那样，一些词可能有多种不同的发音。单词 aged 和单词 learned 就是这种情况下的两个例子：

```
[['EY1', 'JH', 'D'], ['EY1', 'JH', 'IH0', 'D']]
[['L', 'ER1', 'N', 'D'], ['L', 'ER1', 'N', 'IH0', 'D']]
```

注意上面的嵌套列表。语料库知道这两个单词都有两种不同的发音。这意味着，对于某些单词，它将返回多个音节数。这也是你必须在代码中考虑的问题。

8.2.2　管理缺失单词

语料库 CMUdict 非常有用，对一个单词来说，它要么属于该语料库，要么不属于该语料库。在 1500 个单词样本的测试中，只需要花费几秒，就能从 CMUdict 语料库中找到超过 50 个缺失单词，如单词 dewdrop、bathwater、dusky、ridgeline、storks、dragonfly、beggar、archways。因此，你的策略之一应该是先检查 CMUdict 中的缺失单词，然后根据该语料库构建一个包含缺失单词的语料库。

1. 补充训练语料库

在第 9 章中，你将使用包含几百个俳句的训练语料库来"教授"计算机程序编写新的俳句。由于一些常用词属于日语词，例如单词 sake，因此你不能指望语料库 CMUdict 包含所有的单词。正如你已经看到的那样，CMUdict 甚至没有包含一些常见的英语单词。

首先，要做的事就是检查训练语料库中的所有单词是否都属于 CMUdict 语料库。为此，你需要从本书的配套资源中下载名为 train.txt 的训练语料库。将该语料库与本章中的所有 Python 程序放在同一目录下。该文件包含的俳句接近 300 个。为了获得一个丰富的训练集，我们将这些俳句随机复制大约 20 次。

当发现一些单词没有在 CMUdict 中时，你需要编写一个程序帮助你管理这些缺失的单词。该脚本程序会创建一个 Python 的字典数据结构，并把单词和单词的音节数分别作为这个字典的键和值。然后，将此字典保存到一个文件中。在音节计数程序中，将该文件作为对 CMUdict 语料库的补充。

2. 获得缺失单词的代码

本节中的程序功能是：先查找 CMUdict 语料库中缺失的单词，然后创建一个保存缺失单词和其音节数的字典，最后将该字典保存到文件中。从本书的配套资源中，你可以下载到本节代码对应的程序 *missing_words_finder.py*。

（1）导入模块、加载 CMUdict 及定义 main()函数

清单 8-1 中的代码功能是：导入程序所需模块，加载 CMUdict 语料库，并定义本程序的 main()函数。

清单 8-1　导入模块、加载 CMUdict 语料库及定义 main()函数

missing_words_finder.py，第 1 部分

```
import sys
from string import punctuation
❶ import pprint
import json
from nltk.corpus import cmudict

❷ cmudict = cmudict.dict() #卡内基梅隆大学发音词典

❸ def main():
    ❹ haiku = load_haiku('train.txt')
    ❺ exceptions = cmudict_missing(haiku)
    ❻ build_dict = input("\nManually build an exceptions dictionary (y/n)? \n")
    if build_dict.lower() == 'n':
        sys.exit()
    else:
    ❼ missing_words_dict = make_exceptions_dict(exceptions)
        save_exceptions(missing_words_dict)
```

在程序的开头部分，导入了一些你已经熟悉的模块和一些未曾用过的模块。模块 pprint 可以让你以一种易于阅读的格式"漂亮"地输出字典中的缺失单词❶。你将使用 JavaScript 对象表示法（JavaScript Object Notation，JSON）把此字典内容存储为永久数据。JSON 是一种基于文本的计算机数据交换格式，它可以与 Python 数据结构很好地协作。JSON 是 Python 标准库的一部分，它具有跨多种语言标准、数据安全和人类可读等特点。最后，导入语料库 CMUdict。

接下来，调用 cmudict 模块的 dict()函数，将语料库转换为字典，其中单词和单词的发音分别作为字典的键和值❷。

然后，定义 main()函数，它通过调用函数来加载训练语料库，查找 CMUdict 中的缺失单词，构建一个包含单词及其音节数的字典，并把生成的字典保存至文件中❸。在定义 main()函数之后，你将定义具有这些功能的函数。

在 main()函数内部，通过调用函数 load_haiku()来加载俳句训练语料库，并将函数返回的集合分配给一个名为 haiku 的变量❹。然后，调用函数 cmudict_missing()来查找缺失的单词，并以集合的形式返回它们❺。利用集合可以自动删除那些不需要的重复单词。函数 cmudict_missing()还会显示缺失单词的数量和其他的一些统计信息。

之后，询问用户是否希望手动构建一个字典来查找缺失的单词，并将用户的输入分配给变量 build_dict❻。如果用户想停止执行程序，那么就退出程序；否则，就调用函数 make_exceptions_dict()构建一个字典❼，然后调用另一个函数将该字典保存至文件中。需要注意的是，尽管程序提示用户按 Y 键程序会继续执行，按 N 键程序会退出，但是如果用户想继续执行程序，也可以按 Y 键之外的其他键。

（2）加载语料库并查找缺失的单词

清单 8-2 中代码的功能是：先加载训练语料库，然后将语料库的内容与 CMUdict 语料库进行比较，并记录两者之间的差异。这些功能被分散在两个函数中。

清单 8-2　定义加载语料库的函数和查找 CMUdict 中缺失单词的函数

missing_words_finder.py，第 2 部分

```
❶ def load_haiku(filename):
       """打开俳句训练语料库，并以集合的形式返回从语料库中读取的内容。"""
       with open(filename) as in_file:
       ❷ haiku = set(in_file.read().replace('_',' ').split())
       ❸ return haiku

   def cmudict_missing(word_set):
       """查找语料库 CMUdict 中的缺失单词，并以集合的形式返回找到的缺失单词。"""
   ❹ exceptions = set()
       for word in word_set:
           word = word.lower().strip(punctuation)
           if word.endswith("'s") or word.endswith("'s"):
               word = word[:-2]
   ❺ if word not in cmudict:
           exceptions.add(word)
   print("\nexceptions:")
   print(*exceptions, sep='\n')
❻ print("\nNumber of unique words in haiku corpus = {}"
       .format(len(word_set)))
```

```
   print("Number of words in corpus not in cmudict = {}"
         .format(len(exceptions)))
   membership = (1-(len(exceptions) / len(word_set))) * 100
❼  print("cmudict membership = {:.1f}{}".format(membership, '%'))
   return exceptions
```

在清单 8-2 中，首先定义一个读入俳句训练语料库中单词的函数❶。文件 train.txt 中保存的俳句已经被复制了很多次，它还包含原俳句中的重复单词，如单词 moon、mountain 和 the。由于多次统计一个单词音节数是没有意义的，因此我们采用集合的方式加载单词，以解决重复记录同一单词音节数的问题❷。你还需要用空格替换连字符。连字符在俳句中很常见，但是为了在 CMUdict 中检查每个单词，你需要把连字符两边的单词分开。最后，函数返回集合 haiku❸。

接下来，定义一个以集合（在本程序中，该集合指的是函数 load_haiku()返回的单词集）为实参的函数 cmudict_missing()。然后，创建一个保存缺失单词的空集合 exceptions❹。紧接着，循环遍历俳句集合中的每个单词，将它们转换为小写字母形式，并去掉开头和结尾的标点符号。注意，由于 CMUdict 可以识别像 wouldn't 这样的单词，因此你并不希望删除除连字符之外的其他内部标点符号。语料库中通常不包含单词的所有格形式，因为它不会影响单词本身的音节数，所以可以去掉其尾部的标点符号。

注意
你需要小心文字处理软件产生的撇号（'）。这些撇号不同于简单文本编辑器和 shell 中使用的直撇号（'），CMUdict 可能无法识别它。如果向训练语料库文件或 JSON 文件中添加新单词，请确保单词的缩写或所有格名词使用的是直撇号。

如果在 CMUdict 语料库中没有找到这个词，就将它添加到集合 exceptions 中❺。为了检查找到的缺失单词，输出集合 exceptions 中的这些单词以及一些基本信息❻，如在不考虑重复的情况下，语料库包含的单词有多少、遗漏的单词有多少及训练语料库中的单词在 CMUdict 语料库中所占的百分比。将百分比值的精度精确到小数点后一位❼。最终，函数返回集合 exceptions。

（3）生成由缺失单词组成的字典

清单 8-3 仍然是程序 *missing_words_finder.py* 的代码实现。这段代码的功能是：通过在 Python 中创建包含缺失单词及其音节计数的字典来补充 CMUdict 语料库。由于缺失单词的数量相对较少，因此用户可以通过手动的方式输入这些单词的音节数。编写这段代码是为了帮助用户更好地与程序交互。

清单 8-3　用户以手动方式建立包含缺失单词及其音节数的字典

missing_words_finder.py，第 3 部分

```
❶ def make_exceptions_dict(exceptions_set):
       """根据单词集生成包含缺失单词及其音节数的字典，并返回该字典。"""
❷     missing_words = {}
       print("Input # syllables in word. Mistakes can be corrected at end. \n")
       for word in exceptions_set:
           while True:
```

```
❸ num_sylls = input("Enter number syllables in {}: ".format(word))
❹ if num_sylls.isdigit():
        break
    else:
        print(" Not a valid answer!", file=sys.stderr)
❺ missing_words[word] = int(num_sylls)
    print()
❻ pprint.pprint(missing_words, width=1)

❼ print("\nMake Changes to Dictionary Before Saving?")
    print("""
    0 - Exit & Save
    1 - Add a Word or Change a Syllable Count
    2 - Remove a Word
    """)

❽ while True:
        choice = input("\nEnter choice: ")
        if choice == '0':
            break
        elif choice == '1':
            word = input("\nWord to add or change: ")
            missing_words[word] = int(input("Enter number syllables in {}: ".format(word)))
        elif choice == '2':
            word = input("\nEnter word to delete: ")
❾        missing_words.pop(word, None)

    print("\nNew words or syllable changes:")
❿ pprint.pprint(missing_words, width=1)

    return missing_words
```

在清单 8-3 中，首先定义一个以函数 cmudict_missing() 的返回值为参数的函数❶。然后，在函数内部，立即定义一个名字为 missing_words 的空字典❷。紧接着，输出一段提示信息，让用户知道，如果他们在操作过程出现错误，以后还有机会改正。之后，使用 for 和 while 循环遍历缺失单词集，并将每个单词都呈现给用户，同时要求用户输入该单词的音节数。将单词当作字典的键，而将变量 num_sylls 的值当作该键对应的值❸。若用户输入的是数字❹，则跳出循环体。否则，向用户发出一条警告信息，并执行 while 循环，要求用户重新输入。若用户的输入不是数字，则将该值作为整数添加到字典中❺。

接下来，为了便于程序检查包含缺失单词的字典，使用 pprint 模块将每个字典的键/值对单独输出在一行上，参数 width 充当该函数的换行参数❻。

然后，在程序将包含缺失单词的字典保存到文件之前，让用户有机会对字典 missing_words 进行最后的更改❼。紧接着，利用一对三引号显示一个选择菜单，然后执行 while 循环以保持菜单选项处于活动状态，直到用户准备保存为止❽。当执行 break 命令后，菜单选项就会消失。若要添加新单词或更改现有单词的音节数，则需要输入单词和它的音节数。若想删除字典中的数据项，则要使用字典的 pop() 函数❾。将 pop() 函数的第二个参数设置为 None。这样一来，当用户输入的单词不在字典中时，程序也不会引发 KeyError 异常。

最后，函数输出字典内容，并返回该字典❿。

（4）将缺失单词保存至字典

永久性数据（Persistent Data）是一类在程序终止后仍然存在的数据。为了使本章后续编写

的程序 *count_syllables.py* 能够使用存储在变量 missing_words 中的字典数据，你需要将这些字典数据保存到文件中。这就是清单 8-4 所示代码的功能。

清单 8-4　将存储缺失单词的字典保存到文件中及调用 main()函数

missing_words_finder.py，第 4 部分

```
❶ def save_exceptions(missing_words):
       """将存储缺失单词的字典以 JSON 格式保存在文件中。"""
❷     json_string = json.dumps(missing_words)
❸     f = open('missing_words.json', 'w')
       f.write(json_string)
       f.close()
❹     print("\nFile saved as missing_words.json")

❺ if __name__ == '__main__':
       main()
```

在清单 8-4 中，使用 json 模块将缺失单词保存至文件。首先，定义一个以缺失单词的集合为参数的函数❶。在函数内部，先定义一个名为 json_string 的新变量，并用字典 missing_words 的值初始化该变量❷。其次，打开一个扩展名为.json 的文件❸，将变量 json_string 的内容写入文件，并关闭该文件。再次，显示文件的名称，提醒用户已将文件保存❹。最后，定义一个 if 语句，使该程序既可以作为模块导入其他程序，也可以独立运行❺。

json 模块的 dump()函数可以将字典 missing_words 序列化为字符串。序列化（Serialization）是一种将数据的格式转换成更易于传输和存储的格式的过程。例如：

```
>>> import json
>>> d = {'scarecrow': 2, 'moon': 1, 'sake': 2}
>>> json.dumps(d)
'{"sake": 2, "scarecrow": 2, "moon": 1}'
```

需要注意的是，为了使序列化后的字典成为字符串，会使用一对单引号将整个字典引起来。

下面是程序 *missing_words_find.py* 输出结果中的一部分。出于简洁性考虑，我缩短了顶部列出的缺失单词清单和底部手动构建其音节计数的部分：

```
--snip--
froglings
scatters
paperweights
hibiscus
cumulus
nightingales

Number of unique words in haiku corpus = 1523
Number of words in corpus not in cmudict = 58
cmudict membership = 96.2%

Manually build an exceptions dictionary (y/n)?
y
Enter number syllables in woodcutter: 3
Enter number syllables in morningglory: 4
Enter number syllables in cumulus: 3
--snip--
```

别担心，你不必手动为所有单词分配音节数。文件 missing_words.json 已经存储了这些缺失

单词，当项目需要时，你可以从本书的配套资源中获取该文件。

注意

对于像 jagged 和 our 这样有多种发音的单词，你可以通过手动的方式打开文件 missing_words.json 并向其添加你所选单词的键/值对（字典文件中单词是无序的，你可以在任何位置添加该单词），强制程序使用你喜欢的那个发音。我向该文件添加了双音节的日语单词 sake。由于程序首先会在字典文件中找到这个单词的键/值对数据，因此它会覆盖 CMUdict 中该单词对应的键/值对数据。

既然已经解决 CMUdict 语料库中单词缺失的问题。现在，你就可以编写音节计数程序了。在第 9 章中，你将把这段代码作为程序 *markov_haiku.py* 的一个模块。

8.2.3　音节计数程序代码

本节的主要内容是编写程序 *count_syllables.py*。你还需要使用在前一节中生成的文件 missing_words.json。在本书的配套资源中，你可以下载到该程序和这个包含缺失单词的字典文件。记住，你需要把程序及其所需的文件放在同一目录下。

1．导入模块、加载字典及定义统计音节数的函数

清单 8-5 中代码的功能是：导入程序必需的模块，加载语料库 CMUdict 和缺失单词的字典文件，定义一个统计给定单词或短语音节数的函数。

清单 8-5　导入程序所需模块、加载字典文件及统计音节数

count_syllables.py，第 1 部分

```
import sys
from string import punctuation
import json
from nltk.corpus import cmudict

# 加载俳句语料库中的单词，这些单词不存在于 CMUdict 中
with open('missing_words.json') as f:
    missing_words = json.load(f)

❶ cmudict = cmudict.dict()

❷ def count_syllables(words):
    """利用语料库统计英语单词或短语的音节数。"""
    # 为语料库 CMUdict 准备单词
    words = words.replace('_', ' ')
    words = words.lower().split()
❸  num_sylls = 0
❹  for word in words:
        word = word.strip(punctuation)
        if word.endswith("'s") or word.endswith("'s"):
            word = word[:-2]
❺      if word in missing_words:
            num_sylls += missing_words[word]
        else:
❻          for phonemes in cmudict[word][0]:
```

```
    for phoneme in phonemes:
❼     if phoneme[-1].isdigit():
            num_sylls += 1

❽ return num_sylls
```

在清单 8-5 中，首先导入一些你已熟悉的模块，然后加载包含 CMUdict 中所有缺失单词及其音节数的字典文件 missing_words.json。利用 json 模块的 load() 函数恢复以字符串格式存储的字典数据。紧接着，使用模块 cmudict 的 dict() 函数将 CMUdict 语料库转换为字典❶。

接下来，程序定义了一个统计单词或短语音节数的函数 count_syllables()。由于最终希望该函数能够统计每行俳句中的音节数，因此该函数的参数既可以是单词，也可以是短语。与先前在程序 *missing_words_finder.py* 中所做的一样，首先对单词做预处理❷。

然后，创建一个保存音节计数的变量 num_sylls，并将其值设置为 0❸。之后，开始循环遍历输入中的每个单词，删掉单词末尾的标点符号和所有格符号's。需要注意的是，用户可能会输错撇号的格式。因此，程序会同时检查两种类型的撇号：一种是直撇号，另一种是花撇号❹。接着，程序检查该单词是否属于缺失单词字典中的单词。若在缺失单词字典中找到该单词，则将该单词当作字典的键，并把它在字典中对应的值累加到变量 num_sylls 中❺。否则，就在 CMUdict 中查找该单词对应的音素。对于每个音素，程序会遍历组成它的字符串❻。如果在字符串的末尾找到数字，那么就认为该音素是元音。为了说明这一点，下面以单词 aged 为例，因为它只有第一个字符串（此处用灰色字体突出显示）以数字结尾，所以认为该单词只包含一个元音音素：

```
[['EY1', 'JH', 'D'], ['EY1', 'JH', 'IH0', 'D']]
```

需要注意的是，为了避免一个单词有多种发音的问题，在统计该单词音节数时，应该使用其在 CMUdict 中对应的第一个发音（[0]）。记住，CMUdict 会以嵌套列表的形式表示单词的每种发音。有些单词的发音取决于上下文语境，因此这有时可能会导致程序出错。

程序依次检查每个音素末尾是否有数字，若其末尾有数字，则将变量 num_sylls 的值加 1❼。最后，函数返回单词或短语的音节总数❽。

2. 定义 main() 函数

清单 8-6 中的代码功能是：定义和调用 main() 函数。当独立运行该程序时，程序将调用 main() 函数，但是若把它当作模块导入程序 *syllable_counter* 中时，则 main() 函数不会被调用。

清单 8-6　定义和调用 main() 函数

count_syllables.py，第 2 部分

```
def main():
❶ while True:
        print("Syllable Counter")
❷   word = input("Enter word or phrase; else press Enter to Exit: ")
❸   if word == '':
            sys.exit()
❹   try:
            num_syllables = count_syllables(word)
            print("number of syllables in {} is: {}"
```

```
                        .format(word, num_syllables))
                    print()
            except KeyError:
                    print("Word not found. Try again.\n", file=sys.stderr)
❺ if __name__ == '__main__':
        main()
```

在 main()函数内部，首先定义了一个 while 循环❶。然后，程序要求用户输入一个单词或短语❷。若用户在没有任何输入时按 Enter 键，则程序会退出❸。否则，程序开始执行 try-except 语句块，这样当用户输入一个在两个字典文件中都找不到的单词时，程序不会崩溃❹。由于你已经准备以无异常的方式在俳句训练语料库上运行该程序，因此只有在独立模式下运行该程序时，这种情况才会引发异常。在 try-except 语句块中，先调用函数 count_syllables()并把用户的输入当作该函数的参数，然后在交互式 shell 中显示函数的执行结果。最后，使用标准代码让程序既可以独立运行，也可以作为另一个程序的模块❺。

8.2.4 编写检查音节计数程序的程序

为了确保音节计数程序能与训练语料库一起工作，你需要认真地修改该程序。当继续编写俳句程序时，你可能想向该语料库添加一两首诗。然而，添加新的俳句可能会引入一个既不在 CMUdict 语料库，也不在缺失单词字典中的新单词。在重新构建缺失单词的字典之前，请检查你是否真的需要这样做。

清单 8-7 所示的程序会自动统计训练语料库中每个单词的音节数，并向用户显示它统计失败的任何单词。在本书的配套资源中，你可以下载到具有该功能的程序 *test_count_syllables_w_full_corpus.py*。记住，将该程序与程序 *count_syllables.py*、文件 train.txt 和文件 missing_words.json 放在同一目录下。

清单 8-7   在训练语料库中统计单词的音节数并列出所有统计失败的单词

test_count_syllables_w_full_corpus.py

```
    import sys
    import count_syllables

    with open('train.txt.') as in_file:
     ❶ words = set(in_file.read().split())

❷ missing = []

❸ for word in words:
        try:
            num_syllables = count_syllables.count_syllables(word)
            ##print(word, num_syllables, end='\n') # 取消注释可以查看单词数量
     ❹ except KeyError:
            missing.append(word)

❺ print("Missing words:", missing, file=sys.stderr)
```

在清单 8-7 中，程序先打开已更新过的训练语料库文件 train.txt，为了删除文件中的重复单词，程序以集合的形式加载该文件❶。然后，创建一个保存音节数统计失败的单词的空列表 missing❷。列表 missing 中的单词均不会出现在 CMUdict 和缺失单词的字典中。

接下来，循环遍历新训练语料库中的每个单词❸，使用 try-except 语句块处理程序 *count_syllables.py* 没找到该单词时引发的异常❹。然后，将该单词追加到列表 missing 中。最后，输出该列表❺。

如果程序输出的是一个空列表，那么表明新俳句中的所有单词都已经在语料库 CMUdict 或文件 missing_words.json 中。在这种情况下，你不需要对存储缺失单词的字典文件做任何调整。否则，你需要以手动的方式将单词添加到文件 missing_words.json 中或者通过运行程序 *missing_words_finder.py* 来重新生成文件 missing_words.json。

8.3 本章小结

在本章中，你先学习了下载 NLTK 库和使用它的一个数据集——卡内基梅隆发音字典（CMUdict）。然后，根据俳句的训练语料库，检查了 CMUdict 数据集，并为数据集中缺失的单词构建了一个 Python 支持的字典文件。你还使用 JavaScript 对象表示法（JSON）将这个 Python 字典保存为永久数据。最后，编写了一个音节计数程序。在第 9 章中，你将利用这个音节计数程序去生成新的俳句。

8.4 延伸阅读

查尔斯·哈特曼（Charles O. Hartman）的 *Virtual Muse: Experiments in Computer Poetry* 一书以引人入胜的方式描述了早期人类与计算机协同创作诗歌的故事。

史蒂文·伯德（Steven Bird）、伊万·克莱因（Ewan Klein）和爱德华·洛珀（Edward Loper）共同编写的《Python 自然语言处理》是一本 Python 的 NLP 入门书，该书中包含大量练习和与 NLTK 相关的网站资源。在 NLTK 的官网中，你可以找到该书针对 Python 3 和 NLTK 3 的新版本。

史蒂文·迪安格利斯（Stephen F. DeAngelis）发表在 *Wired* 杂志上的一篇名为 "The Growing Importance of Natural Language Processing" 的文章描述了 NLP 在大数据处理中发挥的重要作用。

8.5 实践项目：音节计数器对比字典文件计数器

编写一个针对字典文件执行程序 *count_syllables.py*（或任何其他的音节计数 Python 代码）的程序。当用户输入要检查的单词个数后，随机选择指定个数的单词，并让每个单词及其音节数单独显示在一行上。程序的输出结果大致如下：

```
ululation 4
intimated 4
sand 1
worms 1
leatherneck 3
contenting 3
scandals 2
livelihoods 3
```

```
intertwining 4
beaming 2
untruthful 3
advice 2
accompanying 5
deathly 2
hallos 2
```

你可以在第 2 章中找到一些本项目所需的字典文件。在本书的配套资源中，你可以找到本实践项目对应的程序 *test_count_syllables_w_dict.py*。

第 9 章　用马尔可夫链分析技术编写俳句

通过重新排列已有诗歌，计算机可以写出新的诗歌。人类基本上也是这样创作诗歌的。我们说的那些话，既不是你发明的，也不是我发明的，而是我们通过学习了解的。当说话和写作时，我们采用的方法大多都是重新组合现有的单词，很少出现真正的原创。斯汀曾这样描述他的音乐创作过程："流行音乐中没有作曲这样的东西。我们在流行音乐中所做的是校勘……我是一个好的校勘者。"

在本章中，你将编写一个程序，它会按照"最美妙的词排列在最美妙位置"的原则来编写俳句。为了写出这样的程序，Python 需要一些好的俳句示例，所以你需要一个出自日本作者之手的俳句训练语料库。

为了以一种有意义的方式重新排列这些单词，你将在程序中使用以俄罗斯数学家安德烈·马尔可夫命名的马尔可夫链分析法。马尔可夫链分析技术是一种根据事物当前状态预测其后续状态的技术，它也是概率论的重要组成部分。该技术广泛存在于现代应用中，主要包括语音和手写识别、计算机性能评估、垃圾邮件过滤和谷歌的网页搜索排名算法。

使用马尔可夫链分析技术、第 8 章的训练语料库以及音节计数程序，你将能够产生遵循诗歌音节规则的新俳句。这在很大程度上保持了本章与第 8 章"主题"的一致性。在本章，你还会学习用 Python 的 logging 模块监视程序的行为，并提供简单的在线和离线调试反馈机制。而在 9.10.1 小节中，你会在社交媒体上向你的朋友发出测试挑战，看看他们是否能区分出你用程序编写的俳句和真实的俳句。

9.1　项目 16：马尔可夫链分析

与第 7 章中的遗传算法一样，马尔可夫链分析算法听起来令人感到深奥，但它很容易用 Python 实现。事实上，你每天都在使用它。如果听到有人说"《基本演绎法》……"，你会自然而然地想到"琼·华生"。每当你的大脑听到这个短语，它都会抽取一个样本。大脑会根据样本数量预测问题的答案。如果听到有人说"我想去……"，你可能会想到"浴室"或"电影院"，但你不可能想到"路易斯安那州侯马市"。这些问题有许多可能的答案，但总有一个答案优于其他答案。

早在 20 世纪 40 年代，克劳德·香农就率先使用马尔可夫链分析法对文本中的字母序列进行统计建模。香农得出这样的结论：在英语书中，每当二元字母组 th 出现时，它后面最可能出现的字母是 e。

　　然而，你想知道的不仅仅是接下来最有可能出现的字母。你还想知道那个字母出现的实际概率，甚至每个字母出现的概率。庆幸的是，计算机最擅长处理这样的问题。为了解决这个问题，你需要将文本中的二元字母组映射到紧跟其后的字母。这是 Python 字典数据结构的一个典型应用场景，即以二元字母组为字典的键，以紧跟其后的字母为键对应的值。

　　当把马尔可夫模型应用于单词中的字母时，它就变成基于前面的 k 个连续字母计算下一个字母出现概率的数学模型，其中 k 是一个整数。而二阶模型意味着下一个字母出现的概率取决于它前面的两个字母。零阶模型意味着每个字母都是独立的。这样的逻辑也适用于单词。下面为两个俳句示例：

A break in the clouds	Glorious the moon
The moon a bright mountaintop	Therefore our thanks dark clouds come
Distant and aloof	To rest our tired necks

在 Python 字典中，表示俳句中每个单词与其后续单词之间映射关系的字典如下所示：

```
'a': ['break', 'bright'],
'aloof': ['glorious'],
'and': ['aloof'],
'break': ['in'],
'bright': ['mountaintop'],
'clouds': ['the', 'come'],
'come': ['to'],
'dark': ['clouds'],
'distant': ['and'],
'glorious': ['the'],
'in': ['the'],
'moon': ['a', 'therefore'],
'mountaintop': ['distant'],
'our': ['thanks', 'tired'],
'rest': ['our'],
'thanks': ['dark'],
'the': ['clouds', 'moon', 'moon'],
'therefore': ['our'],
'tired': ['necks'],
'to': ['rest']
```

　　由于只有两个俳句，因此字典的大多数键只对应一个值。但是，在列表底部可以看到，键 the 对应的值 moon 出现了两次。这是因为马尔可夫模型将俳句中出现的每个单词都单独存为字典的值。因此，对键 the 来说，如果随机选择一个值，选择单词 moon 与单词 clouds 的概率之比为 2:1。并且该模型会自动筛选出极为罕见或不可能的组合。例如，许多单词可能紧跟在单词 the 后面，但是单词 the 后面绝不会紧跟单词 the。

　　下面呈现的字典内容表示每对单词和紧随其后的单词之间的映射关系。容易看出，构建该映射关系时采用的是二阶马尔可夫模型：

```
'a break': ['in'],
'a bright': ['mountaintop'],
'aloof glorious': ['the'],
'and aloof': ['glorious'],
'break in': ['the'],
'bright mountaintop': ['distant'],
'clouds come': ['to'],
```

```
'clouds the': ['moon'],
'come to': ['rest'],
'dark clouds': ['come'],
'distant and': ['aloof'],
'glorious the': ['moon'],
'in the': ['clouds'],
'moon a': ['bright'],
'moon therefore': ['our'],
'mountaintop distant': ['and'],
'our thanks': ['dark'],
'our tired': ['necks'],
'rest our': ['tired'],
'thanks dark': ['clouds'],
'the clouds': ['the'],
'the moon': ['a', 'therefore'],
'therefore our': ['thanks'],
'to rest': ['our']
```

需要注意的是，在生成字典关系的映射时，它将第一个俳句和第二个俳句看作连续的整体，因此字典中会包含像'and aloof': ['glorious']和'aloof glorious': ['the']这样的元素。这种行为意味着在生成单词间的映射关系时，程序可以从一个俳句跳到另一个俳句，并且组成的单词对也不限于单个俳句。这是一种生成新单词对的方法。

由于训练语料库中的单词较少，因此可能会出现字典中的多个键都唯一地对应单词 moon 的情况。对于所有的其他单词，你可能也只有一个结果可选。在这个例子中，训练语料库的大小决定了每个键对应的值的个数，但是随着语料库的增大，马尔可夫模型中的 k 值会受到较大的影响。

k 值的大小决定了程序产生的俳句是剽窃品，还是一个杰出的原创作品。如果 k 值等于 0，那么你将根据该单词在语料库中出现的总频率随机地选择一个单词。这样产生的俳句可能会给人一种胡言乱语的感觉。如果 k 值很大，程序产生的结果将受到严格限制，你将需要逐字地重新生成训练语料库。在两者之间找到适当的平衡是你不得不面对的挑战。

举例来说，如果在前面的俳句上使用三阶马尔可夫模型，那么生成的字典的所有键都将只有一个值。由于三阶马尔可夫模型中单词对 the moon 成了字典中的两个键，且每个键都对应唯一地一个值，因此二阶马尔可夫模型中键 the moon 对应两个值的情形将会消失：

```
'the moon a': ['bright'],
'the moon therefore': ['our']
```

由于俳句通常很短——只有 17 个音节长，而且可用的训练语料库又相对较小，因此为了在程序中执行创造性的单词替换操作，需要将 k 值设为 2，以确保单词之间的某种顺序关系。

目标

编写一个利用马尔可夫链分析技术生成俳句的程序。该程序还允许用户通过重新生成俳句第二行和第三行的方式修改已生成的俳句。

9.1.1 策略

模拟生成俳句的一般策略是先根据人类编写的俳句训练语料库建立单词的一阶和二阶阶马

尔可夫模型。然后，使用这些模型和第 8 章中的程序 *count_syllables.py* 生成满足 5-7-5 结构的三行式新俳句。

程序先从语料库中随机抽取一个种子单词（Seed Word），按照每次产生一个单词的方式生成俳句。然后，程序利用一阶马尔可夫模型选择俳句的第二个单词。之后，程序利用二阶马尔可夫模型选择后续的每个单词。

俳句中的每个单词都派生自其前缀单词或单词对，这个前缀决定了下一个选入俳句中的单词。在单词映射字典中，键表示前缀。由此可知，在俳句中通过单词本身可以确定它的后缀词。

1. 选词和弃词

当选择一个单词后，程序首先统计这个单词的音节数，如果这个单词的音节数不符合要求，它就会选择一个新单词。当把俳句中的某个单词作为前缀词，而找不到该单词的后缀词时，我们称该前缀词为幽灵前缀（Ghost Prefix），这是一个不会真正出现在俳句中的前缀词。例如，对于俳句中的一个前缀词 temple gong，在马尔可夫模型下，其所有单词的可选音节数都超过补充完成本行俳句实际需要的音节数。此时，程序会随机地选择一个新的单词对，并根据这个新单词对选择俳句中的下一个词。所选的新前缀词不应出现在本行俳句中，即单词对 temple gong 不会被新选的前缀词替换掉。尽管你可以通过多种方式选择合适的新词，但我更喜欢这种方式，它使你在整个程序中采用一致性方法的过程得以简化。

你可以利用图 9-1 和图 9-2 所示的函数实现上述这些功能。假如，你正在补充俳句中含有 5 个音节的行，图 9-1 从高层上演示了当所有可选单词都与目标音节数匹配时，程序如何选择下一个单词。

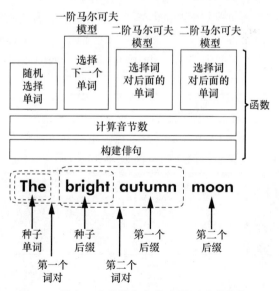

图 9-1　补充五音节俳句行的高层图形式伪代码

首先，程序从语料库中随机地选择一个种子单词 the，并统计其音节数。接下来，程序把单词 the 当作前缀词，根据一阶马尔可夫模型选择该词的后缀词为 bright。然后，程序统计单词 bright 的音节数，并将统计结果累加到该行的音节计数变量上。由于音节计数总和不能超过 5，因此程序会将单词 bright 添加至本行。紧接着，程序将单词对 The bright 当作前缀词，根据二阶马尔可夫模型选择的后缀词为 autumn。之后，程序重复如前所述的音节计数过程。最后，程序根据前缀单词对 bright autumn 选择单词 moon，统计该词音节数并累加至音节计数变量上。由于该行的音节计数总和等于 5，因此可将单词 moon 添加到本行。至此，该行补充完成。图 9-2 演示了程序需要使用幽灵前缀补充含有 5 个音节的行的情形。

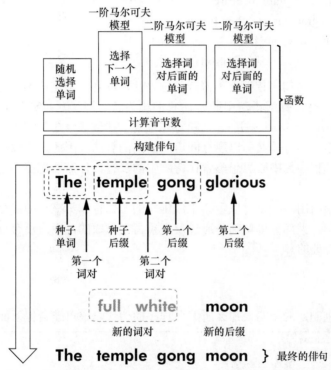

图 9-2　根据随机选择的幽灵前缀 full white 选择一个新的后缀词

在马尔可夫模型中，假设前缀词 temple gong 的后面只有一个单词 glorious。这个单词含有的音节数超过本行所需的剩余音节数，所以程序随机地选择一个幽灵前缀 full white。由于单词 moon 紧跟在该前缀词之后，并满足本行所需的剩余音节数要求，因此程序会将其添加到本行中。之后，程序丢弃幽灵前缀 full white，这样就补充完了本行。幽灵前缀不能保证新的后缀词在语境中有意义，但是它为这个过程融入了一些创造力。

2. 逐行补充

马尔可夫模型在编写俳句过程中充当"特殊调味品"，它允许你逐行向俳句中添加符合俳句上下文语境及意义的单词。日本的俳句大师们在编写俳句时，会将每行俳句作为一个独立的短语，但是俳句的语境和寓意却是跨行的，例如下面这个出自邦·乔（Bon Cho）的俳句：

> In silent midnight
>
> Our old scarecrow topples down
>
> Weird hollow echo
>
> ——Bon Cho

尽管大师们更喜欢每行俳句都有一个完整的中心思想，但是他们有时并没有严格遵循这一规则。例如，下面这个由布森（Buson）创作的俳句：

> My two plum trees are
>
> So gracious see, they flower
>
> One now, one later
>
> ——Buson

Buson 创作的这首俳句的首行就不符合俳句语法，读者必须连读本行与下一行。当俳句因存在跨行的短语而没有停顿或语法中断时，我们称为跨行连读。据查尔斯·哈特曼（Charles Hartman）所作的 *Virtual Muse* 一书所述，跨行连读为韵律线条赋予了许多柔美活泼的元素。你很难找到既能写出连贯的诗歌又不出现行间语法溢出的算法。因此，诗歌中出现跨行连读现象是一件好事。为了使程序的中心思想蕴含在诗歌中的多行，你需要把前一行末尾的单词对作为当前行的前缀词。

最后，程序应该给用户一个可以重新生成俳句的第二行和第三行的机会，使得用户能够以交互的方式编辑俳句。大部分俳句都是通过反复重写创作成的，用户没有办法为这两行俳句选择更优行显然是不合理的。

9.1.2　伪代码

如果遵循我刚刚制定的策略，那么所编写程序的伪代码很可能会像下面这样：

```
导入模块 count_syllables
加载文本形式的训练语料库
对训练语料库中的空格、换行等特殊符号进行处理
将语料库中的每个单词映射到紧跟其后的单词，即构建一阶马尔可夫模型
将语料库中的每个单词对映射到紧跟其后的单词，即构建二阶马尔可夫模型
让用户选择重新生成整个俳句，或重新生成俳句的第二、三行，或者退出程序
如果正在生成俳句的第一行：
    将目标音节数总数设置为 5
    从语料库中随机地选取一个音节数小于等于 4 的单词（俳句中不会出现一行只有一个单词的情形）
    将该单词添加至本行（第一行）
    将这个随机选取的单词赋给前缀变量 prefix
    通过字典映射关系，获取该前缀词对应的词
    如果通过该映射关系获取到的单词含有的音节数过多：
        随机地选择一个新的前缀词，重复过程，直到选择的新前缀词满足上述要求为止
    从该词映射到的词中随机地选取一个新词
    将选择的这个新单词添加至本行
    统计这个新词的音节数，并统计当前本行所含的音节总数
    如果本行的音节总数等于目标音节数：
        返回本行的所有单词以及本行的最后一对单词
如果正在生成俳句的第二行或第三行：
    将目标音节数总数设置为 7 或者 5
    将本行内容设置为前一行的最后一个单词对
```

当本行的音节总数未达到目标音节数时：
　　　将前一行的最后一个单词对赋给前缀变量 prefix
　　　通过字典映射关系，获取该前缀单词对对应的单词
　　　如果通过映射关系获取到的单词含有的音节数过多：
　　　　　随机地选择一个新的前缀词对，重复该过程，直到选择的新前缀词对满足上述要求为止
　　　从该词映射到的新词中随机地选取一个新单词
　　　将选择的这个新单词添加至本行
　　　统计这个新词的音节数，并统计当前本行所含的音节总数
　　　如果已选单词的音节总数大于本行的目标音节数：
　　　　　丢弃该单词，重置音节计数总数，重复该过程
　　　如果已选单词的音节总数小于本行的目标音节数：
　　　　　将该词添加至本行，让音节计数总数保持当前值，重复该过程
　　　如果已选单词的音节总数等于本行的目标音节数：
　　　　　将该词添加至本行
　　　返回本行的所有单词以及本行的最后一对单词
显示生成的俳句和用户选择菜单

9.1.3 训练语料库

马尔可夫模型是根据某个语料库建立的，每个语料库的马尔可夫模型都是独一无二的。因此，根据埃德加·赖斯·巴勒斯的所有作品构建的马尔可夫模型将与根据安妮·赖斯的作品构建的马尔可夫模型有所不同。我们每个人都有自己的签名风格、说话习惯，如果有足够大的样本数据，那么马尔可夫方法可以生成独属于你自己风格的统计模型。与你的指纹一样，这个模型可以为你与你的文档或手稿建立密切的映射关系。

为了建立俳句的马尔可夫模型，你要把由 200 位俳句大师创作的近 300 个俳句文本文件当作语料库。理想情况下，你的训练语料库应该由成千上万个出自同一作者（为了语气的一致性）的俳句组成。然而，无论是作者有意而为，还是翻译成英语的缘故，许多旧的日本俳句并没有严格遵守音节规则。因此，我们很难构建出一个这样的语料库。

为了增加马尔可夫模型中每个键对应的值的个数，我们将原始语料库中的俳句复制了 18 次，并让这些俳句在整个文件中随机分布。这对俳句内部的词汇意义联想没有影响，但增加了俳句之间的相互关联性。

为了说明这一点，假设下面第一个俳句末尾的单词对唯一地映射第二个俳句的起始单词。这将会产生没有意义的键/值对'hollow frog': ['mirror-pond']：

Open mouth reveals
Your whole wet interior
Silly **hollow frog**!

Mirror-pond of stars
Suddenly a summer shower
Dimples the water

如果复制并打乱俳句，在混合这些俳句的过程中，你可能会引入介词，这增加了将单词对 hollow frog 与其他一些更有意义的单词连接起来的概率：

Open mouth reveals

Your whole wet interior
Silly **hollow frog**!

In the city fields
Contemplating cherry trees
Strangers are like friends

现在，马尔可夫模型会让键'hollow frog'对应两个值，即'mirror-pond'和'in'。当每复制一次俳句时，你都会看到每个俳句末尾的单词或单词对对应的值的数量有所增加。但这种方法只在某种程度上起作用。之后，随着俳句复制次数的增多，你相当于每次都在为某个键添加相同的值，这样做对增加某个键对应的值来说没什么意义。

9.1.4　程序调试

调试是一种查找和修复计算机硬件和软件中存在的错误的过程。当试图编写一个处理复杂问题的程序时，你需要严格控制程序的执行过程，以便在程序出现意外情况时找到问题的根源。例如，如果俳句第一行的音节数是 7 个而不是 5 个，你可能想知道音节计数功能是否失效，或单词到单词的映射是否存在问题，又或者程序是否将第一行误认为是第二行。为了找出程序哪里出了问题，你需要监控程序在每个关键步骤返回的内容。此时，你需要脚手架（Scaffolding）或日志记录（Logging）的帮助。在接下来的两个小节中将分别讨论这两种技术。

1. 构建"脚手架"

这里的"脚手架"是指一段针对开发的程序编写的临时代码，当程序编写完成后，会将这段临时的代码删除。这个名字让人联想到在建筑中使用的脚手架，它在施工过程中是必须存在的，但没人希望它永远存在。

在程序中，脚手架常见的使用形式之一是利用 print 语句检查函数返回值或计算结果。由于用户不需要查看这些输出结果，因此确认程序能够正常运行后，就可以将它们删除。

脚手架的输出主要包括值和变量的类型、数据集的长度和增量计算的结果。引用艾伦·唐尼（Allen Downey）在《像计算机科学家一样思考 Python》中说的话，"构建脚手架的时间可以减少程序的调试时间"。

使用 print 语句进行调试的缺点是：程序运行完成后，你必须删除（或注释掉）所有这些语句，而且可能会意外删除那些对用户有用的 print 语句。幸运的是，可以使用一种替代方法来避免这些问题，即使用日志（logging）模块。

2. 使用 logging 模块

logging 模块是 Python 标准库的组成部分之一。使用 logging 模块，你可以在程序的任何位置获取一份与正在执行的程序有关的自定义报告。你甚至可以将这些报告永久地写入日志文件中。在交互式 shell 中，使用 logging 模块检查音节计数程序是否正常工作的示例代码如下：

```
❶ >>> import logging
❷ >>> logging.basicConfig(level=logging.DEBUG,
                          format='%(levelname)s - %(message)s')

  >>> word = 'scarecrow'
  >>> VOWELS = 'aeiouy'
  >>> num_vowels = 0
  >>> for letter in word:
          if letter in VOWELS:
              num_vowels += 1
      ❸ logging.debug('letter & count = %s-%s', letter, num_vowels)

DEBUG-letter & count = s-0
DEBUG-letter & count = c-0
DEBUG-letter & count = a-1
DEBUG-letter & count = r-1
DEBUG-letter & count = e-2
DEBUG-letter & count = c-2
DEBUG-letter & count = r-2
DEBUG-letter & count = o-3
DEBUG-letter & count = w-3
```

为了使用 logging 模块，首先你需要导入它❶。然后，设置要查看的调试信息和格式❷。DEBUG 层级是用于诊断详细信息的最低级别设置。需要注意的是，在输出中程序使用%s 格式化字符串。你可以让输出结果包含更多的信息，例如，使用 format="%(asctime)s"输出日期和时间。但是，对于这段代码，你真正需要检查的只是程序能否正确地统计音节数。

对于每个待统计的字母，输入与音节计数变量值为一起显示给用户的自定义文本消息。需要注意的是，你必须将非字符串对象（如整数和列表）转换为字符串❸。在 logging 模块的输出结果中，你可以看到音节计数总数以及实际改变音节计数的字母。

与脚手架的调试一样，logging 模块也是为开发人员准备的，而用户不必了解它。与 print()函数类似，logging 模块也会降低程序的执行速度。若想禁用 logging 模块，不让其输出调试信息，只需在导入该模块的语句后插入 logging.disable(logging.CRITICAL)调用语句，如下所示：

```
>>> import logging
>>> logging.disable(logging.CRITICAL)
```

为了便于找到这样的日志禁用调用，并在日志消息的接收和屏蔽之间轻松切换，你可以将该调用语句放在程序的顶部。模块 logging 的 disable()函数会按照指定的或更低的级别屏蔽所有消息。由于 CRITICAL 是最高级别的日志消息设置，因此将其传递给 logging.disable()函数时，它会使程序屏蔽所有的日志消息。这比手动查找和注释掉 print 语句的调试方式要好得多！

9.1.5 程序代码

利用一个称为语料库的文本文件 train.txt 和预先构建的俳句马尔可夫模型，程序 *markov_haiku.py* 每次会生成俳句中的一个单词。该程序还需要使用第 8 章中的程序 *count_syllables.py* 和文件 missing_words.json，它们会确保程序 *markov_haiku.py* 为俳句中的每一行计算出正确的音节数。从本书的配套资源中可以下载到这些文件。记住，将这些文件放置在同一目录下。

1. 开始部分

在清单 9-1 中，先导入一些程序必需的模块，然后加载外部文件，为程序准备训练语料库。

清单 9-1 导入必要模块、加载外部文件及准备训练语料库

markov_haiku.py，第 1 部分

```
❶ import sys
   import logging
   import random
   from collections import defaultdict
   from count_syllables import count_syllables

❷ logging.disable(logging.CRITICAL)  # 注释掉该语句，以启用输出调试消息功能
   logging.basicConfig(level=logging.DEBUG, format='%(message)s')

❸ def load_training_file(file):
       """以字符串形式加载文本文件，并返回该字符串。"""
       with open(file) as f:
❹          raw_haiku = f.read()
           return raw_haiku

❺ def prep_training(raw_haiku):
       """移除已加载字符串中的换行符，用空格将单词分开，返回包含字符串处理结果的列表。"""
       corpus = raw_haiku.replace('\n', ' ').split()
       return corpus
```

在清单 9-1 中，程序首先导入一些必要的模块❶。为了接收调试消息，你需要导入 logging 模块，defaultdict 模块会根据列表创建一个字典，若键不存在，它不会引发异常，而是会自动创建新的键。你还需要将第 8 章已编写的程序 *count_syllables.py* 中的 count_syllables() 函数导入该程序。对于导入的剩余模块，你对它们应该已经相当熟悉。

接下来，为了轻松地找到禁用 logging 模块的语句，将它放在紧跟模块导入语句之后的位置。若要查看日志消息，你需要注释掉该语句❷。紧接着的语句用于配置 logging 模块，它的功能如前一节所述。我倾向于忽略调试消息级别的设定。

然后，定义一个加载训练语料库文本文件的函数❸。在函数内部，利用文件对象内置的函数 read() 以字符串形式读入文件内容，使得程序做好将文件内容转化成列表的准备❹。为了使下一个函数可以使用这个字符串，函数将返回该字符串。

最后，定义函数 prep_training()❺，它以函数 load_training_file() 的输出为参数。在该函数内部，它先用空格替换字符串内的换行符，然后用空格将字符串中的单词拆分为列表项。之后，函数以列表的形式返回训练语料库。

2. 构建马尔可夫模型

本程序构建的马尔可夫模型非常简单，它是一种以单词或单词对为键并以紧跟在其后的单词为值的 Python 字典。通过获取尾随词在字典值的列表中的重复次数，可获得尾随词的统计频率。Python 字典的特点是：键不可重复，但键对应的值列表是可重复的。

清单 9-2 定义两个函数。这两个函数都以语料库列表为参数，并返回该语料库的马尔可夫模型。

清单 9-2　定义生成一阶和二阶马尔可夫模型的函数

markov_haiku.py，第 2 部分

```
❶ def map_word_to_word(corpus):
       """加载语料库列表，构建单词和紧跟其后的单词之间的字典映射关系。"""
❷     limit = len(corpus) - 1
❸     dict1_to_1 = defaultdict(list)
❹     for index, word in enumerate(corpus):
           if index < limit:
❺             suffix = corpus[index + 1]
               dict1_to_1[word].append(suffix)
❻     logging.debug("map_word_to_word results for \"sake\" = %s\n",
                   dict1_to_1['sake'])
❼     return dict1_to_1

❽ def map_2_words_to_word(corpus):
       """加载语料库列表，构建单词对和紧跟其后的单词之间的字典映射关系。"""
❾     limit = len(corpus) - 2
       dict2_to_1 = defaultdict(list)
       for index, word in enumerate(corpus):
           if index < limit:
❿             key = word + ' ' + corpus[index + 1]
               suffix = corpus[index + 2]
               dict2_to_1[key].append(suffix)
       logging.debug("map_2_words_to_word results for \"sake jug\" = %s\n",
                   dict2_to_1['sake jug'])
       return dict2_to_1
```

在清单 9-2 中，首先定义一个将每个单词都映射到其尾随单词的函数❶。程序仅使用该函数的输出结果从种子单词中选择俳句的第二个单词。这个函数以 prep_training()函数返回的语料库列表为参数。

接下来，为了避免错误地索引语料库中的单词，设置从语料库中获取单词的索引上限❷。然后，使用 defaultdict 模块初始化一个字典❸。由于你希望字典值是包含所有尾随词的列表，因此这里把 list 当作它的参数。

然后，程序进入一个循环，它在循环体内遍历语料库中的每个单词，使用 enumerate()函数将单词转换为可索引的对象❹。利用条件语句和索引上限变量防止程序将最后一个单词作为字典的键。之后，定义一个表示尾随词的变量 suffix❺。尾随词的值是当前单词索引值加 1 后对应的单词，即列表中当前单词的下一个词。将该变量作为当前单词的值添加到字典中。

紧接着，为了检查程序是否按照设计的那样正常运行，使用 logging 模块显示字典单词中每个键对应的值❻。由于语料库里含有成千上万个单词，而且你并不想把它们全部输出来，因此你可以在语料库里选择一个你已经知道的词，例如单词 sake。需要注意的是，你只有使用旧式的字符串格式化符号%才能兼容当前版本的日志记录模块。最后，函数返回生成的字典❼。

之后，程序定义了一个功能基本上与先前定义的函数类似的函数 map_2_words_to_word()。不同之处在于，该函数以两个连续的单词为键，并将其映射到它的尾随词（或紧跟其后的单词）❽。在函数内部也有一些实现上的不同，例如将索引上限设置为语料库末尾向后数的两个单词❾，

将单词的键设置为由空格隔开的两个单词❿，并在获取尾随词 suffix 时把索引变量的值加上 2。

3. 随机选择单词

若没有可用的字典键，则程序将无法使用已构建的马尔可夫模型。因此，俳句中的第一个单词必须事先由程序或用户提供。清单 9-3 将定义一个随机选取俳句中首个单词的函数，从而实现自动设置俳句种子单词的功能。

清单 9-3　随机地选择一个种子单词初始化俳句

markov_haiku.py，第 3 部分

```
❶ def random_word(corpus):
       """返回从训练语料库中随机挑选的单词及其音节数。"""
    ❷ word = random.choice(corpus)
    ❸ num_syls = count_syllables(word)
    ❹ if num_syls > 4:
           random_word(corpus)
       else:
        ❺ logging.debug("random word & syllables = %s %s\n", word, num_syls)
           return (word, num_syls)
```

清单 9-3 定义了一个以列表 corpus 为参数的函数❶。在函数内部，先使用 random 模块的 choice()函数从训练语料库中挑选一个单词，并将该单词赋给变量 word ❷。

接下来，使用 count_syllables 模块中的 count_syllables()函数统计单词的音节数，将计数结果存储到变量 num_syls 中❸。我不喜欢俳句中出现单字行（即某行俳句只有一个单词），所以没有让函数选择音节数超过 4 个的单词（俳句中的最短行有 5 个音节）。如果出现这种情况，那么就递归调用函数 random_word()，直至得到一个符合音节数要求的单词❹。需要注意的是，Python 中默认的最大递归深度为 1000，但是只要选用了适当的俳句训练语料库，在找到合适的单词之前，你几乎不可能超过这样的递归深度限制。如果总是出现函数递归调用超过允许的最大深度限制的现象，那么通过 while 循环调用该函数，你就可以解决这个问题。

如果单词的音节数少于 5 个，那么就使用日志记录的方式显示该单词及其音节计数❺。最后，以元组的形式返回单词及其音节数。

4. 使用马尔可夫模型

为了选择紧跟在种子单词后面的单词，你需要使用一阶马尔可夫模型。之后，程序会利用以单词对为键的二阶马尔可夫模型选择俳句后续的所有单词。在清单 9-4 中，这两种操作分别定义在单独的函数中。

清单 9-4　定义两个根据给定的前缀词、马尔可夫模型以及音节数选择一个新单词的函数

markov_haiku.py，第 4 部分

```
❶ def word_after_single(prefix, suffix_map_1, current_syls, target_syls):
       """返回语料库中紧跟在单词后的所有候选单词。"""
    ❷ accepted_words = []
    ❸ suffixes = suffix_map_1.get(prefix)
    ❹ if suffixes != None:
        ❺ for candidate in suffixes:
```

```
               num_syls = count_syllables(candidate)
               if current_syls + num_syls <= target_syls:
               ❻ accepted_words.append(candidate)
 ❼ logging.debug("accepted words after \"%s\" = %s\n",
                    prefix, set(accepted_words))
      return accepted_words

❽ def word_after_double(prefix, suffix_map_2, current_syls, target_syls):
      """返回语料库中紧跟在单词对后的所有候选单词。"""
      accepted_words = []
 ❾ suffixes = suffix_map_2.get(prefix)
      if suffixes != None:
          for candidate in suffixes:
              num_syls = count_syllables(candidate)
              if current_syls + num_syls <= target_syls:
                  accepted_words.append(candidate)
      logging.debug("accepted words after \"%s\" = %s\n",
                    prefix, set(accepted_words))
 ❿ return accepted_words
```

在清单 9-4 中，首先定义一个根据前面的种子单词选择俳句中下一个单词的函数 word_after_single()。该函数有 4 个参数，它们分别是前一个函数返回的单词、一阶马尔可夫模型映射、当前音节数和目标音节数❶。

接下来，程序会创建一个保存候选单词的空列表❷。候选单词是紧跟在前缀词之后的单词，并且它的音节数不超过目标音节数。定义一个保存这些尾随词的变量 suffixes，根据给定的键，使用字典的 get() 函数获取该键对应的值列表，再把该值列表赋给变量 suffixes❸。如果向 get() 函数输入的键不在字典中，那么该函数不会引发 KeyError 异常，而会返回一个 None 对象。

在语料库中，前缀是最后一个单词的情形极为罕见。在这种情况下，单词不存在后缀词。使用 if 条件语句对这种情况进行处理❹。如果单词没有后缀，那么程序将调用函数 word_after_single() 为其选择新的前缀。

每个后缀词都是俳句的候选词，但是程序尚未确定候选词是否"合适"。因此，程序需要通过 for 循环、count_syllables 音节计数模块以及 if 条件语句来确定将单词添加到本行后是否超过每行的目标音节数❺。若没有超过目标音节数，则将该单词添加至候选单词列表中❻。紧接着，在日志消息中显示候选单词❼。最后，函数返回候选的后缀单词列表。

之后，程序定义一个功能与前面的函数类似的函数 word_after_double()。不同之处在于，该函数的前两个参数分别为单词对和二阶马尔可夫模型映射关系（suffix_map_2）❽。该函数也从这个二阶马尔可夫字典映射中获取后缀单词❾。与函数 word_after_single() 一样，函数 word_after_double() 也返回一个候选的后缀单词列表❿。

5. 生成每行俳句

当所有的辅助函数都编写好后，你就可以定义真正执行编写每行俳句命令的函数。这样的函数既可以构建整个俳句，也可以只对俳句的第二行或第三行进行更新。在两种情况下会使用该函数：一种是程序查找某个单词的后缀词，另一种是程序查找单词对的后缀词。

（1）生成俳句的第一行

清单 9-5 是编写俳句函数的第一部分代码，它的功能是生成第一行俳句。

清单 9-5　定义编写俳句的函数，生成第一行俳句

markov_haiku.py，第 5 部分

```
❶ def haiku_line(suffix_map_1, suffix_map_2, corpus, end_prev_line, target_syls):
      """根据语料库生成一行俳句，并将其返回。"""
❷    line = '2/3'
      line_syls = 0
      current_line = []

❸    if len(end_prev_line) == 0:  # 生成俳句的第一行
❹        line = '1'
❺        word, num_syls = random_word(corpus)
          current_line.append(word)
          line_syls += num_syls
❻        word_choices = word_after_single(word, suffix_map_1,
                                          line_syls, target_syls)
❼        while len(word_choices) == 0:
              prefix = random.choice(corpus)
              logging.debug("new random prefix = %s", prefix)
              word_choices = word_after_single(prefix, suffix_map_1,
                                               line_syls, target_syls)
❽        word = random.choice(word_choices)
          num_syls = count_syllables(word)
          logging.debug("word & syllables = %s %s", word, num_syls)
❾        line_syls += num_syls
          current_line.append(word)
❿        if line_syls == target_syls:
              end_prev_line.extend(current_line[-2:])
              return current_line, end_prev_line
```

　　清单 9-5 定义了一个以马尔可夫模型、训练语料库、前一行末尾的单词对和当前行的目标音节数为参数的函数❶。在函数内部，先定义一个表示程序即将模仿哪行俳句的变量❷。在大多数情况下，程序处理的都是俳句的第二行和第三行（也可能是第一行的最后一部分），这时会将以已有的单词对为前缀。因此，变量 line 的初值表示程序的最基本情况。紧接着，创建一个统计本行音节总数的计数器变量和一个保存当前行所含单词的空列表。

　　接下来，程序定义一个 if 条件语句；当参数 end_prev_line 的长度为 0，即前一行最后两个单词的音节数为 0 时，条件语句的结果为 True。这也意味着在本行之前不存在俳句，本行是第一行❸。在 if 语句块中，首先将变量 line 的值设置为 1❹。

　　然后，程序通过调用函数 random_word() 获得一个初始的种子单词及其音节数❺。通过将变量 word 和 num_syls 放在一起赋值，程序会"解包"函数 random_word() 返回的元组(word, num_sylls)。由于函数以 return 语句结束，因此返回元组是返回多个变量值的好方法。由于生成器函数返回一个值时不会放弃对函数执行状态的控制，因此在本程序的高级版本中，你可以使用关键字 yield 将本函数定义为生成器函数。

　　接下来，将变量 word 的值添加到列表变量 current_line 中，将当前单词的音节数 num_syls 累加至本行的音节总数计数器 line_syls 中。有了种子单词，你就可以使用函数 word_after_single() 生成该种子单词所有可能的后缀词❻。

　　如果可能的后缀词中没有候选的单词，那么程序就通过 while 循环来处理这种情况。该循环将会一直运行，直到返回的候选单词列表非空为止❼。在此过程中，程序将使用 random 模块的 choice() 函数选择一个新的前缀——幽灵前缀。请记住，这个前缀不属于俳句的一部分，

它只能用于重新使用马尔可夫模型生成新的后缀词。在 while 循环中，启用 logging 模块生成日志消息，它将让你知道选择的幽灵前缀是什么。紧接着，程序将再次调用函数 word_after_single()。

当生成候选的单词列表后，再次使用 random 模块的 choice() 函数从列表 word_choices 中选择一个单词❽。列表中可能包含重复的单词，因此该统计方法会影响构建的马尔可夫模型。然后，统计该单词包含的音节数，并用 logging 模块显示统计结果。

紧接着，将单词的音节计数值累加至本行的音节总数计数器中，并把该单词添加到列表 current_line() 中❾。

如果本行的前两个单词中的音节总数等于 5，那么定义一个名为 end_prev_line 的变量，并把前一行的最后两个单词赋给它❿。这个变量将充当第二行的前缀。最后，函数返回本行俳句的内容和变量 end_prev_line 的值。

如果尚未达到第一行的目标音节数，那么程序会在下一次 while 循环中完成对该行的补充。

（2）生成俳句的剩余行

清单 9-6 是函数 haiku_line() 的最后一部分代码，它主要处理俳句中已经存在单词对且程序可使用二阶马尔可夫模型的情形。程序先使用该清单中的代码补充完成俳句的第一行（假设俳句第一行中的前两个单词的音节总数不足 5 个），再生成俳句中的第二行和第三行。当整个俳句编写完成后，用户也可以选择重新生成俳句中的第二行或第三行。

清单 9-6　利用二阶马尔可夫模型补充完成编写俳句函数的定义

markov_haiku.py，第 6 部分

```
❶ else:  # 生成俳句的第二行或第三行
❷     current_line.extend(end_prev_line)

❸ while True:
        logging.debug("line = %s\n", line)
❹     prefix = current_line[-2] + ' ' + current_line[-1]
❺     word_choices = word_after_double(prefix, suffix_map_2,
                                        line_syls, target_syls)
❻     while len(word_choices) == 0:
            index = random.randint(0, len(corpus) - 2)
            prefix = corpus[index] + ' ' + corpus[index + 1]
            logging.debug("new random prefix = %s", prefix)
            word_choices = word_after_double(prefix, suffix_map_2,
                                             line_syls, target_syls)
        word = random.choice(word_choices)
        num_syls = count_syllables(word)
        logging.debug("word & syllables = %s %s", word, num_syls)

❼     if line_syls + num_syls > target_syls:
            continue
        elif line_syls + num_syls < target_syls:
            current_line.append(word)
            line_syls += num_syls
        elif line_syls + num_syls == target_syls:
            current_line.append(word)
            break
❽ end_prev_line = []
   end_prev_line.extend(current_line[-2:])
```

```
❾ if line == '1':
       final_line = current_line[:]
   else:
       final_line = current_line[2:]

   return final_line, end_prev_line
```

清单 9-6 的开头是一个 else 语句。它表示若前缀词有后缀词，就执行这个语句❶。由于函数 haiku_line() 的最后一部分必须处理俳句的第一行、第二行和第三行，因此你需要使用一个技巧：将列表 end_prev_line 的内容添加（该步骤在条件语句之外完成❽）到列表 current_line 中❷。之后，当把最后确定下来的行添加到俳句中时，你将丢弃这个前缀单词对。

接下来，程序进入 while 循环，直到达到该行的目标音节数循环才会结束❸。每次循环开始时，程序都会先输出一条调试消息，该消息告知用户循环正在执行的路径："1" 或 "2/3"。

由于将前一行的最后两个单词添加到当前行的开头，因此当前行的最后两个单词始终是前缀词❹。

然后，使用二阶马尔可夫模型创建候选单词的列表❺。若列表为空，则程序会执行利用幽灵前缀生成后缀词的过程❻。

之后，程序通过比较当前行的音节数与目标音节数来确定接下来要做什么❼。如果超过目标音节数，就使用 continue 语句重新执行 while 循环。如果小于目标音节数，就将该单词添加至表示当前行的单词列表中，并将其音节计数值累加到当前行的音节总数计数器中。如果等于目标音节数，就将该单词添加到当前行的单词列表中，并结束循环。

为了使程序把本行中的最后两个单词当作下一行的前缀词，你需要将这两个单词赋给变量 end_prev_line❽。若当前的路径是 "1" 行，则将当前行的内容复制到名为 final_line 的变量。若当前的路径是 "2/3" 行，则将当前行的内容复制到名为 final_line 的变量之前，利用索引切片功能移除该行的前两个单词❾。这就是从第二行和第三行删除变量 end_prev_line 中初始单词对的方法。

6. 编写用户接口说明

清单 9-7 是为程序 *markov_haiku.py* 定义的 main() 函数，该函数会执行前面已编写的函数，并将操作本程序的说明呈现给用户。该说明会向用户显示一个菜单，并根据用户的选择显示最终生成的俳句。

清单 9-7 启动程序和用户接口的代码定义

markov_haiku.py，第 7 部分

```
def main():
    """让用户选择是构建新俳句还是修改已有俳句。"""
    intro = """\n
    A thousand monkeys at a thousand typewriters...
    or one computer...can sometimes produce a haiku.\n"""
    print("{}".format(intro))

❶  raw_haiku = load_training_file("train.txt")
    corpus = prep_training(raw_haiku)
    suffix_map_1 = map_word_to_word(corpus)
```

```
    suffix_map_2 = map_2_words_to_word(corpus)
    final = []

    choice = None
❷   while choice != "0":

❸       print(
            """
            Japanese Haiku Generator

            0 - Quit
            1 - Generate a Haiku
            2 - Regenerate Line 2
            3 - Regenerate Line 3
            """
            )

❹       choice = input("Choice: ")
        print()

        # 程序退出
❺       if choice == "0":
            print("Sayonara.")
            sys.exit()

        # 生成完整的俳句
❻       elif choice == "1":
            final = []
            end_prev_line = []
            first_line, end_prev_line1 = haiku_line(suffix_map_1, suffix_map_2,
                                                    corpus, end_prev_line, 5)
            final.append(first_line)
            line, end_prev_line2 = haiku_line(suffix_map_1, suffix_map_2,
                                              corpus, end_prev_line1, 7)
            final.append(line)
            line, end_prev_line3 = haiku_line(suffix_map_1, suffix_map_2,
                                              corpus, end_prev_line2, 5)
            final.append(line)

        # 重新生成第二行
❼       elif choice == "2":
            if not final:
                print("Please generate a full haiku first (Option 1).")
                continue
            else:
                line, end_prev_line2 = haiku_line(suffix_map_1, suffix_map_2,
                                                  corpus, end_prev_line1, 7)
                final[1] = line

        # 重新生成第三行
❽       elif choice == "3":
            if not final:
                print("Please generate a full haiku first (Option 1).")
                continue
            else:
                line, end_prev_line3 = haiku_line(suffix_map_1, suffix_map_2,
                                                  corpus, end_prev_line2, 5)
                final[2] = line

        # 未知的用户选择
❾       else:
            print("\nSorry, but that isn't a valid choice.", file=sys.stderr)
```

```
            continue
❿   # 显示结果
        print()
        print("First line = ", end="")
        print(' '.join(final[0]), file=sys.stderr)
        print("Second line = ", end="")
        print(" ".join(final[1]), file=sys.stderr)
        print("Third line = ", end="")
        print(" ".join(final[2]), file=sys.stderr)
        print()

    input("\n\nPress the Enter key to exit.")

if __name__ == '__main__':
    main()
```

在清单 9-7 中，首先定义一段介绍程序功能的说明，然后程序开始加载和预处理训练语料库，生成该语料库的一阶和二阶马尔可夫模型。紧接着，创建一个保存最终生成的俳句的空列表❶。之后，定义一个变量 choice 并将其设置为 None。然后，程序进入 while 循环，直到用户选择 0 时循环才结束❷。

接下来，程序使用 print()函数向用户显示一个由 3 个引号括起来的菜单❸。之后，获得用户做出的选择❹。如果用户选择 0，程序就会退出❺。如果用户选择 1，表明用户想让程序重新生成一个俳句。此时，程序会重新初始化列表 final 和变量 end_prev_line❻。接着，程序调用函数 haiku_line()生成每行俳句，并向它传递每行的正确音节数。需要注意的是，变量 end_prev_line 的名字随每行生成的俳句而改变。例如，变量 end_prev_line2 保存了第二行的最后两个单词，而变量 end_prev_line3 仅是一个让你重用该函数的占位符。换句话说，从来不会在该程序中使用变量 end_prev_line3。每次调用函数 haiku_line()时，它都会返回一行俳句，你需要将这行俳句添加到列表 final 中。

如果用户选择 2，程序会重新生成俳句的第二行❼。在程序重新生成某行之前，需要确保程序已生成完整的俳句。因此，使用 if 语句来处理用户跳过此步骤的情况。然后，调用函数 haiku_line()，并将目标音节总数设置为 7。为了让本行生成的俳句链接到前一行，把变量 end_prev_line1 作为函数 haiku_line()的参数。

如果用户选择 3，就重复用户选择 2 时的过程。不同之处在于，调用函数 haiku_line()时，需把变量 end_prev_line2 作为该函数的参数，同时将目标音节总数设置为 5❽。之后，将本行插入列表 final 中索引值为 2 的位置。

如果用户的输入没有出现在菜单上，那么就输出一条消息，让他们知道这种情况。之后，程序再次进入该循环❾。最后，程序显示生成的俳句。为了让输出到 shell 中的内容更加醒目，你需要使用字符串的 join()函数和 print()函数的 file=sys.stderr 选项进行设置❿。

最后，定义一个 if 语句，使程序既可以独立运行，也可以作为模块导入其他程序中。

9.1.6　输出结果

为了评估俳句写作程序的优劣，你需要能够衡量这一主观事实的方法，即用客观标准来判定生成诗歌的好与坏。对于程序 *markov_haiku.py*，基于俳句的原创性和人文性，我将俳句做如下的分类。

（1）复制品

俳句本身是训练语料库中已有俳句的复制品。

（2）优秀作品

对某些人来说，他们几乎无法区别计算机编写的这种俳句与诗人所写的俳句。这种俳句可能是程序生成的原始俳句，也可能是更新已生成俳句的第二行或第三行而产生的。

（3）种子作品（说得过去的作品）

这种俳句很有诗歌的特点，但是人们可能会怀疑它是由计算机写的。对于这种俳句，改变其中的一两个单词就可以把它变成一个好的俳句（后面有详细的描述）。

（4）糟糕的作品

这种俳句显然就是单词的随机组合，根本称不上俳句。

如果使用该程序生成大量俳句并将这些俳句划分到上述类别中，你会得到图 9-3 所示的分布图。你所得到的俳句大约有 5%的概率是训练语料库中已有俳句的复制品，大约有 10%的概率会得到一个好俳句，大约有 24%的概率得到的是能说得过去的俳句，其余的情况下得到的都是相当糟糕的俳句。

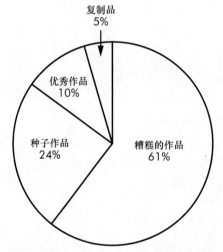

图 9-3　使用程序 *markov_haiku.py* 生成的 500 个俳句的实际类别分布

用马尔可夫链分析法生成俳句的过程十分简单，而图 9-3 中的结果却给人留下了深刻的印象。这再次印证查尔斯·哈特曼所说的话："语言是凭空创造出来的，只有很少属于噪声。我们可以察觉到我们的知觉在进化，意义正在自己延伸开来。"

1. 优秀的俳句作品

下面是一些计算机编写的俳句示例，他们都属于"优秀"的俳句作品。第一个例子是通过改编第 8 章中的俳句而产生的新俳句，但这两个俳句有相同的含义。如果不知道这是计算机创作的，你可能会觉得这样的俳句的创作手法十分"巧妙"。

Cloudbanks that I let

Myself pretend are distant

Mountains faraway

接下来的例子遵循古典俳句的创作技巧：意境和思想共存。

The mirror I stare

Into shows my father's face

An old silent pond

在上面的俳句示例中，你可能会将面孔理解成池塘，但是你会发现镜子实际上指的是静止池塘的表面。

下面是两个俳句的对比，其中左边的俳句创作于 300 多年前，它的作者是 Ringai。而右边的俳句是由 Python 程序编写的，它使人联想到暮春时节的冰。

In these dark waters	Waters drawn up from
Drawn up from ny frozen well	My frozen well glittering
Glittering of Spring	Of Spring standing still
——Ringai	——Python

下面是一些由 Python 编写的更好的俳句示例。第一个俳句示例有着鲜明的主题。尽管这个俳句是由训练语料库中 3 个独立的俳句生成的，但是它始终保持清晰的上下文主线索。

As I walk the path

Eleven brave knights canter

Through the stormy woods

Cool stars enter the

Window this hot evening all

Heaven and earth ache

Such a thing alive

Rusted gate screeches open

Even things feel pain

The stone bridge! Sitting

Quietly doing nothing

Yet Spring comes grass grows

Dark sky oh! Autumn

Snowflakes! A rotting pumpkin

Collapsed and covered

Desolate moors fray
Black cloudbank, broken, scatters
In the pines, the graves

2. 种子作品

计算机帮助人类编写诗歌的概念由来已久。诗人们总是通过模仿早期的诗歌来创作新的诗歌。因此，我们可以与计算机在诗歌创作方面进行协作，即让计算机先提供诗歌的初稿，我们再对初稿做进一步加工。尽管计算机编写的诗歌很难让人满意，但它有产生创造性作品的潜力，这有助于解决人类写诗时遇到的创造力不足的问题。

下面是由程序 *markov_haiku.py* 产生的 3 个种子俳句作品示例。左边是由计算机生成的不完全正确的俳句，右边是我对该俳句调整之后产生的新俳句。对于计算机生成的每个俳句，我只改变了其中的一个单词，每个改变的单词都用粗体突出显示了出来。

My life must end like	My life must end like
Another flower what a	Another flower what a
Hungry wind **it** is	Hungry wind is **death**
The dock floating in	The dock floating in
The hot caressing night just	The hot caressing night just
Before the dawn **old**	Before the dawn **rain**
Moonrise on the grave	Moonrise on the grave
And my old sadness a sharp	And my old sadness a sharp
Shovel thrust **the** stars	Shovel thrust **of** stars

最后一个俳句有着神秘的含义，可以激发人们对自然的想象空间（月亮和星星，坟墓和铲子，坟墓和悲伤），你都不必太过在意诗歌的含义。

9.2 本章小结

你学习了本书两章的内容，编写了一个能够模拟日本俳句大师编写俳句的计算机程序，或者说用计算机为诗人编写诗歌提供了一个有益的开端。除此以外，你还学习了使用 logging 模块对程序的关键步骤进行监视。

9.3 延伸阅读

查尔斯·哈特曼（Charles O. Hartman）的著作 *Virtual Muse: Experiments in Computer Poetry*

对人类与计算机早期合作写诗进行了引人入胜的研究。

如果想了解更多关于克劳德·香农的信息，你可以阅读由吉米·索尼（Jimmy Soni）和罗德·古德曼（Rod Goodman）所著的 *A Mind at Play: How Claude Shannon Invented the Information Age* 一书。

你可以找到一本与日本俳句相关的电子书 *Japanese Haiku: Two Hundred Twenty Examples of Seventeen-Syllable Poems*，该书由彼得·贝伦森翻译。

在 "Gaiku: Generating Haiku with Word Association Norms" 一文中，耶尔（Yael）及其合著者探讨了如何使用词语联想规范生成俳句。通过向人们提问触发词并记录他们的即时响应来构建词语联想语料库（例如，house to fly、arrest、keeper 等）。这就使事物之间产生了一种紧密联系的直观关系，人类编写的俳句也具有这样的特点。

在阿尔·斯威加特（Al Sweigart）的著作《Python 编程快速上手》中，有一章专门介绍了调试技术及 logging 模块的使用方法。

9.4   挑战项目

在这一节中，我将给出一些适用于衍生项目的建议。与本书所有的挑战项目一样，本项目不提供标准答案，你只能靠你自己。

9.4.1   新词生成器

在罗伯特 1961 年获奖的科幻小说 *Stranger in a Strange Land* 中，为了表示深刻而直观地理解某些事情，海因莱因发明了单词 grok。之后，这个单词融入流行文化，特别是计算机编程文化，而今这个词已被收录到《牛津英语词典》中。

由于人类太过依赖我们已经知道的单词，因此创造一个听起来合理的新词并非易事。然而，计算机并不会受到这样的影响。查尔斯·哈特曼（Charles Hartman）在他的著作 *Virtual Muse* 中声称，他观察到诗歌创作程序有时会创造出一些有趣的字母组合，例如 runkin、avatfoformator，而它们都可以表示新单词。

根据字母的二阶、三阶、四阶马尔可夫模型，编写一个通过重新组合字母生成有趣新词的程序。然后，给这些单词分别赋予含义并在实际场合中使用它们。或许你会创造出与单词 frickin、frabjous、chortle、trill 有相同含义的新词。

9.4.2   图灵测试

根据艾伦·图灵的说法，"如果一台计算机能够欺骗人类，使人类以为这台计算机也是人类，那么这样的计算机就称为智能计算机"。请你的朋友测试由程序 *markov_haiku.py* 生成的俳句。将计算机生成的俳句和大师或你自己写的俳句混合在一起。由于计算机编写的俳句经常会存在跨行连读现象，因此你选择的由人编写的俳句也要与之类似。在所有的俳句中使用小写字母以及尽量少用标点符号也有利于避免这种情况。图 9-4 所示是在社交媒体 Facebook 上的一个示例。

图 9-4　发布在 Facebook 上的图灵测试实验示例

9.4.3　俳句判断

莎士比亚写了许多符合俳句音节结构的著名短语，如"all our yesterdays""dagger of the mind""parting is such sweet sorrow"。将一个或多个诗人的剧本作为 *markov_haiku.py* 程序的训练语料库。本项目的主要挑战是统计所有这些古老英文剧作的音节数。

9.4.4　马尔可夫音乐

如果喜欢音乐，你可以在线搜索"用马尔可夫链作曲"。你可以找到许多使用马尔可夫链作曲的材料，它们都以现有的歌曲为训练语料库。由此产生的"马尔可夫音乐"就像先前的种子俳句一样，是作曲者的灵感来源。

<table>
<tr><td>第 10 章</td><td>我们孤独吗——探索
费米悖论</td><td>10</td></tr>
</table>

目前，科学家们常使用德雷克方程评估银河系中文明的数量，他们依据的是这些文明所产生的无线电波等电磁辐射。2017 年，为了解释美国宇航局开普勒卫星发现的新系外行星，研究者对该方程式进行了更新。他们将这令人震惊的结果发表在 *Astrobiology* 科学期刊上。如果人类是第一个而且也是唯一一个拥有先进技术的物种，那么在一个可居住的外星星球上形成先进文明的概率必须小于 10 万亿分之一！然而，正如诺贝尔奖获得者物理学家恩里科·费米针对外星人提出的著名问题："他们都在哪儿呢？"

相对外星人的存在性，费米对星际旅行的可行性更持怀疑态度，他的提问被称为费米悖论，并演变成"如果先进文明存在，那么他们就会出现在地球上"的猜想。根据搜索智能（Search for Extra-Terrestrial Intelligence，SETI）研究所得出的结论，当拥有普通的火箭技术后，渴望了解外星文明的生物也可以在 1000 万年内探索完整个银河系。这听起来似乎是一段很长的时间，但是它只有银河系年龄的 1/1000。这样一来，一些人就接受了费米悖论，即我们在宇宙中是孤独的。然而，另外一些人则发现了这个论证中的漏洞。

在这一章中，你将根据无线信号传输量和德雷克方程的输出，计算一种文明探测到另一种文明的概率，研究外星无线电信号缺失的原因。你还会学习用 Python 标准的 GUI 模块 Tkinter，快速地创建银河系的图形模型。

10.1 项目 17：模拟银河系

我们所在的银河系是一个相当常见的旋涡星系，如图 10-1 所示。

图 10-1　银河系的"老大哥"：旋涡星系 NGC 6744

从横截面上看，银河系是一个扁平的圆盘，中央有一个凸起，它的核心处极有可能包含一个质量超大的黑洞和 4 个"旋臂"。"旋臂"由相对密集的气体、尘埃和恒星组成，并从这个星系的中心部位辐射出来。银河系的大小如图 10-2 所示。

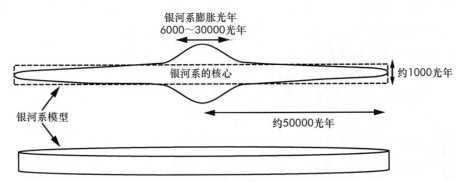

图 10-2　银河系的边缘示意图及简化模型

由于银河系中心存在密集的、高强度的恒星辐射，因此人们认为它的环境是相当不适合生命生存的。在这个项目中，你可以把星系当作一个简单的圆盘，忽略凸起部分的体积，但这仍然为星系中心附近的先进文明留下了生存空间（如图 10-2 所示的星系模型）。

> **目标**
>
> 　　根据给定数量的先进银河文明和无线电气泡平均大小，估算一个文明检测到其他文明发出的无线电的概率。为了便于观察，在这个银河系的 2D 图示中标出地球现在的无线电气泡大小。

10.1.1　策略

下面是完成这个项目的所需步骤。

1．用德雷克方程估算发射电波的文明数量。

2．选定无线电气泡的大小范围。

3．建立数学公式估算一个文明发现另一个文明的概率。

4．建立一个银河系和地球无线电气泡的图形模型。

为了使本章的内容更贴近代码，每个任务都将在它所属的小节中得到详细描述。需要注意的是，前两步没有用到 Python 编程。

10.1.2　估算文明的数量

利用德雷克方程，你可以手动估算高级文明的数量：

$$N = R^* \cdot f_p \cdot n_e \cdot f_l \cdot f_i \cdot f_c \cdot L$$

其中：

    N = 银河系中电磁辐射可探测的文明数量；

    R^* = 银河系中恒星形成的平均速率（每年新产生的恒星数目）；

    f_p = 恒星与行星的比例；

    n_e = 对有行星的恒星来说，适合生命生存的行星的平均数目；

    f_l = 有生命形成的行星比例；

    f_i = 含有智慧、文明生命的行星比例；

    f_c = 向太空释放可探测信号的文明比例；

    L = 某文明已经释放可探测信号的时间长度。

根据最近在探测系外行星方面已取得的新进展可知，前 3 个分量（R^*、f_p、n_e）变得越来越受限。有关 n_e 的最近研究表明，10%到 40%的行星可能适合某种形式的生命生存。

对于其余的行星，地球是唯一适合生命生存的星球。在地球 45 亿年的历史中，智人只有 20 万年的历史，文明只有 6000 年的历史，无线电传输只有 112 年的历史。对分量 L 而言，战争、瘟疫、冰河时期、小行星撞击、超级火山、超新星和日冕物质抛射中的任何一个因素都会破坏一个文明传递无线电信号的能力。无线电信号传播的时间越短，文明存在的可能性就越小。

根据维基百科对德雷克方程式的介绍，在 1961 年德雷克和他的同事估计银河系中不同文明的数量在 1000 到 100000000 之间。最近，人们更新了这一数据，认为文明存在的范围在 1 到 1560000 之间，如表 10-1 所示。

表 10-1 德雷克方程中的一些输入及结果

参数	1961 年德雷克结果	2017 年德雷克结果	你的选择
R^*	1	3	
f_p	0.35	1	
n_e	3	0.2	
f_l	1	0.13	
f_i	1	1	
f_c	0.15	0.2	
L	50×10^6	1×10^9	
N	7.9×10^6	15.6×10^6	

对于程序的输入，你既可以使用表中的估算参数，也可以在网上查找一些他人的估算参数，还可以使用自己的估算参数（如表 10-1 中的最后一列需要你自己来填写）。

10.1.3 选择无线电气泡大小

无线电波通常聚集成一束，沿着固定的方向传输，但是偶尔也会出现例外情况。这种情况称为"行星泄漏"。为了避免受到先进文明的攻击，我们会选择不向这样的外星文明发射无线电波信号，因此我们发出去的无线电波几乎都是非定向传输的。目前，这些发射出去的无线电波形成了一个围绕地球的膨胀球体，它的直径约为 225 光年。

一个直径为 225 光年的气泡听起来令人震惊，但气泡的可探测大小才是最关键的。无线电波阵面受平方反比定律的约束，这意味着随着它的不断膨胀，其功率密度会逐渐减小。无线电气泡的散射会造成额外的功率损耗。有时，无线信号会变得很弱，以至于无法将它与噪声分离。即使利用当前最先进的技术——射电望远镜，我们也只能探测到距离在 16 光年之内的无线电气泡。

由于我们还在研究未找到外星人的原因，因此在这个项目中，你应该假设其他文明也有类似于我们人类拥有的技术。另一个假设应该是，与我们人类的担忧一样，所有的外星人都有同样的行星意识，他们不愿意发出"我在这里"的信号，因为这会暴露他们自己的存在。为了使我们的研究有一个更加合理的开端，我们研究的气泡大小范围应该介于目前可探测的气泡与已发射的气泡之间，也可以略微大于或小于此范围。这意味着我们研究的气泡的直径范围为 30 到 250 光年。尽管我们无法探测到直径为 250 光年的无线电波气泡，但是研究探测到它的概率也是一件很有趣的事情。

10.1.4　得出探测概率计算公式

随着银河系中先进文明数量的增加，一个文明发现另一个文明的可能性也会随之增加。这是直观的，但你该如何指定实际的概率呢？

使用计算机的好处在于，它允许我们用暴力破解的方法解决直观或抽象的问题。一种方法就是建立银河系的三维模型，将文明生物随机地分布到各处，并使用 Python 的欧几里得距离测量工具计算它们之间的距离。但是，由于要分析数以亿计的文明，因此这种方法的计算成本相当高昂。

既然我们处理的是复杂而未知的问题，那就不需要非常高的精度。我们可以用星系盘的体积除以无线电气泡的体积，将星系简单地划分成一系列小的无线电气泡"等效体积"，如图 10-3 所示。

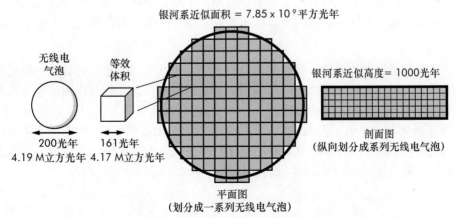

图 10-3　用体积相当于直径为 200 光年的无线电气泡立方体模拟星系

你可以使用下列方程式计算等效体积，其中 R 是银河星系盘的半径，r 是无线电气泡的半径：

$$圆盘体积=\pi \times R^2 \times 圆盘高度$$

$$无线电气泡=4/3 \times \pi \times r^3$$

$$缩放后的体积=银河星系盘体积/无线电气泡体积$$

缩放后的体积就是银河星系的等效体积。你可以将每个体积盒子视为一个文明，它们从 1 开始编号，编号的最大值为到等效体积的大小。

为了模拟向某一星球放置文明，你只需随机地选择一个盒子编号即可。若重复选择一个盒子，则表示该盒子中有多种文明。假设，同一个盒子里的文明可以互相探测到对方的存在。这并非完全正确，如图 10-4 所示，但是由于模拟的文明数量相当庞大，这些差异将会相互抵消，这类似于先对许多数字进行四舍五入，再求取它们的和。

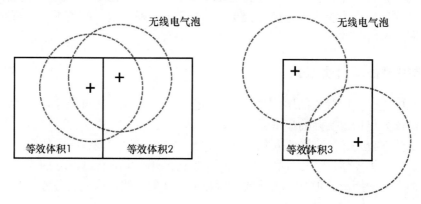

图 10-4　在各个等效体积水平上的探测问题

为了避免每次更改文明数量或无线电气泡尺寸时都必须重复这种测试，你可以用多项式方程表示这样的结果，这个公式也有利于你未来的概率估算。多项式由一系列代数项的和或差组成。我们在学校学过的经典二次方程是二次多项式方程（即变量的指数不大于2）：

$$ax^2 + bx + c = 0$$

多项式本身就是很好的曲线，所以你可以认为它是为这个问题量身定做的。但要使公式适用于不同数量的文明和气泡大小，则需要使用文明数量与星系总体积的比例。总体积由缩放后的体积表示，它与等效体积的数值相同。

图 10-5 所示的每个点表示星系缩放后的文明比例对应的探测概率。图中所示的方程是一个多项式表达式，它生成了连接这些点的线。有了这个公式，你就可以预测单位体积内文明出现的等比例概率，最高为 5（在此之上，我们假设概率为 1.0）。

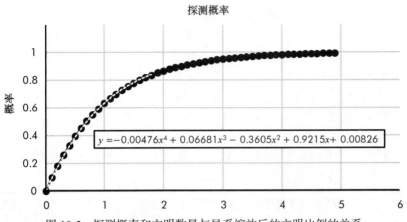

图 10-5　探测概率和文明数量与星系缩放后的文明比例的关系

在图 10-5 中，x 轴表示文明数量与银河系体积的比例。例如，比例为 0.5 意味着文明的数量是无线电气泡等效体积的一半，比例为 2 意味着文明的数量是无线电气泡等效体积的两倍。依此类推。y 轴表示等效体积包含一个以上文明的概率。

从图 10-5 中注意到的另外一件事是：为了确保每个体积单元内都有两个文明，你将需要许多数量的文明。想象一下，在 100 万个等效体积单元中，有 999999 个体积单元都至少包含了两个文明。为了使剩下的一个体积单元内也有两个文明，你需要将这个新文明放置到那个只有一个文明的等效体积单元中，这样的概率为 1/100 万。你要有无所不能的力量才能实现随机地放置这个新文明。众所周知，找到最后一个这样的等效体积单元如同大海捞针。

注意

计算机建模的原则是从简单开始，逐渐增加复杂性。最简单的"基本情况"假设是：先进文明在银河系中随机分布。在 10.5 节中，你将有机会使用银河系可居住区的概念来挑战这个假设。

10.1.5　计算探测概率的代码

计算探测概率的程序会随机地为一些位置和文明集合选择放置位置（无线电气泡的等效体积），统计这些位置中文明只出现一次（即只包含一个文明）的数目，并进行多次重复实验使它的概率接近估算概率。之后，重复这一过程，以创造新的文明数目。与将文明的实际数量作为输出相比，用多项式表示不同体积单元上文明的比例与探测概率之间的关系更加简单易用。这意味着该程序只需要运行一次。

为了生成上述多项式方程及检查它的参数是否符合预期，你将使用 NumPy 模块和 Matplotlib 模块。NumPy 模块增加了对大型多维数组和矩阵的运算支持，并且包含了许多对它们进行操作的数学函数。Matplotlib 模块支持二维绘图和基本的三维绘图，而 NumPy 是 Matplotlib 模块对应的数学数值扩展模块。

你可以使用多种方法来安装 Python 科学计算库的发行版。一种方法是使用 SciPy 模块，它是一个用于科学和技术计算的开源 Python 模块（详细介绍可见 SciPy 的官方网站）。如果要做大量的数据分析和绘图工作，你可能需要下载一些像 Anaconda 和 Enthought Canopy 这样的免费 Python 发行版安装包，它们可以运行于 Windows 操作系统、Linux 操作系统和 macOS。这些发行版安装包使你不必查找和安装所有必需的数据科学库。

或许，你希望使用 pip 直接下载这些软件库产品。按照 SciPy 模块官方网站的安装说明，可成功安装已下载好的软件包。由于 Matplotlib 模块需要许多的依赖项，因此当安装该模块时，你还需要安装这些依赖项。对于 Windows 操作系统，我在 PowerShell 中运行了下面这些 Python 3 特定的命令，该命令是从 Python 目录中启动的（除非安装了多个 Python 版本，否则你可以在输入 python3 时省掉数字 3）：

```
$ python3 -m pip install --user numpy scipy matplotlib ipython jupyter pandas sympy nose
```

你需要的所有其他模块都已经与 Python 捆绑在一起。对于清单 10-1 和清单 10-2 中的代码，你既可以手动输入，也可以到本书的配套资源中下载。

1. 计算可探测范围内文明出现的概率

清单 10-1 的功能是：导入所需模块，执行刚才描述的除了拟合多项式和显示 Matplotlib 的质量检查结果外的所有工作。

清单 10-1　导入模块、随机选择无线电气泡等效体积的位置及计算每个位置出现多个文明的概率

probability_of_detection.py，第 1 部分

```
❶ from random import randint
   from collections import Counter
   import numpy as np
   import matplotlib.pyplot as plt

❷ NUM_EQUIV_VOLUMES = 1000   # 用于放置文明的位置数量
   MAX_CIVS = 5000   # 先进文明的最大数量
   TRIALS = 1000   # 模拟放置给定数量文明的试验次数
   CIV_STEP_SIZE = 100   # 文明计数步长

❸ x = []   # 拟合多项式的 x 值列表
   y = []   # 拟合多项式的 y 值列表

❹ for num_civs in range(2, MAX_CIVS + 2, CIV_STEP_SIZE):
       civs_per_vol = num_civs / NUM_EQUIV_VOLUMES
       num_single_civs = 0
❺     for trial in range(TRIALS):
           locations = []   # 包含文明的等效体积
❻         while len(locations) < num_civs:
               location = randint(1, NUM_EQUIV_VOLUMES)
               locations.append(location)
❼         overlap_count = Counter(locations)
           overlap_rollup = Counter(overlap_count.values())
           num_single_civs += overlap_rollup[1]

❽  prob = 1 - (num_single_civs / (num_civs * TRIALS))

       # 输出单位体积内文明的比例及每个文明数量大于等于两个的位置
```

```
❾ print("{:.4f}  {:.4f}".format(civs_per_vol, prob))
❿ x.append(civs_per_vol)
  y.append(prob)
```

在清单 10-1 中，首先导入你已经熟悉的 random 模块和用于计算每个位置文明数量（取决于该位置被选中的次数）的 Counter() 函数❶。稍后，将会对 Counter() 函数的工作原理进行说明。在本程序中，你将通过导入的 NumPy 模块和 Matplotlib 模块来拟合并显示多项式。

接着，在程序中定义一些常数，这些常数分别表示用户输入的等效体积数量、最大文明数量、试验数量（即对于给定数量的文明，试验重复的次数）以及计数的步长❷。由于结果是可预测的，因此在不影响准确性的情况下，你可以使用步长值为 100 的大步长。需要注意的是，无论等效体积是 100 还是 100000，你都会得到相似的结果。

由于生成一个多项式的表达式需要一系列成对的 x、y 值，所以创建两个保存这些值的空列表❸。x 值表示文明与体积的比例，y 值表示对应的可探测概率。

然后，程序进入一系列嵌套的循环，其中最外层的循环表示要模拟的文明数量❹。要检测到一个文明，你至少需要另外两个文明，因此将循环范围的最小值设置为 2。为了在计算多项式时得出最优解，将循环范围的最大值设置为 MAX_CIVS 加 2。而将常数 CIV_STEP_SIZE 当作循环范围的步长值。

接下来，程序计算单位体积内文明的比例 civs_per_vol。创建一个名为 num_single_civs 的计数器，跟踪含有单个文明的位置数量。

你已经选择了文明的分布数量。接着，就可以使用 for 循环执行相应次数的试验❺。对于每次试验，文明分布的数量都要相同。然后，程序定义一个空列表变量 locations，对于每个文明❻，程序都随机地选择一个位置编号并将其添加到这个列表中。列表中的重复值表示该位置包含多个文明。

之后，调用 Counter() 函数并将该列表❼作为其参数，获取该函数的返回值。在循环体的末尾，获取文明仅出现一次的位置的数量，并将其添加到 num_single_civs 计数器中。下面的示例演示了这 3 个语句的工作原理：

```
>>> from collections import Counter
>>> alist = [124, 452, 838, 124, 301]
>>> count = Counter(alist)
>>> count
Counter({124: 2, 452: 1, 301: 1, 838: 1})
>>> value_count = Counter(count.values())
>>> value_count
Counter({1: 3, 2: 1})
>>> value_count[1]
3
```

列表 alist 包含 5 个数字，其中数字（124）重复出现了两次。对该列表调用 Counter() 函数会生成一个字典对象，其中它把列表中的数字作为字典的键，把数字出现的次数作为键对应的值。利用变量 count 的 values() 函数将该字典变量中的值传递给 Counter() 函数，该函数会额外创建一个新的字典，该字典将以字典变量 count 中的值为键，将值出现的次数作为新字典键对应的值。由于想知道多少个数字仅出现了一次，因此你可以使用字典 value_count [1] 返回非重复数字的数量。当然，它也表示仅包含一个文明的等效体积的数量。

然后，将 Counter()函数返回的结果作为当前文明数量的分布，计算每个位置分布多个文明的概率❽，即先用含有单个文明的位置数量除以每次试验中文明的总数量与试验次数之积，再用 1 减去前一步得到的结果。

紧接着，输出单位体积内文明的数量以及多个文明共享同一位置的概率❾。程序输出的前几行内容如下：

```
0.0020 0.0020
0.1020 0.0970
0.2020 0.1832
0.3020 0.2607
0.4020 0.3305
0.5020 0.3951
0.6020 0.4516
0.7020 0.5041
```

上面输出的内容主要用于程序初始的质量控制，对程序来说，它是可选的。如果想加快程序的执行速度，那么就注释掉这条语句。最后，将这些值分别添加到列表 x 和列表 y 中❿。

2. 生成预测公式和验证预测结果

根据清单 10-1 中计算的探测概率和单位体积内文明的比例关系，清单 10-2 使用 NumPy 模块根据这些数据进行多项式复原。为了获取估算概率，在下一个程序中也会使用这个多项式方程。为了验证曲线是否满足数据点，Matplotlib 模块将会向用户显示实际值和预测值。

清单 10-2 进行多项式复原及显示质量控制图

probability_of_detection.py，第 2 部分

```
❶ coefficients = np.polyfit(x, y, 4)   # 拟合四阶多项式
❷ p = np.poly1d(coefficients)
  print("\n{}".format(p))
❸ xp = np.linspace(0, 5)
❹ _ = plt.plot(x, y, '.', xp, p(xp), '-')
❺ plt.ylim(-0.5, 1.5)
❻ plt.show()
```

在清单 10-2 中，先把 np.polyfitt()函数返回的结果保存在变量 coefficients 中❶。该方法需要 3 个参数，分别是列表 x、列表 y 以及表示拟合多项式次数的整数。它返回多项式 p 的系数向量，该向量使传入参数的平方误差最小。

若输出系数向量，则会得到以下输出结果：

```
[-0.00475677  0.066811  -0.3605069  0.92146096  0.0082604 ]
```

为了获得完整的表达式，将系数向量传递给 poly1d()函数，并把结果赋给新变量 p❷。输出此变量的值，你将会看到一个类似于图 10-5 所示的多项式：

$$-0.004757 x^4 + 0.06681 x^3 - 0.3605 x^2 + 0.9215 x + 0.00826$$

若要检查多项式是否能充分再现输入，你需要在 x 轴上绘制文明与体积的比例，在 y 轴上绘制概率。若要获取 x 值，你可以使用 NumPy 库的 linspace()函数。该函数在指定的时间间隔内返回间隔均匀的数字。为了覆盖整个概率区间，程序使用(0, 5)的坐标范围❸。

为了显示计算值和预测值的符号，首先将列表 x 和列表 y 传递给 plot()函数，并使用一个句点绘制图形，这等效于图 10-5 中的圆点❹。然后，将 x 轴的预测值（xp）也传递给 plot()函数。为了获得 y 轴的预测概率，将 x 轴的预测值作为多项式 p 的输入变量，并将 p 的返回结果也当作 plot()函数的参数。接着，再给 plot()函数传递一个字符型破折号参数，该函数会使用这个参数绘制最终的图形。

最后，将 y 轴的坐标范围限制在−0.5 到 1.5 之间❺，使用 show()函数显示实际的图形，如图 10-6 所示❻。最终，你得到的图形非常简单，而且坐标点分布得也很稀疏，这是因为绘制这个图形的唯一目的是验证复原的多项式是否如预期的那样。你可以通过逐步增加或减少第三个参数的方式，得到不同的拟合多项式❶。

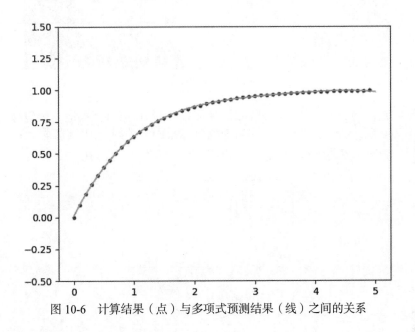

图 10-6 计算结果（点）与多项式预测结果（线）之间的关系

当得到这些结果后，你就可以在瞬间估算出探测到不同数量的文明的概率。Python 程序需要做的只是求解一个多项式方程。

10.1.6 建立图形模型

这里建立的图形模型是银河系的二维俯视图。在屏幕上绘制当前地球的无线电气泡，有助于我们感知银河系的大小以及我们在其中所处位置的渺小。

对银河系进行建模等价于对旋臂进行建模。每个旋臂可用一个对数型螺旋线表示，它是一种在自然界中极为常见的几何特征，也称为"神奇螺旋"。如果对比图 10-7 和图 10-1 所示的内容，你就会看到飓风的结构与银河系的结构十分相似。你可以把飓风中心看作一个质量超大的黑洞，而飓风中心的周围表示黑洞的边界。

图 10-7   飓风"伊戈尔"

由于螺旋线是由中心点或极点向外辐射产生的，因此你可以轻松地用极坐标绘制出这样的螺旋线，如图 10-8 所示。对于极坐标，在笛卡儿坐标系中常使用 (r,θ) 代替坐标 (x,y)，其中 r 是点到中心位置的距离，θ 是 r 与 x 轴的夹角，极点的原点坐标为 $(0,0)$。

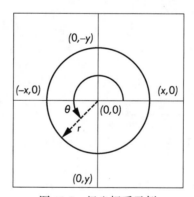

图 10-8   极坐标系示例

对数型螺旋线的极坐标方程为：

$$r = ae^{b\theta}$$

其中，r 是点到原点的距离，θ 是 r 与 x 轴正方向的角度，e 是自然对数的底，而 a 和 b 是任意常数。

在程序中，你会先使用该公式绘制一条螺旋线。然后，旋转这条螺旋线，并将它重绘 3 次，生成银河系的 4 个旋臂。你还会在螺旋曲线的周围生成大小各异的圆圈，这些圆圈分别代表不同的恒星。图 10-9 所示就是这个图形模型的示例效果。由于模拟结果是随机的，因此每次模拟结果都会略有不同，你也可以通过调整一些参数来更改图形模型的外观。

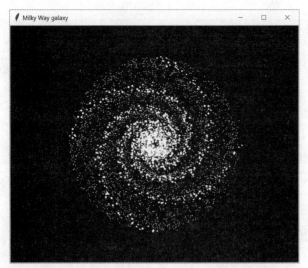

图 10-9 使用对数型螺旋线方程为银河系建模

本项目使用 Tkinter 模块（发音为"tee-kay-inter"）生成图 10-9 所示的图像，Tkinter 是 Python 中用于开发桌面应用程序的默认 GUI 库。尽管 Tkinter 主要是为窗口、按钮、滚动条等 GUI 控件而设计的，但它也可以用于制作图形、图表、屏保、简单游戏等。Tkinter 模块的优点在于：它是 Python 发行版中的一部分，可移植到所有操作系统中，并且无须安装任何外部模块。此外，该模块还具有易于使用的特点，而且存在许多与它相关的文档说明。

大多数的 Windows 操作系统、macOS 和 Linux 操作系统计算机都已安装了 Tkinter 模块。如果你的操作系统没有安装它，或者需要安装最新版本，你可以到官方网站下载该模块。与往常一样，如果该模块已经安装，那么在解释器窗口中导入它时，不会出现任何错误：

```
>>> import tkinter
>>>
```

在 Python 的一些入门图书中有时会对 Tkinter 进行概述，你可以网站中找到该模块的官方在线文档。关于 Tkinter 的一些其他参考文献，详见第 10.3 节。

1. 缩放图形模型

图形模型的比例尺为光年每像素，每个像素的宽度将等于无线电气泡的直径。当正在研究的气泡直径改变时，比例单位将会发生改变，此时需要重建图形模型。下面是缩放无线电气泡模型的公式：

$$缩放的银河盘半径=银河盘半径/无线电气泡直径$$

其中，银河盘半径的值为 50000，单位为光年。

当无线电气泡很小时，图形模型起着"放大"的作用；而当它很大时，图形模型起着"缩小"的作用，如图 10-10 所示。

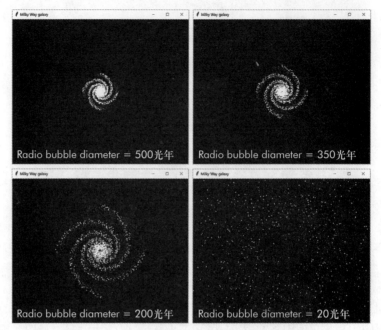

图 10-10   无线电气泡直径对银河模型外观的影响

2. 银河系模拟器代码

银河系模拟器程序会先计算出不同数量文明和不同无线电气泡尺寸的探测概率，然后生成银河系的图形模型。当使用的气泡与当前释放的气泡大小相同时，我们会将它放在所模拟太阳系的大致位置，并用红色标记这个气泡。你可以从本书的资源列表中下载到本程序的代码。

程序输入及关键参数

清单 10-3 是程序 *galaxy_simulator.py* 开头部分的代码，它的功能是导入必要的模块，将经常访问的用户输入放在程序的起始位置。

清单 10-3   导入模块及常量定义

galaxy_simulator.py，第 1 部分

```
❶ import tkinter as tk
   from random import randint, uniform, random
   import math

   # =======================================================================
❷ # 主要输入

   # 以光年为单位缩放无线电气泡直径
❸ SCALE = 225    # 输入 225，查看地球的无线电气泡

   # 根据德雷克方程计算出的外星先进文明数量
❹ NUM_CIVS = 15600000
```

```
# ===========================================================================
```

在清单 10-3 中，将导入的 Tkinter 模块重命名为 tk，这样在使用 Tkinter 模块中的类时就不必输入它的全名❶。如果你使用的是 Python 2，那么该模块名字的首字母应该大写。在本程序中，你还会用到 random 模块和 math 模块。

接着，程序使用注释突出显示用户输入的主要部分❷，并分别为两个输入变量赋值。用变量 SCALE 表示每个文明周围可探测到的无线电气泡的直径（以光年为单位）❸。用变量 NUM_CIVS 表示要模拟的文明总数量，这个变量可以使你从德雷克方程中获得包含文明总数量在内的任何参数❹。

（1）设置 Tkinter 的画布并为常量赋值

清单 10-4 中的代码使用画布控件实例化了一个 Tkinter 窗口对象，你可以在这个画布上绘制任何东西。银河系地图（或图形模型）将会出现在这个画布上。这段代码还指定了一些与银河系大小相关的常数。

清单 10-4　设置 Tkinter 窗口和画布，并为一些常量赋值

galaxy_simulator.py，第 2 部分

```
    # 设置显示图形的画布
❶ root = tk.Tk()
    root.title("Milky Way galaxy")
❷ c = tk.Canvas(root, width=1000, height=800, bg='black')
❸ c.grid()
❹ c.configure(scrollregion=(-500, -400, 500, 400))

    # 银河系的实际大小（以光年为单位）
❺ DISC_RADIUS = 50000
    DISC_HEIGHT = 1000
❻ DISC_VOL = math.pi * DISC_RADIUS**2 * DISC_HEIGHT
```

在清单 10-4 中，首先创建一个窗口，并使用惯用的名字 root 命名这个窗口❶。这是一个可以容纳所有内容的顶层窗口。接着，将窗口的标题设置为"银河系"，该标题将出现在窗口框架的左上角（如图 10-9 所示）。

接下来，向 root 窗口中添加一个名为 widget 的组件，widget 代表"窗口部件"。Tkinter 中有 21 个核心控件，主要包括标签、框架、单选按钮和滚动条等。为窗口指定一个画布控件，将程序包含的所有图形对象都绘制到其中❷。画布控件是一个用于存放图形和布局其他复杂控件的通用控件。接着，为画布控件指定父窗口、屏幕宽度和高度以及背景颜色。将创建的这个画布（canvas）对象命名为 c。

你可以将画布控件划分成许多的行和列，就像表格和表单一样。这些网格中的每个单元格都可以容纳不同的控件，这些小控件也可以跨越多个单元格。在单元格中，你可以使用 STICKY 选项指定这些控件的对齐方式。为了管理窗口中的每个控件，你需要使用 grid 几何体管理器。由于这个项目使用的控件只有一个，因此你不需要向管理器传递任何参数❸。

最后，用 scrollregion 选项配置这个画布❹，它将原点坐标(0, 0)设置为画布的中心点。根据这个坐标原点，你将用极坐标绘制星系的旋臂。如果没有配置画布原点，默认原点在画布的左上角。

在程序中，向 configure() 函数传递的参数用于设置画布（canvas）的滚动限制。这些参数值分别是画布宽度和高度的 1/2。例如，滚动限制值为 600 和 500 时，它们对应的画布大小分别为 1200 和 1000。这里设置的显示值在小型笔记本电脑上运行良好，但如果需要更大的窗口，你可以稍微改动它们。

在输入部分后面，程序定义了一些与银河系大小有关的常数❺。你可以在函数内定义这些变量中的某些变量，但是将它们放在程序的全局空间中有利于代码的解释说明。前两个参数分别是图 10-2 中银河盘的半径值和高度值。最后定义的常数表示银河盘的体积大小❻。

（2）缩放银河系和计算探测概率

清单 10-5 中将定义两个函数，其中一个函数根据使用的无线电气泡直径来缩放银河系，另一个函数用于计算一个文明发现另一个文明的概率。第二个函数将应用到在前面的程序 *probability_of_detection.py* 中构建的多项式方程。

清单 10-5　缩放银河系和计算探测概率

galaxy_simulator.py，第 3 部分

```
❶ def scale_galaxy():
       """根据无线电气泡的大小缩放银河系。"""
       disc_radius_scaled = round(DISC_RADIUS / SCALE)
❷     bubble_vol = 4/3 * math.pi * (SCALE / 2)**3
❸     disc_vol_scaled = DISC_VOL/bubble_vol
❹     return disc_radius_scaled, disc_vol_scaled

❺ def detect_prob(disc_vol_scaled):
       """计算银河系中一个文明探测到另一个文明的概率。"""
❻     ratio = NUM_CIVS / disc_vol_scaled  # 文明数量与缩放后的银河系体积的比例
❼     if ratio < 0.002:  # 若比例值较低，将它设置为 0
           detection_prob = 0
       elif ratio >= 5:  # 若比例值较高，将它设置为 1
           detection_prob = 1
❽     else:
           detection_prob = -0.004757 * ratio**4 + 0.06681 * ratio**3 -0.3605 * ratio**2 + 0.9215 *
                             ratio + 0.00826
❾     return round(detection_prob, 3)
```

在清单 10-5 中，先定义一个根据无线电气泡大小缩放银河系的函数 scale_galaxy()❶。该函数使用全局空间中的常量来计算缩放参数，因此无须向其传递任何额外参数。利用球体体积公式，先计算缩放后的圆盘半径，再计算无线电气泡的缩放体积，并将计算的结果赋给变量 bubble_vol❷。

接下来，用模型盘的实际体积除以 bubble_vol，得到缩放后的银河盘体积❸。这是无线电气泡在银河系模型中的等效体积。每个气泡都表示一个文明可能存在的位置。

在该函数定义的末尾返回变量 disc_radius_scaled 和变量 disc_vol_scaled 的值❹。

然后，定义一个计算探测概率的函数 detect_prob()，该函数以缩放后的银河盘体积为参数❺。对于多项式中的 x 项，计算文明的数量与缩放后的银河系体积的比例❻。由于多项式回归在端点处可能出现问题，因此在程序中使用条件判断语句调整比例值。当比例值非常小时，将它设置为 0；当比例值较大时，将它设置为 1❼。否则，使用由程序 *probability_detection.py* 生成的多项式表达来计算探测概率❽，然后，返回这个概率四舍五入到小数点后 3 位的值❾。

（3）使用极坐标

清单 10-6 定义一个使用极坐标选择随机位置(x, y)的函数。这个函数将选择一些在图形模型中摆放恒星的位置。由于显示的图形是二维的，因此函数不需要选择 z 轴的位置。

清单 10-6 定义用于随机选取极坐标(x, y)对的函数

galaxy_simulator.py，第 4 部分

```
❶ def random_polar_coordinates(disc_radius_scaled):
       """在二维的圆盘内生成均匀分布的坐标点(x, y)。"""
❷     r = random()
❸     theta = uniform(0, 2 * math.pi)
❹     x = round(math.sqrt(r) * math.cos(theta) * disc_radius_scaled)
       y = round(math.sqrt(r) * math.sin(theta) * disc_radius_scaled)
❺     return x, y
```

该函数将缩放后的圆盘半径当作参数❶。利用函数 random()随机地选择一个介于 0.0 和 1.0 之间的浮点数，并将其赋给变量 r❷。接下来，从 0 到 360 度的均匀分布中随机选择一个值，并将其分配给变量 theta（2π 是 360 度对应的弧度值）❸。

在单位圆盘上生成点的转换公式如下：

$$x = \sqrt{r} \cos \theta$$
$$y = \sqrt{r} \sin \theta$$

这个方程生成的 x、y 的值均位于 0 到 1 之间。为了将计算结果缩放到银河盘模型内，你需要将这个结果乘以银河盘的缩放半径❹。最后，函数返回点的 x 坐标和 y 坐标❺。

（4）生成旋臂

清单 10-7 定义一个使用对数螺旋方程构建旋臂的函数。这个旋臂的神奇之处在于：它通过不断地修补最初的单一旋臂，使旋臂逐渐变得粗壮。通过改变恒星的大小、随机地微调其位置以及复制每个旋臂螺旋线的方式，你可使旋臂稍微向后移动并使恒星变暗，进而达到使旋臂看起来粗壮的目的。

清单 10-7 定义函数 spirals()

galaxy_simulator.py，第 5 部分

```
❶ def spirals(b, r, rot_fac, fuz_fac, arm):
       """使用对数螺旋公式构建 Tkinter 显示的螺旋臂。"""

       b = 对数螺旋方程中的任意常数
       r = 缩放后的银河盘半径
       rot_fac = 旋转因子
       fuz_fac = 应用于 "fuzz" 变量，微调旋臂附近恒星位置的模糊因子
       arm = 旋臂（0 = 主旋臂，1 = 尾随旋臂）
       """
❷     spiral_stars = []
❸     fuzz = int(0.030 * abs(r))    # 随机移动恒星位置
       theta_max_degrees = 520
❹     for i in range(theta_max_degrees):  # 坐标位于范围(0, 600, 2)之间的位置不存在黑洞
           theta = math.radians(i)
           x = r * math.exp(b * theta) * math.cos(theta + math.pi * rot_fac)\
               + randint(-fuzz, fuzz) * fuz_fac
           y = r * math.exp(b * theta) * math.sin(theta + math.pi * rot_fac)\
```

```
              + randint(-fuzz, fuzz) * fuz_fac
        spiral_stars.append((x, y))
❺ for x, y in spiral_stars:
    ❻ if arm == 0 and int(x % 2) == 0:
            c.create_oval(x-2, y-2, x+2, y+2, fill='white', outline='')
        elif arm == 0 and int(x % 2) != 0:
            c.create_oval(x-1, y-1, x+1, y+1, fill='white', outline='')
    ❼ elif arm == 1:
            c.create_oval(x, y, x, y, fill='white', outline='')
```

清单 10-7 定义了一个名为 spirals()的函数❶。它的参数说明列在函数的文档字符串中。最前面的两个参数 b 和 r 选取自对数螺旋方程参数。接下来的参数 rot_fac 表示旋转因子，它表示允许旋臂围绕中心点移动的幅度，用于生成新的旋臂。下一个参数是模糊因子 fuz_fac，它表示允许将恒星从螺旋线中心移开的距离。通过最后一个参数 arm，可以指定微弱恒星的前臂或后臂，恒星的后臂将被移动，即在前臂稍靠后的位置绘制后臂，这样一来，恒星会变得更小。

接下来，程序初始化一个空列表，用于保存组成旋臂的恒星的位置❷。然后，定义一个名为 fuzz 的变量，它的值等于任意常量的绝对值乘以缩放后的圆盘半径❸。螺旋方程本身就产生了排列成直线的恒星（如图 10-11 所示的左侧两幅图）。模糊处理将使螺旋形的恒星往前或往后移动一点，即让恒星分布在螺旋线条的两侧。你可以在图 10-11 所示的最右边看到恒星发亮的效果。我通过反复试验确定了这些参数。如果愿意，你可以随意地使用它们。

仅采用对数螺旋　　　　加入迁移和模糊处理

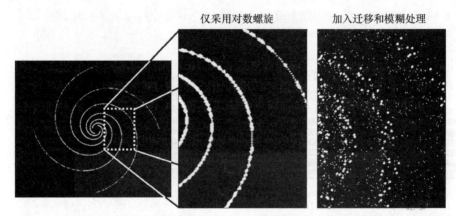

图 10-11　通过改变螺旋线和随机改变恒星位置的方式填充螺旋臂

然后，程序开始生成螺旋线。首先，使用一系列的范围值表示对数螺旋方程中的参数 θ❹。在半径大约为 520 的范围内，会产生一个中心有"黑洞"的银河系，如图 10-9 所示。否则，就使用(0, 600, 2)这样类似的值产生一个充满星光的明亮中央区域，如图 10-12 所示。你可以修改这些值，直到得到你想要的结果为止。循环遍历 theta 中的值，计算它的对数螺旋方程参数值，通过它的余弦值和正弦值分别计算坐标的 x 值和 y 值。需要注意的是，这两个坐标值都要加上 fuzz 值乘以模糊因子的积。将每个(x, y)坐标值对添加到列表 spiral_stars 中。

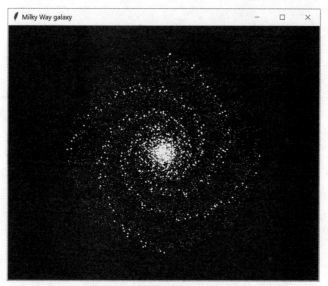

图 10-12　无中心黑洞的图形模型（与图 10-9 相比）

稍后，在 main() 函数中，你将会指定旋转因子变量 rot_fac 的值，它表示围绕中心移动螺旋线的幅度。当程序生成 4 个主螺旋臂后，它将使用变量 rot_fac 构建 4 个新的旋臂，这 4 个新旋臂与前 4 个旋臂相比稍微有偏移，这样就能产生图 10-11 中每个明亮恒星弧线左侧的暗淡尾随星带。

现在，程序已经生成了恒星位置的列表。接下来，它通过 for 循环遍历生成的这一系列(x, y)坐标❺。然后，使用条件语句，根据变量 arm 和坐标 x 值及其奇偶性选择主旋臂、前臂及位置❻。使用画布控件的 create_oval() 函数绘制恒星对象。该函数的前 4 个参数定义了放置椭圆形的边界框线。当参数 x 和参数 y 之后的数值越大，绘制出的椭圆形就越大。将填充色设为白色，并且不使用轮廓线，默认的轮廓线是黑色的细线。若 x 的值是奇数，则使绘制的星号变小一点。若变量 arm 的值为 1，则绘制的恒星位于后臂上，所以要使其尽可能地小❼。

注意

这些星体只用于视觉观察。它们的尺寸和数量都不是按比例缩放后产生的。事实上，它们的尺寸比程序中绘制的小得多，数量也要多得多（超过 1000 亿）。

（5）散射星雾

旋臂之间的空间并不是没有恒星，所以接下来的函数（清单 10-8）将在银河系模型上随机投射点，这些点不依赖于旋臂的位置。你可以把这些随机投射点想象成在银河系照片中看到的光芒。

清单 10-8　定义函数 star_haze()

galaxy_simulator.py，第 6 部分

```
❶ def star_haze(disc_radius_scaled, density):
        """在银河盘中随机散布恒星。
```

```
     disc_radius_scaled = 无线电气泡直径缩放后对应的银河盘半径
     density = 改变恒星分布数的乘数
     """
❷ for i in range(0, disc_radius_scaled * density):
     ❸    x, y = random_polar_coordinates(disc_radius_scaled)
     ❹    c.create_text(x, y, fill='white', font=('Helvetica', '7'), text='.')
```

在清单 10-8 中，定义了有两个参数的 star_haze() 函数，其中一个参数为缩放的圆盘半径，另一个为整数型的乘数，该函数将使用这个乘数来增加随机恒星的数目❶。因此，与薄雾相比，如果你更喜欢浓雾，那么在函数 main() 调用该函数时，增大变量 density 的值。

接着，程序进入 for 循环，循环范围的最大值等于缩放后的银河盘半径乘以变量 density 的值❷。通过半径值，你可以将恒星数量调整为所显示光盘的大小。然后，调用函数 random_polar_coordinates() 得到一个随机的坐标值(x, y) ❸。

最后，程序根据随机的坐标值(x, y)在画布上创建一个显示对象❹。由于在螺旋线及其周围使用了最小的椭圆形、星形，因此你不能再使用 create_oval() 函数，而要使用 create_text() 函数。当使用该函数时，可以用句号表示恒星。此外，你可以利用字体大小参数来缩放星雾，直到发现它变得美观为止。

图 10-13 所示的左侧和右侧分别是没有星雾和有星雾的银河系模型。

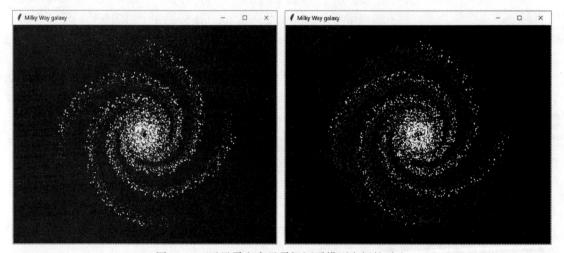

图 10-13　无星雾和有星雾银河系模型之间的对比

你还可以借助星雾发挥自己的创造力。例如，可以使恒星数量变得更多并使其颜色变灰，或者使用循环来改变其大小和颜色。不过，不要使用绿色，因为宇宙中不存在绿色的恒星。

（6）定义 main() 函数

清单 10-9 定义程序 galaxy_simulator.py 的 main() 函数。它将调用前面定义的函数，从而实现缩放银河系、计算探测概率、生成银河系模型图及显示统计信息。在该段代码中，还会运行 Tkinter 的事件主循环。

清单 10-9 定义 main()函数

galaxy_simulator.py，第 8 部分

```
    def main():
        """计算探测概率，显示银河系模型图及统计信息。"""
❶   disc_radius_scaled, disc_vol_scaled = scale_galaxy()
    detection_prob = detect_prob(disc_vol_scaled)

    # 生成 4 个主螺旋臂和 4 个尾随臂
❷   spirals(b=-0.3, r=disc_radius_scaled, rot_fac=2, fuz_fac=1.5, arm=0)
    spirals(b=-0.3, r=disc_radius_scaled, rot_fac=1.91, fuz_fac=1.5,arm=1)
    spirals(b=-0.3, r=-disc_radius_scaled, rot_fac=2, fuz_fac=1.5, arm=0)
    spirals(b=-0.3, r=-disc_radius_scaled, rot_fac=-2.09, fuz_fac=1.5,arm=1)
    spirals(b=-0.3, r=-disc_radius_scaled, rot_fac=0.5, fuz_fac=1.5,  arm=0)
    spirals(b=-0.3, r=-disc_radius_scaled, rot_fac=0.4, fuz_fac=1.5,  arm=1)
    spirals(b=-0.3, r=-disc_radius_scaled, rot_fac=-0.5, fuz_fac=1.5, arm=0)
    spirals(b=-0.3, r=-disc_radius_scaled, rot_fac=-0.6, fuz_fac=1.5, arm=1)
    star_haze(disc_radius_scaled, density=8)

    # 显示图例和统计信息
❸   c.create_text(-455, -360, fill='white', anchor='w',
                  text='One Pixel = {} LY'.format(SCALE))
    c.create_text(-455, -330, fill='white', anchor='w',
                  text='Radio Bubble Diameter = {} LY'.format(SCALE))
    c.create_text(-455, -300, fill='white', anchor='w',
                  text='Probability of detection for {:,} civilizations = {}'.
                  format(NUM_CIVS, detection_prob))

    # 绘制地球直径为 255 光年的无线电气泡，并为其添加注释
❹   if SCALE == 225:
❺       c.create_rectangle(115, 75, 116, 76, fill='red', outline='')
        c.create_text(118, 72, fill='red', anchor='w',
                      text="<---------- Earth's Radio Bubble")
    # 运行 Tkinter 的事件主循环
❻   root.mainloop()

❼ if __name__ == '__main__':
    main()
```

在 main()函数内部，首先调用函数 scale_galaxy()获得缩放后的银河盘体积和半径❶。然后，调用函数 detect_prob()并将变量 disc_vol_scaled 作为其参数。将函数的返回结果赋给变量 detection_prob。

接着，开始生成将要显示的银河系图形模型❷。这需要多次调用 spirals()函数，而每次调用时使用的参数都有微小的变化。其中，参数 arm 指定绘制的是明亮的前臂，还是暗淡的后臂；参数 rot_fac（旋转因子）决定螺旋臂的绘制位置。旋转因子的微小变化（例如，2 到 1.91）是使 0 号螺旋臂和 1 号螺旋臂之间发生稍微偏移的原因，这也是暗淡的后臂与明亮的前臂之间存在偏移的原因。之后，通过调用 star_haze()函数显示银河系模型图中的最后一种元素。你可以随意地使用这些参数中的任何一个。

接着，程序开始显示图例说明和统计信息。首先，显示的是缩放比例❸和无线电气泡直径，然后显示的是在给定数量的恒星中探测到文明的概率。这些函数使用的参数包括 *x* 坐标、*y* 坐标、文本填充颜色、文本的锚定方式（用 w 表示"向西"，即左侧）和文本本身。需要注意的是，使用{:,}将逗号作为千位的分隔符是一种相对新式的字符串格式化方法。若想了解更多内容，

你可以在 Python 的官方网站阅读与"string-formatting"相关的话题。

如果用户选择的无线电气泡直径为 225 光年❹，则他模拟的无线电气泡与我们的相同。这时用一个红色像素点标注它在太阳系中的近似位置处，并用红色文本为其添加注释❺。对于在 Tkinter 中显示单个像素，你有多种函数可以使用。在本程序中，你使用的是 create_rectangle() 函数，可以使用以下语句创建一条长为一个像素的直线：

```
c.create_line(115, 75, 116, 75, fill='red')
```

对于 create_rectangle()函数，它的前两个参数（x0、y0）对应于矩形左上角的点，而接下来的两个参数（x1、y1）对应于矩形右下角的点。而对于 create_line()函数，其前两个参数和后两个参数分别表示线条的起点和终点，在默认情况下线宽为一个像素。

在 main()函数的最后，调用 Tkinter 的 mainloop()函数（也称为事件循环函数）❻。它将使 root 窗口始终保持打开状态，直到你关闭它为止。

最后，退回到全局代码编辑区，添加一些代码，使该程序既可以独立运行，也可以作为另一个程序的模块❼。

程序最终的显示效果如图 10-14 所示，它是一个包裹着地球的无线电气泡，气泡的中心区域有个黑洞。

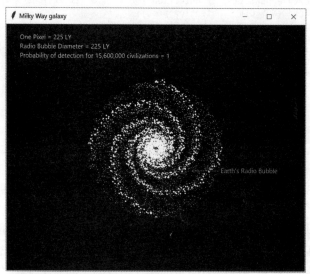

图 10-14　地球的直径为 225 光年的无线电气泡在银河系中的图形显示效果

需要注意的是，尽管在当前缩放程度上，地球的无线电气泡大小看起来不超过一个针眼，但如果探测文明的范围能够达到 112.5 光年，同时文明的数量与当前德雷克方程预测值的上限一样多，那么探测到文明的概率就是 1。

10.1.7　结果分析

由于输入数据存在巨大的不确定性，并且使用了简化的假设，因此在这里你并不能获得准确的结果。我们在这里获得的只是直观上的一种感受。我们是否能够发现另一个不曾主动尝试与我们联系的文明呢？由图 10-15 所示可以发现，这是不可能的。

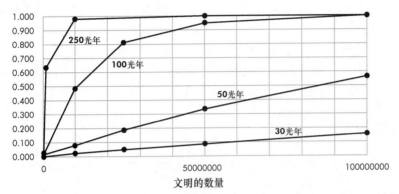

图 10-15　一种文明探测到另一种文明的概率与银河系中无线电气泡的直径和文明数量之间的关系

根据当前的技术，我们可以探测到远至 16 光年的文明发出的无线电信号，这相当于直径 32 光年的无线电气泡。正如维基百科中最新的德雷克方程所预测的那样，即使银河系中有 1560 万种的高级文明，探测到直径为 32 光年的无线电气泡的概率也不足 4%。

回头再看看图 10-14，你能够感受到银河系的巨大和空旷。夏威夷的天文学家拉尼阿卡甚至对此感叹道：“天堂真的无法估量。”

正如卡尔·萨根所说，地球只是“悬浮在阳光中的尘土”。最近的研究表明，用无线电波探测文明的机会比我们想象的要小得多。如果其他文明跟我们一样，转而使用数字信号和卫星通信，那么他们的无线电泄漏概率将至少下降原来的 1/4。对我们所有人来说，在地球上存活 100 年左右后，我们都会不可避免地消失掉。

如今，人们正在调整探索高级文明的方法，采用光学方法在系外行星的大气中寻找特征气体，例如生命和工业活动的废物。

10.2　本章小结

在本章中，你获得了 Tkinter 模块、Matplotlib 模块和 NumPy 模块的使用经验。你还学习了生成多项式表达式的方法，它可以对探测到外来无线电信号的可能性进行合理的估算。最后，你使用 Tkinter 模块为分析结果生成了酷炫的可视化图形。

10.3　延伸阅读

保罗·戴维斯（Paul Davies）是一位杰出的、备受赞誉的科学作家，他在 *Are We Alone?*
Philosophical Implications of the Discovery of Extraterrestrial Life 一书中，对寻找外星生命提出了深刻的见解。

哈里·林格马赫（Harry I. Ringermacher）和劳伦斯·米德（Lawrence R. Mead）撰写的“A

New Formula Describing the Scaffold Structure of Spiral Galaxies" 一文提供了根据哈勃望远镜观测的结果来构建螺旋银河系模型的公式。

约翰·希普曼（John W. Shipman）撰写的 *Tkinter 8.5 Reference: A GUI for Python* 是对 Tkinter 官方文档的良好补充。

在 Python 的官方网站，你也可以找到与 Tkinter 有关的资源。

巴斯卡尔·乔杜里（Bhaskar Chaudhary）撰写的 *Tkinter GUI Application Development HOTSHOT* 一书采用基于项目的方式教授读者使用 Tkinter 模块。

10.4　实践项目

尝试解决下面这 3 个衍生项目。你可以在本书的配套资源中找到每个项目的答案。

10.4.1　遥远的银河

在天空和地球上不只有对数螺旋方程，还有许多其他的东西。你可以使用 Python 的 Tkinter 模块为我们建立一个新家园——但它不一定实际存在。为了获得创造灵感，你可以阅读一些在线文章，例如 Alexandre 亚里山德拉·德韦尔 Devert 发布在其 Marmakoide 博客中的帖子 "Spreading Points on a Disc and on a Sphere"。图 10-16 所示的示例图形是由程序 *galaxy_practice.py* 生成的。

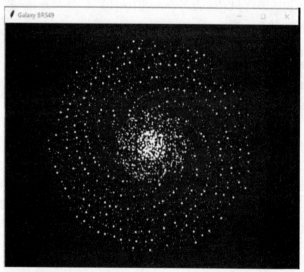

图 10-16　由程序 *galaxy_practice.py* 生成的银河系模型图

10.4.2　建立银河系帝国

首先，在银河系中选择某一位置，选定移动速度为光速的 5% 到 10%，选择时间步长为 50 万年。然后，模拟银河系帝国的扩张过程。根据每个时间步长，计算扩张过程中侵占的气泡的大小并更新银河系图形。将出发位置放在银河系的中心，将移动速度设置为 1，检查并确认到达银河系边缘是否需要花费 5 万年的时间。

当程序启动并运行时，你就可以进行一些有趣的试验。例如，如本章导言部分所述，你可以测试我们在 1000 万年的时间内探索完整个银河系所需的移动速度，如图 10-17 所示。

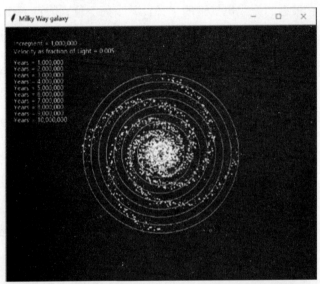

图 10-17　以低于光速的速度在 1000 万年的时间内从中心位置扩展出的银河系帝国

如图 10-18 所示，假设在旋转因子为 4 时，星际迷航联盟移动速度达到光速的 100 倍，估算他们在最开始的 100 年中可以探索多少个星系。

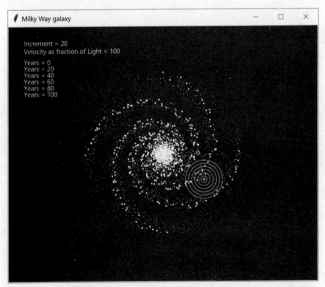

图 10-18　星际迷航联盟在旋转因子为 4 时的前 100 年扩展结果

这个图形由程序 *empire_practice.py* 生成。

10.4.3   预测可探测性的迂回方法

另一种预测探测概率的方法是使用极坐标将文明分布在银河盘中的坐标点(x, y, z)上，然后，计算将这些点连到离它最近的无线电气泡的半径。共享同一位置的点，代表它们是可以相互探测到对方的文明。但请注意，这种方法使用的是立方体而不是球体，因此，你需要将半径转换为产生相同体积的立方体的侧面。

在给定整个银河系中的 15600000 种文明分布的情况下，编写程序预测探测到直径为 16 光年的无线电气泡的概率。当分配这些文明的位置时，你可以使用银河系模型范围为 1000 光年至 5000 光年的空间。

对于本项目的答案，你可以参考程序 *rounded_detection_practice.py*。需要注意的是，该程序运行需要花费几分钟时间。

10.5   挑战项目

下面是一些你可以自己尝试去做的项目。请记住，本书不向你提供挑战项目的解决方案。

10.5.1   创造条状螺旋银河系

随着不断地获得新的天文数据，我们对银河系的理解也更加深入。现在，科学家们认为银河系的中心是细长的条状结构。根据林格马赫（Ringermacher）和米德（Mead）在其论文中提出的方程式，用 Tkinter 模块创建一个新的星系可视化模型，以纪念他们提出条状螺旋银河系概念。

10.5.2   为你的星系添加可居住区

太阳系中含有有利于生命生存的金凤花区域。在这些区域中运行的行星保持着适宜的温度，且行星里面至少有一部分水呈液态。

还有一种理论认为，像太阳系一样的星系也有可能存在适合生命生存的可居住区。银河系中可居住区的范围定义是：它的内边界距离银河系中心约 13000 光年，外边界距离银河系中心约 33000 光年，如图 10-19 所示。将银河系中心排除在外是因为其存在高辐射、大量的超新星以及由紧密间隔的恒星产生的复杂的破坏轨道的引力场。将银河系边缘区域排除掉是由于其金属密度过低，而这对行星的形成至关重要。

改进的可居住模型区域不包括螺旋臂，其原因与银河系中心不宜居住的道理类似。我们人类自己的存在与这样的结论并不矛盾。地球位于猎户座的"刺"上，这是射手座和英仙座臂之间的一个微小差别。

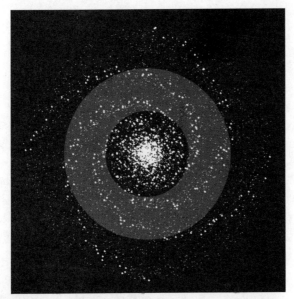

图 10-19 银河系中适宜居住的大致区域（阴影区域）

不管你如何定义银河系中的可居住区域，重新编辑程序 *galaxy_simulation.py* 的代码，使它仅使用银河系中可居住区域的体积。你应该研究这些体积可能包括什么，它们会对由德雷克方程计算出的文明数量（*N*）产生什么影响。考虑使用银河系的中心区域、螺旋臂区域及外缘区域等空间，其中 *N* 是不同的，但仍然假设文明随机分布。在银河系模型的地图上突出显示这些区域，并得出它们对应的探测概率估算值。

## 第 11 章

蒙蒂·霍尔问题

蒙蒂·霍尔作为电视游戏节目 *Let's Make a Deal* 的主持人，通常会向参赛者展示 3 扇关着的门，并请他们选择其中一扇。有一扇门的后面是一件价值不菲的奖品；另外两扇门的后面各藏有一只臭烘烘的老山羊。当参赛者选定一扇门，但未去开启它的时候，节目主持人会开启剩下两扇门的其中一扇，露出其中一只山羊。之后，主持人会再次询问参赛者：是坚持选择最初的那扇门，还是选择另一扇仍然关着的门。

1990 年，有"世界上最聪明的女人"之称的玛丽莲·沃斯·萨凡特在每周的大观杂志（*Parade Magazine*）专栏"Ask Marilyn"（专访玛丽莲）中回答道：参赛者应该选择换门。尽管她的回答是正确的，但引发了一场仇恨邮件、性别歧视和学术迫害的风暴。在这场风暴中，许多数学教授处于尴尬的境地。但这场风暴也有好的一面，其引发激烈的讨论使公众接触到了统计科学，同时也使萨凡特提出的一项练习测试走进了数千间教室。无论是这些手动方式的练习测试，还是那些后来迁移到计算机上的测试，它们都证明"女性逻辑"的正确性，即玛丽莲的"换门"逻辑是正确的，虽然该逻辑曾经被很多人嘲笑。

在本章中，你将使用蒙特卡罗模拟（Monte Carlo simulation，MCS）来验证萨凡特说法的正确性。蒙特卡罗模拟是一种根据一系列随机输入来模拟生成不同结果的概率统计方法。之后，你将使用 Tkinter 模块构建一个有趣的图形界面，满足萨凡特想帮助学童完成该实验的心愿。

11.1 蒙特卡罗模拟

假如，你想知道将骰子连续抛掷 6 次且每次滚动出现的面都不同的概率。如果你是数学专家，那么只需要使用确定性表达式 $6!/6^6$ 就能得到概率结果，或者像下面这样：

$$\frac{6}{6} \times \frac{5}{6} \times \frac{4}{6} \times \frac{3}{6} \times \frac{2}{6} \times \frac{1}{6}$$

这样得到的概率为 0.015。如果不喜欢这样的数学方法，那么通过 Python 做很多次的模拟抛掷实验，你也可以得到同样的答案：

```
>>> from random import randint
>>> trials = 100000
>>> success = 0
>>> for trial in range(trials):
        faces = set()
        for rolls in range(6):
```

```
        roll = randint(1, 6)
        faces.add(roll)
    if len(faces) == 6:
        success += 1
>>> print("probability of success = {}".format(success/trials))
probability of success = 0.01528
```

本示例使用 for 循环和 randint() 函数实现在 1 到 6 之间随机地选择数字,每个数字代表骰子的一个面。每次模拟时都连续抛掷 6 次。程序将每次的抛掷结果都添加到名为 Faces 的集合变量中,该集合不允许元素重复出现。使集合长度达到 6 的唯一条件是:每次抛掷都产生一个唯一的数字,即 6 次连续抛掷得到骰子的面都不同。外循环会让骰子 6 次连续抛掷的试验重复执行 10 万次。将成功次数除以试验总次数,得到的概率与数学确定性表达式计算的概率相同(0.015)。

蒙特卡罗模拟采用多次随机抽样(Repeated Random Sampling)的方法,预测在给定条件范围内产生不同结果的概率。在上述试验的情形下,每次抛掷骰子都是一个随机抽样的过程。在本例中,条件范围是 6 面体骰子、每次试验都连续地抛掷 6 次骰子和进行 10 万次试验。当然,蒙特卡罗模拟也常应用于有多个变量、不确定程度高和结果不易预测的复杂问题。

蒙特卡罗模拟有多种类型,但编写大多数应用程序时都遵循以下基本步骤。

❏ 列出输入变量。

❏ 设定每个变量的分布概率。

❏ 进入循环。

- 从输入的分布中随机选择一些值。

- 将得到的这些值应用到确定性计算过程中,确定性计算即根据相同的输入值始终产生相同的输出计算结果。

- 按照指定的次数重复执行这一过程。

❏ 汇总模拟结果,生成统计信息,例如计算平均结果。

对于掷骰子这个例子,它对应的这些步骤如下。

❏ 输入变量 = 6 次连续抛掷骰子产生的结果。

❏ 掷骰子的概率分布 = 均匀分布(每个面均为 1/6)。

❏ 进入循环。

- 随机选择的值 = 抛掷骰子(得出分布)。

- 计算 = 将产生的这 6 个值添加到集合中,如果集合长度等于 6,就将变量 success 的值加 1。

- 重复 = 10 万次。

❏ 汇总 = 令变量 success 除以 10 万,得到概率计算结果。

纳西姆·塔里布(Nassim Taleb)是一位深受读者好评的作者,其所著的两本畅销书分别为 *The Black Swan* 和 *Fooled by Randomness*。此外,他还是一位蒙特卡罗模拟的痴迷者。他认为我们的大脑构造让我们能够迅速处理确定性的问题,而让我们不善于处理复杂的不确定性问题。我们不适合处理偏态分布的问题和非线性问题,但是与其他方法相比,使用蒙特卡罗模拟会让我们更加易于理解风险问题。这是因为在现实生活中,我们通常不会注意事件的概率分布,而只观察事件本身产生的结果。

每次蒙特卡罗模拟都表示事件发生一次，例如你是否会在退休后花完自己的积蓄。对我们中的大多数人来说，蒙特卡罗模拟使不确定性问题更易于理解。它有助于我们从抽象的数学中理解事情的好坏程度。借助蒙特卡罗模拟，我们既能够分析事物不利的一面，也能够有效利用事物有利的一面。

为了揭示蒙蒂·霍尔问题背后的数学知识，下面将构建一个与前面掷骰子相类似的蒙特卡罗模拟程序。在第 12 章中，你将使用蒙特卡罗模拟构建一个储蓄模拟器程序，进而为你和你的父母制定安全的退休计划。

11.2　项目 18：验证萨凡特说法的正确性

为了验证萨凡特说法的正确性，我们使用蒙特卡罗方法模拟成千上万次这样的"游戏"，看看事情会如何变化。由于最终的目标只是简单地验证结果，因此我们可以构建一个无其他任何额外功能的简单程序。

目标
根据蒙特卡罗模拟，编写一个简单的 Python 程序，确定参赛选手在选择换门的情况下获取奖品的概率。

11.2.1　策略

对蒙蒂·霍尔问题的正确做法是：当蒙蒂公布其中一只山羊后，参赛者就选择换门。从统计学上讲，这会使你获奖的概率加倍。

当比赛开始时，所有的门都是关着的，如图 11-1 所示。此时，选中藏着奖品的那扇门的概率是 1/3。用户只能选择 3 扇门中的一扇，这意味着奖品位于其他两扇门后面的概率是 2/3。主持人公布一只山羊后，其概率仍然保持为 2/3，只是这个概率回到选择剩下的那扇门上。请记住，蒙蒂知道奖品藏在哪里，但他永远不会打开那扇门。因此，若坚持你最初的选择，则成功的概率为 1/3，而选择换门时成功的概率为 2/3。

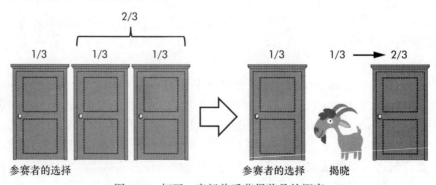

图 11-1　打开一扇门前后获得奖品的概率

如果对这样的数学分析持有疑问，那么你可以像掷骰子示例一样，利用蒙特卡罗模拟为这一结论提供确凿的证据。在这里不需要对参赛者的行为进行建模，你只需要先随机地选择一扇门，再随机地给出参赛者选择的门，并记录两者重合的次数。将这个过程重复成千上万次，得到的中奖概率会趋近于用数学公式计算出的确定性概率。

11.2.2 验证萨凡特说法的代码

本节介绍的程序 *monty_hall_mcs.py* 具有自动执行选门和记录结果的功能。通过运行这个程序，你可以在不到一秒的时间内执行数千次试验，并对结果做出评估。从本书的配套资源中可以下载到这个程序。

1. 输入程序的运行次数

清单 11-1 是程序 *monty_hall_mcs.py* 的开头部分，它的作用是让用户输入想要模拟的试验次数。你还会向用户提供默认的试验模拟次数。这是引导用户合理地输入模拟参数以及减少他们击键次数的好方法。

清单 11-1 导入模块及定义 user_prompt()函数

monty_hall_mcs.py，第 1 部分

```
❶ import random

❷ def user_prompt(prompt, default=None):
       """允许将函数的默认参数当作输入值。"""
❸     prompt = '{} [{}]: '.format(prompt, default)
❹     response = input(prompt)
❺     if not response and default:
           return default
       else:
           return response

   # 输入要模拟的次数
❻ num_runs = int(user_prompt("Input number of runs", "20000"))
```

在清单 11-1 中，首先导入蒙特卡罗模拟所需的 random 模块❶。接下来，定义一个名为 user_prompt()的函数，该函数要求用户在主动输入游戏的运行次数和接受默认的游戏运行次数（如果提供）之间做出选择❷。这个函数有两个参数，第一个参数是一段用于提示用户该做什么的文本；第二个参数是游戏运行次数的默认值，它的初始值是 None。为了按照约定让输出的提示信息在方括号中显示默认值参数，在该函数内重新定义 prompt 变量❸。然后，将用户的输入赋给名为 response 的变量❹。若用户在不提供任何输入的情况下按 Enter 键，同时函数的参数存在默认值，则函数 user_prompt()将返回这个默认值❺；否则，函数会返回用户输入的值。之后，调用该函数，通过将它的返回值分配给 num_runs 变量来确定要进行的试验次数❻。这个程序每运行一次就表示用户参与了一次该游戏。

2. 执行蒙特卡罗模拟并显示模拟结果

清单 11-2 中的代码功能是：先随机选择获胜门和用户首次选择的门，然后汇总用户选择并

显示统计信息。值得一提的是，为了获得正确答案，程序并没有让用户做出第二次选择（是否换门）。若用户最初选择的是中奖的那扇门，则正确的答案就是不换门。反之，若用户最初选择的不是中奖的那扇门，则正确的答案就是换门。我们不需要对参赛者的行为进行建模。

清单 11-2　执行蒙特卡罗模拟并显示结果

monty_hall_mcs.py，第 2 部分

```
    # 记录以不同方式获胜的次数
❶ first_choice_wins = 0
    pick_change_wins = 0
❷ doors = ['a', 'b', 'c']

    # 执行蒙特卡罗模拟
❸ for i in range(num_runs):
        winner = random.choice(doors)
        pick = random.choice(doors)

    ❹ if pick == winner:
            first_choice_wins += 1
        else:
            pick_change_wins += 1

❺ print("Wins with original pick = {}.".format(first_choice_wins))
    print("Wins with changed pick = {}.".format(pick_change_wins))
    print("Probability of winning with initial guess: {:.2f}"
        .format(first_choice_wins / num_runs))
    print("Probability of winning by switching: {:.2f}"
        .format(pick_change_wins / num_runs))

❻ input("\nPress Enter key to exit.")
```

在清单 11-2 中，先定义两个变量，分别记录用户通过换门中奖的次数和通过保持最初的选择中奖的次数❶。然后，创建一个表示这 3 扇门的列表❷。

接下来，程序进入 for 循环，根据用户先前所指定的次数，它会重复执行循环体内的语句❸。在该循环中，利用 random.choice()函数从表示门的列表中随机选择中奖的门和用户初次所选的门，并将它们分别分配给对应的变量。

由于这是二元系统（即用户只能选择换门和保持初始选择），因此根据变量 pick 和变量 winner 的值，你只需一个条件语句就能将中奖结果添加至相应的计数器中❹。

最后，程序向用户呈现最终结果。它先输出显示实际的计数值和计算的概率值❺。然后，输出一行提示信息，告知用户程序运行完毕❻。

下面是执行 20000 次试验得到的输出结果：

```
Input number of runs [20000]:
Wins with original pick = 6628
Wins with changed pick = 13372
Probability of winning with initial guess: 0.33
Probability of winning by switching: 0.67

Press Enter key to exit.
```

有些人对计算机输出的这些东西不屑一顾,他们还需要一些其他的东西才能信服模拟结果。因此，在下一个项目中，你将以更加符合实际的方式对代码进行重新组织，做出的程序会包括可视化的门、奖品和山羊。

11.3　项目 19：蒙蒂霍尔游戏

对你来说，使用 Tkinter 构建三门式的蒙蒂霍尔游戏是一件非常简单的事情。在第 10 章中，你已经学习了 Tkinter 图形化编程。现在，你将在这些知识的基础上，向图形化程序中添加一些按钮，用户通过单击这些按钮可与程序进行交互。

> **目标**
>
> 　　使用 Tkinter 构建 GUI 程序模拟蒙蒂·霍尔问题。程序会分别记录用户通过换门中奖的次数和保持初始选择中奖的次数。此外，用户在玩这个游戏的过程中，游戏会不断地更新和显示这些统计信息。

11.3.1　面向对象程序设计简介

Tkinter 模块是采用面向对象编程（Object-Oriented Programming，OOP）方式编写的。面向对象编程是一种围绕数据结构（称为对象）构建的语言模型，该数据结构由数据和方法以及它们之间的交互组成，这与面向过程编程中使用的动作和逻辑相反。对象是根据类生成的，类就好比是对象的模型。

面向对象编程是一个抽象概念，当编写大型而复杂的程序时，你就能体会到它的巨大价值。这种编程方式减少了代码的重复，它还使代码更易于修改、维护和重用。因此，现在大多数商业软件都是采用面向对象方法编写的。

如果你在前面所写的那些较小的程序中采用面向对象编程，那么大多数人都会觉得这太过工程化了。事实上，英国计算机科学家乔·阿姆斯特朗所说的"面向对象语言的特点在于，它们有着所处语境的隐性环境。你想要一根香蕉，但你得到的却是一只拿着香蕉的大猩猩和整个丛林！"是我最喜欢引用的与面向对象编程有关的话。

面向对象编程非常适合于构建 GUI 程序和游戏程序，它甚至也适合于编写一些小的项目。下面我们把构建《龙与地下城》桌游中的角色作为面向对象编程的示例。在这款游戏中，玩家可以扮演不同的角色，例如矮人、精灵和巫师。这些游戏的共同特点是都用角色卡列出每种角色类型的各种重要信息。如果让你编写代表游戏中矮人角色的对象，那么它将继承角色卡上列出的各项特征，如图 11-2 所示。

图 11-2　桌游中的矮人角色卡

　　清单 11-3 和清单 11-4 将重现桌游的玩法，它允许你为矮人和精灵创建虚拟的角色卡，并让它们互相战斗。它们的战斗结果将影响代表角色健康状态的得分。请你务必注意，面向对象编程如何将预先定义的模板（称为类）"压印"出矮人或精灵对象，从而让你轻松地创建出许多相同的对象。

清单 11-3　导入 random 模块，创建 Dwarf 类并实例化一个该类的对象

```
❶ >>> import random
❷ >>> class Dwarf(object):
       ❸ def __init__(self, name):
           ❹ self.name = name
               self.attack = 3
               self.defend = 4
               self.body = 5
       ❺ def talk(self):
               print("I'm a blade-man, I'll cut ya!!!")
❻ >>> lenn = Dwarf("Lenn")
   >>> print("Dwarf name = {}".format(lenn.name))
   Dwarf name = Lenn
   >>> print("Lenn's attack strength = {}".format(lenn.attack))
   Lenn's attack strength = 3
   >>>
❼ >>> lenn.talk()
   I'm a blade-man, I'll cut ya!!!
```

　　首先，导入 random 模块，它用于模拟抛掷骰子❶。这也是游戏中角色的战斗方式。接着，定义一个矮人角色的类，将这个类命名为 Dwarf。同时，还要将类名的首字母大写，并向其传递一个参数 object❷。类是一个用于创建特定类型对象的模板。例如，当创建列表或字典时，你就需要使用它们对应的类。

　　Dwarf 类的作用与图 11-2 所示的角色卡类似。你可以把它当作矮人类 Dwarf 的基因蓝图。它本身具有诸如力量和活力之类的属性，以及角色移动和说话的方法。属性是类实例内定义的变量；而函数也是类的属性，只是它恰好为函数，当这些函数运行时，会将类对象实例的引用传给它们。类本身也是一种数据类型，当你创建该数据类型的对象时，也称为定义该类的实例。设置类实例的初始值和行为的过程称为实例化（instantiation）。

　　接下来，为类定义一个构造函数，该函数也称为初始化函数，它的作用是设置对象的初始属性值❸。类的 __init__()函数是一种特殊的内置函数，Python 在创建该类的对象时会自动调用它。对这个类而言，其初始化函数有两个参数，即 self 和表示对象名的 name。

　　self 参数是正在创建的类对象实例的引用，也可以称它是被调用函数所属实例的引用；而从技术层面上来讲，self 参数称为实例的上下文。如果创造一个新的 Dwarf 类对象，并将它命名为 "Steve"，self 参数在幕后将表示 Steve 对象。如果又创建另一个新的名为 "Sue" 的 Dwarf 类对象，则对于该对象，self 参数自身将表示 "Sue" 对象。如此一来，就将 Steve 对象与 Sue 对象的属性影响范围分开了。

　　然后，在构造函数定义的下面，为 Dwarf 类定义一些属性❹。你需要为类定义一个名字属性，这样你就可以区分不同的 Dwarf 类以及角色的关键战斗特征值。你或许已经注意到，所定义的类属性与图 11-2 中角色卡列出的信息非常相似。

　　紧接着，为该类定义一个 talk()函数，并将 self 作为它的参数❺。将 self 作为该函数的参数

可以把该函数与对象链接到一起。在更具综合性的游戏中，函数可能包括一些动作和解除陷阱等行为。

当完成 Dwarf 类的定义后，创建一个该类的实例对象，并将此对象分配给局部变量 lenn❻。为了证明你可以访问到它的属性，输出该对象的 name 属性和 attack 属性。最后，调用该对象的 talk() 函数❼，它会向你显示一条消息。

与清单 11-3 的过程类似，清单 11-4 创建了一个精灵角色，并使它与矮人角色战斗。精灵的 body 属性反映了战斗结果。

清单 11-4　创建 Elf 类及实例化一个该类的对象，模拟一场战斗并修改对象的属性

```
❶ >>> class Elf(object):
        def __init__(self, name):
            self.name = name
            self.attack = 4
            self.defend = 4
            self.body = 4
   >>> esseden = Elf("Esseden")
   >>> print("Elf name = {}".format(esseden.name))
   Elf name = Esseden
   >>> print("Esseden body value = {}".format(esseden.body))
   Esseden body value = 4
   >>>
❷ >>> lenn_attack_roll = random.randrange(1, lenn.attack + 1)
   >>> print("Lenn attack roll = {}".format(lenn_attack_roll))
   Lenn attack roll = 3
❸ >>> esseden_defend_roll = random.randrange(1, esseden.defend + 1)
   >>> print("Esseden defend roll = {}".format(esseden_defend_roll))
   Esseden defend roll = 1
   >>>
❹ >>> damage = lenn_attack_roll - esseden_defend_roll
   >>> if damage > 0:
       esseden.body -= damage
❺ >>> print("Esseden body value = {}".format(esseden.body))
   Esseden body value = 2
```

首先，定义具有一些属性的 Elf 类❶。使该类的属性与 Dwarf 类的属性稍有区别，如它的各个属性值大小均衡，就像精灵一样。接着，用表示名字的字符串 Esseden 实例化 Elf 类。然后，通过 print() 函数访问它的 name 属性和 body 属性。

接下来，根据抛掷的虚拟骰子的值（最大值等于角色的攻击值或防御值），让定义的两个角色进行交互。利用 random 模块在 1 到 Lenn 的 attack 属性值加 1 的范围内选择一个掷骰值，将这个值作为 Lenn 对象的攻击值❷。然后，重复这个过程获得 Esseden 对象的防御值❸。通过从 Lenn 的掷骰值中减去 Esseden 的掷骰值来计算对 Esseden 造成的伤害值❹，如果伤害值是正数，则从 Esseden 的 body 属性中减去该伤害值。之后，为了确认 Esseden 对象当前的健康状况，使用 print() 函数输出显示它的 body 属性值❺。

正如你已经想到的那样，使用面向过程编程时，构建许多相似的角色并跟踪其属性的变化可能会变得复杂。而面向对象编程方式为程序提供了模块化的结构，通过封装的方式可以轻松地降低程序设计的复杂性和解决作用域所有权问题。它还允许你在很小的块中解决面临的问题，并生成可在其他地方修改和使用的可共享模板。

11.3.2 策略和伪代码

现在，让话题重新回到蒙蒂霍尔游戏。该游戏的规则构成了程序伪代码的主要部分：

初始化游戏窗口，向用户显示关闭的门和游戏说明
随机选择一个中奖门
获取用户选择的门
用户选完门后，从剩余的门中挑选出一扇非中奖的门，并打开这扇门
获得用户的选择结果，即用户是选择换门，还是保持最初的选择
如果用户换门：
    向用户打开选择的这扇新门
    如果用户中奖：
        将用户的中奖方式记录为：换门
    否则：
        将用户的中奖方式记录为：保持初始选择
若用户保持初始选择：
    向用户打开他最初选择的那扇门
    如果用户中奖：
        将用户的中奖方式记录为：保持初始选择
    否则：
        将用户的中奖方式记录为：换门
在游戏窗口中显示每种策略下中奖的次数
重置游戏，关闭所有的门

首先，拟定和规划游戏窗口的外观（如游戏说明、统计信息和按钮），这为设计游戏创造了良好的开端。对于游戏的窗口外观，你应该不想看到粗糙的涂鸦。因此，下面直接将游戏成型后的外观呈现出来，如图 11-3 所示。

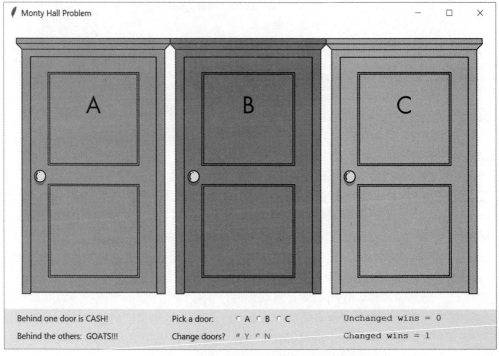

图 11-3 第一轮比赛后游戏的窗口外观视图

这就是游戏第一轮结束后窗口的样子，窗口的最右边会显示中奖方式的统计数据。需要注意的是，当用户还没有进行初次选门之前，用于让用户更换门的单选按钮是灰色的。

游戏资源

游戏资源是一个用于描述构建游戏所需东西的术语。这些资源将由一系列代表门、山羊和奖品的图像组成，如图 11-4 所示。

图 11-4 构建程序 *monty_hall_gui.py* 所需的基本图像元素

使用微软的 PowerPoint 将这 3 个基本图像组合成代表游戏所有可能状态的 10 幅图像，如图 11-5 所示。这是一个重要的设计决定。只需编写少许额外的代码，利用基本图像就可以获得与实际情况相一致的游戏效果。

图 11-5 为构建程序 *monty_hall_gui.py* 而合成的 10 幅图像

11.3.3 蒙蒂霍尔游戏代码

本节的主要内容是编写 *monty_hall_gui.py* 程序，把蒙蒂霍尔问题变成一个有趣且具有教育意义的游戏。你还需要图 11-5 所示的游戏资源。从本书的配套资源中可以下载到该程序及所需的资源。请记住，务必将这些图片和程序放在同一个目录下。

1. 导入模块和定义 Game 类

清单 11-5 中代码的功能是：导入一些程序所需的模块，定义 Game 类及用于初始化它的 __init__()函数。

清单 11-5　导入所需模块，定义 Game 类及其__init__()函数

monty_hall_gui.py，第 1 部分

```
❶ import random
   import tkinter as tk

❷ class Game(tk.Frame):
   """蒙蒂霍尔游戏的 GUI 版。"""

   ❸ doors = ('a', 'b', 'c')

   ❹ def __init__(self, parent):
      """游戏框架初始化。"""
      ❺ super(Game, self).__init__(parent)  # parent 指的是根窗口
      ❻ self.parent = parent
         self.img_file = 'all_closed.png'  # 表示门的当前状态的图像
         self.choice = ''   # 用户选择的门
         self.winner = ''   # 中奖的门
         self.reveal = ''   # 藏着羊的门
      ❼ self.first_choice_wins = 0  # 记录通过保持初始选择而中奖的次数
         self.pick_change_wins = 0  # 记录通过换门而中奖的次数
      ❽ self.create_widgets()
```

在清单 11-5 中，首先导入模块 random 和模块 Tkinter❶。紧接着，定义一个名为 Game 的类❷。这个类的父类（如括号中所示）是 Tkinter 的框架类。这意味着 Game 类派生于现有的框架基类，而且它还会从框架类中继承一些常用的函数。Frame 控件主要充当其他控件的几何主控面板，它有助于将其他控件组合成复杂的界面布局。

需要注意的是，每个类都有自己的文档字符串约定，你可以在 Python 的官方网站中找到与之相关的话题（PEP 0257）。如第 1 章所述，为简洁起见，本书中呈现的文档字符串多为单行。

由于 Game 类的每个实例都有 3 个相同的门，因此你可以将其定义为类的属性❸。在类函数外部定义的任何变量都将成为类的属性，这就像面向过程的程序中，在函数外部定义的变量都会成为全局变量一样。你不希望无意间修改这个属性的值，因此将它定义为不可变的元组。以后只要想在程序中控制门，你就可以根据这个元组生成门对应的列表。

接着，与在前面的示例中定义类 Dwarf 和类 Elf 一样，为 Game 类定义一个初始化函数❹。该函数也有前面示例中的函数所具有的 self 参数，但它还有一个保存游戏根窗口 root 的 parent 参数。

基类也称为超类，函数 super()允许你调用超类中的函数，从而在子类中访问继承而来的函数。就本段代码而言，继承的函数来自 parent 参数指向的类。在 Game 类的__init__()函数中，首先调用 super()函数，并把 Game 作为它的第一个参数，这意味着你调用的是 Game 类的超类

Frame 的函数❺。然后，将 self 作为 super()函数的第二个参数，以引用新实例化的 Game 对象。super()函数后的__init__(parent)语句以 parent（根窗口）为参数，调用 Frame 类的初始化函数。现在，你定义的 Game 类可以使用在 Tkinter 的 Frame 类中预定义的属性。需要注意的是，该语句的调用形式可以简化为 super().__init__()。

接下来，定义一些实例属性，并为它们分配相应的初值❻。当对象创建时，对象自动调用的第一个函数就是__init__()函数，因此通过__init__()函数初始化类属性是一种较好的方法。这样一来，这些属性对于该类中的任何其他函数都变得可访问。首先，将父窗口（root 窗口）分配给类实例的 parent 属性。然后，定义一个保存图像文件名的 img_file 属性，并为该属性分配所有门都呈关闭状态的图像文件，如图 11-5 所示，即用户每次开始游戏时看到的图像。接着，依次为类实例定义已选门属性、中奖门属性和隐藏山羊的门属性。

然后，程序定义两个计数器，它们分别用于记录用户通过保持初始选择中奖的总次数和通过换门中奖的总次数❼。最后，调用 create_widgets()函数，创建运行游戏所需的标签、按钮和文本控件❽。

2. 创建图像和说明控件

清单 11-6 是 create_widgets()函数中定义的第一部分代码，它的功能是为游戏构建标签、按钮和文本控件。在该代码段中定义的前两个控件是 Tkinter 的标签，它们的功能分别是显示图 11-5 中的图像和向用户提供说明。

清单 11-6 定义创建各种控件的函数

monty_hall_gui.py，第 2 部分

```
❶ def create_widgets(self):
       """为游戏创建标签、按钮和文本控件。"""
       # 创建一个保存门形图像的标签
❷     img = tk.PhotoImage(file='all_closed.png')
❸     self.photo_lbl = tk.Label(self.parent, image=img,
                                  text='', borderwidth=0)
❹     self.photo_lbl.grid(row=0, column=0, columnspan=10, sticky='W')
❺     self.photo_lbl.image = img

       # 创建一个提供说明的标签
❻     instr_input = [
           ('Behind one door is CASH!', 1, 0, 5, 'W'),
           ('Behind the others:  GOATS!!!', 2, 0, 5, 'W'),
           ('Pick a door:', 1, 3, 1, 'E')
           ]
❼     for text, row, column, columnspan, sticky in instr_input:
           instr_lbl = tk.Label(self.parent, text=text)
           instr_lbl.grid(row=row, column=column, columnspan=columnspan,
                          sticky=sticky, ❽ipadx=30)
```

清单 11-6 定义了一个以 self 为参数、名为 create_widgets()的函数❶。首先，程序定义一个保存门形图像的变量 img❷。需要注意的是，因为仅在本地作用域中用到该变量，所以你不必在这个变量名称前加上 self。PhotoImage 类以图像文件名为参数，Tkinter 模块使用该类对象在画布、标签、文本以及按钮控件中显示图像。完成这一步骤后，你可以在 Tkinter 的标签控件中

使用该图像。接着，以 self.parent 和 img 为参数，利用 Label 类创建一个无文本的细边框标签控件，并将创建成功后的标签对象分配给 photo_lbl 变量❸。

为了将标签控件摆放到父窗口中，使用 grid() 函数以左对齐（由参数 W 指定）的方式将它放置到父窗口的第 1 行、第 1 列且图像跨越 10 列的区域内❹。这会使程序使用所有门都关闭的图像填充窗口的顶部区域。grid() 函数的 columnspan 选项使标签控件可以跨越父窗口中的多列。该值不会影响图像本身的大小，但会改变在图像下放置说明文本和其他控件的可用列数。例如，如果将参数 columnspan 的值设置为 2，那么你只有两列可用于放置游戏说明、按钮和计数信息。

在标签对象中引用 img 图像对象，完成图像标签的创建❺。如果不这样做，图像就不会一直显现。

根据 Tkinter 模块的文档，Tkinter 构建在另一个名叫 Tk 的软件产品之上，它们两者之间的接口无法正确处理对图像对象的引用。Tk 中的控件可以保存对内部对象的引用，但 Tkinter 中的控件不可以这样做。Python 使用垃圾回收器模块自动从不再需要的对象中回收内存。当 Python 内存分配器中的垃圾收集器丢弃 Tkinter 对象时，Tkinter 会告诉 Tk 释放图像对象占用的内存。但是因为程序正在使用它，所以不能将它设置为透明状态。对于该问题的解决方法，我建议你在程序中使用全局变量或实例属性。本程序采用的方法就是向部件实例添加新的属性（photo_lbl.image=img）。

最后，以标签控件的形式在父窗口中添加说明文本。在这个过程中，先定义一个参数列表，再利用 for 循环构建每个控件。首先，定义一个元素为元组的列表，该列表中的每个元组均包含一组用于生成 Label 对象的选项❻。在接下来的语句中，你可以看到每条语句表示的具体 Label 对象❼。随着 for 循环中每个语句的逐次执行，在父窗口中程序会按照指定的文本依次创建每个标签。然后，根据元组列表中的信息，利用 grid() 函数将创建的标签放置在窗口中指定的位置。

在调用 grid() 函数时，将其 ipadx 参数的值设置为 30❽。该选项表示标签中 x 方向的内部填充位置，你可以使用它调整窗口中文本的外观。在本例中，你将标签在 x 方向显示的位置加上 30 个像素，使文本在视觉上呈现出令人满意的对齐效果。

3. 创建单选按钮和文本控件

清单 11-7 继续补充和完善 create_widgets() 函数的定义，它为 3 扇门分别创建单选按钮控件。用户通过 A、B 和 C 3 个单选按钮选择初始门。而用户选择的结果会在后面定义的 win_reveal() 函数中得到处理。该函数的作用是确定中奖门，并向用户显示其中隐藏着羊的一扇门。

清单 11-7　create_widgets() 函数中生成单选按钮和文本控件的代码段

monty_hall_gui.py，第 3 部分

```
        # 创建一组用于获取用户初始选择的单选按钮
❶   self.door_choice = tk.StringVar()
        self.door_choice.set(None)

❷   a = tk.Radiobutton(self.parent, text='A', variable=self.door_choice,
                         value='a', command=self.win_reveal)
        b = tk.Radiobutton(self.parent, text='B', variable=self.door_choice,
                         value='b', command=self.win_reveal)
        c = tk.Radiobutton(self.parent, text='C', variable=self.door_choice,
```

```
                          value='c', command=self.win_reveal)

     # 创建一组让用户选择是否换门的单选按钮控件
❸ self.change_door = tk.StringVar()
     self.change_door.set(None)

❹ instr_lbl = tk.Label(self.parent, text='Change doors?')
     instr_lbl.grid(row=2, column=3, columnspan=1, sticky='E')

❺ self.yes = tk.Radiobutton(self.parent, state='disabled', text='Y',
                              variable=self.change_door, value='y',
                              command=self.show_final)
     self.no = tk.Radiobutton(self.parent, state='disabled', text='N',
                              variable=self.change_door, value='n',
                              command=self.show_final)

     # 创建用于显示中奖统计数据的文本控件
❻ defaultbg = self.parent.cget('bg')
❼ self.unchanged_wins_txt = tk.Text(self.parent, width=20,
                                      height=1, wrap=tk.WORD,
                                      bg=defaultbg, fg='black',
                                      borderwidth=0)
     self.changed_wins_txt = tk.Text(self.parent, width=20,
                                      height=1, wrap=tk.WORD, bg=defaultbg,
                                      fg='black', borderwidth=0)
```

　　创建另一组单选按钮，让用户选择是否换门。而用户的选择结果将会在稍后定义的show_final()函数中得到处理。除了向用户显示他最终所选的门后隐藏的是什么，在本清单的末尾，该函数还使用 Text 控件更新中奖的统计数据。

　　在清单 11-7 中，首先分别定义对应于这 3 扇门的单选按钮 A、B 和 C。当用户与 Tkinter的控件进行交互时，控件会产生对应的事件。你可以使用变量来跟踪这些事件，例如使用变量跟踪用户通过单选按钮选中的是哪一扇门。Tkinter 模块中具有特定于窗口控件的变量类。字符串类 StringVar 就属于这种变量，利用该类创建一个对象并将其分配给名为 door_choice 的变量❶。紧接着，利用 set() 函数将该对象的值设置为 None。

　　接下来，为 3 扇门分别设置单选按钮控件❷。用户通过单击其中的一个单选按钮来确定他的初始选择。以本按钮的父窗口、要显示的文本、变量 door_choice、单选按钮的值和单选按钮单击后对应的命令为参数，利用 Radiobutton 类创建出这样的单选按钮。该单选按钮会通过命令参数调用稍后定义的 win_reveal() 函数。需要注意的是，不要在函数名称后面加上圆括号。

　　重复此过程，实现对单选按钮 B 和单选按钮 C 的定义。这里涉及的主要操作是复制和粘贴，你需要更改的只是门的名称。

　　然后，定义一组让用户选择是否换门的单选按钮。首先，定义另一个新的字符串变量，它的作用与你在初始选择门时定义的变量一样❸。该变量中保存的值只能是 y 和 n，这取决于你选择哪个单选按钮。

　　紧接着，使用 Label 类为单选按钮构建说明标签❹。然后，创建名为 Y 的单选按钮对象，并将其保存至 self.yes 属性变量中❺。该单选按钮对象仍是一个以父窗口对象为参数的Radiobutton 类的实例，但其初始状态为 disabled。这样一来，单选按钮初始化时将呈现为灰色，因此用户在做出初始选择之前，不能尝试执行换门操作。参数 text 指定了单选按钮的名字。在这里用大写字母 Y 表示单词 yes 的缩写。将变量 change_door 当作单选按钮控件的 variable 参数，将 y 当作该控件 value 参数的值。将函数 show_final()当作单选按钮控件 command 参数的值。重复该过程，定义表示名为 N 的单选按钮对象，并将其保存至 self.no 属性变量中。

你还需要最后两个 Text 控件，它们分别用于显示用户通过换门中奖的总次数和通过保持初始选择中奖的总次数。利用 Text 类对象显示统计信息，并设置文本框的颜色，使其与父窗口的颜色相匹配。为此，先使用 cget()函数获取父对象的背景颜色，然后将其分配给变量 defaultbg❻。根据所给的参数选项，cget()函数会以字符串形式返回 Tkinter 控件当前的值。

之后，创建一个 Text 控件对象，显示在坚持初始选择的情况下，用户的中奖次数❼。当创建 Text 对象时，你需要为其指定一系列参数，它们分别是 Text 对象的父窗口、Text 控件的宽度和高度、文本超出行时的换行方式、背景色、前景色、文本颜色和文本框的边框宽度。需要注意的是，在这里你并没有为 Text 控件指定任何实际的文本。而该文本将通过后面定义的 show_final()函数来添加。

最后，重复该过程，创建另一个 Text 控件对象，显示用户在换门情况下的中奖次数。

4. 放置控件

清单 11-8 是 create_widgets()函数中定义的最后一部分代码，它的功能是使用 Tkinter 的网格几何管理器，在游戏窗口中放置其余未网格化的控件。

清单 11-8　调用控件的 grid()函数将控件放置到框架窗口内

monty_hall_gui.py，第 4 部分

```
    # 将控件放置到框架窗口内
❶ a.grid(row=1, column=4, sticky='W', padx=20)
   b.grid(row=1, column=4, sticky='N', padx=20)
   c.grid(row=1, column=4, sticky='E', padx=20)
   self.yes.grid(row=2, column=4, sticky='W', padx=20)
   self.no.grid(row=2, column=4, sticky='N', padx=20)
❷ self.unchanged_wins_txt.grid(row=1, column=5, columnspan=5)
   self.changed_wins_txt.grid(row=2, column=5, columnspan=5)
```

利用控件的 grid()函数，将模拟选择门的单选按钮放置在父窗口中❶。将 3 个控制门对应的单选按钮放置在同行同列中，并使用黏性对齐方式将它们分开，其中 W 表示左对齐，N 表示居中对齐，E 表示右对齐。使用 padx 参数调整它们之间的横向间距。对于其余的单选按钮，重复此过程。最后，放置统计中奖信息的文本控件，并允许它们在窗口右侧占据 5 列❷。

5. 更新门形图像

在游戏的整个过程中，你需要不断地模拟打开和关闭门的动作。清单 11-9 定义一个能够正确地更新门形图像的辅助方法。需要注意的是，在面向对象编程中，你无须将文件名当作该方法的参数。对象的所有函数都可以直接访问以 self 开头的属性。

清单 11-9　定义更新当前门形图像的函数

monty_hall_gui.py，第 5 部分

```
❶ def update_image(self):
       """更新当前门形图像。"""
```

```
❷ img = tk.PhotoImage(file=self.img_file)
❸ self.photo_lbl.configure(image=img)
❹ self.photo_lbl.image = img
```

在清单 11-9 中，定义一个以 self 为参数的 update_image()函数❶。然后，创建 PhotoImage
类对象，这与你在清单 11-6 中所做的一样❷。变量 self.img_file 的值（文件名）会在其他函数
中得到更新。

因为已经创建了保存门形图像的标签，所以可以使用 configure()函数改变标签显示的图像。
在本程序中，该函数指的是加载新图像❸。而对于使用标签去加载新图像的操作，你既可以使
用 configure()函数，也可以使用 config()函数。

最后，为了防止垃圾回收机制销毁新创建的图像对象，将它赋给标签控件的属性变量❹。

6. 选择中奖门和露出门后的山羊

清单 11-10 为 Game 类新定义一个函数，该函数的功能是先选择中奖门和向用户展示藏有
山羊的门，然后向用户打开藏有山羊的门，一段时间后再关闭已打开的这扇门，向用户显示门
后藏的山羊。当用户选择初始门后，该操作会激活表示“是”（Y）和“否”（N）的单选按钮，
使这两个按钮从灰色的不可选状态变成正常的可选状态。

清单 11-10　定义一个随机选择中奖门和打开藏有山羊的门的函数

monty_hall_gui.py，第 6 部分

```
❶ def win_reveal(self):
      """随机地选择一个门作为中奖门，并打开那扇藏有山羊的门。"""
❷    door_list = list(self.doors)
❸    self.choice = self.door_choice.get()
      self.winner = random.choice(door_list)

❹    door_list.remove(self.winner)

❺    if self.choice in door_list:
          door_list.remove(self.choice)
          self.reveal = door_list[0]
      else:
          self.reveal = random.choice(door_list)

❻    self.img_file = ('reveal_{}.png'.format(self.reveal))
      self.update_image()

      # 使“是”（Y）和“否”（N）单选按钮变成正常的可选状态
❼    self.yes.config(state='normal')
      self.no.config(state='normal')
      self.change_door.set(None)

      # 两秒后，关闭已打开的那扇藏有山羊的门
❽    self.img_file = 'all_closed.png'
      self.parent.after(2000, self.update_image)
```

在清单 11-10 中，定义一个以 self 为参数的函数 win_reveal()❶。在该函数内部，首先根据
类的属性 doors 构造一个表示门的列表❷。稍后，根据用户的初始选择和程序随机选择的中奖
门，你将会改变这个列表。

接下来，通过属性 self.door_choice 的 get()函数，将它的值赋给属性 self.choice❸。该属性

的具体值取决于用户初始选择时单击的是哪个单选按钮。然后，随机地从门的列表中选择一个表示中奖的门。

接着，从表示门的列表中删除代表中奖的那扇门❹。然后，使用条件语句判断用户选择的门是否仍在表示门的列表中。因为用户选择的门还不能打开，所以当它在表示门的列表中时，就从该列表中删除它❺。此时，表示门的列表中仅有一个元素，即只有一扇门，将该元素赋给属性 self.reveal。

如果用户已选择的门恰好是中奖的那扇门，那么表示门的列表中将会剩余两个元素，即有两扇门。此时，随机地从两个元素中选择一个，并将其赋给属性 self.reveal。然后，根据 self.reveal 的值更新属性 self.img_file 的值。之后，调用 update_image()函数更新在标签控件中显示的门形图像❻。图 11-6 所示为一个程序打开门 B 时的示例。

图 11-6 打开门 B 后显示的山羊图像

紧接着，使单选按钮"是"（Y）和"否"（N）从无效（disabled）状态变成正常的（normal）可选状态❼。该操作完成后，这两个按钮上的灰色也会褪去。最后，将图像文件属性 self.img_file 绑定的值更改为 all_closed.png 图像文件。当已打开的图像显示时间超过 2000 毫秒时，通过父窗口上的 after()函数调用 self.update_image()函数❽。

7. 打开用户最终选择的门

清单 11-11 定义获取用户最终选择的门和显示其隐藏内容的函数开头部分。该函数还会记录用户通过换门中奖的总次数和通过保持初始选择中奖的总次数。

清单 11-11 打开用户最终选择的门和显示中奖结果统计信息的函数定义

monty_hall_gui.py，第 7 部分

```
❶ def show_final(self):
       """打开用户最终选择的门及显示中奖结果的统计信息。"""
   ❷ door_list = list(self.doors)

   ❸ switch_doors = self.change_door.get()

   ❹ if switch_doors == 'y':
          door_list.remove(self.choice)
```

```
          door_list.remove(self.reveal)
❺   new_pick = door_list[0]
❻   if new_pick == self.winner:
          self.img_file = 'money_{}.png'.format(new_pick)
          self.pick_change_wins += 1
      else:
          self.img_file = 'goat_{}.png'.format(new_pick)
          self.first_choice_wins += 1
❼ elif switch_doors == 'n':
❽     if self.choice == self.winner:
          self.img_file = 'money_{}.png'.format(self.choice)
          self.first_choice_wins += 1
      else:
          self.img_file = 'goat_{}.png'.format(self.choice)
          self.pick_change_wins += 1

      # 更新标签控件中显示的图像
❾   self.update_image()
```

上面的清单定义一个以 self 为参数的 show_final()函数❶。首先，再次根据属性 self.doors 构建一个表示门的列表❷。然后，获取 self.change_doors 的值，并将其赋给名为 switch_doors 的属性变量❸。该属性变量的值只能是'y'和'n'，这取决于用户单击了哪个单选按钮。

如果用户选择换门❹，那么就从表示门的列表中依次删除用户初始选择的门和打开的门。然后，将表示门的列表中剩余的最后一个元素赋给属性 new_pick❺，该属性的值即为用户对应的换门选择结果。如果中奖门就是用户所换的那扇门❻，那么就将对应的中奖图像文件名赋给属性 self.img_file，同时让表示通过换门方式中奖的计数器 self.pick_change_wins 的值加 1。否则，就将对应的山羊图像文件名赋给属性 self.img_file，同时让这个通过保持初始选择而中奖的计数器 self.first_choice_wins 的值加 1。

如果用户决定不换门❼，并且初始选择的那扇门就是中奖门❽，那么就将对应的中奖图像文件名赋给属性 self.img_file，同时让计数器 self.first_choice_wins 的值加 1。否则，就将对应的山羊图像文件名赋给属性 self.img_file，同时让计数器 self.pick_change_wins 的值加 1。

最后，调用 update_image()函数更新标签部件中显示的图像❾。同样地，因为该函数可以使用前面代码中已更改的 self.img_file 属性，所以不需要将图像文件的名称当作它的参数。

8. 显示统计数据

清单 11-12 补充和完善 show_final()函数最后一段代码的定义，它的功能是更新游戏窗口中显示的中奖方式统计数据，使"是"（Y）和"否"（N）单选按钮失效，让标签控件显示所有门都呈关闭状态的图像。

清单 11-12 显示统计数据、使单选按钮失效及关闭所有门

monty_hall_gui.py，第 8 部分

```
      # 更新游戏窗口中显示的中奖方式统计数据
❶   self.unchanged_wins_txt.delete(1.0, 'end')
❷   self.unchanged_wins_txt.insert(1.0, 'Unchanged wins = {:d}'
                                    .format(self.first_choice_wins))
      self.changed_wins_txt.delete(1.0, 'end')
      self.changed_wins_txt.insert(1.0, 'Changed wins = {:d}'
                                    .format(self.pick_change_wins))
```

```
       # 使"是"（Y）和"否"（N）单选按钮失效
❸ self.yes.config(state='disabled')
   self.no.config(state='disabled')
❹ self.door_choice.set(None)

   # 两秒后，让标签控件显示所有门都呈关闭状态的图像
❺ self.img_file = 'all_closed.png'
   self.parent.after(2000, self.update_image)
```

在清单 11-12 中，首先将文本控件对象 self.unchange_wins_txt 中的所有文本都删掉❶。在该操作中，删除文本的索引起始位置是 1.0，即指定的位置格式为 line.column。因此，你指定的起始删除位置是文本控件的第 1 行和第 1 列（行号从 1 开始，列号从 0 开始）。而索引的结束位置参数是'end'，这会删除掉从起始索引开始及其后的所有文本。

接下来，使用文本控件的 insert()函数将 self.first_choice_wins 属性的值以及一些描述性文本添加到文本控件中❷。同样地，向控件插入的文本的起始位置仍是 1.0。

对文本控件 self.changed_wins_txt 也重复该过程。然后，通过单选按钮的 config()函数将其状态设置为'disabled'，使"是"（Y）和"否"（N）两个单选按钮都失效❸。接着，将字符串变量 self.door_choice 的值设置为 None，使游戏重新开始❹。

在该函数的最后，让标签控件显示所有门都呈关闭状态的图像❺。

9. 建立根窗口和执行事件循环

清单 11-13 是程序 *monty_hall_gui.py* 中的最后一部分代码，它的功能是建立 tkinter 的根窗口，实例化已定义的 Game 类对象，执行事件循环 mainloop()。你也可以将这段代码封装在 main()函数中。

清单 11-13 建立根窗口、创建 Game 类对象及执行事件循环

monty_hall_gui.py，第 9 部分

```
   # 建立根窗口，执行事件循环
❶ root = tk.Tk()
❷ root.title('Monty Hall Problem')
❸ root.geometry('1280x820')   # 图片的大小为 1280 像素 x 720 像素
❹ game = Game(root)
   root.mainloop()
```

在清单 11-13 中，首先实例化一个无参数的 Tk 类对象❶。这样做的目的是创建一个顶层的 Tkinter 游戏应用程序根窗口控件，并将创建的窗口对象赋给名为 root 的变量。

接下来，指定窗口的标题❷和尺寸大小（以像素为单位）❸。需要注意的是，图像的尺寸大小会影响到窗口的几何布局，因此这样的尺寸设置使它们完美地放到了窗口中，同时在其下方为游戏操作说明和数据统计信息留下了宽敞的空间。

然后，创建一个 Game 类对象❹，同时将游戏根窗口对象 root 当作它的参数。这样一来，就可以把新创建的游戏控件都放置在根窗口 root 中。

最后，调用根窗口对象 root 的 mainloop()函数，该函数会使窗口一直处于打开的状态，并等待处理程序中发生的事件。

11.4　本章小结

在本章中，首先通过简单的蒙特卡罗模拟程序，你进一步确认了换门是解决蒙蒂·霍尔问题的最佳策略。然后，你使用 Tkinter 模块构建了一个有趣的带有图形界面的蒙蒂霍尔游戏，使得用户可以动手测试该结论。最重要的是，你学习了如何使用面向对象的编程方式去构建可响应用户输入的交互式窗口控件。

11.5　延伸阅读

在 10.10 节中，你可以获得更多与 Tkinter 有关的参考资料。

11.6　实践项目：生日悖论

一个房间需要有多少人才能使他们中的两个人的出生日期相同的概率达到50%？根据生日悖论的结论，这个房间里并不需要有多少人。该问题与蒙蒂·霍尔问题一样，它们的实际结论都与我们的直觉相悖。

利用蒙特卡罗模拟的方法，尝试确定两个人生日相同的概率达到50%时房间里大约需要有多少人。在程序执行过程中，它会记录和输出房间里含有的人数及其中两个人生日相同的概率。如果你发现自己正在寻找如何格式化日期，那就停止这样做，在程序中采用日期的简化表示方式吧。在本书的附录和配套资源中，你可以找到该实践项目对应的程序 *birthday_paradox_practice.py*。

11

第 12 章　储蓄安全

婴儿潮一代是指出生于 1946 年至 1964 年的美国人。他们形成了约占美国人口 20% 的庞大群体。他们对美国文化的各个方面都产生了巨大的影响。在数十年间，与投资增长相关的金融业的迅速发展，满足了他们生存的需求。在 2011 年，婴儿潮中最年长的那一批人已经 65 岁。他们开始大批地离开工作岗位，平均每天约有 10000 人退休。由于婴儿潮一代的平均寿命比前几代人长，因此他们可以享受同职业生涯一样长的退休时光。在这 30 至 40 年的工作时间里，为日后的生活积攒资金是头等大事。

为了增加婴儿潮一代的财富，财务顾问主要依靠简单的"4% 规则"来制定退休计划。简而言之，对于退休后的每一年，如果你花费的钱不超过退休时总储蓄的 4%，你将永远不会用光自己的金钱。但是正如马克·吐温所说，"所有的归纳都是错误的，包括这一条！"我们投资的价值和支出的数额经常在变化，而这是我们无法控制的。

金融业将蒙特卡罗模拟作为 4% 规则的一种复杂替代方法（有关蒙特卡罗模拟的概述，请参见第 11 章）。借助蒙特卡罗模拟，你可以模拟退休策略和对比成千上万人制定的退休策略的优劣。本章的目标是：根据你的预期剩余寿命，在不耗尽退休后积蓄的情况下，确定你每年可以花多少钱。

与其他方法相比，蒙特卡罗模拟的优势会随着不确定性源的增加而增加。在第 11 章中，你学习了将蒙特卡罗模拟应用于简单概率分布的单变量模型上。而在本章中，你将了解人的一生中存在的各种不确定性，同时还会学习观察和分析股票、债券市场及通货膨胀的真实周期及它们的相互依赖性。这可以使你评估不同退休策略之间的优劣，从而过上安稳幸福的退休生活。

12.1　项目 20：模拟退休生活

如果你认为自己还太年轻，不必担心退休后的生活问题，那就请你再慎重考虑一下。婴儿潮一代中持有此类想法的人，有超过一半的人都没有为退休准备充足的储蓄。对大多数人来说，他们开始储蓄的时间会直接影响退休后生活质量的差别，较早开始储蓄的人往往过的是富足的生活，而较晚开始储蓄的人过的则是清贫的日子。由于复利的巨大"魔力"，即使是少量的储蓄也能在几十年内获得丰厚的回报。尽早知道自己以后需要的储蓄数额，并制定现实的储蓄计划，可以让你在退休后顺利地过上无忧的生活。

目标

利用蒙特卡罗模拟，估算你在退休时储蓄耗尽的概率。将退休年限视为一个关键的不确定性变量，并根据股票、债券和通货膨胀的历史数据，观察和分析它们的周期性及相互之间的依赖关系。

12.1.1　策略

为了完成你的退休规划，请赶快看看其他人的做法。网上有许多免费可用的储蓄计算器。如果试用了这些计算器，你会发现它们的输入参数都具有很强的可变性。

具有许多参数的计算器似乎很好，如图 12-1 所示，但是随着每个参数设置细节的增加，尤其是在涉及复杂税法的情况下，你就会陷入无法使用这种计算器的困境。当你在预测未来 30 到 40 年的资金状况时，这些细节可能会造成巨大的干扰。因此，好的储蓄计算器应该保持简单，它还应专注于最重要且可控制的问题。你可以控制的事情有退休时间、投资资产分配、储蓄数额和支出数额，而你无法控制的事情有股市、利率和通货膨胀等。

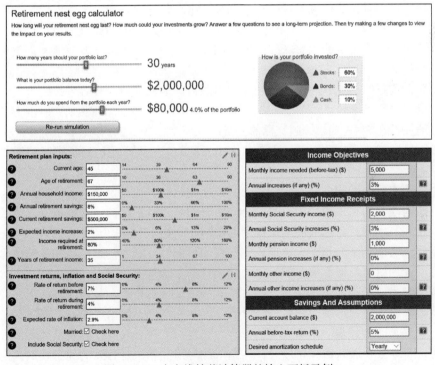

图 12-1　3 个在线储蓄计算器的输入面板示例

当不知道问题的"正确"答案时，你最好根据各种情况发生的概率做出决策。而对于那些可能会导致用光资金的"致命错误"决策，理想的解决方法是减小该事件发生的概率。

在本项目开始之前，需要知道一些与财务相关的术语。因此，下面列出了一些你可能会使用到的财务术语。

债券：债券是一种把你的钱借给政府、公司等实体机构的投资方式。当发行实体没有破产和违约时，债券到期后借款人会按照约定的利率（债券的收益率）向你支付利息，同时也会返还向你借出的全部款项。债券的价值会随着时间的推移而上下波动，因此如果提前卖出债券，那么你可能会蒙受亏损。由于债券能够提供安全、稳定、可预测的回报，因此它对退休人员很有吸引力。不幸的是，这样的债券大多数收益率偏低，因此很容易受到通货膨胀的影响。

有效税率：有效税率是指个人或已婚夫妇的平均税率，它包括地方税、州税和联邦税。税收本身相当复杂，主要是由于州和地方的税率政策间有较大差异，税务减免和税率调整这样的事情也时有发生，税率还会随着收入类型的不同而有所改变（如资本的短期和长期收益）。税率也是会逐渐增加的，这意味着随着收入的增加，你要按比例支付更多的税额。金融服务公司 The Motley Fool 公布的数据显示，2015 年美国人的平均总收入税率为 29.8%，这还不包含销售税和财产税。由于税率规则的复杂性，对于这个项目，你可以通过调整提款（支出）参数的方式将税收的影响考虑在内。

指数：同时投资多种资产是一种最安全的投资方式。记住，不要把所有的鸡蛋都放在同一个篮子里。指数是一种假想的证券投资组合或篮子组合，它旨在表示金融市场的主体状况。例如，标准普尔 500 指数（Standard & Poor, S&P）代表美国最大的 500 家公司，这些公司大多是红利支付型公司。基于指数的投资（如指数共同基金）使投资者可以方便地购买包含数百家公司股票的资产产品。

通货膨胀：通货膨胀是一种需求增加、货币贬值、能源成本上升等导致的价格随时间而上涨的金融现象，它是财富的"阴险破坏者"。通货膨胀率通常是动态变化的，但自 1926 年以来，它每年稳定地保持在 3%左右。按照这样的通货膨胀速度，每隔 24 年货币的价值会减半。通常，轻微的通货膨胀（1%～3%）表现为经济增长，工资上升。而严重的通货膨胀和通货紧缩都是我们不期望的。

案例个数：案例个数指的是在蒙特卡罗模拟期间试验的执行次数。每个案例都表示单个人退休后的生活周期，而在本项目中，我们会采用一系列随机选择的值来模拟它。为了使模拟试验具备可重现性，本项目将选取的案例数量定在 50000 到 100000 个之间。

破产概率：破产概率是指在退休前用完储蓄的可能性。利用储蓄用尽的案例数除以案例总数，你就可以计算出这个概率值。

起始值：起始值是指在退休生活开始时持有的流动性总资产，包括支票账户、经纪账户、递延税款型个人退休账户等在内的总资产价值。流动性资产不包括房屋、汽车等资产。

股票：股票是一种代表公司所有权的证券，它也代表对公司资产和收益拥有部分债权。许多公司会向持有本公司股票者支付股息，这是一种与债券和银行存款的利息相似的定期支付方式。对普通人来说，股票是增加财富的最快方法，但是它也存在着一定的风险。股票价格可能会在短时间内发生巨大变化，这种情况可能是由公司的业绩波动造成的，也可能是投资者的贪婪或恐惧心理导致的。退休人员倾向于投资那些支付股息最多的公司，因为与那些小的公司相比，它们会提供固定的收益且股票价格波动也较小。

总收益：资本收益（资产价值的变化，如股票价格）、利息和股息的总和称为投资的总收益，它通常按年度报价。

提款：提款也称为花销或支出，它是指支付给定年份的所有花销需要的税前总收入。对 4% 规则而言，这将代表退休第一年起始值的 4%。在随后的每一年该数字应随通货膨胀率而适当调整。

1. 历史收益问题

采用固定值方式计算投资回报和通货膨胀率的储蓄模拟器会严重扭曲事实。预测能力仅取决于基本假设，而回报率可能具有高度的波动性、相互依赖性和周期性。在退休的初始阶段或支出了巨额的意外花费的情况下，如果此时也出现了长时间的市场低迷，那么这种波动对退休人员的影响最大。

图 12-2 所示为美国某公司的标准普尔 500 指数和 10 年期国债的年收益率，这是一种安全的中等风险固定收益型投资。该图还显示了年度通货膨胀率和重大金融事件，例如大萧条。

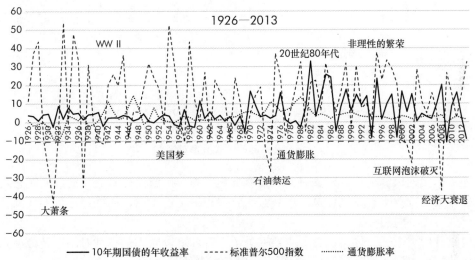

图 12-2　1926—2013 年，在通货膨胀率的影响下，股票和债券市场每年的总收益

金融学者对图 12-2 中的总回报趋势进行了长期的观察和研究，得出了一些与美国市场有关的重要结论。

- 上升（牛市）市场的持续时间往往是下降（熊市）市场的 5 倍。
- 有害的高通货膨胀率的持续时间可能会达到 10 年之久。
- 债券的回报率往往很低，甚至难以跟上通货膨胀的步伐。
- 股票收益率很容易超过通货膨胀率，但它的价格总是出现大幅波动。
- 股票的收益与债券的收益通常成反比关系，这意味着股票收益会随着债券收益的增加而下降，反之亦成立。
- 大型公司的股票和国债都不能保证你的收益稳步上升。

　　根据这些信息，财务顾问会建议退休人员进行多种投资方式相结合的多元化投资。该策略使用一种投资类型作为对另一种投资类型的"对冲"，抑制高点，提高低点，从理论上降低投资的波动性。

　　图 12-3 所示为标准普尔 500 指数的年度投资收益图和按照比例依次是 40%、50%、10% 的假设将标准普尔 500 指数、10 年期国债和现金储蓄混合在一起的年度投资收益图。3 个月期的国库券是一种短期债券，它具有价格稳定和收益率低的特点，也是现金储蓄投资方式的一种表现形式。

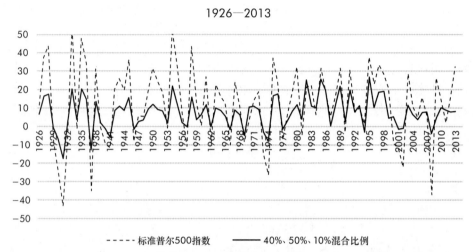

图 12-3　1926—2013 年间标准普尔 500 指数与将标准普尔 500 指数、10 年期国债和现金储蓄混合在一起的年收益率对比

　　这种多样化的投资组合方式提供的收益率变化比单一的股票投资更平稳，同时它还能在一定程度上避免通货膨胀。在线计算器总是假定收益是恒定的正值，而按照这种方式来计算收益肯定会产生与之不同的结果。

　　通过查看历史数据，你可以查看收益率处于上升和下降状态的持续时间以及最高点和最低点。它还解释了 4% 规则完全忽略掉的东西：黑天鹅事件。

　　黑天鹅事件是指出现了不太可能发生的结果。它既可以指诸如你与伴侣见面这样的好事，也可以指像 1987 年 10 月股市崩盘那样的坏事。蒙特卡罗模拟的优点是它可以将这些意外事件考虑在内。而它的缺点是你必须进行编程，如果这些事件确实不可预测，那么在程序中，你怎么知道要包含什么呢？

　　在历史年度收益列表中，你可以查询到已发生的黑天鹅事件，例如大萧条。在程序中处理黑天鹅事件的一种常见方法就是假定将来不会发生比历史年度收益结果更糟或更好的情况。当模拟过程中用到大萧条时期的数据时，模拟投资组合中的股票、债券和通货膨胀行为将与实际投资组合中的相同。

　　如果使用过去的数据显得过于受限，你也可以对过去的结果进行重新编辑，从而使谷值更低，峰值更高。但是，大多数人都是务实的，并且乐于应对他们知道的已发生事件（不是指世界毁灭和外星人入侵地球之类的事件）。因此，在现实情况中，真实的历史年度收益结果为财务规划提供了一种很可靠的方法。

一些经济学家认为，1980 年以前的通货膨胀和收益数据用处有限，因为美联储现在在货币政策和控制通货膨胀方面发挥了积极的作用。从另一方面来看，这也是我们考虑让黑天鹅事件出现在年度投资收益预测中的缘由。

2. 最大不确定性

退休计划中最大的不确定性是你或你配偶的死亡日期，财务顾问将其委婉地称为"计划终止"日期。这种不确定性会影响每一个与退休计划相关的决定，例如你何时退休，你在退休后将花费多少钱，你何时接受社会基本保障，你要给你的继承人留下多少钱等。

保险公司和政府通过精算寿命表来处理这种不确定性。根据人口的死亡寿命数据，精算寿命表可以预测给定年龄的人在死亡前预期还能存活的平均剩余年数，即预期剩余寿命。你可以在本书的配套资源中找到与精算寿命表有关的链接。由这个表可知，在 2014 年 60 岁的女性的预期剩余寿命为 24.48 年。这意味着退休养老计划预计在她 84 岁时终止。

精算寿命表适用于人口众多的平均情形，但对个人而言，这只是预测剩余寿命的基本条件。在准备规划自己的退休计划时，你还应考虑一系列影响寿命的因素，例如家族寿命史和个人健康状况。

若要在计算仿真中模拟这种不确定性，你可以将退休后剩余寿命视为一个变量，而它的值是从频率分布中随机选择的。例如，通过输入你所期望的退休后剩余寿命的最大概率值、最小值和最大值，可以构建退休后剩余寿命的三角形分布。从精算寿命表中可以获取退休后剩余寿命的最大概率值，但在选取退休后剩余寿命的值时，你也应该将个人的健康状况和家族寿命史考虑在内。

图 12-4 所示为 60 岁退休男性预期剩余寿命的三角形分布结果，其中预期剩余寿命的最小值为 20 年，最大概率值为 22 年，最大可能值为 40 年。该分布选取的样本总数为 1000。

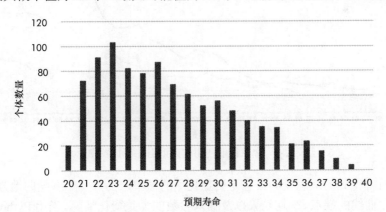

图 12-4 三角形分布中 1000 个样本的预期剩余寿命与个体数量之间的关系

正如你从图中所看到的一样，最小值和最大值之间的每个可能的年龄间隔都可用于模拟试验，但是在该间隔内，从最大概率值到可能的最大值之间，预期剩余寿命的频率分布总体呈现出逐渐减少的趋势。图中的数据表明年龄值有可能达到 100 岁，但是这种情况不太可能出现。需要注意的是，该图中的预期剩余寿命出现了明显大于预期最大概率值的倾向。这将确保你获得的评估结果是保守的。从财务管理者的角度来看，早逝是一种乐观的结果，而实际寿命超过预期寿命则是一种大的财务风险。

3. 以定性方式呈现结果

蒙特卡罗模拟的主要问题在于，如何理解让试验执行数千次的目的，如何用易于理解的方式呈现模拟结果。大多数的在线储蓄计算器都用图 12-5 所示的图表来呈现最终的模拟结果。在该图示中，计算机先执行 10000 次模拟试验，然后从中选定一些结果来绘制模拟结果图表，其中 x 轴表示年龄，y 轴表示投资价值。从退休投资曲线可以看出，起始阶段的投资价值收敛于曲线左侧，而在退休计划临近结束时，投资价值收敛于曲线右侧。此外，该图还提供了退休期间资金能够持续使用的总体概率。财务顾问会认为，当能够持续提供资金的概率值低于 80% 到 90% 时，这样的投资计划是有风险的。

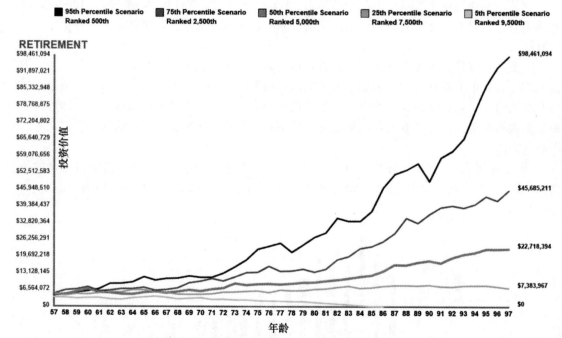

图 12-5　金融行业使用的典型退休模拟器图示

从这类分析中得到的最重要的信息是资金耗尽的概率。另外一个有趣的地方是你还可以看到投资价值变化曲线的端点、平均结果以及输入参数的大致变化情况。当用 Python 程序模拟时，你可以在解释器窗口中将这些参数和结果输出，如下所示：

```
Investment type: bonds
Starting value: $1,000,000
```

```
Annual withdrawal: $40,000
Years in retirement (min-ml-max):17-25-40
Number of runs: 20,000

Odds of running out of money: 36.1%

Average outcome: $883,843
Minimum outcome: $0
Maximum outcome: $7,607,789
```

在图形化的演示程序中，与其重复其他人所做的工作，不如找到一种新的方式来呈现模拟结果。对于每种情况下的模拟结果，你可以在条形图中用垂直的线条来表示它，如图 12-6 所示。

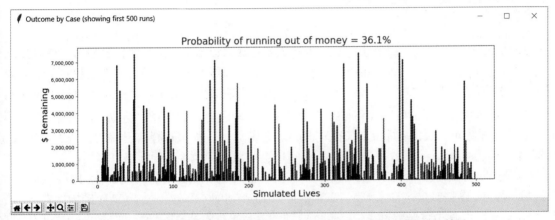

图 12-6　在条形图中用垂直的线条表示退休期间花光资金的概率模拟结果

在这个图例中，每个垂直线条表示模拟的单个个体在退休后的预期剩余寿命，每个线条的高度表示该个体寿命结束时其剩余的资金总数。因为每个条形图并不表示连续的测量间隔，而表示一个单独的类别，所以你可以在不影响数据实际值的情况下，以任意顺序重新排列这些条形图。图中的缺口表示资金耗尽的情况，你可以按照它们在模拟试验中出现的顺序，将它们也包含在条形图中。使用解释器窗口中的定量统计数据，该条形图以定量的方式表示模拟结果。

这张图表的波峰和波谷表示你未来命运的许多种变化。通过制定财务计划，你可以提高图表中的波谷值，从而消除或大大降低退休后破产的概率。

为了制作出这样的图表，你将使用一个支持 2D 绘图和基本 3D 绘图功能的 Matplotlib 模块。若想了解更多有关 Matplotlib 模块的知识及其安装方法，请阅读第 10.1.5 小节中的内容。

12.1.2　伪代码

基于前面讨论的内容，程序设计的策略应该是：重点注意一些关键的退休参数，同时在模拟试验中要使用金融市场的历史数据。下面是这个程序的伪代码：

获取用户选择的投资类型输入（所有股票、债券及混合股票）
构建投资类型与历史收益列表之间的字典映射关系
获取用户输入的投资起始值
获取用户输入的最短、最长概率和最长退休时间的值
获取用户输入的模拟案例总数

创建一个保存最终的投资模拟结果的列表
循环遍历所有案例；
    对于每个案例：
        将收益率列表当作样本，随机地提取一段对应于个体生命期的连续收益数据
        从通货膨胀率列表中提取相应年份的通货膨胀数据
        对于样本中的每一年：
            如果年份不等于 1：
                通过调整提款额来应对通货膨胀
            从投资总额中减去提款额
            调整投资回报值
            如果投资总额小于等于 0：
                令投资总额等于 0
                退出循环
        将投资收益值添加到投资模拟结果列表中
    显示所有输入参数
    计算和显示花光储蓄的概率
    计算和显示统计结果
    获取投资模拟结果的一个子集，并用条形图呈现这个子集

12.1.3　获取历史收益数据

在许多网站上，你都可以找到与投资收益和通货膨胀有关的信息，但我已经将你需要的信息汇总成一系列可下载的文本文件（在本书的配套资源中）。如果选择自己编制投资收益和通货膨胀信息清单，那么请注意，它们的估算值可能会因所在的地区不同而略有差别。

为了获取投资收益率数据，我使用了 3 种投资工具，即标准普尔 500 指数、10 年期国债和 3 月期国库券。这些数据全部来源于 1926 年至 2013 年期间（1926 年至 1927 年的国库券价值是一个估算值）。我使用这些数据生成了同一时期的混合投资收益率数据。下面是这些数据对应的文件名及描述。

SP500_returns_1926-2013_pct.txt：标准普尔 500 指数的总收益率（1926 年至 2013 年）。

10-yr_TBond_returns_1926-2013_pct.txt：10 年期国债的总收益率（1926 年至 2013 年）。

3_mo_TBill_rate_1926-2013_pct.txt：3 月期国库券的收益率（1926 年至 2013 年）。

S-B_blend_1926-2013_pct.txt：标准普尔 500 指数和 10 年期国债按 1:1 组合获得的总收益率（1926 年至 2013 年）。

S-B-C_blend_1926-2013_pct.txt：标准普尔 500 指数、10 年期国债和 3 月期国库券分别按 4:5:1 组合获得的总收益率（1926 年至 2013 年）。

annual_infl_rate_1926-2013_pct.txt：美国年平均通货膨胀率（1926 年至 2013 年）。

下面是标准普尔 500 指数文本文件 SP500_returns_1926-2013_pct.txt 中的前 7 行内容：

```
11.6
37.5
43.8
-8.3
-25.1
-43.8
-8.6
```

这些数据的格式是百分数，但当把它们加载到程序中时，你需要将它们转换为十进制数表示的值。需要注意的是，文件内容中不包括年份，这是因为这些数据本身就是按日期顺序排列的。如果所有的文件都包含相同的时间间隔，那么年份本身将变得无关紧要。不过，为了较好

地管理这些数据，你最好在文件名中包含年份信息。

12.1.4　程序代码

将你编写的退休储蓄模拟器程序命名为 *nest_egg_mcs.py*。该程序需要使用 12.1.3 小节中列出的收益率和通货膨胀率数据文本文件。从本书的配套资源中可以下载到这些文本文件。请记住，你需要将这些文本文件与程序 *nest_egg_mcs.py* 放在同一目录下。

1. 导入模块、定义加载数据和获取用户输入的函数

清单 12-1 中的代码功能是：导入程序所需模块，定义读取历史收益率数据和通货膨胀率数据的函数，定义另一个用于获取用户输入数据的函数。当该程序已启动并正在运行时，你可以随意更改这些历史数据或向历史数据中添加新的数据来执行模拟试验。

清单 12-1　导入模块、定义加载数据的函数和获取用户输入的函数

nest_egg_mcs.py，第 1 部分
```
    import sys
    import random
❶ import matplotlib.pyplot as plt

❷ def read_to_list(file_name):
        """打开数据以百分比形式存储的文件，将读取的数据转换为十进制并存储至列表中，返回这个列表。"""
    ❸ with open(file_name) as in_file:
        ❹ lines = [float(line.strip()) for line in in_file]
        ❺ decimal = [round(line / 100, 5) for line in lines]
        ❻ return decimal

❼ def default_input(prompt, default=None):
        """允许使用输入中的默认值。"""
❽ prompt = '{} [{}]: '.format(prompt, default)
❾ response = input(prompt)
❿ if not response and default:
            return default
        else:
            return response
```

在清单 12-1 中，首先用 import 语句导入一些模块，这些都是你已经熟悉的模块。该程序使用 Matplotlib 模块来构建收益结果的条形图。而正如在 import 语句中所指定的那样，你只会用到它的绘图功能❶。

接下来，定义一个名为 read_to_list() 的函数，用于加载和处理文件中的数据内容❷。该函数以待加载和处理的文件名为参数。

在函数内部，使用 with 语句打开文件，该语句会使文件自动关闭❸。然后，使用列表推导方法生成文件内容对应的列表❹。紧接着，按四舍五入的原则，将以百分比形式表示的列表项转化为小数点后保留 5 位的十进制数❺。通常，历史收益率数据最多只保留到小数点后两位，因此将它们四舍五入小数点后 5 位已经足够了。你可能会注意到此程序使用的某些数据的值会有更高的精确度，这是因为它们在 Excel 中进行了某些预处理。在函数定义的末尾，返回列表 decimal❻。

12

然后，定义一个名为 default_input() 的函数，用于获取用户的输入❼。该函数有两个名字分别为 prompt 和 default 的参数。当调用该函数时，程序会为它的这两个参数指定具体的值。该函数会用 print() 函数输出这两个参数的值，而该函数的默认参数值会显示在方括号中❽。接着，创建一个名为 response 的变量，保存用户的输入❾。若用户没有输入任何内容且存在默认值，则该函数返回默认值；否则，它就返回用户输入的值❿。

2. 获取用户输入

清单 12-2 中的代码功能是：加载数据文件，建立历史收益率列表与投资类型名称之间的字典映射关系，以及获取用户输入。建立这样一个字典是为了向用户提供多种类型的投资选择。总体而言，用户的输入包括以下内容。

- ❑ 可使用的投资类型（股票、债券和两者的组合）。
- ❑ 退休后储蓄的起始值。
- ❑ 每年的提款额或支出额。
- ❑ 退休后预期剩余寿命的最小值、最大概率值和最大值。
- ❑ 案例个数（试验模拟的次数）。

清单 12-2 加载数据、构建用户选择与收益率列表之间的映射及获取用户输入

nest_egg_mcs.py，第 2 部分

```
     # 加载数据以百分比形式存储的文件
❶  print("\nNote: Input data should be in percent, not decimal!\n")
   try:
       bonds = read_to_list('10-yr_TBond_returns_1926-2013_pct.txt')
       stocks = read_to_list('SP500_returns_1926-2013_pct.txt')
       blend_40_50_10 = read_to_list('S-B-C_blend_1926-2013_pct.txt')
       blend_50_50 = read_to_list('S-B_blend_1926-2013_pct.txt')
       infl_rate = read_to_list('annual_infl_rate_1926-2013_pct.txt')
   except IOError as e:
       print("{}. \nTerminating program.".format(e), file=sys.stderr)
       sys.exit(1)

     # 获取用户输入；构建投资类型的字典变量
❷  investment_type_args = {'bonds': bonds, 'stocks': stocks,
                           'sb_blend': blend_50_50, 'sbc_blend': blend_40_50_10}

❸  # 向用户输出输入参数说明
   print("   stocks = SP500")
   print("    bonds = 10-yr Treasury Bond")
   print(" sb_blend = 50% SP500/50% TBond")
   print("sbc_blend = 40% SP500/50% TBond/10% Cash\n")

   print("Press ENTER to take default value shown in [brackets]. \n")

     # 获取用户输入
❹  invest_type = default_input("Enter investment type: (stocks, bonds, sb_blend," \
                               "sbc_blend): \n", 'bonds').lower()
❺  while invest_type not in investment_type_args:
       invest_type = input("Invalid investment. Enter investment type " \
                           "as listed in prompt: ")

   start_value = default_input("Input starting value of investments: \n", \
```

```
                              '2000000')
❻ while not start_value.isdigit():
      start_value = input("Invalid input! Input integer only: ")

❼ withdrawal = default_input("Input annual pre-tax withdrawal" \
                              " (today's $): \n", '80000')
   while not withdrawal.isdigit():
      withdrawal = input("Invalid input! Input integer only: ")

   min_years = default_input("Input minimum years in retirement: \n", '18')
   while not min_years.isdigit():
      min_years = input("Invalid input! Input integer only: ")

   most_likely_years = default_input("Input most-likely years in retirement: \n",
                                     '25')
   while not most_likely_years.isdigit():
      most_likely_years = input("Invalid input! Input integer only: ")

   max_years = default_input("Input maximum years in retirement: \n", '40')
   while not max_years.isdigit():
      max_years = input("Invalid input! Input integer only: ")

   num_cases = default_input("Input number of cases to run: \n", '50000')
   while not num_cases.isdigit():
      num_cases = input("Invalid input! Input integer only: ")
```

在清单 12-2 中，先向用户输出一条"输入数据的形式应为百分比，而不应该是十进制"的警告信息❶。然后，使用函数 read_to_list()依次加载 6 个数据文件。为了捕获打开文件时可能产生的异常（如文件丢失或文件名不正确），将打开这 6 个文件的操作放置在 try 语句块内。之后，使用 except 语句块处理这些异常。如果你需要复习 try 和 except 语句使用方法方面的知识，那么请参考第 2.2 节的内容。

接下来，程序让用户选择在试验中模拟的投资类型。为了简化用户输入的投资类型名称，使用字典将简化的名称映射到刚刚加载的数据列表❷。稍后，你会将该字典及其键作为函数 montecarl()的参数，即 montecarlo(investment_type_args[invest_type])。在要求用户输入数据之前，输出输入参数说明❸。

然后，获得用户选择的投资类型❹。此时，程序会调用函数 default_input()，并输出用户可选的投资类型名称。通过字典变量 investment_type_args，程序会将这些名称映射回数据列表。从理论上讲，在这 4 种投资选择中，最稳定的收益组合为"sbc_blend"，因此将它设置为该函数的默认参数。为了处理用户输入包含大写字母的情形，请务必使用.lower()函数。对于其他可能的错误输入，程序利用 while 循环判断用户的输入是否属于字典变量 investment_type_args 中的键名称❺。如果用户的输入不属于字典中的键名称，那就向用户显示一条"请输入正确投资类型"的提示信息。

继续获取用户输入，并在程序中使用默认值，以引导用户输入合理的数据。例如，若起始值为 2000000 美元，则它的 4%是 80000 美元。当女性在 60 岁退休时，她的预期剩余寿命的最大概率值是 25 年；而若预期剩余寿命是 40 年，则她的年龄将达到 100 岁。当案例个数为 50000 时，你会很快得出用尽积蓄的概率值。

对于输入的数字型参数，为了防止输入的数字中包含美元符号（$）和逗号等，程序使用

while 循环检查输入是否为数字❻。对于提款金额，请使用提示信息让用户知道输入数字的单位是今天的美元，他们不必担心通货膨胀问题❼。

3. 检查其他错误输入

清单 12-3 中的代码功能是：检查其他类型的输入错误。用户输入的预期剩余寿命的最小值、最大概率值和最大值的顺序应该要合乎逻辑，并且强制规定剩余寿命的最长年限为 99。考虑到医学在抗衰老治疗方面取得的重大进展，允许乐观的用户将退休后的剩余寿命值设置得更大。

清单 12-3　检查其他类型的错误输入及退休后剩余寿命的上限

nest_egg_mcs.py，第 3 部分

```
    # 检查其他类型的错误输入
❶  if not int(min_years) < int(most_likely_years) < int(max_years) \
       or int(max_years) > 99:
❷     print("\nProblem with input years.", file=sys.stderr)
       print("Requires Min < ML < Max & Max <= 99.", file=sys.stderr)
       sys.exit(1)
```

在清单 12-3 中，使用条件语句来确保用户输入的剩余寿命最小值小于剩余寿命最大概率值，以及剩余寿命最大概率值小于剩余寿命的最大值❶。同时，还要保证剩余寿命的最大值不能超过 99❷。如果条件语句检查到用户的输入存在问题，那么就先向用户发出警告信息，同时提供一些错误的解释说明，然后退出程序。

4. 定义蒙特卡罗模拟函数

清单 12-4 定义执行蒙特卡罗模拟函数的第一部分。该函数通过循环遍历每种案例，根据用户输入的剩余退休年数采样历史数据。而对于收益率列表和通货膨胀率列表，程序都会随机地选择一个起始年份，即列表的索引。变量 duration 存储了用户退休后的剩余寿命，它是一个根据用户的输入而构建的剩余寿命的三角形分布。如果用户选择的剩余寿命值为 30，则将 30 累加到列表的起始索引，以计算出列表的结束索引。年份起始索引将决定用户余生的经济状况。

清单 12-4　定义执行蒙特卡罗模拟的函数，在函数内创建遍历每种案例的循环

nest_egg_mcs.py，第 4 部分

```
❶  def montecarlo(returns):
       """执行蒙特卡罗模拟，并在计划结束或破产清算时返回投资总价值。"""
❷     case_count = 0
       bankrupt_count = 0
       outcome = []

❸     while case_count < int(num_cases):
           investments = int(start_value)
❹         start_year = random.randrange(0, len(returns))
❺         duration = int(random.triangular(int(min_years), int(max_years),
                                            int(most_likely_years)))
❻         end_year = start_year + duration
❼         lifespan = [i for i in range(start_year, end_year)]
           bankrupt = 'no'

           # 为每个案例建立临时列表
```

```
❽ lifespan_returns = []
   lifespan_infl = []
   for i in lifespan:
     ❾ lifespan_returns.append(returns[i % len(returns)])
        lifespan_infl.append(infl_rate[i % len(infl_rate)])
```

清单 12-4 定义了一个以列表 returns 为参数的函数 montecarlo()❶。首先，定义一个记录已模拟案例数的计数器❷。请记住，你不需要使用实际的日期值。在列表中，第一年的索引值是 0，而不是 1926。此外，还要创建一个计数器，记录提前用完储蓄的案例个数。然后，创建一个空列表，保存每次试验模拟的结果，即试验模拟结束时剩余的资金。

接下来，程序进入 while 循环，遍历模拟的每个案例❸。在循环体内，定义一个名为 investments 的变量，并将用户指定的初始投资值赋给该变量。变量 investments 的值会不断变化，因此为了重新初始化每个案例，你需要保留变量的原始值。由于用户输入的数据形式都是字符串，因此在使用之前，你需要将它们转换为整数。

然后，创建一个名为 start_year 的变量，同时从可用年份的索引范围内随机选择一个值，并将该值赋给变量 start_year❹。为了获得模拟个体退休后剩余的寿命，你要使用 random 模块的 triangle() 函数从三角分布中获取一个随机值，该三角分布根据用户输入的 min_years、most_likely_years 和 max_years 参数生成❺。根据 random 模块的参考文档可知，triangle() 函数会随机返回一个浮点数 N（low <= N <= high），并且返回的这些数据都满足三角分布。

之后，将变量 duration 和变量 start_year 的值相加，并将结果分配给变量 end_year❻。接着，创建一个名为 lifespan 的新列表，用该列表保存起始年份和结束年份之间的所有年份索引❼。通过这些索引，你可以获取退休期内每一年对应的历史收益率数据。然后，将变量 bankrupt 的值设置为 no。破产意味着个体存储的钱已经用完，稍后你会在程序中看到，该情形一旦出现，程序就会使用 break 语句提前结束 while 循环。

最后，创建两个列表，分别用它们存储选定剩余寿命期内的收益率数据和通货膨胀率数据❽。使用 for 循环填充这两个列表，该循环把列表 lifespan 中的每个元素作为收益率列表和通货膨胀率列表的索引。如果列表 lifespan 中的元素表示的索引超出了其他列表的索引，那么就使用取模运算符（%）折叠这些索引❾。

下面再介绍一下这个代码清单的背景知识。随机选择的变量 start_year 和计算所得的变量 end_year 决定了从收益率列表和通货膨胀率列表中抽样的方式。取样的目的是获取一段连续的金融历史数据，获取的结果构成案例模拟所需的数据。在线储蓄计算器使用的年份都是一些随机值，为了体现本程序与在线储蓄计算器的不同，本程序所选的年份是一个随机的时间区间。市场的收益率和通货膨胀率并非总是混乱且无关的；牛市和熊市都是呈周期性交替出现的，通货膨胀也表现出这样的趋势。引起股票下跌的事件，同样也会影响债券的价格和通货膨胀率。随意挑选年份会忽略这种相互依赖性，破坏已知的行为，从而导致产生不切实际的结果。

若个体选择在大通货膨胀开始时的 1965 年（称为案例 1）退休，其将储蓄投资于债券获得的总收益率如图 12-7 所示。由于结束年份出现在投资收益率列表末尾之前，因此选择的退休时间跨度非常适合从该列表中获取数据。在同一时间间隔内对收益率和通货膨胀率进行采样。

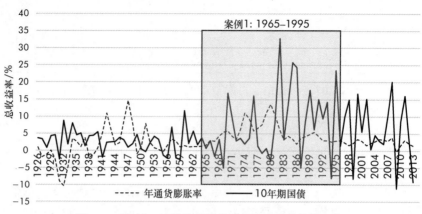

图 12-7　案例 1 选择的债券收益率和通货膨胀率区间

若个体选择在 2000 年时退休，其储蓄投资获得的总收益率如图 12-8 所示。由于投资收益率和通货膨胀率数据列表在 2013 年截止，因此为了收集时间跨度为 30 年的样本，必须重新回到数据列表的开头部分，即涵盖 1926 年至 1941 年之间的数据。这迫使退休人员要忍受两次经济衰退和一次经济大萧条。

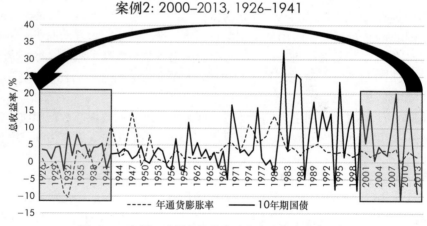

图 12-8　案例 2 选择的债券收益率和通货膨胀率区间

在模拟试验中，该程序需要具备处理案例 2 中"区间折叠"情形的功能，因此在索引数据列表中的元素时，必须使用取模运算符，该运算符使你将数据列表视为一个无穷循环的环。

5. 模拟单个案例的年收益

清单 12-5 中的代码是对函数 montecarlo() 的补充和完善，它的功能是循环遍历给定案例每年的收益，根据每年的收益情况相应地增加或减少投资额，并从投资额中减去根据通货膨胀率调整后的提款额，然后检查投资资产是否耗尽。为了计算出破产概率，该程序将最终的可用投资额（表示死亡时剩余的储蓄额）保存到列表中。

清单 12-5　对每个案例模拟退休后每年的收益结果

nest_egg_mcs.py，第 5 部分

```
              # 对于每个案例，循环计算退休后每年的收益
❶ for index, i in enumerate(lifespan_returns):
    ❷ infl = lifespan_infl[index]

    ❸ # 对于退休后的第一年，把用户输入的提款额当作根据通货膨胀率调整后的提款额
      if index == 0:
          withdraw_infl_adj = int(withdrawal)
      else:
          withdraw_infl_adj = int(withdraw_infl_adj * (1 + infl))

    ❹ investments -= withdraw_infl_adj
      investments = int(investments * (1 + i))

    ❺ if investments <= 0:
          bankrupt = 'yes'
          break

❻ if bankrupt == 'yes':
      outcome.append(0)
      bankrupt_count += 1
  else:
      outcome.append(investments)

❼ case_count += 1

❽ return outcome, bankrupt_count
```

清单 12-5 定义了一个 for 循环，该循环会模拟计算每个案例退休后每年的收益❶。将列表 returns 作为 enumerate() 函数的参数，根据 enumerate() 函数产生的索引值，从通货膨胀率列表中获取通货膨胀率的年平均值❷。在循环体内，先使用条件语句判断当前遍历的年份是否为退休后的第一年❸。若不是第一年，则使用从通货膨胀率列表中获取的通货膨胀率数据。随着年份的变化，程序会根据通货膨胀率适当地增加或减少提款额。若该年份处于通货膨胀时期，提款额会增加；若处于通货紧缩时期，提款额会相应地减少。

接下来，从变量 investments 中减去根据通货膨胀率调整后的提款额，然后根据年投资收益率调整变量 investments 的值❹。之后，程序检查变量 investments 的值是否大于 0。如果它的值不大于 0，那么就将变量 bankrupt 的值设置为'yes'，并且结束循环❺。对于模拟试验产生的破产案例，向列表 outcome 中追加值为 0 的数据项❻。否则，继续计算下一年的收益，直到达到退休后的预估寿命剩余年限。之后，程序将变量 investments 的剩余值添加到列表 outcome 中。

人的生命一旦结束，他曾经拥有的一切都将烟消云散，包括 30 至 40 年的退休时光。因此，在遍历下一个案例的退休后年收益之前，请先让案例计数器的值加 1❼。在函数定义的末尾，返回列表 outcome 和变量 bankrupt_count 的值❽。

6. 计算破产概率

清单 12-6 定义一个函数，该函数的功能是计算出资金用尽的概率，它也称为"破产概率"。如果说不愿冒险，或者想为继承人留下一笔可观的资产，那么你可能希望该概率的值小于 10%。

而那些对高风险有更大偏好的人，可能会乐于接受高达 20%甚至更高的破产概率。

清单 12-6   计算与显示资金用尽的概率及一些其他的统计信息

nest_egg_mcs.py，第 6 部分

```
❶ def bankrupt_prob(outcome, bankrupt_count):
       """计算并返回资金用尽的概率，同时输出一些统计信息。"""
❷     total = len(outcome)
❸     odds = round(100 * bankrupt_count / total, 1)

❹     print("\nInvestment type: {}".format(invest_type))
       print("Starting value: ${:,}".format(int(start_value)))
       print("Annual withdrawal: ${:,}".format(int(withdrawal)))
       print("Years in retirement (min-ml-max): {}-{}-{}"
             .format(min_years, most_likely_years, max_years))
       print("Number of runs: {:,}\n".format(len(outcome)))
       print("Odds of running out of money: {}%\n".format(odds))
       print("Average outcome: ${:,}".format(int(sum(outcome) / total)))
       print("Minimum outcome: ${:,}".format(min(i for i in outcome)))
       print("Maximum outcome: ${:,}".format(max(i for i in outcome)))

❺     return odds
```

在清单 12-6 中，定义了一个名为 bankrupt_prob()的函数，该函数以 montecarlo()函数返回的 outcome 列表和 bankrupt_count 变量为参数❶。将存储收益结果的列表长度赋给名为 total 的变量❷。然后，用破产案例数除以总案例数计算出资金耗尽的概率，将结果以百分比的形式给出并四舍五入到小数点后一位❸。

接下来，向用户显示仿真的输入参数及模拟结果❹。在 12.1.1 小节中，你已经看到该程序段输出的文本示例。最后，该函数返回变量 odds❺。

7. 定义和调用 main()函数

清单 12-7 定义一个 main()函数，该函数会先分别调用已定义的函数 montecarlo()和函数 bankrupt_count()，再根据这两个函数的返回结果创建和显示条形图。不同案例产生的模拟结果可能会有很大差异，有时模拟结果显示你破产了，而有时模拟结果却表明你将是一位千万富翁。如果从输出的统计数据中不能看出这样的结果，那么通过条形图显示这些信息时，你肯定会发现这一点。

清单 12-7   定义和调用 main()函数

nest_egg_mcs.py，第 7 部分

```
❶ def main():
       """调用函数 montecarlo()和函数 bankrupt_count()并将结果绘制成条形图。"""
❷     outcome, bankrupt_count = montecarlo(investment_type_args[invest_type])
       odds = bankrupt_prob(outcome, bankrupt_count)

❸     plotdata = outcome[:3000]    # 仅仅绘制前 3000 次模拟结果

❹     plt.figure('Outcome by Case (showing first {} runs)'.format(len(plotdata)), figsize=(16, 5))
                     # 这是宽度和高度的大小（单位：英寸）
❺     index = [i + 1 for i in range(len(plotdata))]
❻     plt.bar(index, plotdata, color='black')
       plt.xlabel('Simulated Lives', fontsize=18)
```

```
        plt.ylabel('$ Remaining', fontsize=18)
❼   plt.ticklabel_format(style='plain', axis='y')
❽   ax = plt.gca()
        ax.get_yaxis().set_major_formatter(plt.FuncFormatter(lambda x, loc: "{:,}"
                                                        .format(int(x))))
        plt.title('Probability of running out of money = {}%'.format(odds),
                    fontsize=20, color='red')
❾   plt.show()

    # 执行该程序
❿ if __name__ == '__main__':
        main()
```

在清单 12-7 中，首先定义了一个无任何参数的 main()函数❶。在该函数内部，立即调用 montecarlo()函数，获取它的两个返回值，并分别赋给变量 outcome 和变量 bankrupt_count❷。该函数用到了清单 12-2 中创建的由投资类型名称和收益率列表组成的字典 investment_type_args。将用户输入的投资类型 invest_type 作为该字典的键，获取它对应的值，并将该值当作函数 montecarlo()的参数。将该函数的返回值作为 bankrupt_prob()函数的参数，通过它的返回值获得资金用尽的概率。

接下来，将列表 outcome 的前 3000 个数据项赋给列表 plotdata❸。条形图本身可以容纳许多的数据项，但是显示更多的数据项不仅会使程序变慢，而且不会为观察试验结果带来任何影响。由于模拟结果本身是随机的，因此即使让条形图显示再多的案例，也不能从中获得更多有益的信息。

然后，程序使用 Matplotlib 模块创建并显示条形图。首先，程序使用 figure()函数开始进行绘图布局❹。文本输入参数项将成为新窗口的标题，而 figsize 参数项将表示这个新窗口的宽度和高度（单位：英寸）。为了缩放该窗口，你可以向该函数添加点数/英寸的参数，例如 dpi=200。

接着，程序根据列表 plotdata 的长度，使用列表推导方法建立一个起始值为 1 的列表 index❺，该列表会被当作年份的索引。索引值定义了每个竖条在 x 轴上的位置，列表 plotdata 中的数据项表示每个竖条的高度，它表示每次模拟的个体在寿命结束时剩余的资金。调用 plt.bar()函数，将这两个变量当作该函数的参数，绘制条形图并将其颜色设置为黑色❻。需要注意的是，在绘制条形图时，你还可以使用一些其他的参数选项，例如更改条形图轮廓的颜色（默认值为 edgecolor="black"），改变条形图的粗细（默认值为 linewidth=0）。

同时，为 x 轴和 y 轴提供标签说明，并将字体大小设置为 18。在模拟试验中，收益总额有时可能达到数百万。而在默认情况下，Matplotlib 在标注 y 轴时将使用科学记数法。为了替代 y 轴的这种标注方法，调用 ticklabel_format()函数，将 y 轴的样式设置为'plain'❼。该操作确实替换了科学记数法，但是在没有千位分隔符的情况下，它使得数字不易阅读。为解决此问题，首先要使用 plt.gca()函数获取当前正在操作的坐标轴❽。然后，在下一行代码中，先获取 y 轴，再依次使用 set_major_formatter()函数、Func_formatter()函数以及 lambda 函数，最后采用 Python 的字符串格式化技术，将逗号设置为字符串的千位分隔符。

从变量 odds 中获取资金用尽的概率，将这个概率值当作条形图标题的一部分，并用醒目的红色字体标注条形图的标题。然后，用 plt.show()函数将条形图绘制到屏幕上❾。回到全局代码编辑区，定义一个条件语句，使得该程序既可以作为模块导入其他程序，也可以独立运行❿。

8. 使用模拟程序

程序 *nest_egg_mcs.py* 极大地简化了模拟退休计划的复杂性。这个简单模型的价值在于，它挑战了已有储蓄计算器的构建模型，提高了人们对退休计划重要性的认识和关注程度。退休计划涉及的细节和任何复杂问题都很容易让人陷入误区，所以你最好视具体情况而定。

现在，让我们看一个具体的示例，该示例假设初始值为 2000000 美元，投资类型选用相对安全的债券组合，提款率为 4%（每年 80000 美元），退休后的预期剩余寿命为 30 年，模拟试验采用的案例个数为 50000。若运行该模拟程序时，你也选择了这样的计划方案，则你会获得与图 12-9 所示相类似的结果。在这样的计划下，用尽储蓄的案例数目达到总数的一半。这是因为收益率相对较低，债券的收益无法追上通货膨胀的速度。因此，在制定退休计划时，你不能盲目地采用 4%规则，资产的配置方式十分重要。

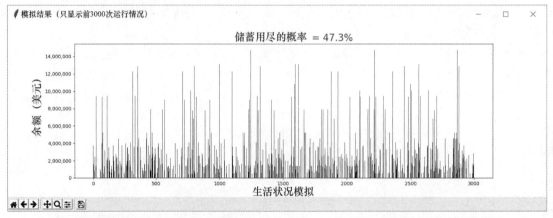

图 12-9   使用蒙特卡罗模拟债券组合投资，并用 Matplotlib 模块将模拟结果绘制成条形图

需要注意的是，8 万美元的提款额是税前的。假设有效税率为 25%，那么净收入仅为 60000 美元。皮尤研究中心（Pew Research Center）的数据显示，目前美国中产阶级可支配（税后）收入的中位数为 60884 美元。因此，尽管你是百万富翁，但你几乎不能过上高收入的生活。如果想有 80000 美元的可支配收入，则你必须用这个数字除以 1 减去有效税率。在这种情况下，你的提款额就是 80000÷(1−0.25)≈106667。根据你所选的投资类型，这要求每年的提款率要略高于 5%，而在这种情况下，你破产的概率高达 20%至 70%。

表 12-1 所示为在前面制定的退休方案下，破产率与提款率和资产类型之间的变化关系。人们普遍认为，表中用灰色阴影标出的结果是安全的。如果避免使用债券组合的方式来投资，那么 4%规则也是适用的。当提款率超过 4%时，股票的增长潜力是降低破产的概率的一种较佳选择，而且它带来的风险比大多数人想象的要小很多。因此，在制定退休的组合投资计划时，财务顾问会建议你购入收益良好的股票。

表 12-1　在 30 年的退休年限中，破产概率与投资类型和提款率之间的关系

资产类型	每年的提款率（税前）			
	3%	4%	5%	6%
10 年期国债	0.135	0.479	0.650	0.876
标准普尔 500 股票	0	0.069	0.216	0.365
按 1:1 比例组合的投资	0	0.079	0.264	0.466
按 4:5:1 比例组合的投资	0	0.089	0.361	0.591

在退休初期，财务顾问还会建议你不要过分提高提款率。家庭游轮式的派对、豪华的新房子、昂贵的新爱好，这些退休初期的不合理规划很可能会在以后的日子里让你陷入财务危机。为了做进一步研究，请复制程序 *nest_egg_mcs.py* 的代码，并将其命名为 *nest_egg_mcs_1st_5yrs.py*。按照清单 12-8 和清单 12-9 中的内容，对该程序中的代码进行适当的修改。

清单 12-8　将用户的提款额输入分为两部分

nest_egg_mcs_1st_5yrs.py，第 1 部分

```
start_value = default_input("Input starting value of investments: \n", \
                            '2000000')
while not start_value.isdigit():
    start_value = input("Invalid input! Input integer only: ")

❶ withdrawal_1 = default_input("Input annual pre-tax withdrawal for " \
                               "first 5 yrs(today's $): \n", '100000')
while not withdrawal_1.isdigit():
    withdrawal_1 = input("Invalid input! Input integer only: ")

❷ withdrawal_2 = default_input("Input annual pre-tax withdrawal for " \
                               "remainder (today's $): \n", '80000')
while not withdrawal_2.isdigit():
    withdrawal_2 = input("Invalid input! Input integer only: ")

min_years = default_input("Input minimum years in retirement: \n", '18')
```

在用户输入部分，用两个新的提款额变量替换原先的提款额变量 withdrawal。同时，重新编辑输入语句中的提示信息，即第一个语句的提示信息为：输入前 5 年的提款额❶。第二个语句的提示信息为：输入在剩余的退休年限里每年的提款额❷。在前 5 年中，将提款额的默认值设置成一个比用户期望值略高的值。类似地，为了验证用户输入的有效性，也将这些语句放入while 循环内。

在 montecarlo() 函数中，修改根据通货膨胀率调整提款额的代码。

清单 12-9　根据通货膨胀率调整两个提款额变量的值，并根据退休年份确定使用哪一个

nest_egg_mcs_1st_5yrs.py，第 2 部分

```
            # 对于退休后的第一年，不考虑通货膨胀的影响
            if index == 0:
❶              withdraw_infl_adj_1 = int(withdrawal_1)
❷              withdraw_infl_adj_2 = int(withdrawal_2)
            else:
❸              withdraw_infl_adj_1 = int(withdraw_infl_adj_1 * (1 + infl))
❹              withdraw_infl_adj_2 = int(withdraw_infl_adj_2 * (1 + infl))
```

12

```
❺ if index < 5:
    ❻ withdraw_infl_adj = withdraw_infl_adj_1
    else:
        withdraw_infl_adj = withdraw_infl_adj_2

    investments -= withdraw_infl_adj
        investments = int(investments * (1 + i))
```

对于退休后的第一年，将用户输入的提款额当作根据通货膨胀率调整后的提款额❶❷。否则，就根据通货膨胀率调整这个变量的值❸❹。由于程序也计算了第二个提款额变量的值，因此当退休 5 年后，你可以直接使用它。

利用条件语句判断何时使用根据通货膨胀率调整后的提款额❺。为了避免你在程序中更改过多的代码，将计算的提款额分配给已定义的变量 withdraw_infl_adj❻。

最后，在函数 bankrupt_prob()中更改程序输出的统计信息，将这两个新的提款额的值也输出出来，如清单 12-10 所示。用这两个语句替换输出原来提款额信息的语句。

清单 12-10　输出两个不同提款期内的提款额

`nest_egg_mcs_1st_5yrs.py`，第 3 部分

```
print("Annual withdrawal first 5 yrs: ${:,}".format(int(withdrawal_1)))
print("Annual withdrawal after 5 yrs: ${:,}".format(int(withdrawal_2)))
```

现在，你可以运行修改后的程序，执行新的试验，试验结果如表 12-2 所示。

表 12-2　在退休的 30 年内，破产概率与投资类型分配和多提款方式之间的关系

资产分配	年度提款率的占比（税前，前 5 年/5 年之后）			
	4% / 4%	5% / 4%	6% / 4%	7% / 4%
10 年期国债	0.479	0.499	0.509	0.571
标准普尔 500 指数	0.069	0.091	0.116	0.194
按 1:1 比例组合的投资	0.079	0.115	0.146	0.218
按 4:5:1 比例组合的投资	0.089	0.159	0.216	0.264

表 12-2 中仍然用灰色的阴影标示出安全的投资方式，为了与原有的投资方式做比较，该表第一列呈现出的数据仍采用 4%的恒定提款率。当组合投资中有足够多的股票时，你可以经受住一些早期较高的支出。因此，一些财务顾问会将 4%规则替换为 4.5%或 5%规则。但是，如果你提早退休（如在 55 至 60 岁之间退休），那么无论你是否有过高消费的岁月，你都会面临很大的破产风险。

如果将股票和债券按 1:1 的比例混合，并采用不同的退休年限，则试验的模拟结果应如表 12-3 所示。你可以看到，表中只有一处标记为灰色，即破产概率低于 10%。

表 12-3　股票和债券按 1：1 比例混合、年提款率为 4%时破产概率与退休年限之间的关系

退休年限	提款率为 4%
30	0.079
35	0.103
40	0.194
45	0.216

这样的模拟试验会迫使人们直面艰难的决定，为他们今后的大部分生活制定出切合实际的退休计划。虽然模拟程序每年会"出售"资产以支付退休生活所需费用，但更好且现实的解决方法是采用护栏策略，该策略首先考虑花费利息和股息，并维持现金储备，避免在市场低迷时不得不出售现有资产。假设你是一位始终可以保持自律的投资者，这个策略将允许你将提款额稍微提升一点，即超过试验模拟计算出的安全投资范围。

12.2　本章小结

在本章中，你编写了一个基于蒙特卡罗模拟的退休储蓄计算程序，该程序用到的数据来自现实中以往的金融数据。你还使用 Matplotlib 模块让该计算程序以另一种形式显示输出结果。尽管本章使用的是一个确定性的建模示例，但是如果向它添加更多的随机变量（如未来的税率、社会保障金和医疗保健费用），则蒙特卡罗模拟将成为制定退休策略的唯一实用方法。

12.3　延伸阅读

本杰明·格雷厄姆（Benjamin Graham）编写的《聪明的投资者》一书被亿万富翁投资者沃伦·巴菲特在内的许多人认为是有史以来最著名的投资类书。

纳西姆·尼古拉斯·塔勒布（Nassim Nicholas Taleb）的著作 *Fooled by Randomness: The Hidden Role of Chance in Life and in the Markets, Revised Edition* 中对统计学的历史以及我们倾向于自欺欺人的原因进行了深入的研究。

纳西姆·尼古拉斯·塔勒布（Nassim Nicholas Taleb）所写的《黑天鹅——如何应对不可预知的未来》是一部内容贯穿历史、经济学和人性弱点且妙趣横生的书，该书的内容还包括蒙特卡罗模拟在金融中的应用。

12

12.4　挑战项目

请完成以下这些挑战项目。

12.4.1　一图值千金

假设你是一名注册财务分析师，你的潜在客户是一位富有的得克萨斯州石油勘探商，同时他对蒙特卡罗模拟出的 1000 万美元组合投资的结果不了解。"天哪，什么样的奇异装置能模拟出我在一种投资方案里破产，而在另一种投资方案里获利 8000 万。"

为了让他更清楚模拟结果，你可以通过重新编辑程序 *nest_egg_mcs.py*，让程序每次执行后仅呈现单个案例在 30 年时间内的模拟结果，这样既会产生坏的结果，也会产生好的结果，例如只模拟从大萧条开始到第二次世界大战结束这样的极端情况。对于单个案例的每一年，让程序都输出年份、投资收益回报率、通货膨胀率及最终的试验模拟结果。为了获得令人信服的视觉解释效果，你要重新编辑条形图显示效果，使它能将单个案例每年的模拟结果都显示出来，而非只显示单个案例模拟产生的最终结果。

12.4.2　组合投资

获得程序 *nest_egg_mcs.py* 的副本，修改其代码，使用户可以根据自己的情况生成所需的投资组合。在程序中，你既可以使用本章开始时提供的标准普尔 500 指数、10 年期国债和 3 月期国库券文本文件，也可以添加你喜欢的其他任何内容，例如小型股票、国际股票甚至黄金股票。请记住，在每个文件和列表中，数据对应的时间间隔应该相同。

程序会让用户自主选择投资类型及它们所占的百分比。但是，要确保它们的比例加起来达到 100%。然后，加权和累加每年的投资收益，创建一个组合式的投资类型列表。最后，在程序显示出的条形图顶部标示出投资类型及它们所占的百分比。

12.4.3　我的运气

重新编辑程序 *nest_egg_mcs.py*，让程序模拟在 30 年的退休时间里再次遭遇大萧条（1939—1949 年）和大衰退（2007—2009 年）的概率。你需要确定收益列表中与这些事件发生的年份相对应的索引号，然后统计它们出现的次数以及试验运行的案例总数。在 shell 窗口中显示最终的计算结果。

12.4.4　财富值排序

为了以不同的方式查看试验结果，重新编辑程序 *nest_egg_mcs.py*，使条形图按照从小到大的顺序显示所有模拟结果。

第13章

模拟外星火山

13

请快速地说出太阳系中火山最活跃的星球是哪个。如果你认为是地球，那就错了，这个星球应该是艾奥（Io，读音为"EYE-oh"），它是木星的4颗伽利略卫星之一。

在1979年，旅行者1号（Voyager 1）抵达著名的木星系统，且首次拍摄到艾奥星体上存在火山的证据。但是，它拍摄下来的照片并没有让人感到惊讶，因为天体物理学家斯坦·皮尔和他的两位合作者已经基于艾奥的内部模型发表了该星体上存在火山的研究结果。

计算机建模是了解和预测自然现象的强大工具。计算机建模的一般步骤如下。

1. 收集数据。
2. 整合、分析和解释数据。
3. 生成解释数据的数值型方程。
4. 建立最适合该数据的计算机模型。
5. 利用已构造的模型预测模拟结果，研究误差范围。

计算机建模的应用领域十分广泛，如野生生物管理、天气预报、气候预测、碳氢化合物生产和黑洞模拟等。

在本章中，你将使用一个名为pygame的Python模块来模拟艾奥星体上的一座火山，该模块常用于创建游戏类应用程序。你还会模拟不同类型的喷射物（火山喷出的粒子），并将模拟结果与艾奥星体上获得的猛犸特瓦什塔尔（Tvashtar）羽状物的照片进行比较。

13.1 项目21：艾奥之羽

潮汐热是造成艾奥火山活跃的原因之一。当艾奥在其椭圆形轨道运行时，它会受到木星及其姊妹卫星重力的影响，这会使它经历潮汐拉力的变化。此时，木星的地表会发生凸起或凹陷，高度（深度）达100m，其内部会因巨大的摩擦而生热，甚至熔化。热岩浆迁移到地表并形成巨大的熔岩湖，熔岩湖以1km/s的速度向空中喷洒脱气的硫单质（S_2）和二氧化硫（SO_2）。由于艾奥星体上的重力偏低且不存在大气摩擦，因此这些气体羽流可以喷洒到数百千米的高度[关于特瓦什塔尔羽状物，如图13-1（a）所示]。

图 13-1   （a）艾奥的顶部有高达 330km 的特瓦什塔尔羽流，9 点钟位置有短的普罗米修斯羽流；
（b）艾奥星体上的火山环沉积（来自美国国家航空航天局的图片）

气体和尘埃先向上喷射，然后向各个方向回落，此时羽状物就会形成伞形物。这样一来，星体表面产生的沉积物会形成红色、绿色、黑色和黄色的同心环。如果图 13-1（b）是彩色的，那么它看起来会有点像发霉的意大利腊肉肠比萨。

13.1.1　认识 pygame

pygame 模块是一个跨平台的 Python 模块，通常用于编写 2D 街机风格的电子游戏。它不仅具备显示图形动画和播放声音的功能，还支持键盘和鼠标等多种外部输入设备。学习 pygame 也是学习编程的一种有趣方式。随着智能手机和平板电脑的普及，街机风格的游戏重新流行起来。如今，移动端游戏的收益几乎与游戏机和计算机游戏的总和相近。

pygame 模块把简易直控媒体库（Simple DirectMedia Library，SDL）作为它的应用程序编程接口（Application Programming Interface，API）。API 是可重用的代码库，它使图形处理变得相当容易，还使你在使用 Python 这样的高级语言时专注于游戏设计。微软公司的 DirectX API 专门用于在 Windows 操作系统创建游戏和多媒体应用程序。为了使代码可以跨平台工作，你有两个开源库可用，它们分别是用于二维软件开发的 SDL 和用于三维应用程序开发的 OpenGL 图形库。如前所述，在本章中你将使用 SDL，它支持 Windows 操作系统、macOS、Linux 操作系统、iOS 和 Android 操作系统。

pygame 模块在实现时也采用了面向对象的编程思想。如果你是一位面向对象编程的新手，或者根本不熟悉面向对象编程，那么你可以阅读第 11.3.1 小节的内容。此外，Python 的入门书籍中通常都会有一节与 pygame 相关的内容，市面上还有一些全书内容都是关于这个模块的书籍（参见第 13.3 节）。

在继续学习本章内容之前，需要将 pygame 安装到你的计算机上。若想获得该模块免费副本的安装说明，请访问 pygame 官方网站与模块安装相关的主题。

你也可以通过在线搜索获得安装 pygame 的视频教程。为确保找到的视频教程适合你的安装环境，请检查视频的日期和视频讨论的安装平台，以及使用的 pygame 版本和 Python 版本。

对于安装了旧版本 Python 的 Mac 用户来说，你可以在随书资源中找到 pygame 的安装说明链接。

> **目标**
>
> 　　使用 pygame 对艾奥星体上的特瓦什塔尔火山羽流进行基于重力的 2D 模拟。根据美国国家航空航天局发布的图片，校准所构建 2D 模拟羽流的尺寸大小。在羽流中使用多种粒子类型，追踪粒子的飞行路径，并允许喷发的粒子自由运动，直到停下来为止。

13.1.2　策略

　　为了对艾奥星体上的羽流进行全面综合的物理模拟，最好采用一台超级计算机。然而，你可能根本没法得到这样的计算机。由于你的目标是制作一个酷炫的 pygame 模型效果图，因此可以通过逆向工程获取模型参数，使构建的模型与特瓦什塔尔羽流相近。

　　由于你已经知道艾奥星体的羽流组成成分，因此你需要针对有相同原子质量的二氧化硫和硫单质气体校准重力场。当这些粒子的飞行路径尺寸与美国国家航空航天局的照片中的特瓦什塔尔羽流尺寸匹配时，你将根据新粒子和二氧化硫之间的原子质量差异来增大或减小其他喷射粒子的速度，进而查看粒子类型如何影响羽流的尺寸大小。通常，较轻的粒子被喷射得较高，而较重的粒子会被喷射得较低。

1．利用草图规划游戏

　　我建议在开始任何 pygame 项目之前，先草拟一下游戏的外观以及游戏的演进方式。即使是一款简单的街机游戏，设计起来也可能十分复杂，而草图会帮助你降低游戏设计的复杂度。在一款常见的游戏中，有许多因素要考虑，如玩家的行为和动作、记分方式、提示信息和游戏说明的显示、游戏实体与玩家的交互（如碰撞、声音效果和音乐）和游戏结束的条件。

　　对于绘制游戏草图——特殊条件下的游戏模拟，最好在真实或电子型的白板上进行。艾奥火山模拟器程序的布局如图 13-2 所示。

　　图 13-2 中的游戏草图包含了一些火山模拟器程序的设计指南和其应具有的关键行为，如下所示。

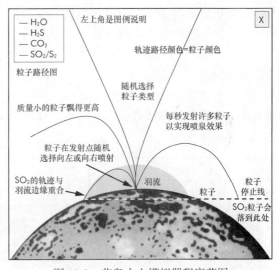

图 13-2　艾奥火山模拟器程序草图

- ❏ **非直接式的玩家交互**：控制模拟程序的方式是重新编辑 Python 代码，而不是操作鼠标和键盘。
- ❏ **模拟程序的背景是美国国家航空航天局拍摄的一幅羽流图像**：为了校准模拟试验产生的二氧化硫和粒子，需要把真实的特瓦什塔尔羽流当作程序的背景。

- ❑ **发射中心点**：这些粒子应该从羽流图像中央的底部喷射出来，而且喷射出来的粒子应该有一系列不同的角度，而不是仅仅向正上方垂直喷射。
- ❑ **随机选择粒子类型**：程序将会随机选择粒子的类型。为了区别不同类型的粒子，让每种粒子都有唯一的颜色。
- ❑ **粒子的飞行路径应该是永久可见的**：在整个模拟试验过程中，每个粒子的飞行轨迹应为永久可见的线条，而且线条的颜色要与粒子本身的颜色相匹配。
- ❑ **用图例说明列出粒子类型的颜色编码**：程序应该在屏幕左上角贴出带有粒子名称的图例说明。其中的文字颜色应与粒子颜色匹配，图例说明应输出在粒子路径的顶部，并始终保持可见。
- ❑ **运动的粒子应该停在二氧化硫羽流与艾奥星体表面的交叉处**：根据二氧化硫的行为调整模拟试验，因此下落的粒子应停在二氧化硫羽流所在的适当位置。
- ❑ **无声音音效**：在太空中，没有人能听到你的尖叫声。

当绘制完图表后，就可以开始从中挑选图的组成成分，并按逻辑的先后顺序将它们列出来。这样就把计划方案分成一系列可管理和实施的步骤了。例如，你需要准备一幅适当的背景图像，决定要模拟哪些粒子并查找它们的原子质量，确定粒子喷射点的位置，根据羽流图像校准二氧化硫的轨迹等。你仍然要写伪代码，游戏草图会使书写伪代码变成一件愉快的事情。

2. 规划粒子类

由于此模拟试验是基于粒子类型的，因此创建一个面向对象编程式的 Particle 类有重要意义，你可以将该类作为创建各式各样粒子的蓝本。该类应支持随机生成各种粒子类对象，所有粒子共有的常数和其他属性可以定义为类属性。这些属性定义在与函数具有相同的缩进级别下。Particle 类还应包含一些函数，如允许粒子被弹出、粒子受重力的影响、粒子的可见性以及当粒子超过模拟边界时会被销毁。

该类具备的属性和函数分别如表 13-1 和表 13-2 所示。类属性以斜体字体显示，即由类的所有实例共享的那些属性；而非斜体字体表示实例属性。

表 13-1　Particle 类的属性（斜体表示类属性）

属性	属性描述
gases_colors	可用的粒子种类及其颜色的字典
VENT_LOCATION_XY	特瓦什塔尔火山口在图中的 x 坐标和 y 坐标
IO_SURFACE_Y	二氧化硫粒子的羽流边缘在艾奥火山上的 y 坐标
VELOCITY_SO2	二氧化硫粒子的速度（单位：像素/帧）
GRAVITY	重力加速度（单位：像素/帧）
vel_scalar	二氧化硫粒子与各粒子质量比例的字典
screen	游戏画面
background	美国国家航空航天局拍摄的特瓦什塔尔火山羽流图片
image	pygame 中每个正方形的 Surface 对象都表示一个粒子

属性	属性描述
rect	用于获取 Surface 对象尺寸的矩形对象
gas	粒子的类型（二氧化硫、二氧化碳）
color	粒子的颜色
vel	粒子相对于二氧化硫粒子的速度
x	粒子的 x 坐标
y	粒子的 y 坐标
dx	粒子在 x 方向上的运动矢量
dy	粒子在 y 方向上的运动矢量

表 13-2　Particle 类中的函数

函数	函数描述
__init__()	初始化和设置随机选择的粒子类型参数
vector()	随机选择粒子的弹射方向，计算运动矢量（dx 和 dy）
update()	根据重力调整粒子轨迹，绘制粒子运动路径，删除超出模拟边界的粒子

下一节将会详细地解释这些属性和函数。

13.1.3　代码

程序 *tvashtar.py* 的功能是：基于 pygame 模拟艾奥星体上的特瓦什塔尔火山羽流。在本程序中，还需要一个名为 tvashtar_plume.gif 的背景图片文件。你可以从本书的配套资源下载到所需的图片和程序代码。记住，你需要将它们放在同一目录下。

1. 导入模块、启动 pygame 及定义粒子颜色表

首先，定义一些初始化程序的代码，例如定义可选的颜色常量表，具体如清单 13-1 所示。

清单 13-1　导入模块、初始化 pygame 及定义颜色表

tvashtar.py，第 1 部分

```
❶ import sys
   import math
   import random
   import pygame as pg

❷ pg.init()  # 初始化 pygame

❸ # 定义颜色表
   BLACK = (0, 0, 0)
   WHITE = (255, 255, 255)
   LT_GRAY = (180, 180, 180)
   GRAY = (120, 120, 120)
   DK_GRAY = (80, 80, 80)
```

在清单 13-1 中，先导入一些你已经熟悉的模块，再导入 pygame 模块❶。接下来，调用

13

pygame.init()函数，它会初始化 pygame 模块，实现使用声音、检查键盘输入、运行图形等基本功能❷。需要注意的是，在程序的许多位置你都可以初始化 pygame 模块，例如放在 main()函数的第一行：

```
def main():
    pg.init()
```

或者，放在程序的末尾部分，当以独立模块调用 main()函数后，再让程序调用该语句：

```
if __name__ == "__main__":
    pg.init()
    main()
```

最后，使用 RGB 颜色模型给一些颜色变量分配值❸。该颜色模型将红色、绿色和蓝色分量混合在一起，每种颜色分量都由 0 到 255 之间的值组成。如果在线搜索"RGB 颜色码"，你会找到数百万种颜色对应的数字码值。但是用于校准的美国国家航空航天局拍摄的照片本身是一张灰度图，因此你在程序中也只能使用黑色、白色和灰色。定义这个颜色表的目的是当程序稍后需要设置颜色类型时，你只需简单地输入颜色名称。

2. 定义粒子类 Particle

清单 13-2 定义粒子类 Particle 及其初始化函数 __init__()。你将使用这个类来实例化一些粒子对象。粒子的类型、速度和颜色等关键属性都定义在初始化函数中。

清单 13-2　定义 Particle 类及其初始化函数

tvashtar.py，第 2 部分

```
❶ class Particle(pg.sprite.Sprite):
       """生成模拟火山时喷射出的粒子。"""

❷ gases_colors = {'SO2': LT_GRAY, 'CO2': GRAY, 'H2S': DK_GRAY, 'H2O': WHITE}

❸ VENT_LOCATION_XY = (320, 300)
   IO_SURFACE_Y = 308
   GRAVITY = 0.5   # 像素/帧的值，游戏每次循环时，dy 都会累加上该值
   VELOCITY_SO2 = 8   # 像素/帧的值

   # 速度（二氧化硫原子质量/粒子原子质量）的标量
❹ vel_scalar = {'SO2': 1, 'CO2': 1.45, 'H2S': 1.9, 'H2O': 3.6}

❺ def __init__(self, screen, background):
       super().__init__()
       self.screen = screen
       self.background = background
    ❻ self.image = pg.Surface((4, 4))
       self.rect = self.image.get_rect()
    ❼ self.gas = random.choice(list(Particle.gases_colors.keys()))
       self.color = Particle.gases_colors[self.gas]
    ❽ self.vel = Particle.VELOCITY_SO2 * Particle.vel_scalar[self.gas]
    ❾ self.x, self.y = Particle.VENT_LOCATION_XY
    ❿ self.vector()
```

在清单 13-2 中，先定义一个名为 Particle 的粒子类，用于表示组成火山羽流的任何气体粒子分子❶。类名后圆括号中的 Sprite 类是 Particle 类的父类，这意味着 Particle 类派生自 pygame

模块的内置类 Sprite。Sprite 表示离散游戏对象的二维位图，例如小行星。正如向函数传递参数一样，当向 Particle 类传递 pg.sprite.Sprite 类时，新定义的类将继承 Sprite 类的所有属性和函数。

接下来，在类定义的内部，先定义一些所有粒子共有的类属性。首先，定义的是一个将粒子类型映射到相应颜色的字典，这使你在模拟试验的过程中可以区分不同的粒子❷。这些颜色将用于标记粒子、粒子路径以及图例说明中的粒子名称。

然后，定义 4 个常量 VENT_LOCATION_XY、IO_SURFACE_Y、GRAVITY 和 VELOCITY_SO2 ❸。第一个常量表示特瓦什塔尔火山口在图片中的 x 坐标和 y 坐标，它也表示所有粒子的"发射点（Launch Point）"，如图 13-3 所示。这些值最初是猜测的，在模拟试验的过程中，我对它们进行了微调。

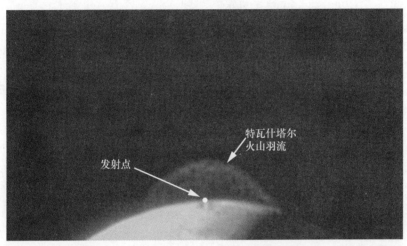

特瓦什塔尔
火山羽流

发射点

图 13-3　带有粒子发射点的模拟试验背景图片

第二个常量表示二氧化硫羽流的外边缘与艾奥星体表面相交处的最高点的 y 值。你将在该 y 值处让所有下落的粒子都停下来，因此最终显示的图像是针对二氧化硫粒子优化过的。

第三个常量表示重力加速度，地球上的重力加速度约为 $9.8m/s^2$，而艾奥星体上的重力加速度约为 $1.796m/s^2$。但是，这里采用的不是现实世界中的单位，而是以像素/帧为单位，因此需要通过反复试验才能找到适合模拟试验的范围值。这里将它的值设置为 0.5。

第四个常量表示二氧化硫粒子弹出来时的速度，它的单位是像素/帧。请记住，特瓦什塔尔火山羽流的主要成分是二氧化硫粒子，因此你需要先使二氧化硫粒子的运动轨迹与特瓦什塔尔火山羽流图像中的参数相匹配，然后调整剩余粒子相对于二氧化硫粒子的速度。常量 GRAVITY 和 VELOCITY_SO2 的值都不是唯一的。如果为 GRAVITY 常量选择一个较大的值，则为了使二氧化硫粒子仍能填满美国国家航空航天局图像中的羽流区域，就要增加常量 VELOCITY_SO2 的值。

接着，建立一个粒子速度标量的字典❹。对于每个粒子，用二氧化硫粒子（64）的原子质量除以粒子的原子质量，即可得到对应原子的标量。因此，二氧化硫粒子是参考粒子，它的标量值是 1。稍后，为了得到非二氧化硫粒子的速度，需要用常数 VELOCITY_SO2 乘以对应粒子

13

的标量值。正如在图中看到的那样，所有的粒子都比二氧化硫粒子轻，这样会产生更大的羽流。

之后，为 Particle 类定义构造函数❺。该函数有 3 个参数，它们分别是 self 参数、用于绘图和检查模拟边界的 screen 参数、表示特瓦什塔尔火山羽流背景的 background 参数。稍后，在程序末尾定义的 main()函数中，你将会为参数 screen 和参数 background 指定具体的值。需要注意的是，为了简洁起见，本书采用单行的文档字符串，而你可能希望在类文档字符串中包含一些参数类型的解释说明。有关类文档字符串的更多准则，请参考 Python 官网中的 PEP 0257 主题。

在__init __()函数的内部，通过 super()函数调用内置类 Sprite 的初始化函数。这将初始化 Sprite 类，并为其创建所需的 rect 和 image 属性。使用 super()函数时不需要显式地引用基类 Sprite。关于 super()函数的详情，请参考 Python 官网中与 super()函数相关的主题。

接下来，将 screen 和 background 属性的值分别赋给粒子（self）对应的属性。

pygame 会在 Surface 对象表示的矩形上放置图片和执行绘图操作。实际上，Surface 对象是 pygame 的灵魂。screen 属性也是 Surface 类的一个实例。用边长为 4 像素的正方形表示粒子图像，并将创建的粒子对象分配给 image 属性❻。

随后，需要从表示图像的 Surface 对象中获取一个 rect 对象。这是一个与 Surface 对象相关联的矩形对象，pygame 需要使用该矩形对象来确定 Surface 对象的尺寸和位置。

紧接着，从字典 gases_colors 的键中随机选择粒子（gas）类型❼。需要注意的是，在执行粒子类型选择操作前，要把字典中的所有键/值对转换成列表。由于在__init __()函数内通过 gases_colors 类属性为实例属性分配值，因此为了确保引用的是类属性，要使用类名来引用类属性，而不是通过 self 引用类属性。

当知道了一个粒子的类型后，就可以把它作为字典的键，进而访问它对应的颜色和标量等。首先，获取所选粒子在字典 gases_colors 中对应的颜色值，然后获取它在字典 vel_scalar 中对应的值，并使用该值计算这个粒子的运行速度❽。

粒子对象的初始位置应在火山口处，因此要对 VENT_LOCATION_XY 元组执行拆包操作，获取粒子初始的 x 坐标和 y 坐标❾。最后，通过调用 vector()函数计算粒子的运动矢量❿。

3. 弹出粒子

清单 13-3 为 Particle 类定义了 vector()函数，该函数的作用是确定粒子的发射方向及计算其运动矢量的初始分量 dx 和 dy。

清单 13-3　定义 Particle 类的 vector()函数

tvashtar.py，第 3 部分

```
❶ def vector(self):
       """计算粒子在发射时的运动矢量。"""
❷   orient = random.uniform(60, 120)   # 90 表示垂直
❸   radians = math.radians(orient)
❹   self.dx = self.vel * math.cos(radians)
       self.dy = -self.vel * math.sin(radians)
```

清单 13-3 为 Particle 类定义了 vector()函数❶，它用于计算粒子的运动矢量。首先，随机地选择一个发射方向，并把该值赋给变量 orient❷。对于爆炸性火山喷发，粒子的喷射方向不只

有垂直向上，而是会朝多个方向喷射，因此需要在 60° 到 120° 的范围内随机选择喷射方向，其中 90 表示垂直发射。

变量 orient 的取值范围是通过反复试验才得到的。该参数和常量 VELOCITY_SO2、常量 GRAVITY 表示"旋扭"度。当根据背景羽流图像来校准二氧化硫粒子的行为时，可以使用这些"旋扭"度的参数。当调整这些常量后，粒子的最大抛射高度应该与羽流顶点相对应。此时，可以调整抛射角度范围，使二氧化硫粒子可以到达但不会超过羽流的横向边界，如图 13-4 所示。

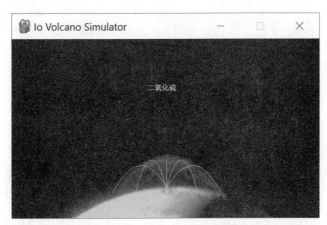

图 13-4　根据特瓦什塔尔火山羽流校准 orient 变量

模块 math 不以度为单位，而以弧度为单位，因此需要将变量 orient 表示的度数值转换为弧度值❸。弧度是角度的标准测量单位，它等于圆的半径绕圆心旋转时所形成的角度，如图 13-5 所示，1 弧度略小于 57.3°。图 13-5 右侧所示为一些常见角度对应的弧度值和度数值。将度数转换为弧度时，既可以用度数先乘以 π 再除以 180 这样的转换公式，也可以使用 math 模块中的度数和弧度转换函数。

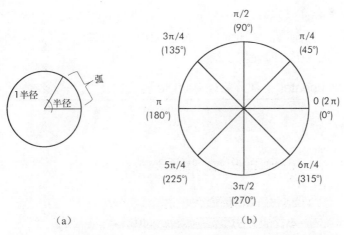

图 13-5　弧度的定义（a）以及常见角度的弧度值和度数值（b）

在 pygame 中，对象以改变 x 坐标和 y 坐标的方式实现移动。通过粒子的运动方向和运动速度，你就可以分别计算出其运动矢量的分量 dx 和 dy。这两个值表示粒子的初始位置与每次循环后粒子所在位置之间的差值。

利用三角函数可以计算矢量在各方向上的分量，常见的三角函数公式如图 13-6 所示。

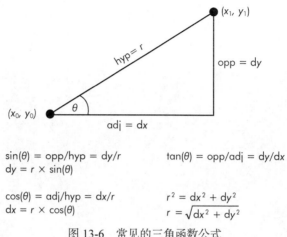

$$\sin(\theta) = opp/hyp = dy/r \qquad \tan(\theta) = opp/adj = dy/dx$$
$$dy = r \times \sin(\theta)$$

$$\cos(\theta) = adj/hyp = dx/r \qquad r^2 = dx^2 + dy^2$$
$$dx = r \times \cos(\theta) \qquad\qquad r = \sqrt{dx^2 + dy^2}$$

图 13-6　常见的三角函数公式

图中的角度 θ 对应于本程序中的 orient 变量，图中的 r 等价于属性 self.vel。当知道这两个分量的值后，就可以用三角函数公式计算出属性 self.dx 和 self.dy 的值❹。将 self.vel 乘以变量 orient 的余弦值得到 self.dx 的值；将 self.vel 乘以变量 orient 的正弦值得到 self.dy 的值。需要注意的是，若粒子的喷射方向朝上，则 pygame 中坐标 y 的值要向下增加，因此必须确保 self.dy 的值是负数。

4. 更新粒子状态和处理边界条件

清单 13-4 定义 Particle 类的最后一个函数，该函数通过更新粒子的位置实现它在屏幕上的移动。它的主要功能包括向粒子施加重力，通过画线的方式追踪粒子的运动轨迹，当粒子移出屏幕或位于艾奥星体地表下方时使粒子消失。

清单 13-4　添加 update()函数，完成 Particle 类的定义

tvashtar.py，第 4 部分

```
❶ def update(self):
      """向粒子施加重力，绘制粒子运动轨迹，处理边界条件。"""
❷    self.dy += Particle.GRAVITY
❸    pg.draw.line(self.background, self.color, (self.x, self.y),
                   (self.x + self.dx, self.y + self.dy))
❹    self.x += self.dx
      self.y += self.dy

❺    if self.x < 0 or self.x > self.screen.get_width():
❻        self.kill()
❼    if self.y < 0 or self.y > Particle.IO_SURFACE_Y:
          self.kill()
```

在清单 13-4 中，定义一个以 self 为参数的 update()函数❶。在游戏循环的过程中，通过让 self.dy 累加类属性 GRAVITY 的值，实现向粒子施加重力的功能❷。由于重力是仅在垂直方向上对运动施加作用力的矢量，因此它仅影响 self.dy 的值。

为了绘制粒子的运动轨迹，要使用 pygame 的 draw.line()函数，该函数以艾奥星体的背景图片、粒子的颜色、粒子先前位置和当前位置的坐标为参数❸。为了获取粒子当前位置的坐标，将属性 self.dx 和 self.dy 的值分别累加到 self.x 和 self.y 中。

接下来，与在 draw.line()函数中计算当前位置坐标的方式一样，用属性 self.dx 和 self.dy 的值分别更新粒子的 self.x 和 self.y 属性❹。

然后，检查粒子当前位置的坐标是否已超出屏幕的左边界或右边界❺。若 self.x 小于 0，则粒子超出左边界；若 self.x 大于属性 screen 表示的宽度，则粒子超出右边界。如果粒子越过屏幕的任一侧，就使用内置的 kill()函数将其从包含它的容器组中删除❻。稍后，你将会看到 pygame 使用名为"组"的容器来管理 Sprite 类对象，而从组中移除 Sprite 对象会使它在游戏中失效。

在 y 方向上也重复该过程❼，但是对于屏幕高度的最大值，要使用 Particle 类的属性 IO_SURFACE_Y。该属性表示粒子将在艾奥星体表面的附近停下来，而二氧化硫粒子会停在星体的表面，如图 13-2 和图 13-4 所示。

5. 定义 main()函数

清单 13-5 定义 main()函数的第一部分，该函数用于设置游戏屏幕、窗口标题、图例说明、Sprite 对象的容器组和游戏时钟。

清单 13-5　main()函数定义的第一部分

tvashtar.py，第 5 部分

```
def main():
    """设置游戏屏幕显示的信息，执行游戏循环。"""
❶  screen = pg.display.set_mode((639, 360))
❷  pg.display.set_caption('Io Volcano Simulator')
❸  background = pg.image.load('tvashtar_plume.gif')

    # 设置带颜色的图例说明
❹  legend_font = pg.font.SysFont('None', 24)
❺  water_label = legend_font.render('--- H2O', True, WHITE, BLACK)
    h2s_label = legend_font.render('--- H2S', True, DK_GRAY, BLACK)
    co2_label = legend_font.render('--- CO2', True, GRAY, BLACK)
    so2_label = legend_font.render('--- SO2/S2', True, LT_GRAY, BLACK)

❻  particles = pg.sprite.Group()

❼  clock = pg.time.Clock()
```

在 main()函数内，首先将 pygame 模块中的 display.set_mode()函数的返回值分配给变量 screen❶。该函数的参数是一组屏幕的像素尺寸大小。在这种情况下，将像素值设置得略小于从美国国家航空航天局获取的图片，确保游戏窗口与背景图片能较好地匹配。需要注意的是，提供的尺寸大小参数必须是元组，因此需要用两个圆括号把输入的参数括起来。

接下来，使用 pygame 的 display.set_caption()函数设置游戏窗口的名字❷。然后，加载美国

13

国家航空航天局拍摄的特瓦什塔尔火山羽流照片❸，并将其分配给 background 变量。pygame 的 image.load()函数会根据输入的图像名参数创建一个新的 Surface 对象。Pygame 模块支持多种类型的图像格式，例如 PNG、JPG 和 GIF。该函数返回的 Surface 对象会继承图像文件的颜色和透明度信息。由于此处导入的是灰度图像，因此程序可选的颜色类型将是有限的。

然后，添加一些构建图例说明的代码，该图例会显示在屏幕的左上方。

利用 pygame 的 font.SysFont()函数获取字体类型为 None 且大小为 24 的字体对象，并将其赋给变量 legend_font❹。当在屏幕上呈现文本时，会用到该变量。pygame 的字体模块可以让你在 Surface 对象上显示一系列字体，其中也包括称为 TrueType 的新字体类型。如果不想指定字体类型，那么你可以将 font.SysFont()函数的字体名参数设置为 None，此时 pygame 会采用内置的默认字体类型。

按照粒子质量递增的顺序，依次显示粒子名称。为了生成新的 Surface 标签对象，调用先前创建的 legend_font 对象的 render()函数❺。该方法有 4 个参数，前 3 个参数分别表示文本、字体抗锯齿效应选项（True 表示启用该选项，使文本看起来更平滑）、所描述粒子的颜色。而最后一个参数（均设为 BLACK）是可选的，它将标签的背景颜色设置为黑色，使粒子路径上方显示的说明文本均清晰可见。对于剩余的 3 个粒子，也重复此过程。由于 S_2 和 SO_2 这两种气体具有相同的质量，在模拟试验中也有相同的行为，所以将 S_2 添加到 so2_label 的图例说明标签中。

接着，利用 pygame 的 sprite.Group()函数创建保存 Sprite 对象的容器组，并将其分配给名为 particles 的变量❻。通常，对每个游戏来说，屏幕上会有多个 Sprite 对象在移动，而 pygame 会使用名为 Sprite 组的容器来管理它们。事实上，必须把 Sprite 对象放在一个组里，否则它们什么都不会做。

最后，创建 Clock 对象来跟踪和控制模拟试验的帧率❼。pygame 的"时钟"会根据所显示的帧率（Frames Per Second, FPS）控制游戏的运行速度。你将在下一部分代码中设置帧率的值。

6. 完善 main()函数

清单 13-6 进一步补充和完善 main()函数，它将设置模拟试验运行的速度（单位：帧/秒），创建执行模拟试验的 while 循环。它还可以处理一些用户使用鼠标、操纵杆或键盘对程序进行控制时触发的事件。由于这是一个模拟游戏，而非真实的游戏，因此用户对游戏的控制操作仅限于关闭窗口。在该清单的末尾，用 if 语句在全局代码编辑区中定义两行标准代码，它使程序既可以独立运行，也可以作为模块导入其他程序。

清单 13-6　启动游戏时钟，在 main()函数的循环体内处理游戏事件

tvashtar.py，第 6 部分

```
❶ while True:
❷     clock.tick(25)
❸     particles.add(Particle(screen, background))
❹     for event in pg.event.get():
           if event.type == pg.QUIT:
               pg.quit()
               sys.exit()
```

```
❺ screen.blit(background, (0, 0))
   screen.blit(water_label, (40, 20))
   screen.blit(h2s_label, (40, 40))
   screen.blit(co2_label, (40, 60))
   screen.blit(so2_label, (40, 80))

❻ particles.update()
   particles.draw(screen)

❼ pg.display.flip()

❽ if __name__ == "__main__":
       main()
```

在清单 13-6 中，首先创建执行模拟试验的 while 循环❶。然后，使用 clock.tick()函数设置仿真速度的阈值❷。将帧率的最大值设置为 25 帧/秒。如果想获得一个更有"活力"的火山，你可以随意地增加这个变量的值。

接下来，以 screen 和 background 为参数创建 Particle 类的实例，并将新创建的粒子添加到particles 表示的 Sprite 容器组中❸。每帧都会随机地产生一个新的粒子，并从火山口喷射出来，进而产生美观的粒子喷流，如图 13-7 所示。

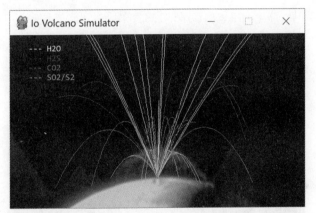

图 13-7　启动模拟试验，并以 25 帧/秒的速度随机地生成粒子

然后，创建处理事件的 for 循环❹。pygame 会记录当前帧中发生的所有事件，并将其保存于事件缓冲区（Event Buffer）中。pygame 的 event.get()函数会创建包含这些事件的列表，这样就可以依次取出和使用它们。如果发生 QUIT 事件（用户关闭游戏窗口时会触发该事件），程序将调用 pygame 的 quit()函数和 sys 模块的 exit()函数，结束模拟试验。

为了呈现游戏对象和更新可视化显示效果，pygame 会执行称作位块传送（Blit）的操作。位块传送指的是将一个矩形 Surface 对象的像素复制到另一个 Surface 对象表示的内存区域。若将背景的位块传送到屏幕上，就会用艾奥星体的照片覆盖原来的屏幕画面。通过位块传送操作，可以将同一张照片绘制在屏幕上的不同位置。这是一个速度缓慢的过程，而专业的游戏开发人员使用各种巧妙的技术来解决这一问题，例如只在当前需要更新的区域执行位块传送操作，而不是在游戏每次循环中对整个屏幕进行位块传送操作。

为了将背景图像传送到屏幕上，调用 screen 对象的 blit()函数，并向其传递所需的源参数和目标参数❺。在第一个例子中，源参数指的是 background 变量，目标参数指的是你想将背景图片放置到屏幕左上角的坐标。由于背景图片将覆盖整个屏幕，因此必须将目标参数设置为屏幕原点(0, 0)。对图例接下来的 3 个标签重复此操作，将它们放置在屏幕的左上角处。

之后，调用 particles 对象的 update()函数❻。该函数本身并不会执行屏幕的更新操作，但它会让 Sprite 对象调用自己的 self.update()函数。稍后，根据每个 Sprite 对象的 rect 属性，你会使用 draw()函数将它们显示在屏幕上。

draw()函数负责快速处理 Sprite 对象的位块传送问题，你要做的就是使用 flip()函数更新实际要显示的游戏图形❼。内存翻转（Flipping）是一种双缓冲技术，它可以把 screen 对象中的所有内容快速地移动到屏幕上。双缓冲技术先在幕后的矩形上执行位块传送操作，然后使用 blit()函数将位块复制到最终的屏幕内存上，从而避免了屏幕闪烁和图形显示速度缓慢的问题。

最后，在 if 语句块内调用定义的 main()函数，它使程序既可以作为模块导入其他程序，也可以独立运行❽。

13.1.4 运行模拟程序

图 13-8 所示为模拟程序运行大约一分钟时的效果。水蒸气（H_2O）羽流延伸到窗口顶部以外的区域。次高层的羽流是由硫化氢（H_2S）形成的，次下层的气体是二氧化碳（CO_2），最下层的气体是二氧化硫（SO_2）和硫气（S_2）。我们设计的羽流效果与特瓦什塔尔火山的羽流照片完全吻合。

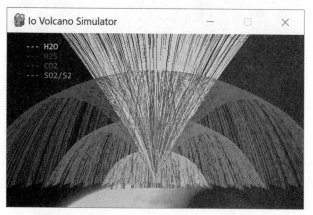

图 13-8 程序 *tvashtar.py* 运行一分钟时的效果

若想让程序只模拟二氧化硫的羽流效果，请跳转到 Particle 类的__init__()函数，并更改实例的 gas 和 color 属性：

```
self.gas = 'SO2'
self.color = random.choice(list(Particle.gases_colors.values()))
```

由于粒子颜色是随机选择的，当属性 self.orient 可能的所有角度都有粒子抛射时，羽流将会呈现出一种运动的效果。如果想加快或者减缓粒子的喷射速度，请跳转到 main() 函数中，向 clock.tick() 函数传递其他的参数。

在现实生活中，一般使用光谱学技术推断羽流物质的成分，光谱学是一种分析光与物质相互作用的测量技术。它主要分析和测量物质吸收、发射和散射的可见光和不可见光的波长。喷射物的光谱特性及其表面的颜色为星体富硫的说法提供了关键证据。

13.2 本章小结

在本章中，你学习了使用 pygame 模块模拟星体重力，构建地外星体火山喷射动画。在下一章中，你将学习用 pygame 构建一个真正具有交互功能和输赢条件判断的街机游戏。

13.3 延伸阅读

安迪·哈里斯（Andy Harris）的著作 *Game Programming: The Line, The Express Line to Learning*（Wiley, 2007）是一本厚达 570 页且对 pygame 有详尽介绍的书。

乔纳森·哈伯（Jonathon Harbour）的著作《Python 游戏编程入门》是一本以 pygame 为教学核心的书。该书是在《Python 编程初学者指南》的基础上创作而成的。

阿尔·斯威加特（Al Sweigart）撰写的《Python 游戏编程快速上手（第 4 版）》向初学者全面地介绍了 Python 编程和游戏设计。

在 pygame 的官方网站，你可以获取到该模块的在线"新手指南"手册，而在本书的配套资源中你可以得到其"备忘单"链接。

在得克萨斯大学的得克萨斯高级计算中心，威廉·麦道尼尔（William J. McDoniel）等人曾使用超级计算机对艾奥星体佩莱羽流中的气体和尘埃进行了三维蒙特卡罗模拟。在本书的配套资源中，你可以获取到记载该模拟试验的文章的链接。

13

13.4 实践项目：抛射

假设你是亨利国王在阿金库尔战役中的一名弓箭手。现在，正在遭受法国人的进攻，你的目标是把他们打得越远越好。那么你应该以多大的角度拉射长弓呢？

如果上过物理课，那么你可能知道答案是 45°。但是，你最好还是通过快速的计算机模拟试验来验证这个论断。重新编辑程序 *tvashtar.py* 的代码，使粒子分别随机地以 25°、35°、45°、55° 和 65° 发射。当以 45° 抛射粒子时，将 self.color 属性值设置为 White；而当以其他角度抛射粒子时，将 self.color 属性值设置为 Gray，如图 13-9 所示。

你可以从本书的配套资源中获取到该项目对应的程序 *practice_45.py*。记住，将该程序与图片文件 tvashtar_plume.gif 放在同一个目录下。

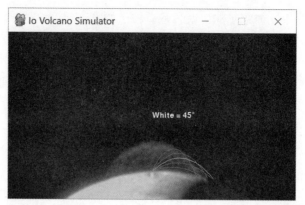

图 13-9   将艾奥火山模拟器的粒子喷射角度修改后的效果

13.5   挑战项目

请完成这些挑战项目中的实验。注意，本书不为挑战项目提供答案。

13.5.1   羽流冠

据说，随着气体在羽流冠中凝结成尘埃的数量的增加，艾奥星体上巨大羽状物的能见度也会随之增加。羽流冠是由气体颗粒先到达顶点后，再回落到地面时的点状轨迹组成的。再次获得程序 *tvashtar.py* 的副本，根据属性 self.dy 的值改变粒子轨迹的颜色。羽流冠顶部的轨迹颜色应比下方的轨迹颜色要亮，如图 13-10 所示。

图 13-10   使用较浅的轨迹颜色突出显示羽流冠

13.5.2   "泉源"——粒子运动轨迹

获得程序 *tvashtar.py* 的副本，修改其代码，使模拟试验中仅出现二氧化硫粒子，同时用白色的小圆圈表示粒子且不显示粒子的运动轨迹，如图 13-11 所示。

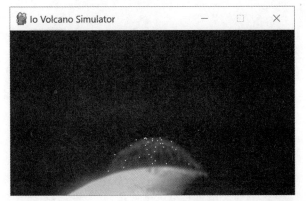

图 13-11　用白色小圆圈表示单个二氧化硫粒子的模拟试验截图

13.5.3　弹丸

在没有大气层的星球打上一枪，子弹会以离开枪口时的速度击中地面吗？许多人都无法回答这个问题，但你可以用 Python 编程来解答这个问题。再次获取程序 *tvashtar.py* 的副本，修改其代码，使其朝着 90 度的方向发射单个二氧化硫粒子。当粒子处于发射点位置（$y = 300$）时，输出粒子的 self.y 属性值和 self.dy 属性的绝对值。比较粒子开始上抛和结束下落时的速度值，看看这两个值是否相同。

注意

电视节目 *MythBusters* 的第 50 集讲述了这样一个现象：当射向空中的子弹最终落下时，它保持着致命的杀伤力。他们发现这样一个事实，即在地球上垂直发射子弹时，子弹在落下的途中会因风的阻力而减速。但如果发射时略微偏离垂直方向，子弹将保持旋转和上抛时的弹道，并以致命的速度返回地球。这是有史以来唯一获得这 3 种不同评价的现象，它好像是一种谬论，但同时也具有一定的合理性，甚至还可能就是事实。

13

第 14 章	用探测器绘制火星地图

如今，火星探测器已经成功地进入预定轨道，但这并不是一件容易的事。火星探测器的运行轨道是椭圆形的，根据本章项目的绘图需求，探测器的运行轨道必须是近地的圆形。幸运的是，只要飞船上有足够多的推进剂，就可以纠正轨道运行偏差。也就是说，你可以假设飞行控制中心的人员有耐心和技能来完成这样的任务。

在本章中，你将会设计和构建一款基于该场景的游戏。在这个过程中，你会再次用到 pygame 模块（有关 pygame 模块的概述，请阅读 13.1.1 小节中的内容）。你会使游戏足够真实，让它能向玩家传授一定的轨道力学基础知识，进而也为 STEM（科学、技术、工程和数学）教育贡献自己的一份力量。

注意

尽管本章中的游戏名字（火星探测器）与印度空间研究组织（Indian Space Research Organization，ISRO）2014 年发射的火星轨道探测任务（The Mars Orbiter Mission）同名，但两者之间没有任何直接的关系。这款游戏是根据美国国家航空航天局于 1996 年发射的火星全球勘测者（The Mars Global Surveyor）设计的。

14.1 与游戏有关的航天及动力学知识

由于希望自己制作的游戏尽可能地逼真，因此有必要快速回顾一下与航天动力学相关的一些基础知识。本节的这些基础知识简单有趣，而且是专门为该游戏的开发人员及其玩家准备的。

14.1.1 万有引力定律

引力论指出，大质量物体（如恒星和行星）会扭曲它们周围的空间和时间，这与将沉重的保龄球放置在床垫上类似，即保龄球附近会突然产生严重的凹陷，但又会迅速地变平。艾萨克·牛顿的万有引力定律（The Law of Universal Gravitation）从数学上描述了这种行为：

$$F = \frac{m_1 \times m_2}{d^2} G$$

其中，F 是两个物体之间的引力，m_1 是物体 1 的质量，m_2 是物体 2 的质量，d 是两个物体之间的距离，G 是引力常量（约 $6.674 \times 10^{-11} \text{N·m}^2 \cdot \text{kg}^{-2}$）。

两个物体之间的引力大小与它们的质量之积成正比，与距离的平方成反比。因此，当两个物体靠得很近时，它们之间的引力就非常强，这就是保龄球下面的床垫产生凹陷的原因。例如，当一个 220 磅（约 100kg）的人在山顶上时，他的体重将减轻半磅以上。人站在珠穆朗玛峰上与站在海平面上相比，后者要比前者离地球中心近约 8848m（假设地球的质量为 5.98×10^{24} kg，海平面与地心的距离为 6.37×10^{6} m）。

今天，我们通常认为重力是一个类似于保龄球和床垫之间的场（Field），而不认同牛顿的引力学中对场的论述。这个场仍然用牛顿定律来定义，用加速度（Acceleration）来描述它，单位为 m/s^2。

由牛顿第二运动定律（Newton's Second Law of Motion）可知，力等于物体的质量与加速度的乘积。为了计算物体 1 对物体 2 施加的引力，将引力方程改写为如下表达式：

$$a = \frac{-G \times m_1}{d^2}$$

其中，a 是加速度，G 是引力常量，m_1 是其中一个物体的质量，d 是两个物体之间的距离。力的方向从物体 2（m_2）的质心指向物体 1（m_1）的质心。通常，我们会忽略小质量物体对大质量物体的引力。例如，一颗 1000kg 重的卫星对火星施加的力大约是火星对卫星施加的力的 1.6×10^{-21} 倍。

注意

为了简化本章的项目，假定从物体的中心点计算物体之间距离。而在现实情况下，由于行星形状、地形、地壳密度等的变化，轨道卫星在运行时其重力加速度（Gravitational Acceleration）会发生细微变化。据《大不列颠百科全书》（*The Encyclopedia Britannica*）所述，这会使行星表面不同地方的重力加速度有约 0.5% 的变化幅度。

14.1.2 开普勒行星运动定律

1609 年，天文学家约翰·开普勒发现行星的运行轨道是椭圆形的，这使他能够解释和预测行星的运动。他还发现，在太阳和绕其运行的行星轨道之间画一条线段，在相同的时间间隔内行星扫过区域的面积相等。这一发现被称为开普勒行星运动第二定律（Kepler's Second Law of Planetary Motion）。图 14-1 所示为在相同的时间间隔内，行星在其轨道上运行所围成的不同区域。

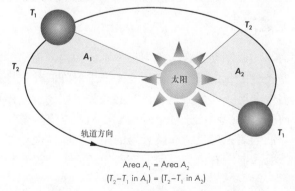

图 14-1　开普勒行星运动第二定律：当行星靠近太阳时，其在轨道上运行的速度会增加

这个定律适用于所有的天体，它意味着当轨道上运行的物体接近它绕行的天体时，它的速度会增加；而当远离天体时，它的速度会减小。

14.1.3　轨道力学

将绕轨道运行看作一种特殊的自由落体运动。当物体绕轨道运行时，它可能坠入行星引力井（Gravity Well）的核心区域，但由于物体的切向速度足够快，因此它永远无法陷入这颗行星的引力井，如图 14-2 所示。只要物体的动量可以抵消掉它所受的行星引力，物体就会绕着轨道一直运行下去。

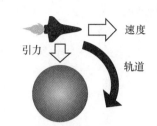

图 14-2　当航天器的速度能使其绕天体"自由下落"时，可以实现其在轨道上永久运行

当航天器在太空的真空环境下绕行星运行时，你会发现一些违反直觉的事情。在无摩擦或风阻力的情况下，航天器会以一种意想不到的方式运行。

14.1.4　向后飞行

如果你看过《星际迷航》（*Star Trek*），就可能注意到绕着轨道运行的企业号（Enterprise）似乎在绕着行星转动，就像汽车在轨道上行驶一样。这当然是可能的，而且看起来也很酷，但它需要消耗昂贵的燃料资源。如果不需要连续地将航天器的某一特定部分指向行星，那么航天器的机头在轨道上运行时将始终指向同一方向。因此，航天器在轨道上运行期间会多次出现向后飞行的情形，如图 14-3 所示。

你可以用惯性定律（The Law of Inertia）来解释这个现象。惯性定律指出，任何物体都会保持匀速直线运动或静止状态，直到外力迫使它改变运动状态为止。

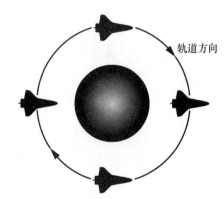

图 14-3　航天器在轨道上运行时会保持同样的姿态

14.1.5　提升和降低轨道高度

太空中不存在摩擦力，因此制动器在太空中根本不起作用，而惯性现象在太空中表现得非常明显。若想降低航天器飞行的轨道高度，必须点燃推进器降低其飞行速度，这样才能使航天器进一步靠近行星的引力中心区。要做到这一点，必须让飞船逆行（Retrograde），即让机头方向与当前的速度矢量方向相背离。尾巴先飞（Fly Tail-first）是这种奇特飞行方式的一种叫法。当然，在这种情况下，我们假定主推进器在航天器的尾部。同样地，如果想提升航天器飞行的轨道高度，那么就必须使航天器沿着机头指向的方向加速前进。提升和降低飞行轨道高度的方式如图 14-4 所示。

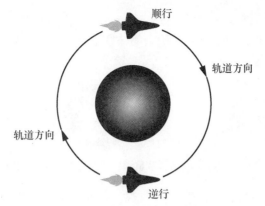

图 14-4　航天器顺行（Prograde）和逆行的定义由机头相对绕轨道运行的方向决定

14.1.6　走内线

如果正驾驶着航天器在轨道上追赶另一艘航天器，你会让航天器加速还是减速？由开普勒行星运动第二定律可知，这时候航天器应该减慢速度。这样做会降低航天器的轨道运行高度，从而使航天器的轨道运行速度变快。与骑马比赛一样，骑手们总是设法走赛道的内圈。

在图 14-5 所示的左侧，你可以认为两个航天器并排以相同的速度运行在同一轨道上。

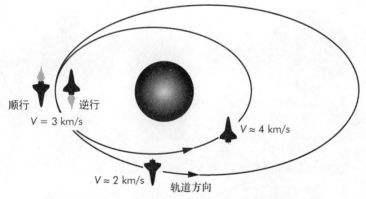

图 14-5　轨道悖论：减速是为了加速

离行星近的航天器先旋转 180°，再施加反向推力，减缓它在轨道上运行的瞬时速度。离行星远的航天器施加前进推力，增大它在轨道上运行的瞬时速度。然后，两个航天器同时停止施加推力，内侧的航天器会降落到较低的飞行轨道上，而外侧的航天器会转移到较高的飞行轨道上。内侧的航天器会离行星更近，它的行进速度也会比外侧的航天器快得多，经过一个小时后，它正好赶上外侧的航天器。

14.1.7　圆化椭圆形轨道

你可以在远点（Apoapsis）和近点（Periapsis）应用推进器，使近似椭圆形的轨道变成圆形。

最远点［如果物体绕地球运行，称为远地点（Apogee）］指的是椭圆形轨道上的最高点，即物体距离其所绕行星的最远点，而最近点［如果物体绕地球运行，则为近地点（Perigee）］指的是物体距离其所绕行星的最近点，如图 14-6 所示。

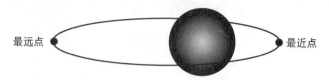

图 14-6   椭圆形轨道上的最远点和最近点

在圆化飞行轨道的过程中，为了提高最近点高度，航天器需要在最远点处施加向前的推力，如图 14-7 左侧所示。为了降低最远点高度，航天器必须在最近点处施加逆向推力，如图 14-7 右侧所示。

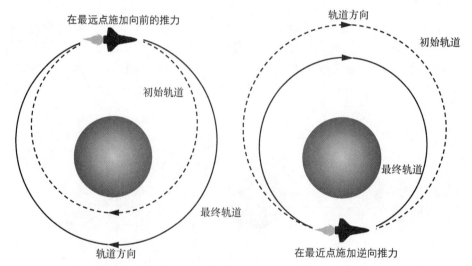

图 14-7   在最远点处提升轨道高度，使飞行轨道变成圆形（左）；在最近点处降低轨道高度，
使飞行轨道变成圆形（右）

此操作有点违背直觉，初始运行轨道和调整后的最终运行轨道将会在发动机施加推力点处重合。

14.1.8   用霍曼转移提升和降低轨道

霍曼转移轨道（Hohmann Transfer Orbit）是一种利用椭圆形轨道在同一平面上切换两个圆形轨道的方法，如图 14-8 所示。轨道转移既可以提升轨道高度，也可以降低轨道高度。这个特殊的动作相对缓慢，使航天器尽可能少地消耗燃料。

为了使变轨后的航天器同时具有不同的最近点和最远点，它需要推进器施加两次推力。第一次推力将航天器移动到转移轨道上，另一次推力将它移动到最终的目的轨道上。在提升轨道高度时，航天器沿运动方向施加额外的推力；而在降低轨道高度时，航天器将朝着运动方向的反方向施加额外的推力。这两次改变速度的位置必须在轨道的两个对立侧，如图14-8所示。如果没有施加第二次推力，航天器的运行轨道将与原来的轨道相交于第一次施加推力处，如图14-7右侧所示。

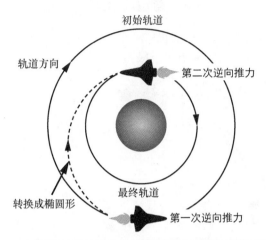

图14-8　用霍曼转移轨道技术让航天器转移到较低的圆形轨道上

14.1.9　利用单次切向点火提升和降低轨道高度

与霍曼转移轨道技术相比，单次切向点火（The One-Tangent Burn）技术可以更快地实现航天器的换轨，但是它的效率较低。点火（Burn）只是术语推力（Thrust或Impulse）的另一种表述方法。与霍曼转移轨道技术一样，该技术既可以用于提升轨道高度，也可以用于降低轨道高度。

该技术仍需发动机两次点火，第一次与轨道相切，而第二次与轨道不相切，如图14-9所示。如果航天器的初始运行轨道是圆形的，那么沿着轨道的所有点都可表示最远点和最近点，航天器在该轨道的任何位置都可以实施第一次点火。

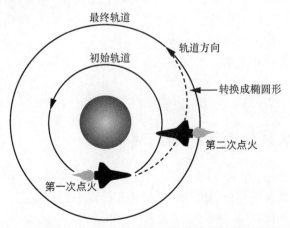

图14-9　用单次切向点火技术让航天器转移到更高的圆形轨道上

正如霍曼转移轨道技术一样，顺向点火会提升轨道高度，而逆向点火会降低轨道高度。如果运行轨道是椭圆形的，第一次应该在最远点顺向点火，提升轨道高度，或者在最近点逆向点火，降低轨道高度。

14.1.10　利用螺旋转移实现轨道高度螺旋式改变

螺旋转移（Spiral Transfer）技术使用连续的低推力点火来改变轨道的高度。在游戏中，你可以利用短而规律的间隔性逆向或顺向点火来模拟这种轨道变换操作，如图 14-10 所示。

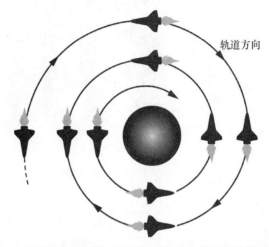

图 14-10　利用短而有规律的间隔性逆向点火使运行轨道呈螺旋形

为了降低轨道高度，航天器需要逆向点火；为了提高轨道高度，航天器需要顺向点火。

14.1.11　实现同步轨道

在同步轨道（Synchronous Orbit）上，航天器绕行星旋转一圈所需的时间与行星绕其中心轴旋转一圈所需的时间相同。若同步轨道与赤道平行，且没有轨道倾角（Orbital Inclination），则这样的同步轨道也称为静止轨道（Stationary Orbit）。对于在轨道上的观测者来说，卫星似乎在天空中的某个固定位置静止不动。通信卫星通常在地球静止轨道上运行，它离地球的高度为22236 英里（1 英里≈1.6km）。类似地，围绕火星的静止轨道称为飞船静止轨道，而围绕月球的静止轨道称为赛诺静止轨道。

14.2　项目 22：火星轨道飞行器游戏

为执行精确的轨道操作，在实际场景中会用到一系列轨道计算方程。而在该游戏中，你将凭借自己的直觉、耐心以及反应能力来执行轨道操作。在一定程度上，你的飞行器需要依赖一些数据，例如航天器的飞行高度、轨道的圆化程度。

目标

利用 pygame 模块制作一款街机游戏，并用它讲解轨道力学（Orbital Mechanics）的基本原理。这个游戏的目标是在卫星既没有耗尽燃料，也没有在大气层中燃烧的情况下，将一颗卫星送到火星的圆形测绘轨道上。

14.2.1 策略

正如在第 13 章中所做的那样，在开始设计游戏之前，你要先绘制游戏草图。这幅草图应该包含游戏的所有要点，例如外观效果、音效、物体的移动方式、游戏与玩家的通信方式，如图 14-11 所示。

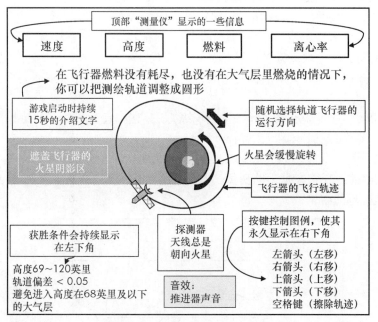

图 14-11　火星轨道飞行器游戏草图

图 14-11 所示的草图描述了轨道飞行器游戏的关键操作。你还需要分别用一幅单独的草图来描述输与赢的条件。该游戏玩法的关键点如下。

- ❑ **视点就是飞行任务控制中心**：游戏屏幕类似于飞行任务控制中心的监视器，玩家可以通过它操作偏离轨道的火星探测器。
- ❑ **火星位于视角的中心点**：每个人都喜欢红色的星球，因此本游戏中会将它放置到深黑色屏幕的中心点。
- ❑ **火星本身是运动的**：火星探测仪将绕其轴缓慢旋转。火星会在其背部投射一块阴影区域。当卫星穿过该阴影区域时，它会明显地变暗。
- ❑ **卫星的初始轨道是随机选择的**：在启动时，卫星的运动方向和飞行速度都是随机的，但会受到一定条件的约束。这种启动方式使游戏失败的情况极为少见。这比实际发射任务的成功率要高，实际任务发射失败的概率高达 47%。

❑ **对卫星的运动方式（顺行或逆行）无强制要求**：在推进器点火之前，不断旋转探测器会大大降低游戏的可玩性。假设角度推进器排列在机身周围，使用方向键可选择要点火的推进器。

❑ **推进器处于点火状态时会发出嘶嘶声**：尽管在太空中没有声音，但是为了给玩家带来满足感，当推进器点火时，让他们能听到推进器发出的嘶嘶声。

❑ **卫星的天线总是指向火星**：卫星总是缓慢地绕火星自动旋转，它的遥感天线始终朝向火星。

❑ **卫星的运动轨迹是可见的**：卫星的后方会拖出一条白色的细线，直到玩家按空格键才会将其清除。

❑ **读取的数据参数会显示在窗口的顶部**：在窗口顶部的文本框中显示一些重要的游戏参数。这些关键参数主要包括探测器的飞行速度（Velocity）、飞行高度（Altitude）、燃料（Fuel）剩余量和轨道离心率（Eccentricity）。离心率也是一种轨道圆化程度的度量参考。

❑ **游戏启动时显示一段简短的介绍信息**：当游戏开始时，屏幕中央会出现一段持续约 15 秒的游戏介绍文本。文本不会对游戏的运行造成影响，因此游戏启动后，玩家就可以马上操纵这颗卫星。

❑ **在图例说明中显示获胜条件和按键的操纵方法**：诸如任务目标和按键控制说明将会永久地显示在屏幕的左下角和右下角。

图 14-12 所示是游戏成功和失败时对应的游戏草图，它分别描述了在任务成功和失败的条件下，轨道飞行器的运行状态发生的变化。当赢得游戏时，玩家会获得奖励；而当输掉游戏时，玩家会看到一些有趣的结果。

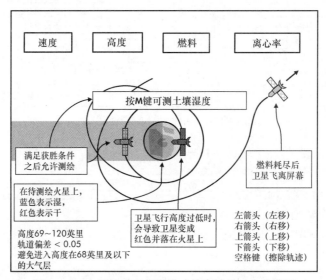

图 14-12　火星轨道飞行器游戏输赢结果对应的草图

对于输赢结果的判断，关键点如下。

❑ **将正常的卫星图片修改为处于坠毁和燃烧状态的卫星图片**：如果卫星的高度降到 68 英里以下，那么它就会在大气层中燃烧。此时，程序会用红色的卫星图像替换当前正在移动中的卫星图像，并将这幅红色的卫星图片贴在火星的侧面。这与你在飞行任务控制中心的显示器上看到的效果类似。

❑ **如果燃料耗尽，卫星就会消失在太空中**：如果卫星耗尽燃料，那就让它飞离屏幕，进入深邃的太空。这种做法会让玩家有耳目一新的感觉。

❑ **满足获胜条件可开奖**：如果在目标高度范围内将卫星轨道调整为圆形，那么窗口上会显示一段新的文本，提示玩家按 M 键。

❑ **按 M 键可改变显示的火星图片**：当按键 M 解锁后，按它会使原来的火星图像变为彩虹般的火星图像，其中冷色调区域表示土壤湿度较高，暖色调区域表示土壤较为干燥。

对游戏本身而言，卫星的大小和轨道运行速度并不符合现实情况；但是从总体上来说，它们的行为是正确的。根据第 14.1 节中的内容，你应该可以正确地调整卫星的轨道。

14.2.2 游戏资源

对火星轨道飞行器游戏来说，游戏资源指的是两幅卫星图像、两幅行星图像和一个音效文件。你既可以在制作游戏的起始阶段就把这些资源文件准备好，也可以在程序需要时再构建这些资源。若采用后一种资源构建方法，在编码的过程中你可以间断性地获得一些休息时间，这也是许多人喜欢的一种方法。

对你来说，寻找效果良好且无版权问题的图片和声音文件是一个挑战。尽管在网络上，你可以找到一些适合本游戏的免费或收费的资源，但是你最好还是亲自制作这些资源。这会让你避免任何法律问题。

在这个项目中，我使用的图像精灵（也称为二维图标或图像）如图 14-13 所示。你需要 4 张图片，它们分别表示正常飞行中的卫星图片、红色的呈"燃烧"（坠毁）状态的卫星图片、以火星北极为中心的俯视图图片以及与该相同视角的有彩色覆盖层的图片。其中，最后一张图片中的不同色彩表示火星上不同地方的土壤湿润程度。我在免费图标网站 AHA-SOFT 中找到了这个卫星图像精灵，然后对其副本重新进行着色，制作出坠毁状态的卫星图像精灵。我将美国国家航空航天局拍摄的照片进行了修改，得到本游戏所需的两个火星图像精灵。

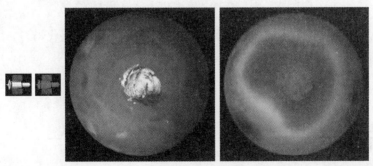

图 14-13 用作游戏图像精灵的卫星运行中和坠毁状态的图片、火星本身和火星有彩色覆盖层的图片

为了模拟卫星推进器点火时发出的声音,可用开源程序 Audacity 中的白噪声发生器制作声音文件。你可以在 Audacity 的官网上免费下载到这个程序。将文件保存为 OGG 格式,这是一种开源、免费的标准音频压缩格式,它能够与 Python 和 pygame 模块很好地兼容。你可以在 pygame 模块中使用其他格式,例如 MP3 和 WAV。但有些格式存在与 Python 不兼容的问题,甚至有些音频格式属于专有组件。如果试图将制作的游戏商业化,那么使用这些专有音频格式还可能会引发法律问题。

从本书的配套资源可以下载到本项目所需的资源文件,这些资源文件分别是 satellite.png、satellite_crash_40x33.png、mars.png、mars_water.png、thrust_audio.ogg。下载这些文件之后,保留原文件名,将它们与本项目的程序放在同一目录下。

14.2.3　程序代码

图 14-14 所示是本章构建的游戏最终呈现的效果。参考这张图片,可以反向推测出程序各模块的代码功能。

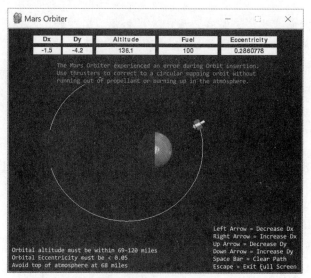

图 14-14　程序 *mars_orbiter.py* 完成后呈现的效果

从本书的配套资源中,你可以下载到程序 *mars_orbiter.py* 的完整代码。

1. 导入模块和建立颜色表

清单 14-1 中的代码功能是:导入程序所需的模块,定义颜色常量表。

清单 14-1　导入程序所需模块,为程序定义颜色表

mars_orbiter.py,第 1 部分

```
❶ import os
  import math
```

```
import random
import pygame as pg
```
❷
```
WHITE = (255, 255, 255)
BLACK = (0, 0, 0)
RED = (255, 0, 0)
GREEN = (0, 255, 0)
LT_BLUE = (173, 216, 230)
```

在清单 14-1 中，首先导入执行系统调用所需的 os 模块❶。本游戏将以全屏模式启动，而玩家可以选择退出全屏模式。当玩家按 Esc 键后，该模块使玩家可以设置游戏窗口所在的位置。

你将使用 math 模块进行重力和三角函数的计算，使用 random 模块随机生成卫星的初始位置和运行速度。正如在第 13 章中所做的那样，为了减少后续输入的字符数量，导入 pygame 模块时，用别名 py 代替模块 pygame。

最后，与你在第 13 章所做的一样，为程序建立由 RGB 值组成的颜色表常量❷。当程序需要一种颜色时，你可以输入颜色的名称，而不必输入组成颜色的 RGB 值元组。

2. 定义 Satellite 类的初始化函数

清单 14-2 定义 Satellite 类及其初始化函数，你将在游戏中用它来定义卫星对象。由于该函数的定义很长，因此将它的定义拆分成两部分，分别放在单独的清单中。

清单 14-2 类 Satellite 初始化函数定义的第一部分

mars_orbiter.py，第 2 部分
```
❶ class Satellite(pg.sprite.Sprite):
       """定义朝向火星旋转的卫星图像，以及呈坠毁和燃烧状态的卫星图像。"""

❷    def __init__(self, background):
❸        super().__init__()
❹        self.background = background
❺        self.image_sat = pg.image.load("satellite.png").convert()
          self.image_crash = pg.image.load("satellite_crash_40x33.png").convert()
❻        self.image = self.image_sat
❼        self.rect = self.image.get_rect()
❽        self.image.set_colorkey(BLACK)  # 设置透明色
```

在清单 14-2 中，首先定义一个表示卫星对象的 Satellite 类❶。如果你需要温习面向对象编程方面的知识，请重新阅读第 11 章的相关内容。为使该类实例化后产生的对象属于 Sprite 的子对象，让自定义的 Satellite 类继承 pygame 模块的 Sprite 类。如第 13 章所述，Sprite 是一个内置类，它是一个制作图像精灵的模板。新定义的 Satellite 类将从其基类继承图像精灵所具有的特性。这也包括诸如 rect 和 image 等在内的重要属性，稍后你将设置这些属性。

接下来，为 Satellite 对象定义 __init__() 函数❷。按照惯例，向该函数传递一个 self 参数，它是一个在类定义中引用当前对象的特殊名称。你还需要向该函数传递一个 background 对象。

在 __init__() 函数中，使用 super() 函数调用内置的 Sprite 类的初始化函数❸。这将初始化该精灵对象，建立其所需的 rect 和 image 属性。当使用 super() 函数时，你不需要在调用函数时显式地使用基类（Sprite）。关于 super() 函数的更多内容，请阅读清单 11-5 相关的内容，或者访问 Python 官方网站中与 super() 函数相关的主题。

14

然后，将 background 参数赋给 self 对应的对象属性❹。紧接着，使用 pygame 模块的 image.load()函数加载两颗卫星对应的图片（一张图片表示运行中的卫星，另一张图片表示坠毁和燃烧状态下的卫星），在同一步骤中分别对它们调用 convert()函数❺。这会将图片转换为一种图片格式，一旦游戏开始执行循环，pygame 模块可以高效地使用这种图片格式。如果没有这一步，游戏速度可能会明显减慢。为了显示 PNG 格式的图片，程序都需要对它们进行格式转换，而转换速度达到每秒 30 次。

根据玩家操作的卫星是否在大气中烧毁，程序会使用这两张卫星图片的其中一张。因此，用一个通用的 self.image 属性保存转换后的卫星图像❻。该属性默认保存的是未燃烧的卫星图像。如果卫星离火星太近，那么它将保存红色的呈燃烧状态的卫星图像。

之后，获取图像的矩形信息❼。请记住，pygame 模块会将精灵放置在矩形 Surface 对象上。在游戏运行时，Surface 对象还需要知道这些矩形的尺寸和位置信息。

最后，将卫星图像的黑色区域设置为不可见❽。由于卫星图像位于黑色区域（如图 14-13 所示），同时希望将坠毁和燃烧的图像绘制在屏幕上，因此把 BLACK 常量当作图像对象 colorkey()函数的参数，即将黑色设置为图片的透明色。否则，你会看到红色的卫星在黑色的匣子中。需要注意的是，若你想向该函数传递一个 RGB 值参数，请输入表示黑色的 RGB 元组(0, 0, 0)。

3. 设置卫星的初始位置、速度、燃料和声音

清单 14-3 补充和完善了 Satellite 类初始化函数的定义。程序会在给定的范围内，随机选择卫星对象的初始位置和运行速度。此外，该段代码还会初始化遥感天线的方向，让卫星燃料箱处于加满状态，添加推进器点火音效。

清单 14-3　初始化一些参数，补充和完善 Satellite 类初始化函数的定义

mars_orbiter.py，第 3 部分

```
❶ self.x = random.randrange(315, 425)
  self.y = random.randrange(70, 180)
❷ self.dx = random.choice([-3, 3])
❸ self.dy = 0
❹ self.heading = 0   # 初始化遥感天线方向
❺ self.fuel = 100
  self.mass = 1
  self.distance = 0  # 设置卫星和火星之间的初始距离
❻ self.thrust = pg.mixer.Sound('thrust_audio.ogg')
❼ self.thrust.set_volume(0.07)   # 有效值范围为 0~1
```

在清单 14-3 中，首先初始化卫星在屏幕上出现的位置。当游戏开始时，让卫星总是随机地出现在屏幕顶部附近。根据给定的 x 值和 y 值范围，程序会随机地选择卫星的出现位置❶。

你也可以让程序随机选择卫星的运行速度，但所选择的速度可能会慢到使卫星无法脱离原轨道。因此，将卫星的运行速度范围设置为-3 到 3 之间。当速度值为正数时，卫星将沿着轨道按顺时针方向飞行；当速度值为负数时，卫星将按逆时针方向飞行。用 dx 处理卫星飞行的速度❷，用 dy 处理卫星飞行中受到的重力。如第 13 章所述，pygame 模块分别使用 x 位置的分量（dx）和 y 位置的分量（dy）实现在屏幕上移动精灵的效果。每当游戏循环一次，x 和 y 方向的速度分量会分别被累加到精灵当前的 self.x 和 self.y 属性上。

接下来，将 dy 属性的值设置为 0。稍后，当卫星向屏幕下方加速下落时，gravity()函数会设置新实例化对象的 dy 值❸。

然后，指定卫星 heading 属性的值❹。卫星的遥感天线将始终指向火星，该遥感天线将获取火星表面的土壤水分。如果还记得图 14-3 中的内容，你应该知道这种事情不会发生，除非卫星克服了惯性。稍后，你会使用一种方法来旋转卫星的朝向。现在，只需将 heading 属性的值初始化为 0。

接着，设置卫星燃料箱的初始燃料值，本例规定燃料箱在加满状态下只能存储 100 个单位的燃料❺。如果你想把它和现实生活联系起来，它可能代表 100kg 的肼，这是一种类似于麦哲伦探测器绘制金星地图时使用的燃料物质。

之后，将对象的 mass 属性值设为 1。在引力方程中，需要将两个物体的质量相乘，而将卫星的质量设置为 1 时，意味着计算火星与卫星的引力时只需使用火星的质量。如前所述，卫星对火星的引力是无关紧要的，因此没有必要计算它。出于程序设计的完整性考虑，这里设置了卫星的 mass 属性，实际上它类似于一个占位符，便于你在模拟试验中尝试使用其他不同的卫星质量值。

接下来，设置 distance 属性的值，它保存了卫星与火星之间的距离。通过后面定义的函数，就可以计算它的实际值。

紧接着，设置卫星推进器点火时的音效。在 main()函数中，你将会对 pygame 模块的声音混音器对象进行初始化。现在，我们只是为推进器音效命名一个 thrust 属性❻。将 OGG 格式的白噪声短音频文件名传给混音器的 Sound 属性。最后，使用 0 到 1 之间的值设置音效的播放音量❼。你需要根据你的计算机校准该值。理想情况下，需要将它设置为至少让每个玩家都能够听到的音量值，然后让玩家利用计算机的音量控制器将音量调整到合适的大小。

4. 点燃推进器并检查玩家的输入

清单 14-4 为 Satellite 类定义 thruster()函数和 check_keys()函数。第一个函数决定推进器点火时卫星将会执行的动作。第二个函数通过判断方向键是否被按下来检查玩家与推进器的交互。

清单 14-4 为 Satellite 类定义 thruster()函数和 check_keys()函数

mars_orbiter.py，第 4 部分

```
❶ def thruster(self, dx, dy):
       """点燃推进器时，程序执行的相关动作。"""
❷     self.dx += dx
       self.dy += dy
❸     self.fuel -= 2
❹     self.thrust.play()

❺ def check_keys(self):
       """检查用户是否按下方向键，并调用 thruster()函数。"""
❻     keys = pg.key.get_pressed()
       # 点燃推进器
❼     if keys[pg.K_RIGHT]:
❽         self.thruster(dx=0.05, dy=0)
       elif keys[pg.K_LEFT]:
           self.thruster(dx=-0.05, dy=0)
       elif keys[pg.K_UP]:
```

```
        self.thruster(dx=0, dy=-0.05)
    elif keys[pg.K_DOWN]:
        self.thruster(dx=0, dy=0.05)
```

在清单 14-4 中，先定义一个以 self、d*x*、d*y* 为参数的函数 thruster()❶。该函数的后两个参数既可以是正值，也可以是负值。这两个参数的值会被立即累加到卫星对象的速度分量 self.dx 和 self.dy 中❷。紧接着，让卫星的燃料储量值减少两个单位❸。通过改变这两个参数的值，你可以调节游戏的难易程度。在该函数定义的末尾，调用 thrust 对象的 play() 函数播放会发出嘶嘶声的音频❹。需要注意的是，与面向过程函数通过返回值更新游戏状态的方式不同，面向对象编程通过更新现有对象的属性值来改变游戏的状态。

接下来，程序定义一个仅含 self 参数的函数 check_keys()❺。首先，你要使用 pygame 的 key 模块来判断玩家是否按下某个键❻。get_pressed() 函数会返回一个值为布尔类型（True 表示 1，False 表示 0）的元组，该元组代表键盘上每个键的当前状态。你可以把键对应的常量值当作它的索引，从而获取键当前的状态。在 pygame 模块的官方网站，你可以找到每个键对应的常量值。

例如，向右方向键对应的常量名是 K_RIGHT。如果玩家已按下此键❼，就调用 thruster() 函数，并指定该函数参数 d*x* 和 d*y* 的值❽。在 pygame 模块中，沿着屏幕向右，*x* 轴的坐标值递增；而沿着屏幕向下，*y* 轴的坐标值递增。因此，若玩家按下向左方向键，则 d*x* 的值会减小；类似地，若玩家按下向上方向键，则 d*y* 的值会减小；反过来，玩家按下向右方向键时 d*x* 的值会增大，按向下方向键时 d*y* 的值会增大。通过屏幕顶部的信息，玩家将会了解到卫星运动状态与 d*x* 和 d*y* 值之间的大致关系（如图 14-14 所示）。

5. 确定卫星的位置

继续向 Satellite 类添加新的函数，清单 14-5 是 Satellite 类中 locate() 函数的定义。该函数用于计算卫星与火星之间的距离，确保卫星天线始终朝向火星所在的方向。稍后，当计算重力和轨道离心率时，你会用该函数计算距离属性的值。离心率是一种度量轨道与正圆偏差程度的参数。

清单 14-5 为 Satellite 类定义 locate() 函数

mars_orbiter.py，第 5 部分

```
❶ def locate(self, planet):
       """计算卫星与火星之间的距离，让卫星天线朝向火星所在的方向。"""
❷     px, py = planet.x, planet.y
❸     dist_x = self.x - px
       dist_y = self.y - py
       # 计算卫星指向行星的方向
❹     planet_dir_radians = math.atan2(dist_x, dist_y)
❺     self.heading = planet_dir_radians * 180 / math.pi
❻     self.heading -= 90  # 精灵的飞行方式为尾巴先飞
❼     self.distance = math.hypot(dist_x, dist_y)
```

为了确定卫星的位置，需要以 satellite（self）对象和 planet 对象为参数，调用 locate() 函数❶。首先，分别计算 satellite 对象和 planet 对象在 *x* 轴和 *y* 轴上的距离之差。程序先分别获取 planet 对象的 *x* 和 *y* 属性值❷。然后，让卫星的 *x* 和 *y* 属性值分别减去获取的 planet 对象的 *x* 和 *y* 属性值❸。

接下来，利用这两个计算出的距离结果来计算卫星的航向和行星之间的角度，这样就可以使卫星天线朝向火星所在的方向。由于 math 模块采用弧度制来度量角的大小，因此将 dist_x 和 dist_y 当作函数 math.atan2() 的参数，计算其反正切值，得到用弧度表示的方向，并将计算结果保存到名为 planet_dir_radians 的局部变量中❹。然而，由于 pygame 模块使用角度制来度量角的大小，因此还要使用标准的弧度与角度转换公式将弧度值转换为对应的角度值。对于这样的转换，可以使用 math 模块中的相应函数，但是亲自输入计算表达式有利于深刻地理解程序❺。这个结果应该赋给卫星对象的一个可共享属性，所以将其命名为 self.heading。

在 pygame 模块中，精灵的正面默认向东，这意味着卫星精灵的飞行方式为尾巴先飞（如图 14-13 所示的卫星图像）。由于在 pygame 模块中负的角度值表示顺时针旋转，所以为了使天线朝向火星，需要让表示卫星航向的角度值减去 90❻。需要注意的是，这样的动作不会消耗卫星所携带的燃料。

最后，利用 math 模块计算卫星与火星之间的距离（根据两者 x 和 y 分量之差计算的斜边值），得到卫星与火星之间的欧几里得距离❼。你应该将该值作为卫星对象的属性，这样类的其他函数也可以使用它。

注意

在现实场景中，为了使卫星的天线指向行星，并且让消耗的燃料足够地少，可以采用多种技术，例如缓慢地翻转或旋转卫星，使卫星天线末端重于另一端；使用磁力扭矩；使用内部飞轮（也称为反作用轮或动量轮）。飞轮利用太阳能电池板驱动电动机，它不需要使用燃料。

6. 旋转卫星并绘制其运行轨迹

清单 14-6 继续补充和完善 Satellite 类的定义，该清单先定义卫星绕着火星旋转时让其天线朝向火星的函数，然后定义绘制卫星运行轨迹的函数。稍后，在 main() 函数中，你将会添加让玩家通过按空格键擦除已绘制轨迹的代码。

清单 14-6　为 Satellite 类定义 rotate() 函数和 path() 函数

mars_orbiter.py，第 6 部分

```
❶ def rotate(self):
      """根据角度数旋转卫星方向，使卫星的天线朝向火星。"""
   ❷ self.image = pg.transform.rotate(self.image_sat, self.heading)
   ❸ self.rect = self.image.get_rect()

❹ def path(self):
      """改变卫星所处的位置，并绘制卫星的运行轨迹。"""
   ❺ last_center = (self.x, self.y)
   ❻ self.x += self.dx
      self.y += self.dy
   ❼ pg.draw.line(self.background,WHITE,last_center, (self.x, self.y))
```

在清单 14-6 中，首先定义 rotate() 函数，该函数利用 locate() 函数计算出的 heading 属性值，使卫星的天线始终朝向火星。将 self 当作 rotate() 函数的参数❶，这意味着以后调用 rotate() 函数时，它会自动把卫星对象当作它的参数。

接下来，使用 pygame 模块的 transform.rotate()函数旋转卫星图像❷。将原始的图像对象 self.image_sat 和卫星对象的 heading 属性当作该函数的参数。为了不降低原始图像的质量，将旋转后的图像分配给该类的 self.image 属性。由于游戏每次循环时都需要转换图像，并且转换图像后会迅速降低图像的质量，因此你每次都要先获取原始图像的副本，然后进行图像转换。

在 rotate()函数定义的最后，获取转换后的图像的 rect 对象❸。

然后，定义一个以 self 为参数的 path()函数❹。该函数通过绘制线条来标记卫星走过的路径。由于两点确定一条直线，因此为了绘制路径线条，需要找到两点。首先，定义一个元组，记录卫星移动前的位置❺。然后，让表示卫星位置的 *x* 和 *y* 属性值分别加上它的 d*x* 和 d*y* 属性值❻。最后，调用 pygame 模块的 draw.line()函数绘制卫星位置改变前后形成的线条❼。将 background 属性当作该函数绘图的对象（第一个参数），该参数之后的参数依次是线条颜色、卫星先前位置构成的元组以及当前所处位置构成的元组。

7. 更新卫星对象

清单 14-7 定义更新卫星对象的函数，该函数也是 Satellite 类中定义的最后一个函数。几乎所有的 Sprite 对象都有一个 update()函数，在游戏运行的每一帧中，该函数都会被调用。该函数会执行 Sprite 对象所做的任何动作，例如运动、颜色变化、与用户交互等。为了避免这些函数的调用关系混乱，表示其他动作的函数会在 update()函数中被调用。

清单 14-7　为 Satellite 类定义 update()函数

mars_orbiter.py，第 7 部分

```
❶ def update(self):
       """在游戏运行期间更新卫星对象。"""
❷     self.check_keys()
❸     self.rotate()
❹     self.path()
❺     self.rect.center = (self.x, self.y)
       # 将卫星图像更改为大气中呈燃烧状态的红色卫星图像
❻     if self.dx == 0 and self.dy == 0:
           self.image = self.image_crash
           self.image.set_colorkey(BLACK)
```

在清单 14-7 中，首先定义一个以 self 为参数的 update()函数❶。然后，在该函数内部，调用前面已定义的一些函数。在这些函数中，第一个函数用于检查玩家通过键盘与游戏进行的交互❷。第二个函数的作用是旋转卫星对象，使它的天线一直朝向火星❸。最后一个函数的作用是更新表示卫星位置的 *x* 坐标和 *y* 坐标，绘制卫星走过的轨迹，以便直接观察卫星的运行轨迹❹。

在卫星绕火星运行时，该程序需要跟踪卫星精灵的位置。因此，为 Satellite 类定义了 rect.center 属性，并将其值设置为卫星当前位置的 *x* 和 *y* 坐标值❺。

最后一小段代码的功能是：如果玩家操纵的卫星坠毁，就将卫星图像更改为在大气中呈燃烧状态的卫星图像❻。离地表约 68 英里的范围均为火星的大气层。稍后，我会解释原因。在游戏中，我们假设从火星中心到大气层顶部的高度值为 68（单位：像素）。在游戏过程中，如果卫星高度降到该值以下，main()函数会将其速度分量 d*x* 和 d*y* 的值设置为 0。如果这两个速度分

量都为 0，就将卫星图像更改为 image_crash 属性指代的图像，同时将它的背景色设置为透明色（这与之前对原卫星图像所做的操作相同）。

8. 定义 Planet 类及其初始化函数

清单 14-8 定义 Planet 类及其初始化函数，你将在程序中用它来实例化一个 planet 对象。

清单 14-8　Planet 类开头部分的定义

mars_orbiter.py，第 8 部分

```
❶ class Planet(pg.sprite.Sprite):
       """定义火星的旋转方式，计算其向卫星施加的重力。"""

❷   def __init__(self):
        super().__init__()
❸       self.image_mars = pg.image.load("mars.png").convert()
        self.image_water = pg.image.load("mars_water.png").convert()
❹       self.image_copy = pg.transform.scale(self.image_mars, (100, 100))
❺       self.image_copy.set_colorkey(BLACK)
❻       self.rect = self.image_copy.get_rect()
        self.image = self.image_copy
❼       self.mass = 2000
❽       self.x = 400
        self.y = 320
        self.rect.center = (self.x, self.y)
❾       self.angle = math.degrees(0)
        self.rotate_by = math.degrees(0.01)
```

现在，你可能已经非常熟悉创建 Planet 类的初始步骤。首先，类名首字母要大写，然后将 Sprite 类当作该类的父类，这样新创建的类就继承了 pygame 模块中内置类的功能❶。然后，为 Planet 类定义 __init__() 函数，它也称为初始化函数❷。之后，与定义 Satellite 类时一样，通过 super() 函数调用父类的初始化函数。

接下来，以对象属性的方式加载图片，同时将它们转换为 pygame 模块支持的图片格式❸。你需要一张正常状态的火星图片和一张绘制了火星土壤湿度的图片。你可以使用原始的卫星图片，但是原始的火星图片太大了。因此，需要将火星图片缩放到 100 像素×100 像素❹，为了使反复转换图像操作不会降低图像质量，将缩放后的火星图片赋给对象的新属性。

然后，像先前对卫星图像所做的处理那样，将黑色也设置成火星图片的透明色❺。pygame 模块中的 Sprite 对象都被放置在 Surface 对象上，如果不让黑色透明，那么火星图片的边角可能会与卫星的运动轨迹发生重叠，进而覆盖卫星走过的白色路径，如图 14-15 所示。

之后，与往常的做法一样，获取 Sprite 对象的 rect 对象❻。这里又进行了一次图像转换。因此，再次将属性 image_copy 分配给名为 self.image 属性。

为了使火星能对卫星施加重力，火星要有质量，

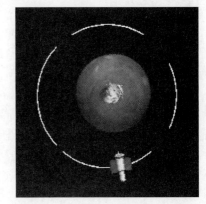

图 14-15　火星的 rect 对象边角会覆盖卫星的运动轨迹

14

因此定义一个 mass 属性，并将其值设置为 2000❼。在前面的代码中，给卫星分配的质量是 1。这意味着火星的质量只有卫星的 2000 倍。没关系，因为这并不是现实世界，而且采用的时间和距离缩放比例也与实际情况有所不同。如果将卫星和火星的距离缩放为只有几百像素，那么你也必须相应地缩放重力的大小。尽管如此，就重力方面而言，这颗卫星表现出的行为仍与现实情况相符。

火星的质量大小是通过试验确定的。若要改变重力的大小，你既可以改变火星的质量，也可以改变后面使用的引力常数。

稍后，在 main()函数中，你将会把屏幕大小设置为 800 像素×645 像素。在这里你需要将 Planet 对象的 x 和 y 属性值设置为屏幕中心点的坐标值，并将这个坐标值分配给 rect 对象的 center 属性❽。

最后，定义一个使火星绕其轴缓慢旋转的属性❾。与旋转卫星的方式相同，你将再次用到 transform_rotate()函数，因此需要创建一个 angle 属性。然后，定义一个表示旋转角度增量的属性 rotate_by（单位：度），在每次游戏循环中，火星的旋转角度会根据该增量而改变。

9. 旋转火星

清单 14-9 仍然是 Planet 类的定义，该清单为其定义 rotate()函数。该函数使火星绕其中心轴旋转，在每次游戏循环中，火星的旋转角度都会发生小幅度改变。

清单 14-9   定义让火星绕其轴旋转的 rotate()函数

mars_orbiter.py，第 9 部分

```
❶ def rotate(self):
       """在每次游戏循环中，旋转火星图片。"""
❷     last_center = self.rect.center
❸     self.image = pg.transform.rotate(self.image_copy, self.angle)
       self.rect = self.image.get_rect()
❹     self.rect.center = last_center
❺     self.angle += self.rotate_by
```

与前面定义的类函数类似，rotate()函数仍以该对象自身（self）为参数❶。当旋转正方形火星图片时，边界矩形对象（rect）保持静止，因此对它进行新的设置，使其满足游戏的实际需要，如图 14-16 所示。改变边界矩形对象的大小会影响矩形的中心点，因此要定义一个 last_center 变量，保存火星当前的中心点坐标❷。如果你不这样做，那么当游戏运行时，火星将绕其轴来回摆动。

接下来，使用 pygame 模块的 transform.rotate()函数旋转图像的副本，并将旋转后的图像分配给 self.image 属性❸。你需要将图像的副本和旋转角度参数传递给 transform.rotate()函数。当执行完图像旋转操作后，立即重置图像的 rect 属性，将其中心位置移回到 last_center 属性表示的位置，以减少图像旋转过程中 rect 发生的任何偏移❹。

当火星对象被实例化时，angle 属性的值为 0，然后每帧增加 0.1（rotate_by 属性的值）❺。

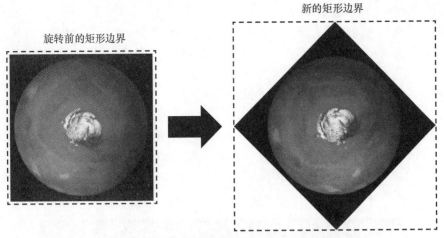

图 14-16　改变边界矩形的大小以适应图像旋转

10. 定义 gravity() 和 update() 函数

清单 14-10 继续补充和完善 Planet 类的定义，该清单为 Planet 类定义 gravity() 函数和 update() 函数。第 13 章中将重力视为一个沿 y 方向的常数。由于考虑了两个物体之间的距离大小，因此 gravity() 函数对重力的处理方式稍微复杂一些。

清单 14-10　为 Planet 类定义 gravity() 函数和 update() 函数

mars_orbiter.py，第 10 部分

```
❶ def gravity(self, satellite):
       """计算重力对卫星运行方式的影响。"""
   ❷ G = 1.0  # 本游戏采用的万有引力常数
   ❸ dist_x = self.x - satellite.x
       dist_y = self.y - satellite.y
       distance = math.hypot(dist_x, dist_y)
       # 标准化为单位向量
   ❹ dist_x /= distance
       dist_y /= distance
       # 计算重力
   ❺ force = G * (satellite.mass * self.mass) / (math.pow(distance, 2))
   ❻ satellite.dx += (dist_x * force)
       satellite.dy += (dist_y * force)

❼ def update(self):
       """调用 rotate() 函数。"""
       self.rotate()
```

在清单 14-10 中，首先定义 gravity() 函数，该函数以 self 和 Satellite 对象为参数❶。现在，你定义的函数仍属于 Planet 类，因此 self 参数对象还表示火星。

首先，在该函数内定义一个局部变量 G，常用大写的 G 表示万有引力常数❷。其值是一个很小的凭经验得出的数字。从根本上来说，这是一个经过转换后的数字，它的单位是任意的。在游戏中，你并没有使用真实世界的数值单位，因此将它的值简单地设置为 1.0。它不会对重力方程计算出的结果产生影响。在游戏开发过程中，你可以通过调整这个常数来微调重力大小及

其对轨道上运行物体的影响。

当计算两个物体之间的重力时，需要知道它们之间的距离。因此，接下来的代码功能是：分别计算卫星和火星在 x 和 y 方向上的距离之差❸；然后，使用 math 模块的 hypot() 函数计算卫星和火星的欧几里得距离。计算结果为重力方程中参数 r 的值。

在重力方程中，由于你已经解决了卫星与火星之间距离的问题，对于距离矢量，你需要做的只剩确定它的方向。因此，用计算出的 distance 值分别除以 dist_x 和 dist_y，将距离矢量标准化，使它变成大小为 1 的单位向量❹。该操作本质上是用直角三角形的斜边除以每一边的长度。这样就可以获得距离矢量的方向，每个方向上的分量分别等于 dist_x 和 dist_y，它的大小为 1。需要注意的是，如果不执行距离矢量标准化这一步骤，那么所得到的卫星运行轨迹将是不切实际的，但是它看起来非常有趣，如图 14-17 所示。

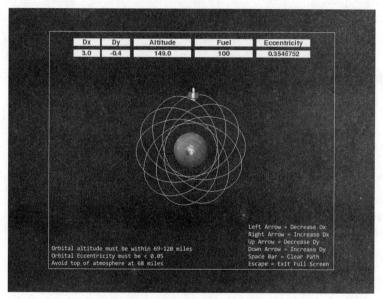

图 14-17   距离矢量未标准化导致卫星运动轨迹呈螺旋状

然后，利用牛顿定律计算重力，第 14.1.1 小节中对该公式进行了描述❺。在该函数定义的末尾，为了计算每一步中加速度对速度的改变程度，用标准化的距离乘以力，然后将计算结果分别累加到卫星对象的 dx 和 dy 属性值上❻。

需要注意的是，本函数中定义的大多数变量都是不属于 self 属性的。这是因为这些变量只表示一些中间步骤，而且计算出的结果也不需要与其他函数共享，可以将它们视为面向过程编程中的局部变量。

最后，定义一个用于更新 Planet 对象的函数，在每次游戏循环中，该函数都会被调用❼。在该函数内部，仅有一行调用 rotate() 函数的代码。

11. 计算离心率

现在，本游戏用到的所有类的定义已经完成。接下来，开始定义一些运行游戏的辅助函数。清单 14-11 定义一个计算卫星轨道离心率的函数。玩家的目标是在一定的轨道高度范围内实现运行轨道的圆化，这个函数的功能就是测量轨道的圆化程度。

清单 14-11　定义计算轨道离心率的函数

mars_orbiter.py，第 11 部分

```
❶ def calc_eccentricity(dist_list):
      """根据半径列表计算离心率，并返回计算结果。"""
❷ apoapsis = max(dist_list)
   periapsis = min(dist_list)
❸ eccentricity = (apoapsis - periapsis) / (apoapsis + periapsis)
   return eccentricity
```

首先，定义一个以距离列表为参数的 calc_eccentricity() 函数❶。在 main() 函数中，每次游戏循环时，都会将记录卫星高度的 sat.distance 属性值添加到列表 dist_list 中。为了计算离心率，需要知道轨道的最远点和最近点。通过查找列表 dist_list 中的最大值和最小值，可以分别获得最远点和最近点❷。之后，计算轨道的离心率，并将结果保存在变量 eccentricity 中❸。稍后，在 main() 函数中，将会在读数表中把这个数字显示到小数点后 8 位，使其看起来既酷炫又精准。

需要注意的是，对于圆形轨道，它的最远点和最近点具有相同的值，因此正圆的离心率将为 0。最后，函数返回变量 eccentricity 的值。

12. 定义生成标签的函数

本游戏需要大量的文字说明和遥感测量读数表。而一次只显示一个字符串可能会导致大量的代码冗余，因此清单 14-12 定义两个函数，其中一个函数用于显示游戏说明；另一个函数用于显示一些卫星的测量数据，如运行速度、轨道高度、燃料余量和卫星的轨道离心率，这些数据都是玩家需要知道的。

清单 14-12　分别定义生成游戏说明和读数标签的函数

mars_orbiter.py，第 12 部分

```
❶ def instruct_label(screen, text, color, x, y):
      """按照给定的颜色，将字符串列表中的文本显示到屏幕的指定坐标位置上。"""
❷ instruct_font = pg.font.SysFont(None, 25)
❸ line_spacing = 22
❹ for index, line in enumerate(text):
       label = instruct_font.render(line, True, color, BLACK)
       screen.blit(label, (x, y + index * line_spacing))

❺ def box_label(screen, text, dimensions):
      """根据文本内容生成一些固定大小的标签。"""
   readout_font = pg.font.SysFont(None, 27)
❻ base = pg.Rect(dimensions)
❼ pg.draw.rect(screen, WHITE, base, 0)
❽ label = readout_font.render(text, True, BLACK)
❾ label_rect = label.get_rect(center=base.center)
❿ screen.blit(label, label_rect)
```

在清单 14-12 中，首先定义了在屏幕上显示游戏说明的函数 instruct_label()❶。该函数有 5 个参数，它们分别是游戏屏幕（screen）、包含文本的列表（text）、文本颜色（ccolor）和 pygame 模块的 Surface 对象左上角坐标(x, y)。

接下来，告诉 pygame 模块使用哪种字体❷。函数 font.SysFont()分别以字体类型及其大小为参数。将字体类型参数设置 None，pygame 模块会采用内置的默认字体，该字体类型应与许多平台相兼容。需要注意的是，该函数的字体类型参数既可以是 None 对象，也可以是字符串型的"None"。

游戏介绍和说明文本将会占据多行，如图 14-14 所示。因此，需要指定文本字符串之间的行距（单位：像素）。接着，定义一个表示行距的变量 line_spacing，将其值设置为 22❸。

然后，程序将循环遍历文本字符串列表❹。利用 enumerate()函数获取每个字符串的索引，通过该索引与行距变量将字符串显示在正确的位置上。接着，依次向 font.render()函数传递 4 个参数，它们分别是该行要显示的文本、文本的抗锯齿效果（True）、文本的前景色及文本的背景色（黑色）。将该函数生成的 Surface 对象命名为 label。最后，通过 blit()函数将该 Surface 对象显示在屏幕上，把 label 变量及其在屏幕的左上角坐标(x, y + index * line_spacing)传递给 blit()函数。

接着，定义一个生成读数标签的函数 box_label()，这些标签将显示在屏幕的顶部，如图 14-18 所示，它们被当作卫星参数的测量仪❺。该函数的有 3 个参数，它们分别是屏幕对象（screen）、要显示的文本（text）以及一个表示矩形仪表尺寸的元组（dimensions）。

Dx	Dy	Altitude	Fuel	Eccentricity
0.1	-3.4	158.7	100	0.20803277

图 14-18　游戏窗口顶部的读数标签（标题标签在上方，数据标签在下方）

函数 instruct_label()生成的 Surface 对象将会根据显示的文本数据量自动更改大小。这让静态显示效果很好，但是使得仪表标签的读数不断变化，从而使得仪表标签要不断调整大小，以适应文本的增大和缩小。为了减轻这种影响，你将使用一个指定大小的独立 rect 对象来构造文本对象的显示区。

如在函数 instruct_label()开头所做的一样❷，在函数 box_label()内，首先设置字体属性。然后，用一个名为 base 的变量保存 pygame 模块的 rect 对象，把 dimensions 当作创建 rect 对象时的参数❻。通过指定矩形的左上角坐标及矩形的宽度和高度，该参数可以使你精确地设置矩形框的放置位置。为了让游戏产生的最长读数也能得到处理，应该保证生成的矩形区域足够长。

之后，使用 pygame 模块的 draw_rect()函数绘制 base 对象❼。该函数的参数依次是要绘制的 Surface 对象（screen）、矩形的填充颜色（WHITE）、矩形对象的名称（base）及其边框厚度（0），此处给定的厚度参数使绘制的矩形不含边框。你将把这个包含文本的白色矩形对象放置在屏幕的顶部。

最后，重复函数 instruct_label()中的文本绘制操作❽，获取标签（label）的 rect 对象❾。需要注意的是，get_rect()函数将传入参数 base 的中心设置为矩形标签对象的中心。这允许你将文本标签放置在白色矩形 base 的顶部。之后，执行位块传送操作（调用 blit()函数），将文本矩形复制到屏幕中。你需要为该函数指定源位块（图形）和目标矩形❿。

13. 测绘土壤水分

清单 14-13 定义两个函数，如果满足了游戏的获胜条件，这些函数将允许玩家对火星进行"测绘"。当玩家按 M 键时，main()函数将调用这些函数。此时，用彩色的代表火星土壤水分含量的图像将替换原来正常的火星图像。当玩家松开 M 键后，火星图像又恢复正常。按键判断也放在 main()函数中进行。

清单 14-13　定义让玩家绘制火星土壤湿度图的函数

mars_orbiter.py，第 13 部分

```
❶ def mapping_on(planet):
      """显示代表火星土壤水分的图像。"""
❷     last_center = planet.rect.center
❸     planet.image_copy = pg.transform.scale(planet.image_water, (100, 100))
❹     planet.image_copy.set_colorkey(BLACK)
      planet.rect = planet.image_copy.get_rect()
      planet.rect.center = last_center

❺ def mapping_off(planet):
      """恢复成正常的火星图像。"""
❻     planet.image_copy = pg.transform.scale(planet.image_mars, (100, 100))
      planet.image_copy.set_colorkey(BLACK)
```

在清单 14-13 中，首先定义一个以火星对象 planet 为参数的函数❶。这与你在清单 14-9 中所做的一样，先定义一个 last_center 变量，将其值设置为火星 rect 对象的属性值。这个值用来防止火星在其轴上旋转时发生摆动❷。

接下来，缩放火星的土壤湿度图像，使其与正常火星图像的大小相同。由于反复对图像做转换会降低图像的质量，因此将土壤湿度图像分配给 planet 对象的 image_copy 属性❸。紧接着，将图像的背景色设置为透明色，获取火星的 rect 对象，同时把变量 last_center 分配给 rect 对象的 center 属性❹。

然后，定义另一个也以 planet 对象为参数的函数 mapping_off()。当玩家主动停止火星测绘时，这个函数会被调用❺。在该函数中，你需要做的就是将火星土壤湿度图像恢复成原始的火星图像❻。由于使用的仍是 planet 对象的 image_copy 属性，因此不需要再次获取它的 rect 对象，只需要将 image_copy 的透明色设置为 BLACK。

14. 投射一块阴影区

清单 14-14 定义一个给火星营造"黑暗面"并在其后面投射一块阴影区的函数。该阴影区是黑色半透明状的矩形，其右边缘与火星图像精灵的中心重合，如图 14-19 所示。这里假设太阳出现在屏幕的右边，而且时间恰好是火星的春分或秋分时节。

14

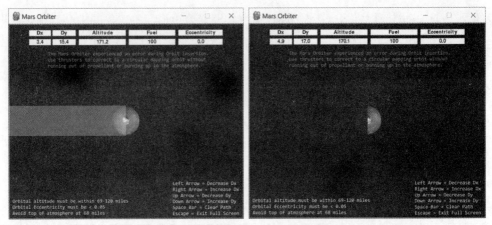

图 14-19 半透明白色（左图）和最终的半透明黑色（右图）阴影矩形

清单 14-14 定义使火星有"黑暗面"并在其后面投射一块阴影区的函数

mars_orbiter.py，第 14 部分

```
❶ def cast_shadow(screen):
       """在屏幕上添加可选的明暗分界线和火星后面的阴影区。"""
❷     shadow = pg.Surface((400, 100), flags=pg.SRCALPHA)  # 用元组表示宽和高
❸     shadow.fill((0, 0, 0, 210))  # 最后一个数字表示设置的透明度
       screen.blit(shadow, (0, 270))  # 用元组表示左上角坐标
```

清单 14-14 定义了以 screen 对象为参数的函数 cast_shadow()❶。首先，定义一个 400 像素 ×100 像素的 Surface 对象，并将其分配给名为 shadow 的变量❷。pygame 模块的 SRCALPHA 标志表示将为每个源像素指定 alpha 值（透明度）。然后，用黑色填充该 Surface 对象，并将其 alpha 值设置为 210❸。alpha 是 RGBA 色彩系统的一部分，其有效值为 0 到 255。因此，这里设置的 alpha 值会使画面颜色很暗，同时保持一定程度的透明效果。最后，按照给定的左上角坐标，用 blit() 函数将新创建的 shadow 对象绘制到屏幕上。若要关闭阴影效果，只需在函数 main() 中注释掉对该函数调用的语句，或在填充 Surface 对象时将 alpha 值设置为 0。

15. 定义 main() 函数

清单 14-15 开始定义执行该游戏的 main() 函数。在 main() 函数中，先初始化 pygame 模块和混音器，再设置游戏屏幕，并把针对玩家的游戏说明文本存储在列表中。

清单 14-15 初始化 pygame 模块，启用混音器，设置读数标签和游戏说明

mars_orbiter.py，第 15 部分

```
    def main():
        """设置读数标签和游戏说明，创建游戏对象，执行游戏循环。"""
❶     pg.init()  # 初始化 pygame 模块

        # 设置显示器
❷     os.environ['SDL_VIDEO_WINDOW_POS'] = '700, 100'  # 设置游戏窗口原点
❸     screen = pg.display.set_mode((800, 645), pg.FULLSCREEN)
❹     pg.display.set_caption("Mars Orbiter")
❺     background = pg.Surface(screen.get_size())
```

```
❻ pg.mixer.init() #启用混音器
❼ intro_text = [
       ' The Mars Orbiter experienced an error during Orbit insertion.',
       ' Use thrusters to correct to a circular mapping orbit without',
       ' running out of propellant or burning up in the atmosphere.'
       ]

  instruct_text1 = [
       'Orbital altitude must be within 69-120 miles',
       'Orbital Eccentricity must be < 0.05',
       'Avoid top of atmosphere at 68 miles'
       ]

  instruct_text2 = [
       'Left Arrow = Decrease Dx',
       'Right Arrow = Increase Dx',
       'Up Arrow = Decrease Dy',
       'Down Arrow = Increase Dy',
       'Space Bar = Clear Path',
       'Escape = Exit Full Screen'
       ]
```

在清单 14-15 中，首先初始化 pygame 模块❶。然后，使用 os 模块的 environ()函数指定游戏窗口的左上角坐标❷。严格来说，这一步并不必要，这里只是想向你证明：你可以控制窗口在桌面上的显示位置。

接下来，定义一个屏幕对象，把显示模式设置为全屏，并将这个新创建的对象分配给变量 screen❸。元组(800, 645)表示当玩家退出全屏模式时，将要使用的游戏窗口大小。

然后，利用 pygame 模块的 display.set_caption()函数，将游戏窗口命名为"Mars Orbiter"❹。紧接着，使用 pygame 模块的 Surface 类创建一个与屏幕大小相同的游戏背景对象❺。

之后，初始化 pygame 模块的混音器，它用于播放推进器点火时的音效❻。在卫星的初始化函数中，已经定义了要播放的声音文件。

游戏开始时会出现一段简短的游戏介绍文本，并持续 15 秒，然后介绍文本会消失。描述键盘控制和获胜条件的永久性图例说明位于屏幕底部。你需要以列表的形式输入这些图例说明文本❼。稍后，你会把这些列表当作清单 14-12 中定义的函数 instruct_label()的参数。用逗号把列表中的每个数据项分隔开，每个数据项会单独显示在游戏窗口的一行上，如图 14-19 所示。

14

16. 实例化游戏对象，设置轨道圆化验证方式、测绘标记和计时间隔

清单 14-16 继续补充和完善 main()函数的定义，它先实例化火星对象 planet 和卫星对象 sat，然后定义一些用于确定轨道离心率的变量，准备游戏时钟；它还会定义一个跟踪测绘状态的变量。

清单 14-16　在函数 main()中实例化火星对象和卫星对象，定义一些必要变量

mars_orbiter.py，第 16 部分

```
  # 分别实例化一个火星对象和卫星对象
❶ planet = Planet()
```

```
❷ planet_sprite = pg.sprite.Group(planet)
❸ sat = Satellite(background)
❹ sat_sprite = pg.sprite.Group(sat)

    # 设置轨道圆化的验证方式
❺ dist_list = []
❻ eccentricity = 1
❼ eccentricity_calc_interval = 5 # 对高为 120 英里的运行轨道进行采样率优化

    # 设置计时间隔
❽ clock = pg.time.Clock()
    fps = 30
    tick_count = 0

    # 跟踪是否开启了土壤水分测绘功能
❾ mapping_enabled = False
```

在清单 14-16 中，首先利用 Planet 类实例化一个火星对象 planet❶，然后将其添加到精灵组中❷。由第 13 章的内容可知，pygame 模块使用一个叫作"组"的容器来管理游戏中的图像精灵。

接下来，将 background 对象传递给 Satellite 类的初始化函数，实例化一个卫星对象 sat❸。卫星的运动轨迹将会绘制在 background 对象上。

然后，将创建的卫星放入对应的精灵组中❹。一般来说，你应该将类型完全不同的精灵保存在它们各自的容器组中。这会使管理诸如显示顺序和碰撞检测之类的事情变得更加容易。

紧接着，定义一些用于计算离心率的变量。之后，创建一个空列表，保存每次游戏循环时计算出的卫星与火星距离值❺。接着，将变量 eccentricity 的值设置为 1❻，该值表示卫星的开始运行轨道不是圆形。

为了了解玩家对轨道所做的任何更改，需要定期更新变量 eccentricity 的值。记住，要计算出离心率，就需要获取运行轨道的最远点和最近点，而对于较大的椭圆形轨道，实际需要的采样时间可能较长。本游戏只需要考虑运行轨道在 69 到 120 英里范围内"获胜"的条件。因此，针对 120 英里以下的运行轨道，你可以对采样率进行优化，即完成卫星运行轨道采样需要的时间不会超过 6 秒。在本游戏中，假定完成轨道采样花费的时间为 5 秒，将 eccentricity_calc_interval 变量的值设为 5❼。这意味着，从技术上来说，对于高度在 120 英里以上的轨道，计算出的离心率是不正确的，但是在这样的轨道高度上根本不满足获胜条件，考虑到这一点，该值的选取也就变得合理了。

接下来，解决计时间隔问题。用变量 clock 保存 pygame 模块的游戏时钟，该时钟将控制游戏运行速度（单位：帧/秒）❽。每帧代表时钟发出一次声音。将变量 fps 的值设为 30，它表示游戏会在每秒更新 30 次。紧接着，定义一个名为 tick_count 的变量，它决定何时清除窗口上显示的游戏介绍文本以及何时调用 calc_eccentricity() 函数。

最后，定义一个标记启用测绘功能的变量 mapping_enabled，并将其值设为 False❾。如果玩家通过反复调整轨道，使卫星运行轨道呈圆形，即达到了获胜条件，就把它的值改为 True。

17. 进入游戏循环，播放游戏音效

清单 14-17 继续定义 main() 函数，它的功能是设置游戏时钟；定义游戏的 while 循环部分，

该循环也称为游戏循环（Game Loop）。它还会接收和处理一些事件，如玩家使用方向键来启动推进器。如果玩家启动推进器，程序会播放预先准备好的 OGG 音频文件，让玩家听到令人愉悦的嘶嘶声。

清单 14-17 在 main() 函数中，开始游戏循环、获取玩家输入及播放游戏音效

mars_orbiter.py，第 17 部分

```
❶ running = True
  while running:
  ❷ clock.tick(fps)
     tick_count += 1
  ❸ dist_list.append(sat.distance)

     # 获取玩家的按键输入
  ❹ for event in pg.event.get():
     ❺ if event.type == pg.QUIT:  # 关闭游戏窗口
           running = False
     ❻ elif event.type == pg.KEYDOWN and event.key == pg.K_ESCAPE:
           screen = pg.display.set_mode((800, 645))  # 游戏退出全屏模式
     ❼ elif event.type == pg.KEYDOWN and event.key == pg.K_SPACE:
           background.fill(BLACK)  # 清除卫星运动轨迹
     ❽ elif event.type == pg.KEYUP:
        ❾ sat.thrust.stop()  # 关闭音效
           mapping_off(planet)  # 将卫星土壤水分含量图像切换至正常的卫星图像
     ❿ elif mapping_enabled:
           if event.type == pg.KEYDOWN and event.key == pg.K_m:
                mapping_on(planet)
```

在清单 14-17 中，首先定义一个控制游戏运行状态的变量 running❶，然后程序进入 while 循环。为了设置游戏运行速度，将前一个清单中定义的变量 fps 传递给 clock 对象的 tick() 函数 ❷。如果觉得游戏运行速度过于缓慢，你可以将变量 fps 的值设置为 40。对于每次游戏循环或游戏的每一帧，让时钟计数器的值加上 1。

接下来，将卫星对象的 sat.distance 值添加到列表 dist_list 中❸。在每次游戏循环中，通过卫星对象的 locate() 函数计算该值，它表示卫星和行星之间的距离。

然后，收集玩家的输入❹。如第 13 章所述，对于玩家与程序的每次交互，pygame 模块都会将其记录在事件缓冲区中。event.get() 函数会为这些事件创建一个列表，你可以利用 if 语句来处理这些事件。首先，通过 if 语句判断玩家是否选择关闭窗口，并退出游戏❺。如果判断结果为 True，即玩家选择关闭窗口，那么将变量 running 的值设置为 False，从而结束游戏循环。

如果玩家按 Esc 键，就让游戏退出全屏模式。与 main() 函数的开头一样，利用 display.set_mode() 函数将屏幕大小重置为 800 像素×645 像素❻。如果玩家按空格键，就用黑色填充窗口背景，这会产生擦除卫星白色运行轨迹的效果❼。

如果玩家按方向键，卫星对象就会发出嘶嘶声，但 check_keys() 函数中没有定义让它停止发出声音的操作。因此，可以通过 pygame 模块的 KEYUP 事件来完成该操作❽。当 pygame 模块读取到玩家释放了方向键时，调用 thrust 对象的 stop() 函数，让游戏停止播放音效❾。

为了完成火星测绘任务，玩家必须按住 M 键。因此，当 KEYUP 事件发生时，调用 mapping_off() 函数，结束测绘操作。这会把显示的火星土壤水分含量图像切换至正常的火星图像。

14

最后，判断 mapping_enabled 变量值是否为 True。如果该变量值为 True，意味着玩家达到获胜条件，同时解锁对火星土壤湿度进行测绘的功能❿。如果玩家按 M 键，程序会调用 mapping_on() 函数，用火星土壤湿度图像覆盖正常的火星图像。

18. 向卫星施加重力、计算离心率和处理游戏失败

清单 14-18 继续补充和完善 main() 函数中 while 循环的定义，它的功能是对卫星施加重力，计算卫星的轨道离心率。通过轨道的离心率值，可以判断轨道是否为圆形，这也是判断玩家在游戏中是否获胜的依据。该清单还会重绘窗口背景，并对卫星燃料耗尽或在大气中燃烧的情况做出处理。

清单 14-18 对卫星施加重力、计算轨道离心率并处理游戏失败

mars_orbiter.py，第 18 部分

```
        # 获取卫星到火星的距离，计算卫星所受的重力
❶ sat.locate(planet)
   planet.gravity(sat)

        # 计算轨道离心率
❷ if tick_count % (eccentricity_calc_interval * fps) == 0:
       eccentricity = calc_eccentricity(dist_list)
     ❸ dist_list = []

        # 用绘图命令重绘窗口背景，避免擦除卫星的运行轨迹
❹ screen.blit(background, (0, 0))

        # 处理燃料耗尽或运行轨道高度偏低的情况
❺ if sat.fuel <= 0:
     ❻ instruct_label(screen, ['Fuel Depleted!'], RED, 340, 195)
       sat.fuel = 0
       sat.dx = 2
❼ elif sat.distance <= 68:
       instruct_label(screen, ['Atmospheric Entry!'], RED, 320, 195)
       sat.dx = 0
       sat.dy = 0
```

在清单 14-18 中，首先调用卫星对象的 locate() 函数，将 planet 对象作为它的参数❶。这个函数用于计算卫星的航向及卫星到火星之间的距离。你会用这些计算结果来定位卫星天线的指向，计算卫星的轨道离心率及火星对其施加的重力。然后，为了将重力应用于卫星，调用火星对象的 gravity() 函数，并把卫星对象 sat 当作它的参数。

如果变量 tick_count%（eccentricity_calc_interval * fps）的值为 0❷，那么就以变量 dist_list 为参数调用函数 calc_eccentricity()，从而计算卫星的轨道离心率。然后，将列表 dist_list 重置为空，重新对卫星与火星间的距离进行采样❸。

接下来，调用 screen 对象的 blit() 函数，将要绘制的背景图像及其左上角坐标当作它的参数❹。这个语句的放置位置非常重要。例如，如果将调用 blit() 函数的语句移到更新精灵的代码之后，那么在游戏窗口上会看不到卫星和火星图像。

然后，处理在玩家把卫星运行轨道调整成圆形之前而燃料耗尽的情况。首先，通过卫星对象的 fuel 属性获得当前的卫星燃料余量❺。如果燃料余量小于或等于 0，那么就调用 instruct_ label()函数，告知玩家卫星燃料已耗尽❻，同时将卫星的 dx 属性值设置为 2。这会使卫星精灵迅速飞离屏幕，进入太空深处，仪表上显示的高度读数也会越来越大。虽然这样做有些不现实，但这可以让玩家知道他们在本次游戏中失败了。

另一个游戏失败的情况是：卫星的运行高度偏低，其在大气层中发生燃烧。如果卫星的 distance 属性值小于或等于 68❼，那么就在屏幕中心的附近区域利用文本标签显示一条提示语，让玩家知道卫星已进入大气层，同时将卫星的速度矢量属性值设置为 0。这会产生一种引力将卫星精灵"锁"在火星上的效果，如图 14-20 所示。此外，当 dx 和 dy 的值为 0 时，卫星对象的 update()函数（参见清单 14-7 所示）会将正常的卫星图像切换成红色呈燃烧状态的卫星图像。

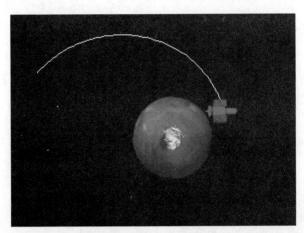

图 14-20　处于坠毁状态的卫星

假定卫星的高度等于卫星的 distance 属性值，而该属性值表示的是行星中心到卫星精灵之间的距离，它不表示火星表面到卫星之间的距离。这一切都是按比例缩放得到的结果。火星大气层是非常薄的，若按照比例对游戏进行缩放，则火星大气层的厚度不超过两个像素。在游戏设计中，当卫星天线的尖端刮到行星时，卫星就会燃烧起来，但是由于卫星精灵的尺寸太大，因此必须让火星精灵的 68 英里范围内中心点指向更远的地方。

19. 设置获胜奖励，更新和重绘精灵

清单 14-19 继续补充 main()函数中 while 循环的定义，它通过解锁火星土壤水分含量的测绘功能来奖励获胜的玩家。在实际的测绘中，测绘是通过雷达或微波谐振器来实现的，这种远程测量工具可以探测到裸露土壤中数英寸（1 英寸=2.54cm）深的水分含量。该清单还会对火星和卫星精灵进行更新，并将它们绘制到屏幕上。

清单 14-19　启用土壤湿度测绘功能，更新游戏循环中的精灵

mars_orbiter.py，第 19 部分

```
        # 启用土壤湿度测绘功能
❶ if eccentricity < 0.05 and sat.distance >= 69 and sat.distance <= 120:
```

```
❷ map_instruct = ['Press & hold M to map soil moisture']
     instruct_label(screen, map_instruct, LT_BLUE, 250, 175)
❸ mapping_enabled = True
  else:
     mapping_enabled = False

❹ planet_sprite.update()
❺ planet_sprite.draw(screen)
  sat_sprite.update()
  sat_sprite.draw(screen)
```

如果卫星运行轨道是圆形的并且轨道高度也符合要求❶，那么就显示一条提示信息，引导玩家按 M 键并测绘卫星的土壤湿度❷。将文本放在方括号中，因为 instruct_label() 函数以列表为参数。同时，把提示信息文本的颜色设置为浅蓝色，并让文本显示在屏幕中心区域附近。

接下来，将变量 mapping_enabled 的值设置为 True❸。否则，如果卫星运行轨道偏离目标参数，那么就把变量 mapping_enabled 的值设置为 False。

最后，通过精灵容器组对象调用火星的 update() 函数❹，然后将火星绘制到屏幕上❺。draw() 函数以 screen 对象为参数，该对象用来显示绘制的精灵对象。对于卫星精灵，也重复上述更新和绘制过程。

20. 显示游戏简介文本、遥测结果及投射阴影

清单 14-20 是 main() 函数中 while 循环定义的最后一部分，它的功能是显示游戏简介文本、数据读数结果和火星阴影。其中游戏介绍文本仅在游戏启动时显示片刻。

清单 14-20   显示游戏简介文本和火星阴影，调用 main() 函数

mars_orbiter.py，第 20 部分

```
         # 显示游戏介绍文本，并使其持续 15 秒
❶ if pg.time.get_ticks() <= 15000:  # 单位：毫秒
       instruct_label(screen, intro_text, GREEN, 145, 100)

    # 显示遥测结果和说明
❷ box_label(screen, 'Dx', (70, 20, 75, 20))
  box_label(screen, 'Dy', (150, 20, 80, 20))
  box_label(screen, 'Altitude', (240, 20, 160, 20))
  box_label(screen, 'Fuel', (410, 20, 160, 20))
  box_label(screen, 'Eccentricity', (580, 20, 150, 20))

❸ box_label(screen, '{:.1f}'.format(sat.dx), (70, 50, 75, 20))
  box_label(screen, '{:.1f}'.format(sat.dy), (150, 50, 80, 20))
  box_label(screen, '{:.1f}'.format(sat.distance), (240, 50, 160, 20))
  box_label(screen, '{}'.format(sat.fuel), (410, 50, 160, 20))
  box_label(screen, '{:.8f}'.format(eccentricity), (580, 50, 150, 20))

❹ instruct_label(screen, instruct_text1, WHITE, 10, 575)
  instruct_label(screen, instruct_text2, WHITE, 570, 510)

    # 添加明暗分界线和阴影边框
❺ cast_shadow(screen)
❻ pg.draw.rect(screen, WHITE, (1, 1, 798, 643), 1)

❼ pg.display.flip()
```

❽ `if __name__ == "__main__":`
　`main()`

___

　　游戏介绍文本应该显示在屏幕的中间位置，为了使玩家可以阅读完它，它应该停留足够长的时间，之后从屏幕上消失。你可以使用 if 语句和 pygame 模块的 tick.get_tick()函数来实现这样的效果。tick.get_tick()函数会返回自游戏开始以来经历的毫秒数。如果游戏开始的时间少于 15 秒❶，那么就使用 instruct_label()函数以绿色字体显示清单 14-15 中的文本字符串列表。

　　接下来，先制作数据读数仪表的标题框。对 5 个读数仪表的标题框依次调用 box_label()函数❷。紧接着，对 5 个数据读数仪表也重复该操作❸。需要注意的是，当向函数传递文本参数时，你可以使用字符串格式对其参数进行预处理。

　　然后，调用 instruct_label()函数，将清单 14-15 中的游戏说明文本显示在屏幕的底部❹。如果想区分获胜条件和按键功能文本，你可以随意地改变文本的颜色。

　　之后，调用显示火星阴影的函数❺，使用 pygame 模块的 draw.rect()函数为阴影区域添加一条边界线❻。该函数有 4 个参数，它们依次是屏幕对象、边框颜色、矩形坐标和边框线宽。

　　在 main()函数定义的末尾，调用 pygame 模块的 display.flip()函数❼。如第 13 章中所述，display.flip()函数会将 screen 对象中的所有可视化内容绘制到屏幕上。

　　最后，在全局代码编辑区中调用 main()函数，使该程序既可以独立运行，也可以作为模块导入其他程序中❽。

14.3　本章小结

　　在本章中，你使用 pygame 模块构建了一个带有图像精灵、音效和键盘控件的 2D 街机风格游戏，还创建了一种有趣的、启发式轨道力学学习方法。同时，第 14.1 节介绍的所有航天动力学知识都在本游戏中得到了应用。在下一节的"挑战项目"中，你将继续改进该游戏，进一步增强玩家体验。

14.4　挑战项目

　　根据以下建议，向游戏中增加新的挑战，改进火星轨道飞行器游戏，使之成为你自己的游戏。按照惯例，本书不提供挑战项目的答案。

14.4.1　设置游戏启动画面

　　获取程序 *mars_orbiter.py* 的副本，重新编辑该程序的代码，使游戏在显示主画面之前，先显示游戏启动画面，并持续一小段时间。游戏启动画面中会显示美国国家航空航天局风格的任务配图，该画面中会包含火星全球勘测者的图像，如图 14-21 所示，使它成为火星轨道飞行器游戏独有的图像。在美国国家航空航天局的官网，还能找到一些其他颜色的配图。

图 14-21　火星全球勘测者的配图

14.4.2　智能仪表

再次获取程序 *mars_orbiter.py* 的副本，重新编辑该程序的代码，当卫星的飞行高度和离心率值超出目标范围时，用红色背景或红色文本显示仪表上的读数。但请注意：如果飞行高度不在目标范围内，即使轨道已调整为圆形，离心率读数也应保持为红色。

14.4.3　无线电黑障

重新编辑程序 *mars_orbiter.py* 的代码，使卫星位于矩形阴影区域时，锁定键盘控制功能并实现无线电黑障（Radio Blackout）效果。

14.4.4　游戏评分

重新编辑程序 *mars_orbiter.py*，让程序能为玩家打分，并在高分列表中显示玩家的最佳成绩。最高分指的是在最短时间内使用最少燃料，同时让卫星成功运行在允许的最低轨道上。例如，对于燃料项，你可以把燃料余量作为玩家的得分；而对于轨道高度项，你可以把允许的最大飞行高度和最终圆形轨道高度的差值当作玩家的得分；对于时间项，你可以把调整至圆形轨道所耗费时间的倒数与 1000 的乘积作为玩家的得分。然后，把各项分值加在一起，得到玩家最终的分数。

14.4.5　策略指南

重新编辑程序 *mars_orbiter.py*，将第 14.1 节中的图片合并到一起，使游戏包含弹出式策略指南或帮助文件。例如，添加一行游戏说明，告诉玩家按 H 键可获取帮助。这可能需要循环遍历不同的轨道操作图像，例如霍曼轨道转移、单次切向点火。此外，帮助说明中要包含每种技术优缺点的详解。同时，当玩家打开帮助指南时，游戏应该处于暂停状态。

14.4.6　大气制动

大气制动（Aerobraking）是一种节省燃料的航空制动技术，它利用大气摩擦来降低航天器的飞行速度，如图 14-22 所示。重新编辑程序 *mars_orbiter.py*，使卫星在运行过程中具备大气制动功能。在 main()函数中，将允许的最低获胜飞行高度设置为 70 英里，将允许的最低安全飞行高度设置为 60 英里。如果飞行高度在 60 到 70 英里之间，那就让卫星的运行速度稍微降低一些。

图 14-23 所示是一个游戏利用大气制动技术使椭圆形轨道圆化的示例。大气层的最大高度被设置为 80 英里。大气制动的作用与在最近点进行逆向点火的目的相同，但你必须谨慎，而且要有耐心。在卫星运行轨道变成圆形之前，你还必须提升轨道高度，使卫星飞离大气层。

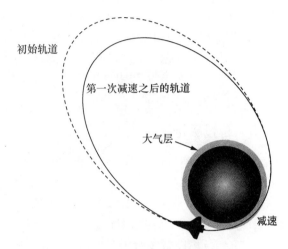

图 14-22　利用大气摩擦代替逆向点火，使卫星运行轨道圆化

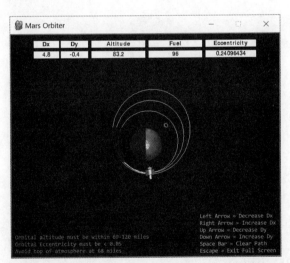

图 14-23　利用大气制动技术使轨道圆化过程耗费更少的燃料

美国国家航空航天局使用的就是类似的技术，将火星全球探测者从椭圆形轨道移至最终的圆形测绘轨道。不过，为了避免航天器与大气摩擦产生过多热量，美国国家航空航天局花了数月的时间才完成这样的卫星轨道转移任务。

14.4.7　入侵警报

　　重新编辑程序 *mars_orbiter.py*，实例化一个新的 Planet 对象，并让它在屏幕中来回飞行，假定该对象产生的重力会干扰卫星的运行轨道。此外，生成一些新的代表彗星和小行星的精灵对象，并以随机的时间间隔发射它们（但不要太频繁）。为了不让这些精灵对象进入火星轨道，不对它们调用火星的 gravity() 函数，而对卫星调用这些新精灵对象的 gravity() 函数。设置新对象的质量，使其在 100 像素的距离内能明显干扰卫星的运行轨道。同时，允许这些精灵对象穿过火星和卫星而不发生碰撞。

14.4.8　越过极地

　　目前，火星探测器的运行轨道位于赤道上。这主要是出于编码简单的考虑。毕竟，在这种情况下，你只需旋转一张火星图像。但是，实际测绘轨道采用的是垂直于赤道的极地轨道，并会越过火星的两极，如图 14-24 所示。当火星在卫星运行轨道的下方旋转时，卫星可以对整个火星表面进行测绘。而在赤道轨道上，由于火星表面存在曲率，因此基本上无法测绘高纬度地区，如图 14-24 中的虚线所示。

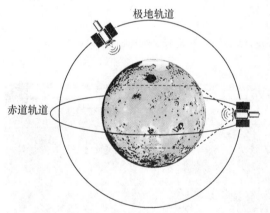

图 14-24　极地轨道与赤道轨道，虚线标出了赤道轨道上无法测绘的区域

　　再次编辑程序 *mars_orbiter.py*，使卫星沿着极地轨道运行。这里涉及的主要操作就是改变火星图像。但是，你不能再使用一张自顶向下的卫星图像。该轨道必须垂直于火星的旋转轴。在本书配套资源给出的链接中，你可以找到与之相关的视频和动画演示效果。在 pygame 模块中，你不能直接使用 GIF 动画，但可以把这样的动画拆分成为不同的帧。你可以在网上找到把动画分割成帧的工具，而在下一章中，你将使用这样的工具从视频中提取帧图像。

## 第 15 章

用行星叠加技术完善天体摄影图片 15

当用望远镜观察木星、火星或土星时，你可能会有点失望。这些行星看起来不但渺小，而且毫无特色可言。为了看清这些星体，你可能会调高放大倍率，但这无济于事。将任何物体放大 200 倍后，物体都会变得模糊不清。

该问题是由大气湍流引起的，天文学家称这种现象为 "Seeing"（视宁度）。即使在晴朗的夜晚，空气也会不断运动，热气流上升，冷气流下降，这容易使天体发出的光线变得模糊。但是在 20 世纪 80 年代，随着电荷耦合器件（Charge Coupled Device，CCD）的商业化，天文学家终于找到了克服大气湍流的方法。数码摄影采用一种称为图像叠加的技术，该技术将许多（有好的，也有坏的）照片均匀地叠加在一起形成单幅图像。当拥有足够的照片后，物体永久不变的特征（如行星表面）就会变得非常明显，短暂易逝的特征（如流云）就会变得不那么显眼。这使天文摄影师可以通过提高放大倍率来克服视觉效果不佳的问题。

在本章中，你将利用 Python 的第三方模块 pillow 来实现对数百张木星照片的叠加。与叠加前的任何单帧照片相比，叠加后的照片会有更高的信噪比（Signal-to-Noise Ratio，SNR）。本章会把这些图片文件与 Python 代码放在不同的目录下。为了让本章的程序正常运行，你还要使用 Python 的 os 模块和 shell 工具模块 shutil。

15.1 项目 23：叠加木星照片

木星体积巨大，颜色丰富明亮，而且常有气雾笼罩，是天文摄影师们最喜欢的摄影星体之一。即使是一款业余的望远镜，也能分辨出木星上由线性云带和大红斑（The Great Red Spot）形成的条纹，它们像一个足以吞没地球的椭圆形风暴，如图 15-1 所示。

木星是研究图像叠加技术的绝佳实践对象。木星的线性云带和大红斑提供了肉眼判断其边缘轮廓和清晰度的校准点，它较大的尺寸也使噪声检测变得更加容易。

图像的噪声表现为图像的颗粒性。每条色带都有自己的伪影，它们会在图像上产生色斑。噪声的主要来源是相机（电子读数噪声和热信号）以及光本身产生的光子噪声。在拍摄照片期间，可变数量的光子会撞击传感器。幸运的是，噪声伪影本质上是随机的，通过叠加图像的方法就能够很大程度地消除这种现象。

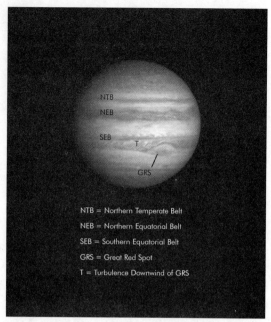

图 15-1　卡西尼号飞船拍摄的木星[①]

目标

编写一个能够裁剪、缩放、叠加和增强图像的程序，用该程序生成更加清晰的木星照片。

15.1.1　认识 pillow 模块

为了完成图像处理，需要使用免费的第三方 Python 模块——pillow。该模块是 PIL（Python Imaging Library）图像库的后续项目，PIL 项目的开发工作已于 2011 年终止。pillow 模块是 PIL 项目的一个分支，它还专门针对 Python3 进行了升级和优化。

在 Windows、Linux 操作系统及 macOS 上，都可以使用 pillow 模块，它支持多种图像格式，如 PNG、JPEG、GIF、BMP 和 TIFF 等。该模块含有一些标准的图像处理过程，例如改变图像单点的像素值、设置图像的掩码和透明度、过滤和增强图像，以及向图像添加文本等。pillow 模块的真正优势在于它能够轻松地编辑许多类型的图像。

使用 pip 程序安装 pillow 模块很容易。在命令行中直接输入 pip install pillow，然后按 Enter 键即可。

以前，大多数 Linux 发行版的 PIL 软件中都包含 pillow 模块，你的操作系统上很可能已经安装过该模块。因此，无论使用何种操作系统，如果已经安装了 PIL 软件包，你都需要在安装 pillow 模块之前卸载该软件包。在 Pillow 的官方网站，可以获得该模块的详细安装说明。

---

① NTB=北温带，NEB=北赤道带，SEB=南赤道带，GRS=大红斑，T=大红斑顺风湍流。

15.1.2　操作文件和目录

在本书之前的所有项目中，你都将 Python 程序和其所需的资源文件保存在了同一目录中。这对简单的项目来说相当方便，但是这种方法不能在实际情形下广泛使用，当处理的项目会生成数百个图像文件时，这肯定不是一种可取的方法。幸运的是，Python 附带了可以解决该问题的 os 模块和 shutil 模块。首先，下面将简要地介绍一下目录路径的操作方法。

1. 目录路径

目录路径指的是文件或目录的地址。该地址的首字符是根目录，Windows 操作系统用字母（如 C:\）表示根目录，而 UNIX 操作系统用正斜杠（/）表示根目录。Windows 操作系统用不同于 C 的字母表示其他驱动器，macOS 则将其他驱动器分配在/ volume 目录下，UNIX 操作系统的其他驱动器会被挂载在/ mnt 目录下。

注意

本章所给的示例结果来自 Windows 操作系统，但是在 macOS 或其他操作系统上运行本章中的程序，你也会获得相同的结果。与其他书中的做法一样，本书中也会交替地使用术语"目录"和"文件夹"，它们本质上指代同一对象。

路径名的表示形式会因操作系统的不同而产生一些差异。Windows 操作系统使用反斜杠(\)来分隔文件夹，而 macOS 和 UNIX 操作系统则使用正斜杠（/）来分隔目录。另外一点区别是，UNIX 操作系统中的文件夹和文件名是区分大小写的。

如果程序的路径名中含有 Windows 操作系统下的反斜杠符号，那么其他操作系统将无法识别这样的路径名。幸运的是，你可以通过 os.path.join()函数输入路径名，该函数使包含路径名的 Python 程序可以运行于任何操作系统。下面让我们看一下清单 15-1 中的这些例子以及一些其他的例子。

清单 15-1　利用 os 模块处理 Windows 路径名

```
❶ >>> import os
❷ >>> os.getcwd()
   'C:\\Python35\\Lib\\idlelib'
❸ >>> os.chdir('C:\\Python35\\Python 3 Stuff')
   >>> os.getcwd()
   'C:\\Python35\\Python 3 Stuff'
❹ >>> os.chdir(r'C:\Python35\Python 3 Stuff\Planet Stacking')
   >>> os.getcwd()
❺ 'C:\\Python35\\Python 3 Stuff\\Planet Stacking'
❻ >>> os.path.join('Planet Stacking', 'stack_8', '8file262.jpg')
   'Planet Stacking\\stack_8\\8file262.jpg'
❼ >>> os.path.normpath('C:/Python35/Python 3 Stuff')
   'C:\\Python35\\Python 3 Stuff'
❽ >>> os.chdir('C:/Python35')
   >>> os.getcwd()
   'C:\\Python35'
```

在清单 15-1 中，先导入 os 模块❶，本程序用到了一些依赖于操作系统的功能，如获取当前的工作目录（Current Working Directory，CWD）❷。当解释器启动时，系统会自动为该进程分配 cwd。也就是说，通过 shell 运行脚本时，shell 和脚本的当前工作目录是相同的。对于 Python 程序，当前工作目录是包含该程序的目录。当通过 os 模块获取当前工作目录时，会得到目录的完整路径名。需要注意的是，你必须使用额外的反斜杠来转义表示文件分隔的反斜杠符。

接下来，使用 os.chdir()函数更改当前工作目录❸，把完整的路径名当作该函数的参数，同时在路径名中采用双反斜杠。然后，获取当前工作目录，你会看到该函数返回的是新设置的路径。

如果不想在路径名中输入双反斜杠，可以在路径名参数之前输入字符 r，将路径名字符串转换为原始字符串（Raw String）❹。原始字符串会采用不同的规则来解释反斜杠转义序列，但即使是原始字符串也不能以单个反斜杠结尾。路径名仍要用双反斜杠表示结束❺。

如果希望程序中的路径名兼容所有操作系统，那么你就应该使用 os.path.join()函数，把目录名和文件名当作参数传递它，同时这些名字之间无须使用分隔符❻。os.path()函数知道当前的操作系统类型，并能够用正确的分隔符分隔路径。

根据所使用操作系统的类型，os.path.normpath()函数会自动更正路径名中的分隔符❼。由所给的示例可以看出，在 Windows 操作系统中使用 UNIX 操作系统类型的路径名分隔符时，该函数会用正确的反斜杠替换错误的反斜杠。Windows 操作系统支持将正斜杠自动转换为反斜杠这一功能❽。

包含根目录的完整目录路径称为绝对路径（Absolute Path）。你也可以使用相对路径（Relative Path）的路径名来简化目录的使用方式。相对路径根据当前工作目录来解释路径参数。绝对路径以正斜杠或驱动器符号开头，而相对路径的开头不是正斜杠或驱动器符号。在下面的代码片段中，你无须输入绝对路径就可以完成目录切换，因为 Python 知道新位置的绝对路径，即当前工作目录。Python 会在程序内部将相对路径连接到当前工作目录名后，从而形成完整的绝对路径名：

```
>>> os.getcwd()
'C:\\Python35\\Python 3 Stuff'
>>> os.chdir('Planet Stacking')
>>> os.getcwd()
'C:\\Python35\\Python 3 Stuff\\Planet Stacking'
```

你还可以用.和..来表示目录，从而避免更多的额外输入。例如，在 Windows 操作系统中，.\表示当前工作目录，..\表示当前工作目录的父目录。你还可以使用点号来获得当前工作目录的绝对路径：

```
>>> os.path.abspath('.')
'C:\\Python35\\Python 3 Stuff\\Planet Stacking\\for_book'
```

点号目录表示形式适用于 Windows 操作系统、macOS 和 Linux 操作系统。关于 os 模块的更多内容，请参考 Python 官网中与该模块相关的主题。

2. shell 工具模块

shell 工具模块 shutil 提供处理文件和目录的高级功能，例如文件复制、移动、重命名和删除。由于该模块属于 Python 标准库中的一部分，因此只需输入 import shutil 就可以加载 shutil 模块。在本章的程序代码部分，你将看到该模块的使用方法。此外，还可以在 Python 的官网中找到该模块的帮助文档。

15.1.3 从视频获取图片

本项目将用到一段彩色的木星视频，它是由布鲁克斯·克拉克在得克萨斯州休斯敦一个有风的夜晚拍摄的。该视频时长 16 秒，大小约为 101 MB，存储格式为 MOV。

我有意缩短了视频的长度。木星的自转周期大约为 10 小时，哪怕照片的曝光时间只有一分钟，静止的照片也可能会变得模糊不清。若通过叠加视频帧的方法来增加图片的清晰度，则长时间曝光会让你得到错位的照片，这会使获得清晰照片的过程变得非常复杂。

为了将视频帧转换为单独的图像，我使用了名为 DVDVideoSoft Free Studio 的免费多媒体程序。这款免费的程序可以捕获固定时间和帧间隔内的图像，从而将视频转换为 JPG 图像。为了模拟在空气静止且视觉良好条件下捕获的一些图像，我把视频的图像采样帧间隔设置为整个视频长度。

对于证明图片叠加效果，几百张图片的叠加足以提供充足的说服力。在本示例中，我捕获到的图片多达 256 帧。

在本书的配套资源中，可以找到这些图片资源，它位于 video_frames 文件夹下。下载这些图片资源，保留它们原来的名称。

图 15-2 所示是该视频某一帧对应的灰度图像。从图中可以看出，木星的云带是模糊的，而且大红斑也不是很明显，图像的对比度也很低，这是放大图片后常见的副作用。图像噪声使木星的外观具有颗粒感。

图 15-2 从木星视频中提取出的某一帧图像

除了这些问题之外，风造成的相机抖动、不精确追踪导致的行星向侧面漂移都会让照片产生噪声。图 15-3 所示是一个横向漂移的例子。在这个例子中，我将随机选择的 5 幅帧图像叠放在一起，并把黑色设置为背景的透明色。

抖动并不一定是坏事，通过移动图像可以有效地改善与镜头、传感器上的灰尘等相关的 CCD 传感器缺陷。但是，图像叠加中的一个关键假设是图像能够完美对齐，这样一来，图像中木星云带之类的永久特征与单幅图像相比会明显有所增强。为了提高图像的信噪比，必须对图像进行配准。

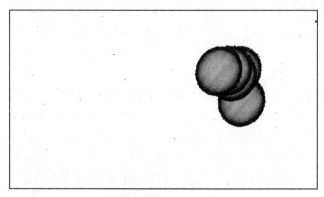

图 15-3 用随机选择的 5 幅帧图像演示木星的抖动与漂移

图像配准（Image Registration）指的是将图像转换为同一坐标系下的数据并进行匹配和叠加的过程。在图像叠加过程中，图像配准可以说是最困难的一部分。天文学家通常会使用诸如 RegiStax、RegiStar、Deep Sky Stacker 和 CCDStack 等商业软件对齐和叠加天文照片。不过，这些软件操作起来费时费力，最终你还得亲自编写 Python 程序来完成天文照片的处理。

15.1.4　策略

叠加图像所需的具体步骤如下（第一个步骤已经完成）。
1．从视频中提取图像。
2．围绕木星裁剪图像。
3．将裁剪的图像缩放到相同大小。
4．将裁剪的多幅图像叠加成单幅图像。
5．增强和过滤最终得到的图像。

15.1.5　代码

你可以将上述所有步骤放到一个单独的程序中，但我将这些步骤拆分成了 3 个程序。这样做是因为我考虑到程序的实际操作需要，如希望运行中的程序能够停止，使我能够检查它的运行结果。另外，你可能还会希望直接执行后面定义的过程（如增强图像），而不是重新执行程序的所有过程。在这 3 个程序中，第一个程序的功能是裁剪和缩放图像，第二个程序的功能是叠加图像，第三个程序的功能是增强图像。

1. 裁剪和缩放图像代码

首先，你需要对图像进行配准。对于像月球和木星这样大而明亮的物体，天文摄影中的一种常见方法是对每幅图像进行剪裁，使其 4 条边界线都与物体表面保持相切。这样做会减去大部分天空区域，解决任何图像抖动和漂移问题。对裁剪后的图像进行缩放可以确保它们的大小相同，这也有利于减少图像噪点，使其变得更加平滑。

从本书的配套资源中，你可以获得程序 *crop_n_scale_images.py* 的代码。记住，将该程序和存有帧图像的文件夹放在同一目录下。

（1）导入模块和定义 main()函数

清单 15-2 的功能是导入一些模块，定义运行程序 *crop_n_scale_images.py* 的 main()函数。

清单 15-2　导入模块和定义 main()函数

`crop_n_scale_images.py`，第 1 部分

```
❶ import os
   import sys
❷ import shutil
❸ from PIL import Image, ImageOps

   def main():
       """获取启动目录，复制文件夹，执行图片裁剪操作，清理文件夹。"""
       # 获取当前工作目录下包含原始帧图像的目录名称
❹     frames_folder = 'video_frames'

       # 准备文件和文件夹
❺     del_folders('cropped')
❻     shutil.copytree(frames_folder, 'cropped')

       # 调用图像裁剪功能
       print("start cropping and scaling...")
❼     os.chdir('cropped')
       crop_images()
❽     clean_folder(prefix_to_save='cropped')   # 删除未裁剪的原始照片

       print("Done! \n")
```

在清单 15-2 中，首先导入操作系统模块 os 和系统模块 sys❶。虽然导入的 os 模块已经默认地包含了 sys 模块，但是这个特性将来可能会消失，因此最好手动导入 sys 模块。shutil 模块中包含前面描述的 shell 实用工具模块❷。对于 PIL 图像库，你将使用它的图像加载、裁剪、转换和过滤功能。利用 ImageOps 模块可以实现图像缩放❸。需要注意的是，你必须在导入声明中使用 PIL 模块，而不能使用 pillow 模块。

接下来，定义程序的 main()函数，将启动目录的名称分配给变量 frames_folder❹。该目录包含从原始视频中提取的所有图像。

将裁剪后的图像存储到一个名为 cropped 的新目录中。如果该目录已经存在，那么 shell 实用工具将不会再创建该目录。因此，程序在这里会调用函数 del_folders()，稍后你就会编写这个函数❺。对于将要编写的这个函数，如果目录不存在，该函数就不会引发异常，因此在任何时候它都可以安全地运行。

本章处理的图像应该始终是原始图像的副本，因此务必使用 shutil.copytree()函数将包含原始图像的目录复制到名为 cropped 的新目录下❻。现在，切换至该目录❼，调用函数 crop_images()，该函数会对图像进行裁剪和缩放。紧接着，调用函数 clean_folder()，删除已复制到 cropped 目录中的原始图像❽。需要注意的是，当向函数 clean_folder()传递参数时，显式

15

地指定了形参名，这样做的目的是突出函数的用途。

最后，输出字符串"Done!"，提示用户本程序已经结束。

（2）删除和清理目录

清单 15-3 定义程序 *crop_n_scale_images.py* 中用于删除文件和目录的辅助函数。如果目标目录下已存在同名的文件夹，shutil 模块将会拒绝创建新的文件夹。如果要多次运行该程序，那么必须先删除或重命名现有文件夹。一旦图像被裁剪掉，程序就会对裁剪后的图像进行重命名。此外，在开始叠加图像之前，还要删除原始图像。由于图像文件的数量将达到数百个之多，因此这些函数会让原本繁重的任务自动执行。

清单 15-3　定义删除目录和文件的函数

crop_n_scale_images.py，第 2 部分

```
❶ def del_folders(name):
       """如果目录中存在带有命名前缀的文件夹，那么就将该文件夹删除。"""
   ❷ contents = os.listdir()
   ❸ for item in contents:
       ❹ if os.path.isdir(item) and item.startswith(name):
           ❺ shutil.rmtree(item)

❻ def clean_folder(prefix_to_save):
       """除具有命名前缀的文件以外，删除文件夹中的其他所有文件。"""
   ❼ files = os.listdir()
       for file in files:
       ❽ if not file.startswith(prefix_to_save):
           ❾ os.remove(file)
```

在清单 15-3 中，首先定义一个删除目录的函数 del_folders()❶。该函数的参数是待删除的目录名字，它是该函数的唯一参数。

接下来，列出文件夹中包含的文件❷，然后开始循环遍历这些文件❸。如果函数遇到以文件夹名称开头，而且也是文件夹的项❹，那么就使用函数 shutil.rmtree()删除该文件夹❺。稍后，你将会看到，删除文件夹的函数与删除文件的函数有所不同。

注意

当使用 rmtree()函数时，一定要小心，因为该函数会永久地删除文件夹及其内容。你可能会误删系统文件、丢失与本 Python 项目无关的重要文档，还可能会破坏自己的计算机系统。

然后，定义一个"清理"文件夹的辅助函数 clean_folder()，并将你不想删除的文件名当作它的参数❻。刚开始，你可能会觉得这种做法有点反常，由于只想保留最后一批处理过的图像，因此你不必显式地列出文件夹中的其他文件。如果文件不以指定的前缀开头（如 cropped），则程序会自动删除这些文件。

这个过程与最后一个函数十分类似。最后，程序将文件夹中的文件保存在列表中❼，开始循环遍历这个列表。如果文件不以指定的前缀开头❽，那么就使用函数 os.remove()将其删除❾。

（3）裁剪、缩放和保存图像

清单 15-4 的功能是配准从视频中抽取的每帧图像，它会在木星的周围画出一个方框，并根据该方框裁剪图像，如图 15-4 所示。该技术对于改善黑色背景区域上的图像亮度有很好的效果

（有关另一个示例，请参见第 15.7 节中的内容）。

原始视频帧图像　　　　　　裁剪后的图像

图 15-4　通过裁剪原始图像来配准木星图像

通过紧紧围绕木星来裁剪图像，可以解决所有的图像漂移和抖动问题。

裁剪后的每幅图像的内容会被放大，而且它们有一致的大小，这样可以使图像变得更加平滑，达到减少图像噪点的目的。将裁剪和缩放后的图像单独保存在一个由 main() 函数创建的新文件夹中。

清单 15-4　将原始图像裁剪至木星周围区域并对其进行缩放

crop_n_scale_images.py，第 3 部分

```
❶ def crop_images():
       """自动地裁剪和缩放木星图像，使它略大于木星本身。"""
❷     files = os.listdir()
❸     for file_num, file in enumerate(files, start=1):
❹         with Image.open(file) as img:
❺             gray = img.convert('L')
❻             bw = gray.point(lambda x: 0 if x < 90 else 255)
❼             box = bw.getbbox()
               padded_box = (box[0]-20, box[1]-20, box[2]+20, box[3]+20)
❽             cropped = img.crop(padded_box)
               scaled = ImageOps.fit(cropped, (860, 860),
                                     Image.LANCZOS, 0, (0.5, 0.5))
               file_name = 'cropped_{}.jpg'.format(file_num)
❾             scaled.save(file_name, "JPEG")

   if __name__ == '__main__':
       main()
```

清单 15-4 定义一个无参数的 crop_images() 函数❶，它处理的对象是包含原始图像的文件夹 cropped 的副本。在调用此函数之前，你已经在 main() 函数中创建了该文件夹的副本。

在该函数内部，首先获取当前文件夹（cropped）中的内容，并将其保存在列表 files 中❷。程序将按顺序为每幅图像编号，因此在 for 循环中使用 enumerate() 函数，并把它的 start 选项设置为 1❸。如果以前没有使用过 enumerate() 函数，建议你以后在程序中尝试使用它。这是一个极为常用的内置函数，它常充当自动计数器。在本例中，把计数值分配给变量 file_num。

接下来，定义一个保存图像的变量 img，并使用 open() 函数打开该图像文件❹。

为使方框的边界适合木星，需要将图像中所有非木星部分的区域设置为黑色(0, 0, 0)。不幸的是，由于木星边缘存在漫射和渐变现象，木星外会存在一些杂散的、与噪声相关的非黑色像素。这些像素会导致方框的大小不一，如图 15-5 所示。幸运的是，通过把彩色图像转换为黑白图像，你就可以轻松解决这个问题。然后，使用转换后的图像来确定每幅彩色图片的边框尺寸。

15

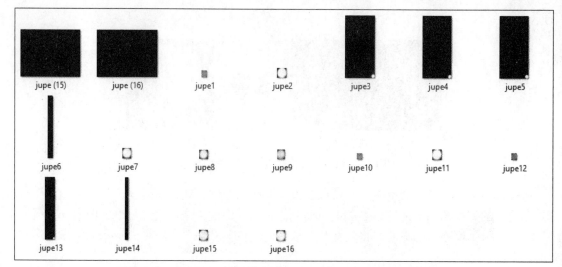

图 15-5　由于无法确定边框的尺寸，裁剪后的图像大小不均匀

为从技术上消除影响边框的噪声，将加载的图像转换为"L"模式（由 8 位黑白像素组成的图像），并将转换后的图像分配给变量 gray，该变量表示得到的图像是灰度图像❺。这种模式的图像只有一个颜色通道（而 RGB 类型的彩色图像有 3 个颜色通道），因此在设置颜色阈值时，只需要确定一个值。也就是说，设置一个阈值，当值大于和小于该阈值时，将会分别执行不同的操作。

然后，定义一个名为 bw 的新变量，将真正的黑白图像保存在该变量中❻。利用 point()函数（更改原始图像的像素值）和 lambda()函数，将像素值在 90 以下的任何值设置为黑色（0），将其他像素值设置为白色（255）。该阈值是通过反复试验得到的。point()函数会返回一幅干净的图像，图像的边框也会变得非常平滑，如图 15-6 所示。

图 15-6　将原始图像转换为纯黑白图像的屏幕截图

之后，调用 Image 模块的 getbbox()函数，即在 bw 对象上调用该函数❼。该函数通过将边

框拟合到图像的非 0 值区域来修剪黑色边界。该函数的返回值是一个包含边框左、上、右和下坐标值的元组。

如果使用该边框尺寸裁剪帧图像，那么图像的边界会与木星相切，如图 15-7 所示。这样的图像就是你想要的，但是在视觉上，它看起来令人相当不满意。因此，向裁剪后的图像填充一些黑色，将边框的 4 个方向均向外扩展 20 个像素，把得到的新边框图像对象分配给名为 padded_box 的新变量，如图 15-7 的右侧所示。由于所有的图像都有一致的填充，因此不会对裁剪结果造成影响。

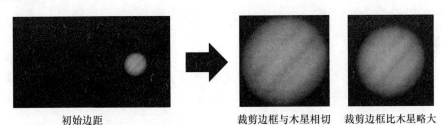

初始边距   裁剪边框与木星相切   裁剪边框比木星略大

图 15-7 初始裁剪边框与木星相切（box）和用黑色填充后的裁剪图像（padded_box）

接着，使用 crop() 函数对每幅图像进行裁剪❽，该方法以 padded_box 为参数。

利用 ImageOps.fit() 函数缩放图像，该方法有 5 个参数，它们分别是裁剪后的图像对象（cropped）、表示图像对象宽度和高度的元组、重采样方法、边框厚度以及表示裁剪中心的元组（0.5, 0.5）。模块 pillow 含有多种调整图像大小的算法，但这里采用流行的 LANCZOS 过滤器。放大图像会导致图像的清晰度下降，LANCZOS 过滤器可以使图像边缘产生振铃伪影（Ringing Artifact）效果，这有助于提高图像的感知锐度。这种非故意的边缘增强效果会使你专注于你感兴趣的特征，而这些特征在原始图像中是昏暗模糊的。

对缩放后的图像重命名，将这个新名字分配给变量 file_name。在这 256 幅裁剪后的图像中，每幅图像的名字都以 cropped_ 开始，以图像的编号结束，该编号值会传递给 format() 函数的字符串替换字段。最后，函数保存裁剪后的文件，并将变量 file_name 表示的字符串作为该文件名的一部分❾。

回到全局代码编辑区，向程序添加一个 if 语句，使程序既可以独立运行，也可以作为模块导入其他程序。

注意

本项目将这些文件保存为 JPEG 格式，这是一种通用的图片存储格式，它可以很好地解决颜色渐变问题，而且占用的内存也相对较少。JPEG 文件格式采用有损压缩技术，每次保存文件时，图像质量都会有少许的下降。你可以通过牺牲存储空间的方式来调整文件的压缩级别。在大多数情况下，天文摄影师都会将文件存储为可用的无损压缩格式之一，例如 TIFF。

至此，你先将原始图像裁剪成包围木星的方框。然后，放大裁剪后的这些图像，并且让它们有一致的大小，如图 15-8 所示。

15

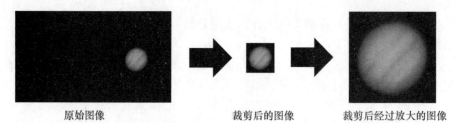

原始图像　　　　　　　　裁剪后的图像　　　裁剪后经过放大的图像

图 15-8　图像裁剪和缩放前后的相对大小

下一小节中将编写本章的第二个程序，用它来叠加裁剪和缩放后的图像。

2. 叠加图像代码

程序 *stack_images.py* 将获取上一个程序生成的图像，对它们进行均值取样，生成单个叠加的图像。从本书的配套资源中可以下载到该程序。将该程序放在程序 *crop_n_scale_images.py* 所在的文件夹下。

清单 15-5 的功能是：导入程序所需模块、加载裁剪和缩放后的图像、创建颜色通道列表（红色、蓝色、绿色）、计算各通道的颜色平均值、重新合并各颜色通道、创建和保存最终叠加的图像。这个程序很简单，且不需要使用 main() 函数。

清单 15-5　分割颜色通道并计算它们各自的平均值，然后将它们重新组合成单幅图像

stack_images.py

```
❶ import os
   from PIL import Image

   print("\nstart stacking images...")

   # 列出目录中包含的图像
❷ os.chdir('cropped')
   images = os.listdir()

   # 循环遍历图像，提取 RGB 通道的值，并将它们存储到单独的列表中
❸ red_data = []
   green_data = []
   blue_data = []
❹ for image in images:
       with Image.open(image) as img:
           if image == images[0]:  # 获取第一幅裁剪图像的大小
               img_size = img.size  # 由图像的宽和高所组成的元组，稍后将会用到它。
❺         red_data.append(list(img.getdata(0)))
           green_data.append(list(img.getdata(1)))
           blue_data.append(list(img.getdata(2)))

❻ ave_red = [round(sum(x) / len(red_data)) for x in zip(*red_data)]
   ave_blue = [round(sum(x) / len(blue_data)) for x in zip(*blue_data)]
   ave_green = [round(sum(x) / len(green_data)) for x in zip(*green_data)]

❼ merged_data = [(x) for x in zip(ave_red, ave_green, ave_blue)]
❽ stacked = Image.new('RGB', (img_size))
❾ stacked.putdata(merged_data)
   stacked.show()
```

```
❿ os.chdir('..')
  stacked.save('jupiter_stacked.tif', 'TIFF')
```

在清单 15-5 中，首先是一些常见的模块导入语句，在前一个程序中已经使用过这些模块❶。然后，将当前工作目录切换至目录 cropped，该目录中包含裁剪和缩放后的木星图像❷。紧接着，使用 os.listdir() 函数列出 cropped 目录中包含的图像。

利用 pillow 模块，既可以操作单个像素和一组像素，也可以操作单个颜色通道（如红色、蓝色和绿色通道）。为了演示这样的操作，本程序将使用单独的颜色通道来叠加图像。

接下来，创建 3 个保存 R、G、B 像素数据的空列表❸，然后开始循环遍历图像列表❹。首先，打开图像。然后，获取以元组形式表示的第一幅图像的宽度和高度（单位：像素）。记住，在上一个程序中，你对所有裁剪后的小图进行了放大。稍后，需要用这些尺寸信息来创建新的叠加图像，并且 img 对象的 size 属性会自动为你提供这些尺寸信息。

然后，使用 getdata() 函数获取所选图像的像素数据❺。该函数以想要获取的颜色通道索引为参数，其中 0 表示红色，1 表示绿色，2 表示蓝色。将获取的结果添加到对应的颜色数据列表中。从每幅图像获取的数据将成为数据列表中的一个单独列表。

为了得到每个列表中的像素平均值，先利用列表推导方法计算图像中所有像素的和，再用这个结果除以图像的总像素数❻。需要注意的是，在 zip() 函数中用到了 splat（*）运算符。变量 red_data 是一个列表的子列表，每个嵌套的子列表表示 256 幅图像中的一幅图像。在 zip() 函数中，* 运算符可以解包列表内容，这样就可以将图像 image1 中的第一个像素值与图像 image2 中的第一个像素相加，依此类推。

当把颜色通道的平均值合并在一起时，需要使用列表推导方法和 zip() 函数❼。接下来，使用 image.new() 函数创建一个名为 stacked 的新图像对象❽。该函数以颜色模式（RGB）和 img_size 元组为参数，这个元组表示所创建图像的宽度和高度（单位：像素），它的值取自先前裁剪过的其中一幅图像。

利用 putdata() 函数填充新创建的 stacked 图像对象，并把 merged_data 数据列表当作它的参数❾。这个函数将序列对象中的数据复制到表示图像的对象中，数据复制的起始坐标是图像的左上角 (0, 0)。之后，调用 show() 函数，显示最终得到的图像。将目录切换至当前工作目录的父目录中，把得到的图像命名为 jupiter_stacked.tif，并保存为 TIFF 格式❿。

如果将某幅原始图像与通过叠加得到的最终图像（jupiter_stacked.tif，如图 15-9 所示）进行比较，会看到图像边缘的信噪比明显得到改善。图片以彩色显示时才能得到最佳的欣赏效果。因此，如果尚未运行该程序，你可以从本书的配套资源中获取 Figure 15-9.pdf 文件。当以彩色方式查看图像时，你将看到图像叠加的各种好处，例如图像更平滑、白色条纹显得更白、红色条纹更清晰和大红斑效果更加明显等。该程序仍有改进的余地，不过，接下来你将编写一个用来增强图像最终叠加效果的程序。

注意
如果大红斑在叠加后的图像中呈现为粉红色，那是因为它本来就是这样的颜色。照片会时不时地褪色，由于木星照片被过度处理，许多已经公布的木星照片颜色显得不太真实，这也导致这种颜色在木星照片中消失。这可能是最好的结果，因为"大红斑"会避免木星照片中出现相同的环状效果。

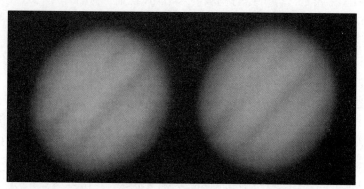

图 15-9　原始图像与叠加后的最终图像（jupiter_stacked.tif）对比

3. 增强图像效果代码

你已经成功地叠加了从视频中获取的每帧图像，但是木星看起来仍然是扭曲的，而且它的特征也很模糊。你可以使用 pillow 模块中的图像滤镜、增强器和变换工具来进一步改善图像的叠加效果。当增强图像效果时，你得到的数据会与在地面拍摄图像的原始数据相差越来越远。因此，我选择在单独的程序中执行图像增强操作。

通常，完成图像叠加后，会先使用高通滤波器或反锐化掩模算法增强图像细节，再对图像的亮度、对比度和颜色进行微调。本程序将会用到 pillow 模块的图像增强功能，但是这些步骤的应用顺序与前面描述的顺序略有不同。从本书的配套资源中，你可以获得程序 *enhance_image.py* 的完整代码。将该程序和本章先前的 Python 程序放在同一目录下。

注意

天文图像的处理相当复杂，本书的许多内容都与该主题相关，但本书在处理这些图像的过程中省略了一些标准步骤。例如，原始视频未经校准，湍流造成的失真效果也未得到校正。RegiStax 和 AviStack 之类的高级软件，它们使单幅图像发生变形来防止图像模糊，从而使所有图像中的变形特征（如云带边缘）能够正确重叠。

清单 15-6 的功能是：导入 pillow 模块中的一些类，打开之前生成的叠加图像，增强图像细节，并将增强后的图像保存。由于增强图像的选项有很多种，因此尽管本程序的代码量很小，但这里还是选择对它进行模块化。

清单 15-6　先打开叠加后的图像，再增强其细节，最后保存增强后的图像

enhance_image.py

```
❶ from PIL import Image, ImageFilter, ImageEnhance

❷ def main():
    """先获取叠加后的图像，再增强其细节，并显示和保存增强后的图像。"""
```

```
❸ in_file = 'jupiter_stacked.tif'
   img = Image.open(in_file)
❹ img_enh = enhance_image(img)
   img_enh.show()
   img_enh.save('enhanced.tif', 'TIFF')

❺ def enhance_image(image):
       """使用 pillow 模块的过滤器和变换工具改善图像质量。"""
❻     enhancer = ImageEnhance.Brightness(image)
❼     img_enh = enhancer.enhance(0.75)    # 设置为 0.75 时，图像增强效果良好

❽     enhancer = ImageEnhance.Contrast(img_enh)
       img_enh = enhancer.enhance(1.6)
       enhancer = ImageEnhance.Color(img_enh)
       img_enh = enhancer.enhance(1.7)

❾     img_enh = img_enh.rotate(angle=133, expand=True)

❿     img_enh = img_enh.filter(ImageFilter.SHARPEN)

       return img_enh

   if __name__ == '__main__':
       main()
```

在清单 15-6 中，先导入一些类，你已经熟悉导入的第一个类❶。而新导入的类 ImageFilter 和 ImageEnhance 中包含一些预定义的滤镜类，它通过模糊、锐化、增亮和平滑等工具来改善图像质量（在 pillow 模块的官网，你可以获取每个模块所含工具的完整列表）。

首先，定义该程序的 main() 函数❷。将叠加后的图像文件名赋给变量 in_file，然后把它当作 image.open() 函数的参数，打开该文件❸。紧接着，调用 enhance_image() 函数，并将存储图像对象的变量当作它的参数❹。最后，显示增强后的图像，并把它存为 TIFF 格式的文件，避免降低图像质量。

接下来，定义图像增强函数 enhance_image()，并把待增强的图像对象作为它的参数❺。由 pillow 模块帮助文档可知，所有增强类都实现了一个公共接口，即返回增强后的图像的函数 enhance (factor)。factor 参数是一个控制图像增强因子的浮点值。当 factor 参数的取值为 1.0 时，该函数返回待增强图像的原始副本；当它的取值较小时，图像的颜色会减弱，亮度和对比度会降低；而当它的取值较大时，图像的这些品质会得到提升。

为了更改图像的亮度，先创建一个 ImageEnhance 模块的 Brightness 类实例，并将原始图像对象当作它的参数❻。这里模仿 pillow 模块帮助文档中的命名方式，将这个对象命名为 enhancer。调用该对象的 enhance() 函数，设置它的 factor 参数值，最终生成增强后的图像❼。本代码示例将图像亮度的增强因子设置为 0.75。本行代码最后注释的 "#0.75" 是通过对比不同增强因子的试验结果得到的。在这个注释里，你可以保存自己喜欢的增强因子的值。如果其他的测试值不能产生令人满意的结果，那么你就应该把注释里的值恢复到原来的值。

然后，通过改变对比度来增强图像❽。如果不想手动调整图像对比度，可以尝试使用 pillow 模块的对比度自动调整函数。首先，从 PIL 图像库中导入 ImageOps 类。然后，用如下的代码替换从第❽步开始的连续两行代码：

```
img_enh = ImageOps.autocontrast(img_enh)
```

紧接着，增强图片的颜色。这会使图片上的大红斑效果更加明显。

没有人喜欢看到倾斜的木星，因此你需要变换图像，将它旋转到正常视图效果，即云带是水平的，而大红斑位于木星的右下角。调用 Image 模块的 rotate()函数，它以旋转角度（单位为度，方向是逆时针）和自动展开输出图像标记为参数，自动展开输出图像标记会使输出图像足够大，能够容纳旋转后的整幅图像❾。

之后，开始锐化图像。即使图像本身具有较高的质量，在一些场景下，你也可能需要通过锐化来改善图像的变换效果，例如数据格式转换、调整图像大小和旋转图像。尽管一些天文摄影师建议将锐化处理放在第一位，但在大多数图像处理工作流中，它排在最后一位。这是因为该图像处理操作与图像的最终尺寸（观看距离）以及所使用的介质有关。锐化会增加噪声伪影，它是一种"有损"画质的操作，即该操作可能会删除一些你想保留的数据，而这些数据对其他的图像编辑工作非常有利。

当使用 ImageFilter 类时，可以发现图像的锐化与之前的图像增强有所不同。锐化操作无须进行一些中间步骤。通过对图像对象调用 filter()函数，并将预定义的 SHARPE 选项当作它的参数，你可以用一行代码生成新的锐化图像❿。pillow 模块还具有一些处理图像边缘的过滤器，例如 UnsharpMask 和 EDGE_ENHANCE，但是对于本例中的图像，这些处理器得到的增强效果与 SHARPEN 处理器相比都不明显。

最后，程序返回增强后的图像。回到全局代码编辑区，添加 if 语句使本程序既可以独立运行，也可以作为模块导入其他程序。

将增强后的最终图像、取自视频的随机帧图像和叠加后的图像放在一起进行比较，效果如图 15-10 所示。为了便于观察处理效果，这里对所有的图像都进行了旋转。

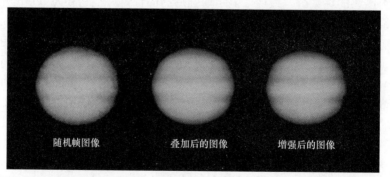

图 15-10　取自视频的随机帧图像、256 幅帧图像叠加后的图像以及增强后的图像对比

当以彩色显示增强后的图像时，你可以明显地看到图像的改善效果。如果想在本程序运行之前看到增强后的彩色版图像，参见本书配套资源中的 Figure 15-10.pdf 文件。

注意

如果熟悉 pillow 模块，你可能会使用 Image.blend()函数来叠加图像，且只需要几行代码。然而，与通过计算各颜色通道平均值获得的图像相比，这种方式生成的图像噪声明显较大，就像使用 *stack_images.py* 程序叠加后的图像一样。

15.2　本章小结

图 15-10 中增强后的图像永远不会赢得任何奖项，也不会出现在《天空与望远镜》之类的杂志上。然而，本项目的重点是告诉你，用编程可以解决现实生活中面临的一些问题。与从视频中捕获的单幅图像相比，经过处理后的图像画质有了显著提升。图像的颜色变得更亮，云带更加清晰，大红斑的轮廓也更加突出。从顺风方向也可以辨认出大红斑的湍流区（如图 15-1 所示）。

尽管从终端输入开始，你仍然能够配准图像，通过叠加图像消除噪声，以及使用滤镜和变换工具来增强图像。所有这些操作都可以使用免费的 PIL 图像库分支 pillow 模块来完成。你还获得了 Python 的 shutil 模块和 os 模块的使用经验，利用这些模块可以操作文件和目录。

对于更高级的图像处理需求，可以使用 OpenCV（OpenSource Computer Vision）模块来完成。在 Python 中，只需安装和导入 cv2 模块和 NumPy 模块即可。Python 中还包含一些可用于处理图像的其他模块，例如 Matplotlib、SciPy 和 NumPy。当使用 Python 时，你会发现每个问题总是有许多解决办法。

15.3　延伸阅读

阿尔·斯威加特（Al Sweigart）所著的《Python 编程快速上手》一书中包含文件和目录的处理方式以及 pillow 模块的使用方法。

在本书的配套资源中，可以找到一些适用于天文学家的 Python 在线资源和实用教程。

在 OpenCV 的官网上，可以了解更多在 Python 环境下使用该模块的信息。需要注意的是，在学习和尝试优化 OpenCV 代码之前，必须了解 NumPy 模块。另外，与使用 OpenCV 进行计算机视觉和图像处理相比，SimpleCV 模块的学习曲线相对平缓，但它仅适用于 Python 2。

对天文摄影感兴趣的人来说，Thierry Legault 的 *Astrophotography*（Rocky Nook, 2014）是一部不可不读的著作。这是一本可读性强且内容全面的书，它涵盖从设备选取到图像处理等方面的一系列主题内容。

詹姆斯·吉尔博物（James Gilbert）写的一篇博客 *Aligning Sun Images Using Python* 包含使用边框裁剪技术剪切太阳图像的代码。该博文介绍了一种旋转太阳图像的巧妙方法，詹姆斯·吉尔博特（James Gilbert）在调整图像时把太阳黑子作为配准点。

谷歌公司的某个研究团队曾提出一种利用图像叠加技术去除股票网站上图像水印的方法，以及这些网站更好地保护其版权的方法。

15.4　挑战项目：消失之法

图像叠加技术不仅可以消除噪点，还可以消除照片中包括人在内的所有可移动物体。例如，Adobe Photoshop 的图像叠加脚本可以使非静止的对象神奇地消失。该叠加技术依赖于统计学里的中位数，即按从小到大的顺序进行数字排列得到的"中间"值。这个过程需要多幅照片，而这些照片在拍摄时最好使用三脚架。这样在背景保持不变的情况下，你想要移除的物体在这些图像上的位置会发生变化。通常，在约 20 秒的时间间隔内需要拍摄 10 到 30 幅照片，也可以按类似时间间隔从视频中提取这些帧图像。

为了得到平均值，需要先计算数字的和，再除以数字的总个数。若想得到中位数，需要先对数字进行排序，再选取中间值。图 15-11 所示的第一行有 5 幅图像，每幅图像都标出了相同位置处的像素值。在第四幅图中，由于一只黑鸟突然飞过，这幅壮丽的白色背景图被毁掉。如果采用像素的平均值来叠加照片，那么鸟存在的痕迹就不会被磨掉。但是，如果采用像素的中间值来叠加照片，即先对红、绿、蓝颜色通道进行排序，再取各通道的中间值，这样每个颜色通道的背景值都为 255。如此一来，鸟的踪迹就不会留下来。

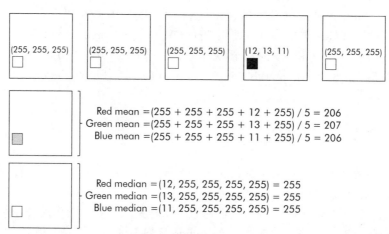

图 15-11 高亮显示 5 幅白色图像中相同位置处的像素 RGB 值。通过像素的中间值来叠加照片，从而移除图像中的黑色像素

当使用像素的中位数进行图像叠加时，虚假的像素值会被移到列表的末尾。这使得去除离群点变得很容易，例如天体照片中包含的卫星和飞机，只要包含离群点的图像数量少于图像总数量的一半即可。

掌握了这些知识，编写一个新的图像叠加程序，该程序可以帮你删除照片中不需要的元素。如果你拍摄的度假照片中意外地包含了一些游客，那么该程序刚好能够派上用场。为了测试编写的程序，你可以从配套资源的 moon_cropped 文件夹中获得一幅包含 5 个人造卫星的合成图像，每幅图像都被经过的飞机所"破坏"，如图 15-12 所示。

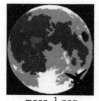   

图 15-12 测试中值平均法叠加效果的月球合成照片

叠加后的图像中不应包含飞机的任何踪迹，如图 15-13 所示。

图 15-13   采用中值平均法叠加 moon_cropped 文件夹中图像的效果

由于这是一个挑战项目，因此本书不提供该项目的解决方案。

15

实践项目解决方案

本附录包含各章节中实践项目的解决方案。若想获取这些项目解决方案的代码，可访问异步社区。

第1章 虚假姓名生成器

儿童黑话

pig_Latin_practice.py

```python
""" Turn a word into its Pig Latin equivalent."""
import sys

VOWELS = 'aeiouy'

while True:
    word = input("Type a word and get its Pig Latin translation:")

    if word[0] in VOWELS:
        pig_Latin = word + 'way'
    else:
        pig_Latin = word[1:] + word[0] + 'ay'
    print()
    print("{}".format(pig_Latin),file=sys.stderr)

    try_again = input("\n\nTry again? (Press Enter else n to stop)\n")
    if try_again.lower() == "n":
        sys.exit()
```

简单条形图

EATOIN_practice.py

```python
""" Map letters from string into dictionary & print bar chart of frequency. """
import sys
import pprint
from collections import defaultdict

# Note: text should be a short phrase for bars to fit in IDLE window
```

```
text = 'Like the castle in its corner in a medieval game, I foresee terrible \
trouble and I stay here just the same.'


ALPHABET = 'abcdefghijklmnopqrstuvwxyz'

# defaultdict module lets you build dictionary keys on the fly!
mapped = defaultdict(list)
for character in text:
    character = character.lower()
    if character in ALPHABET:
        mapped[character].append(character)

# pprint lets you print stacked output
print("\nYou may need to stretch console window if text wrapping occurs.\n")
print("text = ", end='')
print("{}\n".format(text),file=sys.stderr)
pprint.pprint(mapped, width=110)
```

第 2 章 寻找回文

字典清理

dictionary_cleanup_practice.py

```
""" Remove single-letter words from list if not 'a' or 'i'."""
word_list = ['a', 'nurses', 'i', 'stack', 'b', 'cats', 'c']

permissible = ('a', 'i')

# remove single-letter words if not "a" or "i"
for word in word_list:
    if len(word) == 1 and word not in permissible:
        word_list.remove(word)

print("{}".format(word_list))
```

第 3 章 寻找易位词

寻找二元字母组

count_digrams_practice.py

```
""" Generate letter pairs in Voldemort & find their frequency in a dictionary.

Requires load_dictionary.py module to load an English dictionary file.

"""
import re
from collections import defaultdict
from itertools import permutations
import load_dictionary

word_list = load_dictionary.load('2of4brif.txt')

name = 'Voldemort' #(tmvoordle)
name = name.lower()
```

```
# generate unique letter pairs from name
digrams = set()
perms = {''.join(i) for i in permutations(name)}
for perm in perms:
    for i in range(0, len(perm) - 1):
        digrams.add(perm[i] + perm[i + 1])
print(*digrams, sep='\n')
print("\nNumber of digrams = {}\n".format(len(digrams)))

# use regular expressions to find repeating digrams in a word
mapped = defaultdict(int)
for word in word_list:
    word = word.lower()
    for digram in digrams:
        for m in re.finditer(digram, word):
            mapped[digram] += 1

print("digram frequency count:")
count = 0
for k in mapped:
    print("{} {}".format(k, mapped[k]))
```

第 4 章　破解美国内战密码

黑客林肯

码字	明文
WAYLAND	captured
NEPTUNE	Richmond

明文：correspondents of the Tribune captured at Richmond please ascertain why they are detained and get them off if you can this fills it up。

判断密码类型

identify_cipher_type_practice.py

```
"""Load ciphertext & use fraction of ETAOIN present to classify cipher type."""
import sys
from collections import Counter

# set arbitrary cutoff fraction of 6-most common letters in English
# ciphertext with target fraction or greater = transposition cipher
CUTOFF = 0.5

# load ciphertext
def load(filename):
    """Open text file and return list."""
    with open(filename) as f:
        return f.read().strip()

try:
    ciphertext = load('cipher_a.txt')
except IOError as e:
    print("{}. Terminating program.".format(e),
          file=sys.stderr)
    sys.exit(1)
```

```
# count 6 most-common letters in ciphertext
six_most_frequent = Counter(ciphertext.lower()).most_common(6)
print("\nSix most-frequently-used letters in English = ETAOIN")
print('\nSix most frequent letters in ciphertext =')
print(*six_most_frequent, sep='\n')

# convert list of tuples to set of letters for comparison
cipher_top_6 = {i[0] for i in six_most_frequent}

TARGET = 'etaoin'
count = 0
for letter in TARGET:
    if letter in cipher_top_6:
        count += 1

if count/len(TARGET) >= CUTOFF:
    print("\nThis ciphertext most-likely produced by a TRANSPOSITION cipher")
else:
    print("This ciphertext most-likely produced by a SUBSTITUTION cipher")
```

以字典的形式存储密钥

key_dictionary_practice.py

```
"""Input cipher key string, get user input on route direction as dict value."""
col_order = """1 3 4 2"""
key = dict()
cols = [int(i) for i in col_order.split()]
for col in cols:
    while True:
        key[col] = input("Direction to read Column {} (u = up, d = down): "
                        .format(col).lower())
        if key[col] == 'u' or key[col] == 'd':
            break
        else:
            print("Input should be 'u' or 'd'")

    print("{}, {}".format(col, key[col]))
```

自动生成可能的密钥

permutations_practice.py

```
"""For a total number of columns, find all unique column arrangements.

Builds a list of lists containing all possible unique arrangements of
individual column numbers, including negative values for route direction
(read up column vs. down).

Input:
-total number of columns

Returns:
-list of lists of unique column orders, including negative values for
route cipher encryption direction

"""

import math
from itertools import permutations, product

#------BEGIN INPUT-------------------------------------------------------
```

```
# Input total number of columns:
num_cols = 4

#------DO NOT EDIT BELOW THIS LINE----------------------------------------------


# generate listing of individual column numbers
columns = [x for x in range(1, num_cols+1)]
print("columns = {}".format(columns))

# build list of lists of column number combinations
# itertools product computes the cartesian product of input iterables
def perms(columns):
    """Take number of columns integer & generate pos & neg permutations."""
    results = []
    for perm in permutations(columns):
        for signs in product([-1, 1], repeat=len(columns)):
            results.append([i*sign for i, sign in zip(perm, signs)])
    return results

col_combos = perms(columns)
print(*col_combos, sep="\n")  # comment-out for num_cols > 4!
print("Factorial of num_cols without negatives = {}"
      .format(math.factorial(num_cols)))
print("Number of column combinations = {}".format(len(col_combos)))
```

路由换位密码：暴力破解

本实践项目由两个程序组成。第 1 个程序 *route_cipher_hacker.py* 会以模块的形式调用第 2 个程序 *perms.py*。

route_cipher_hacker.py

route_cipher_hacker.py

```
"""Brute-force hack a Union route cipher(route_cipher_hacker.py).

Designed for whole-word transposition ciphers with variable rows & columns.
Assumes encryption began at either top or bottom of a column.
Possible keys auto-generated based on number of columns & rows input.
Key indicates the order to read columns and the direction to traverse.
Negative column numbers mean start at bottom and read up.
Positive column numbers means start at top & read down.

Example below is for 4x4 matrix with key -1 2 -3 4.
Note "0" is not allowed.
Arrows show encryption route; for negative key values read UP.
```

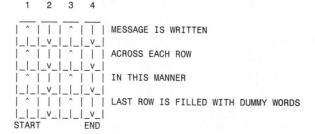

```
Required inputs - a text message, # of columns, # of rows, key string
Requires custom-made "perms" module to generate keys
Prints off key used and translated plaintext
"""

import sys
import perms

#==========================================================================================
# USER INPUT:

# the string to be decrypted (type or paste between triple-quotes):
ciphertext = """REST TRANSPORT YOU GODWIN VILLAGE ROANOKE WITH ARE YOUR IS JUST
SUPPLIES FREE SNOW HEADING TO GONE TO SOUTH FILLER
"""

# the number of columns believed to be in the transposition matrix:
COLS = 4

# the number of rows believed to be in the transposition matrix:
ROWS = 5

# END OF USER INPUT - DO NOT EDIT BELOW THIS LINE!
#==========================================================================================


def main():
    """Turn ciphertext into list, call validation & decryption functions."""
    cipherlist = list(ciphertext.split())
    validate_col_row(cipherlist)
    decrypt(cipherlist)

def validate_col_row(cipherlist):
    """Check that input columns & rows are valid vs. message length."""
    factors = []
    len_cipher = len(cipherlist)
    for i in range(2, len_cipher):  # range excludes 1-column ciphers
        if len_cipher % i == 0:
            factors.append(i)
    print("\nLength of cipher = {}".format(len_cipher))
    print("Acceptable column/row values include: {}".format(factors))
    print()
    if ROWS * COLS != len_cipher:
        print("\nError - Input columns & rows not factors of length "
            "of cipher. Terminating program.", file=sys.stderr)
        sys.exit(1)

def decrypt(cipherlist):
    """Turn columns into items in list of lists & decrypt ciphertext."""
    col_combos = perms.perms(COLS)
    for key in col_combos:
        translation_matrix = [None] * COLS
        plaintext = ''
        start = 0
        stop = ROWS
        for k in key:
            if k < 0: # reading bottom-to-top of column
                col_items = cipherlist[start:stop]
            elif k > 0: # reading top-to-bottom of columnn
                col_items = list((reversed(cipherlist[start:stop])))
            translation_matrix[abs(k) - 1] = col_items
```

附录

```
                start += ROWS
                stop += ROWS
            # loop through nested lists popping off last item to a new list:
            for i in range(ROWS):
                for matrix_col in translation_matrix:
                    word = str(matrix_col.pop())
                    plaintext += word + ' '
        print("\nusing key = {}".format(key))
        print("translated = {}".format(plaintext))
    print("\nnumber of keys = {}".format(len(col_combos)))

if __name__ == '__main__':
    main()
```

perms.py

```
"""For a total number of columns, find all unique column arrangements.

Builds a list of lists containing all possible unique arrangements of
individual column numbers including negative values for route direction

Input:
-total number of columns

Returns:
-list of lists of unique column orders including negative values for
route cipher encryption direction

"""
from itertools import permutations, product

# build list of lists of column number combinations
# itertools product computes the Cartesian product of input iterables
def perms(num_cols):
    """Take number of columns integer & generate pos & neg permutations."""
    results = []
    columns = [x for x in range(1, num_cols+1)]
    for perm in permutations(columns):
        for signs in product([-1, 1], repeat=len(columns)):
            results.append([i*sign for i, sign in zip(perm, signs)])
    return results
```

第 5 章　编写英国内战密码

营救玛丽

```
"""Hide a null cipher within a list of names using a variable pattern."""
import load_dictionary

# write a short message and use no punctuation or numbers!
message = "Give your word and we rise"
message = "".join(message.split())

# open name file
names = load_dictionary.load('supporters.txt')
```

```
name_list = []

# start list with null word not used in cipher
name_list.append(names[0])

# add letter of null cipher to 2nd letter of name, then 3rd, then repeat
count = 1
for letter in message:
    for name in names:
        if len(name) > 2 and name not in name_list:
            if count % 2 == 0 and name[2].lower() == letter.lower():
                name_list.append(name)
                count += 1
                break
            elif count % 2 != 0 and name[1].lower() == letter.lower():
                name_list.append(name)
                count += 1
                break

# add two null words early in message to throw off cryptanalysts
name_list.insert(3, 'Stuart')
name_list.insert(6, 'Jacob')

# display cover letter and list with null cipher
print("""
Your Royal Highness: \n
It is with the greatest pleasure I present the list of noble families who
have undertaken to support your cause and petition the usurper for the
release of your Majesty from the current tragical circumstances.
""")

print(*name_list, sep='\n')
```

科尔切斯特脱险

colchester_practice.py

```
"""Solve a null cipher based on every nth letter in every nth word."""
import sys

def load_text(file):
    """Load a text file as a string."""
    with open(file) as f:
        return f.read().strip()

# load & process message:
filename = input("\nEnter full filename for message to translate: ")
try:
    loaded_message = load_text(filename)
except IOError as e:
    print("{}. Terminating program.".format(e), file=sys.stderr)
    sys.exit(1)

# check loaded message & # of lines
print("\nORIGINAL MESSAGE = {}\n".format(loaded_message))

# convert message to list and get length
message = loaded_message.split()
end = len(message)

# get user input on interval to check
increment = int(input("Input max word & letter position to \
```

```
                                   check (e.g., every 1 of 1, 2 of 2, etc.): "))
    print()

    # find letters at designated intervals
    for i in range(1, increment + 1):
        print("\nUsing increment letter {} of word {}".format(i, i))
        print()
        count = i - 1
        location = i - 1
        for index, word in enumerate(message):
            if index == count:
                if location < len(word):
                    print("letter = {}".format(word[location]))
                    count += i
                else:
                    print("Interval doesn't work", file=sys.stderr)
```

第 6 章   隐写术

检查空行数

elementary_ink_practice.py

```
"""Add code to check blank lines in fake message vs lines in real message."""
import sys
import docx
from docx.shared import RGBColor, Pt

# get text from fake message & make each line a list item
fake_text = docx.Document('fakeMessage.docx')
fake_list = []
for paragraph in fake_text.paragraphs:
    fake_list.append(paragraph.text)

# get text from real message & make each line a list item
real_text = docx.Document('realMessageChallenge.docx')
real_list = []
for paragraph in real_text.paragraphs:
    if len(paragraph.text) != 0:  # remove blank lines
        real_list.append(paragraph.text)

# define function to check available hiding space:
def line_limit(fake, real):
    """Compare number of blank lines in fake vs lines in real and
    warn user if there are not enough blanks to hold real message.

    NOTE:  need to import 'sys'

    """
    num_blanks = 0
    num_real = 0
    for line in fake:
        if line == '':
            num_blanks += 1
    num_real = len(real)
    diff = num_real - num_blanks
    print("\nNumber of blank lines in fake message = {}".format(num_blanks))
    print("Number of lines in real message = {}\n".format(num_real))
    if num_real > num_blanks:
        print("Fake message needs {} more blank lines."
```

```
            .format(diff), file=sys.stderr)
        sys.exit()

line_limit(fake_list, real_list)

# load template that sets style, font, margins, etc.
doc = docx.Document('template.docx')

# add letterhead
doc.add_heading('Morland Holmes', 0)
subtitle = doc.add_heading('Global Consulting & Negotiations', 1)
subtitle.alignment = 1
doc.add_heading('', 1)
doc.add_paragraph('December 17, 2015')
doc.add_paragraph('')

def set_spacing(paragraph):
    """Use docx to set line spacing between paragraphs."""
    paragraph_format = paragraph.paragraph_format
    paragraph_format.space_before = Pt(0)
    paragraph_format.space_after = Pt(0)

length_real = len(real_list)
count_real = 0  # index of current line in real (hidden) message

# interleave real and fake message lines
for line in fake_list:
    if count_real < length_real and line == "":
        paragraph = doc.add_paragraph(real_list[count_real])
        paragraph_index = len(doc.paragraphs) - 1

        # set real message color to white
        run = doc.paragraphs[paragraph_index].runs[0]
        font = run.font
        font.color.rgb = RGBColor(255, 255, 255)  # make it red to test
        count_real += 1

    else:
        paragraph = doc.add_paragraph(line)

    set_spacing(paragraph)

doc.save('ciphertext_message_letterhead.docx')

print("Done")
```

第 8 章　统计俳句音节数

音节计数器 VS 字典文件计数器

test_count_syllables_w_dict.py
```
"""Load a dictionary file, pick random words, run syllable-counting module."""
import sys
import random
from count_syllables import count_syllables

def load(file):
    """Open a text file & return list of lowercase strings."""
    with open(file) as in_file:
        loaded_txt = in_file.read().strip().split('\n')
```

```
        loaded_txt = [x.lower() for x in loaded_txt]
        return loaded_txt

try:
    word_list = load('2of4brif.txt')
except IOError as e:
    print("{}\nError opening file. Terminating program.".format(e),
            file=sys.stderr)
    sys.exit(1)

test_data = []
num_words = 100
test_data.extend(random.sample(word_list, num_words))

for word in test_data:
    try:
        num_syllables = count_syllables(word)
        print(word, num_syllables, end='\n')
    except KeyError:
        print(word, end='')
        print(" not found", file=sys.stderr)
```

第 10 章　我们孤独吗——探索费米悖论

遥远的银河

galaxy_practice.py

```
"""Use spiral formula to build galaxy display."""
import math
from random import randint
import tkinter

root = tkinter.Tk()
root.title("Galaxy BR549")
c = tkinter.Canvas(root, width=1000, height=800, bg='black')
c.grid()
c.configure(scrollregion=(-500, -400, 500, 400))
oval_size = 0

# build spiral arms
num_spiral_stars = 500
angle = 3.5
core_diameter = 120
spiral_stars = []
for i in range(num_spiral_stars):
    theta = i * angle
    r = math.sqrt(i) / math.sqrt(num_spiral_stars)
    spiral_stars.append((r * math.cos(theta), r * math.sin(theta)))
for x, y in spiral_stars:
    x = x * 350 + randint(-5, 3)
    y = y * 350 + randint(-5, 3)
    oval_size = randint(1, 3)
    c.create_oval(x-oval_size, y-oval_size, x+oval_size, y+oval_size,
                    fill='white', outline='')

# build wisps
wisps = []
for i in range(2000):
    theta = i * angle
    # divide by num_spiral_stars for better dust lanes
```

```
        r = math.sqrt(i) / math.sqrt(num_spiral_stars)
        spiral_stars.append((r * math.cos(theta), r * math.sin(theta)))
    for x, y in spiral_stars:
        x = x * 330 + randint(-15, 10)
        y = y * 330 + randint(-15, 10)
        h = math.sqrt(x**2 + y**2)
        if h < 350:
            wisps.append((x, y))
            c.create_oval(x-1, y-1, x+1, y+1, fill='white', outline='')

    # build galactic core
    core = []
    for i in range(900):
        x = randint(-core_diameter, core_diameter)
        y = randint(-core_diameter, core_diameter)
        h = math.sqrt(x**2 + y**2)
        if h < core_diameter - 70:
            core.append((x, y))
            oval_size = randint(2, 4)
            c.create_oval(x-oval_size, y-oval_size, x+oval_size, y+oval_size,
                          fill='white', outline='')
        elif h < core_diameter:
            core.append((x, y))
            oval_size = randint(0, 2)
            c.create_oval(x-oval_size, y-oval_size, x+oval_size, y+oval_size,
                          fill='white', outline='')

root.mainloop()
```

建立银河系帝国

empire_practice.py

```
"""Build 2-D model of galaxy, post expansion rings for galactic empire."""
import tkinter as tk
import time
from random import randint, uniform, random
import math

#===============================================================================
# MAIN INPUT

# location of galactic empire homeworld on map:
HOMEWORLD_LOC = (0, 0)

# maximum number of years to simulate:
MAX_YEARS = 10000000

# average expansion velocity as fraction of speed of light:
SPEED = 0.005

# scale units
UNIT = 200


#===============================================================================

# set up display canvas
root = tk.Tk()
root.title("Milky Way galaxy")
c = tk.Canvas(root, width=1000, height=800, bg='black')
c.grid()
c.configure(scrollregion=(-500, -400, 500, 400))
```

```
# actual Milky Way dimensions (light-years)
DISC_RADIUS = 50000

disc_radius_scaled = round(DISC_RADIUS/UNIT)

def polar_coordinates():
    """Generate uniform random x,y point within a disc for 2-D display."""
    r = random()
    theta = uniform(0, 2 * math.pi)
    x = round(math.sqrt(r) * math.cos(theta) * disc_radius_scaled)
    y = round(math.sqrt(r) * math.sin(theta) * disc_radius_scaled)
    return x, y

def spirals(b, r, rot_fac, fuz_fac, arm):
    """Build spiral arms for tkinter display using Logarithmic spiral formula.

    b = arbitrary constant in logarithmic spiral equation
    r = scaled galactic disc radius
    rot_fac = rotation factor
    fuz_fac = random shift in star position in arm, applied to 'fuzz' variable
    arm = spiral arm (0 = main arm, 1 = trailing stars)
    """
    spiral_stars = []
    fuzz = int(0.030 * abs(r))  # randomly shift star locations
    theta_max_degrees = 520
    for i in range(theta_max_degrees):  # range(0, 700, 2) for no black hole
        theta = math.radians(i)
        x = r * math.exp(b*theta) * math.cos(theta + math.pi * rot_fac)\
            + randint(-fuzz, fuzz) * fuz_fac
        y = r * math.exp(b*theta) * math.sin(theta + math.pi * rot_fac)\
            + randint(-fuzz, fuzz) * fuz_fac
        spiral_stars.append((x, y))
    for x, y in spiral_stars:
        if arm == 0 and int(x % 2) == 0:
            c.create_oval(x-2, y-2, x+2, y+2, fill='white', outline='')
        elif arm == 0 and int(x % 2) != 0:
            c.create_oval(x-1, y-1, x+1, y+1, fill='white', outline='')
        elif arm == 1:
            c.create_oval(x, y, x, y, fill='white', outline='')

def star_haze(scalar):
    """Randomly distribute faint tkinter stars in galactic disc.

    disc_radius_scaled = galactic disc radius scaled to radio bubble diameter
    scalar = multiplier to vary number of stars posted
    """
    for i in range(0, disc_radius_scaled * scalar):
        x, y = polar_coordinates()
        c.create_text(x, y, fill='white', font=('Helvetica', '7'), text='.')

def model_expansion():
    """Model empire expansion from homeworld with concentric rings."""
    r = 0 # radius from homeworld
    text_y_loc = -290
    x, y = HOMEWORLD_LOC
    c.create_oval(x-5, y-5, x+5, y+5, fill='red')
    increment = round(MAX_YEARS / 10)# year interval to post circles
    c.create_text(-475, -350, anchor='w', fill='red', text='Increment = {:,}'
                  .format(increment))
    c.create_text(-475, -325, anchor='w', fill='red',
                  text='Velocity as fraction of Light = {:,}'.format(SPEED))
```

```
    for years in range(increment, MAX_YEARS + 1, increment):
        time.sleep(0.5) # delay before posting new expansion circle
        traveled = SPEED * increment / UNIT
        r = r + traveled
        c.create_oval(x-r, y-r, x+r, y+r, fill='', outline='red', width='2')
        c.create_text(-475, text_y_loc, anchor='w', fill='red',
                      text='Years = {:,}'.format(years))
        text_y_loc += 20
        # update canvas for new circle; no longer need mainloop()
        c.update_idletasks()
        c.update()

def main():
    """Generate galaxy display, model empire expansion, run mainloop."""
    spirals(b=-0.3, r=disc_radius_scaled, rot_fac=2, fuz_fac=1.5, arm=0)
    spirals(b=-0.3, r=disc_radius_scaled, rot_fac=1.91, fuz_fac=1.5, arm=1)
    spirals(b=-0.3, r=-disc_radius_scaled, rot_fac=2, fuz_fac=1.5, arm=0)
    spirals(b=-0.3, r=-disc_radius_scaled, rot_fac=-2.09, fuz_fac=1.5, arm=1)
    spirals(b=-0.3, r=-disc_radius_scaled, rot_fac=0.5, fuz_fac=1.5, arm=0)
    spirals(b=-0.3, r=-disc_radius_scaled, rot_fac=0.4, fuz_fac=1.5, arm=1)
    spirals(b=-0.3, r=-disc_radius_scaled, rot_fac=-0.5, fuz_fac=1.5, arm=0)
    spirals(b=-0.3, r=-disc_radius_scaled, rot_fac=-0.6, fuz_fac=1.5, arm=1)
    star_haze(scalar=9)

    model_expansion()

    # run tkinter loop
    root.mainloop()

if __name__ == '__main__':
    main()
```

预测可探测性的迂回方法

rounded_detection_practice.py

```
"""Calculate probability of detecting 32 LY-diameter radio bubble given 15.6 M randomly distributed
   civilizations in the galaxy."""
import math
from random import uniform, random
from collections import Counter

# length units in light-years
DISC_RADIUS = 50000
DISC_HEIGHT = 1000
NUM_CIVS = 15600000
DETECTION_RADIUS = 16


def random_polar_coordinates_xyz():
    """Generate uniform random xyz point within a 3D disc."""
    r = random()
    theta = uniform(0, 2 * math.pi)
    x = round(math.sqrt(r) * math.cos(theta) * DISC_RADIUS, 3)
    y = round(math.sqrt(r) * math.sin(theta) * DISC_RADIUS, 3)
    z = round(uniform(0, DISC_HEIGHT), 3)
    return x, y, z

def rounded(n, base):
    """Round a number to the nearest number designated by base parameter."""
    return int(round(n/base) * base)
```

```
def distribute_civs():
    """Distribute xyz locations in galactic disc model and return list."""
    civ_locs = []
    while len(civ_locs) < NUM_CIVS:
        loc = random_polar_coordinates_xyz()
        civ_locs.append(loc)
    return civ_locs

def round_civ_locs(civ_locs):
    """Round xyz locations and return list of rounded locations."""
    # convert radius to cubic dimensions:
    detect_distance = round((4 / 3 * math.pi * DETECTION_RADIUS**3)**(1/3))
    print("\ndetection radius = {} LY".format(DETECTION_RADIUS))
    print("cubic detection distance = {} LY".format(detect_distance))

    # round civilization xyz to detection distance
    civ_locs_rounded = []

    for x, y, z in civ_locs:
        i = rounded(x, detect_distance)
        j = rounded(y, detect_distance)
        k = rounded(z, detect_distance)
        civ_locs_rounded.append((i, j, k))

    return civ_locs_rounded

def calc_prob_of_detection(civ_locs_rounded):
    """Count locations and calculate probability of duplicate values."""
    overlap_count = Counter(civ_locs_rounded)
    overlap_rollup = Counter(overlap_count.values())
    num_single_civs = overlap_rollup[1]
    prob = 1 - (num_single_civs / NUM_CIVS)

    return overlap_rollup, prob

def main():
    """Call functions and print results."""
    civ_locs = distribute_civs()
    civ_locs_rounded = round_civ_locs(civ_locs)
    overlap_rollup, detection_prob = calc_prob_of_detection(civ_locs_rounded)
    print("length pre-rounded civ_locs = {}".format(len(civ_locs)))
    print("length of rounded civ_locs_rounded = {}".format(len(civ_locs_rounded)))
    print("overlap_rollup = {}\n".format(overlap_rollup))
    print("probability of detection = {0:.3f}".format(detection_prob))

    # QC step to check rounding
    print("\nFirst 3 locations pre- and post-rounding:\n")
    for i in range(3):
        print("pre-round: {}".format(civ_locs[i]))
        print("post-round: {} \n".format(civ_locs_rounded[i]))

if __name__ == '__main__':
    main()
```

第 11 章   蒙蒂·霍尔问题

生日悖论

birthday_paradox_practice.py

```
"""Calculate probability of a shared birthday per x number of people."""
```

```
import random

max_people = 50
num_runs = 2000

print("\nProbability of at least 2 people having the same birthday:\n")

for people in range(2, max_people + 1):
    found_shared = 0
    for run in range(num_runs):
        bdays = []
        for i in range(0, people):
            bday = random.randrange(0, 364)  # ignore leap years
            bdays.append(bday)
        set_of_bdays = set(bdays)
        if len(set_of_bdays) < len(bdays):
            found_shared += 1
    prob = found_shared/num_runs
    print("Number people = {} Prob = {:.4f}".format(people, prob))

print("""
According to the Birthday Paradox, if there are 23 people in a room,
there's a 50% chance that 2 of them will share the same birthday.
""")
```

第 13 章 模拟外星火山

远走

practice_45.py

```
import sys
import math
import random
import pygame as pg

pg.init()  # initialize pygame

# define color table
BLACK = (0, 0, 0)
WHITE = (255, 255, 255)
LT_GRAY = (180, 180, 180)
GRAY = (120, 120, 120)
DK_GRAY = (80, 80, 80)

class Particle(pg.sprite.Sprite):
    """Builds ejecta particles for volcano simulation."""

    gases_colors = {'SO2': LT_GRAY, 'CO2': GRAY, 'H2S': DK_GRAY, 'H2O': WHITE}

    VENT_LOCATION_XY = (320, 300)
    IO_SURFACE_Y = 308
    GRAVITY = 0.5  # pixels-per-frame
    VELOCITY_SO2 = 8  # pixels-per-frame

    # scalars (SO2 atomic weight/particle atomic weight) used for velocity
    vel_scalar = {'SO2': 1, 'CO2': 1.45, 'H2S': 1.9, 'H2O': 3.6}

    def __init__(self, screen, background):
        super().__init__()
        self.screen = screen
        self.background = background
```

```
            self.image = pg.Surface((4, 4))
            self.rect = self.image.get_rect()
            self.gas = 'SO2'
            self.color = ''
            self.vel = Particle.VELOCITY_SO2 * Particle.vel_scalar[self.gas]
            self.x, self.y = Particle.VENT_LOCATION_XY
            self.vector()

        def vector(self):
            """Calculate particle vector at launch."""
            angles = [65, 55, 45, 35, 25]  # 90 is vertical
            orient = random.choice(angles)
            if orient == 45:
                self.color = WHITE
            else:
                self.color = GRAY
            radians = math.radians(orient)
            self.dx = self.vel * math.cos(radians)
            self.dy = -self.vel * math.sin(radians) # negative as y increases down

        def update(self):
            """Apply gravity, draw path, and handle boundary conditions."""
            self.dy += Particle.GRAVITY
            pg.draw.line(self.background, self.color, (self.x, self.y),
                        (self.x + self.dx, self.y + self.dy))
            self.x += self.dx
            self.y += self.dy
            if self.x < 0 or self.x > self.screen.get_width():
                self.kill()
            if self.y < 0 or self.y > Particle.IO_SURFACE_Y:
                self.kill()

def main():
    """Set up and run game screen and loop."""
    screen = pg.display.set_mode((639, 360))
    pg.display.set_caption("Io Volcano Simulator")
    background = pg.image.load("tvashtar_plume.gif")

    # Set up color-coded legend
    legend_font = pg.font.SysFont('None', 26)
    text = legend_font.render('White = 45 degrees', True, WHITE, BLACK)


    particles = pg.sprite.Group()

    clock = pg.time.Clock()

    while True:
        clock.tick(25)
        particles.add(Particle(screen, background))
        for event in pg.event.get():
            if event.type == pg.QUIT:
                pg.quit()
                sys.exit()

        screen.blit(background, (0, 0))
        screen.blit(text, (320, 170))

        particles.update()
        particles.draw(screen)

        pg.display.flip()

if __name__ == "__main__":
    main()
```